学ぶ人は、
変えて
ゆく人だ。

目の前にある問

人生の

社会の課題

挑み続けるために、人は学ぶ。

「学び」で、

少しずつ世界は変えてゆける。

いつでも、どこでも、誰でも、

学ぶことができる世の中へ。

旺文社

大学入試

わかっていそうで，わかっていない

物理の質問 91

［物理基礎・物理］

三澤信也
著

旺文社

はじめに

高校生から物理の質問を受けるとき，私はいつも「チャンス」と感じます。疑問をもつことは，物理を理解する糧となるからです。

物理は，膨大な知識を頭に入れなければならないような科目ではありません。限られた物理法則を正しく理解し，使いこなすことで問題を解いていくことができます。

物理を学ぶとき，「この法則は何を意味しているのだろう？」「どうしてこのような法則が成り立つのだろう？」と疑問に思うことがあると思います。そのとき，それを曖昧なままにしておいたら理解が深まることはありません。疑問を解決していくことこそが，物理を理解するための近道なのです。

また，「法則は理解したけれども，問題を解くときに上手く使えない」という受験生は多いと思います。もちろん，ある程度問題を解く練習をしないと解法は身につきません。しかし，「どうしてこのような解き方をするのだろう？」「この解法はいつ使えるのだろう？」といった疑問を放置したままでは，頭の中が整理されません。「こういう問題はこうやって解けばいいんだ」と納得しながら学ぶことが，次の問題を解く力につながるのです。

以上の観点から，本書ではおもに『物理法則に関する質問』『問題の解き方に関する質問』を取り上げ，１つずつ丁寧に説明しています。高校生に物理を教えている私が受けた質問をベースに，物理の理解に役立つものや多くの人が誤解するものを取り上げました。

本書で取り上げた質問には，皆さんにとって「自分も同じ疑問をもっている」というものもあれば，「言われてみればよくわからないな」というものもあると思います。あるいは，「そんなことはわかっている」というものもあるかもしれませんが，本文を読み進めていただくと理解が曖昧だった点に気づくこともあると思います。

本書を通して，物理の理解を確かなものにしていただければと思います。

三澤信也

本書の特長と使い方

本書は，高校物理の学習であやふやにしがちな疑問を，本質を突いた解説で効果的に解決できる参考書です。

本冊

まずはp.4から始まるもくじ **質問一覧** を見て，掲載されている質問に答えられるかを考えてみましょう。質問は「**わかっていそうで，実はよくわかっていない**」となりがちな事柄を，厳選したものです。

「これはよくわからない…」という質問を見つけたら，その質問のページをめくり，**A 回答** を読みましょう。三澤先生による核心を突いた解説があなたに深い理解をもたらし，得点力を高めてくれます。一方，「これはわかる！」と思った質問についても，本当に正しく理解できているか，**A 回答** を読んで確かめてみましょう。

質問の末尾には，類題にチャレンジが掲載されている場合があります。**A 回答** を読み終えたらすぐに取り組んでみてください。

別冊

類題にチャレンジの解答と解説を掲載しています。解説をもとの質問とあわせて読むことで，さらに理解を深めることができます。

著者紹介

三澤信也（みさわ・しんや）

長野県生まれ。東京大学教養学部基礎科学科卒業。現在、長野県伊那弥生ヶ丘高等学校で教鞭を執っている。「分からなくて困っていた頃の自分の気持ち」を忘れずに教えることを心がけている。著書に『図解いちばんやさしい最新宇宙』（彩図社)、『入試問題で味わう東大物理』（オーム社)、『共通テスト物理 実験・資料の考察問題 26』（旺文社、共著）ほか多数。『全国大学入試問題正解物理』の解答執筆者。趣味は卓球で、全国大会に出場するほどの腕前である。また、ホームページ「大学入試攻略の部屋」を運営し、物理・化学の無料動画などを提供している。

STAFF
装丁デザイン：小川純（オガワデザイン）
紙面デザイン：大貫としみ（ME TIME LLC）
編集協力：清閑堂　　企画：椚原文彦

もくじ

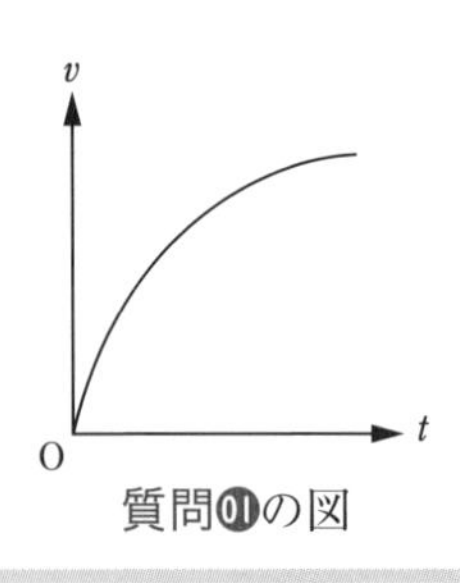

質問01の図

質問一覧

第1章　力学

第３章 波動

第4章 電磁気

第5章 原子

質問 01　　物理基礎

v-t グラフが右図のように表される物体は，減速しているのでしょうか？

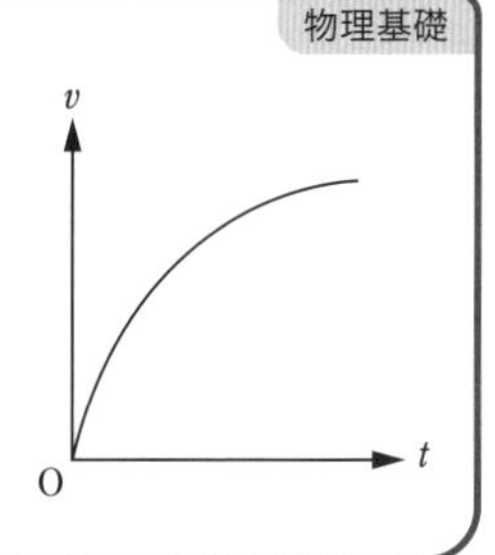

A 回答　減速していません。加速しています。

v-t グラフとは，「時刻 t とともに速度 v がどのように変化するか」を表すものです。上のグラフでは，時刻 t が大きくなるにつれて速度 v が大きくなっています。つまり，**物体は加速しているのであり，減速しているのではありません**。

上のグラフを見て「減速している」という誤解が生じやすいのは，グラフの傾きに着目する人が多いからでしょう。グラフの傾きが徐々に小さくなっていることから，速度 v が小さくなっていると誤解してしまうのです。

確かに，グラフの傾きを調べることで物体の運動のようすを知ることができます。ただし，そのときには**グラフの種類によって傾きが示す内容は異なる**ことに注意が必要です！

グラフの傾きについては，次のように整理できます。

・**x-t グラフ**（時刻 t とともに位置 x がどのように変化するかを表す）

x-t グラフの傾きは，物体の**速度 v** を表します。右図の場合は，時刻 t が大きくなるにつれて物体の速度 v は大きくなっています。

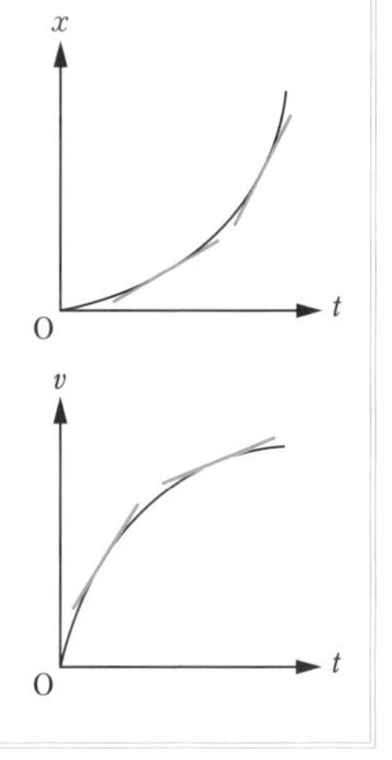

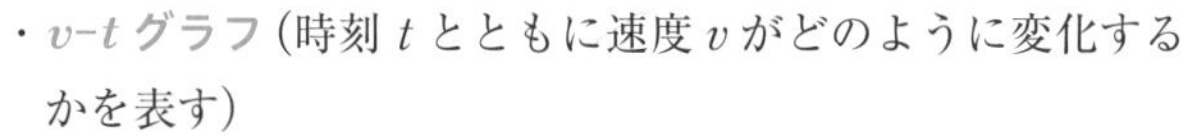
・**v-t グラフ**（時刻 t とともに速度 v がどのように変化するかを表す）

v-t グラフの傾きは，物体の**加速度 a** を表します。右図の場合は，時刻 t が大きくなるにつれて物体の加速度 a が小さくなっていることがわかります。

つまり，今回の質問で v-t グラフが示された物体は，速度 v は大きくなっているけれども加速度 a は小さくなっているといえるわけです。

物体の運動のようすを理解するのにグラフは大変便利です。しかし，グラフの種類を正しく区別しないと，思わぬ誤解をしてしまうので注意が必要です。

減速している場合，v-t グラフは例えば右図のようになります。

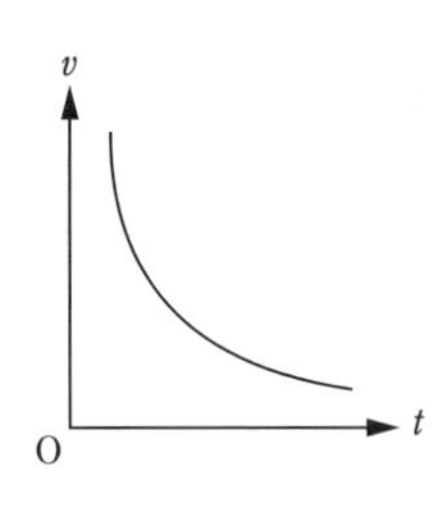

類題にチャレンジ 01

解答 → 別冊 p.2

x 軸上を運動する物体Aを考える。物体Aは原点O（$x=0$〔m〕）の位置にあり，時刻 $t=0$〔s〕に動き始め，時刻 $t=8$〔s〕で停止した。右図は物体Aの速度 v と時刻 t の関係を表すグラフである。このとき，以下の問いに答えよ。ただし，x 軸の正の向きに動くときの速度を正とする。

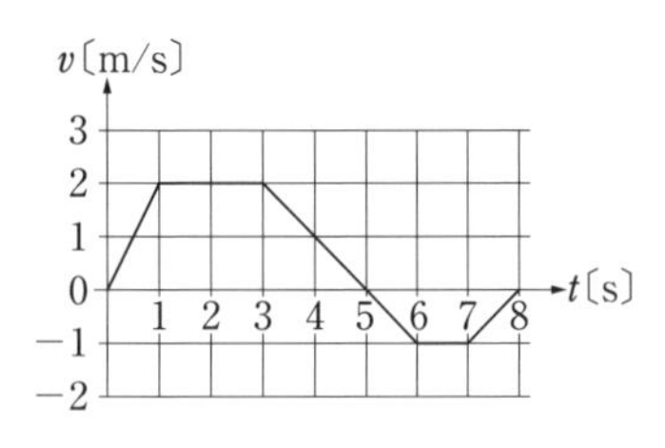

問1　時刻 $t=5$〔s〕までの物体Aの加速度 a〔m/s²〕と時刻 t の関係を表すグラフは，次のうちどれか。正しいものを1つ選べ。

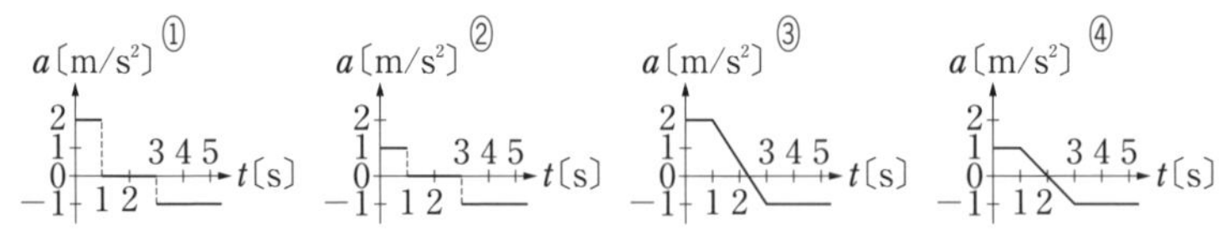

問2　時刻 $t=5$〔s〕までの物体Aの位置 x〔m〕と時刻 t〔s〕の関係を表すグラフは次のうちどれか。正しいものを1つ選べ。

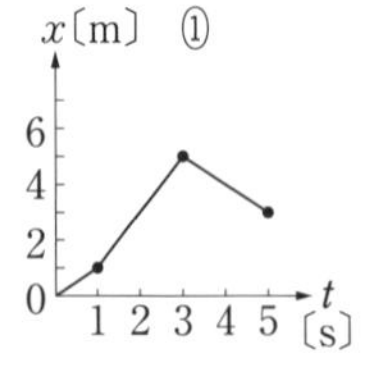

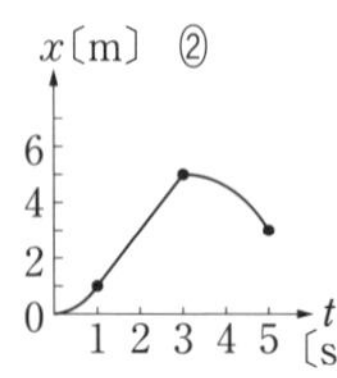

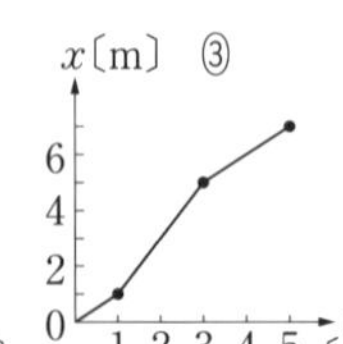

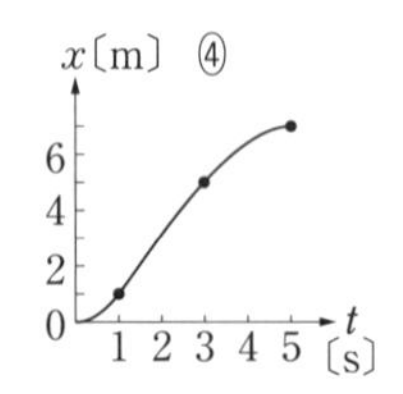

（龍谷大）

質問 02　物理基礎

v-t グラフの面積から変位を正しく求めるにはどうすればよいのでしょうか？

A 回答　「移動距離」と「変位」の違いを理解すると，正しく求められるようになります。

具体的な問題を通じて，「移動距離」と「変位」の違いを考えてみましょう。

例題　x 軸上を運動する物体Aを考える。物体Aは原点O ($x=0$ m) の位置にあり，時刻 $t=0$ s に動き始め，時刻 $t=8$ s で停止した。右図は物体Aの速度 v と時刻 t の関係を表すグラフである。このとき，次の空欄を埋めよ。ただし，x 軸の正の向きに動くときの速度を正とする。

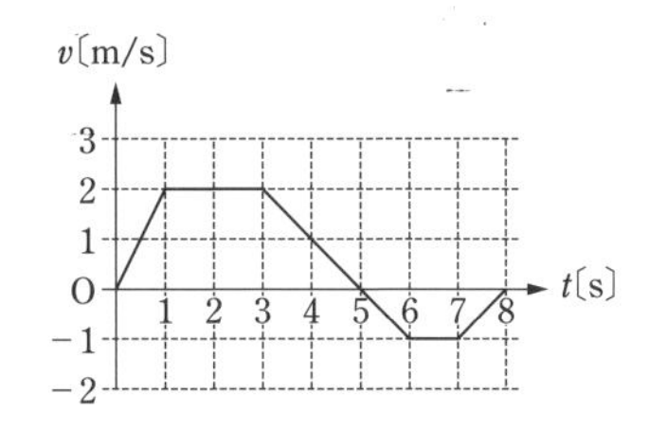

時刻 $t=8$ s における物体Aの x 座標は [(1)] で，これまでの道のりは [(2)] である。

質問 01 の類題と同じ v-t グラフが登場しました。質問 01 ではグラフの傾きに着目して運動のようすを考えました。

グラフには着目すべきポイントがもう 1 つあります。それはグラフと横軸で囲まれた「面積」です。これについては，v-t グラフについて理解しておけば十分です。

まずは，シンプルな v-t グラフで，グラフと横軸 (t 軸) で囲まれた面積が何を表すか確認します。

右図のように，**v-t グラフと横軸 (t 軸) で囲まれた部分の面積**は，物体の**移動距離**を表すのです。

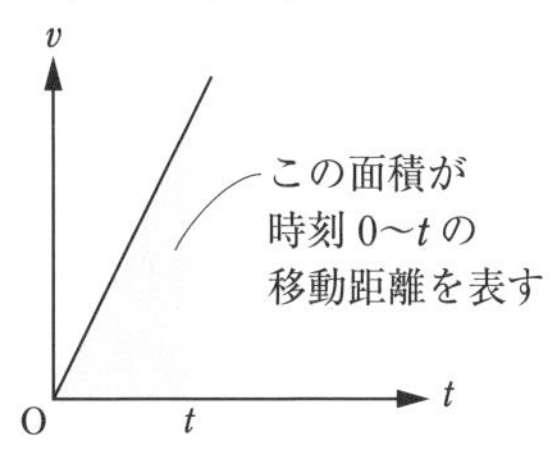

ただし，速度 v の符号が変わる場合 (物体の移動方向が変わる場合) には注意が必要です。今回の例題の場合で確認しましょう。

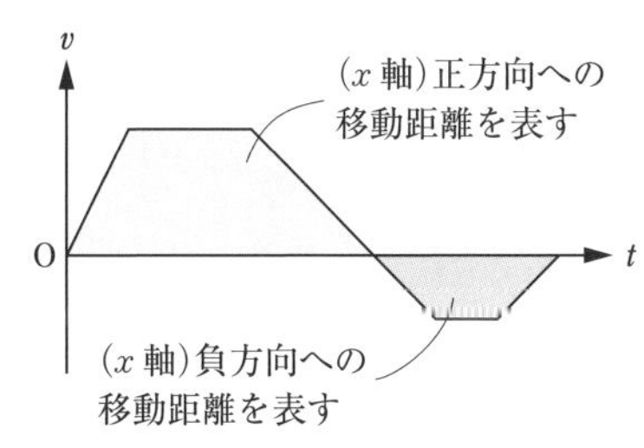

このように，速度 $v>0$ の範囲と速度 $v<0$ の範囲とでは移動方向が異なることに注意が必要なのです。

そして，物体が移動した結果として**どれだけ位置が変化するか**，これを「**変位**」といいます。

この場合は，次のように整理できます。

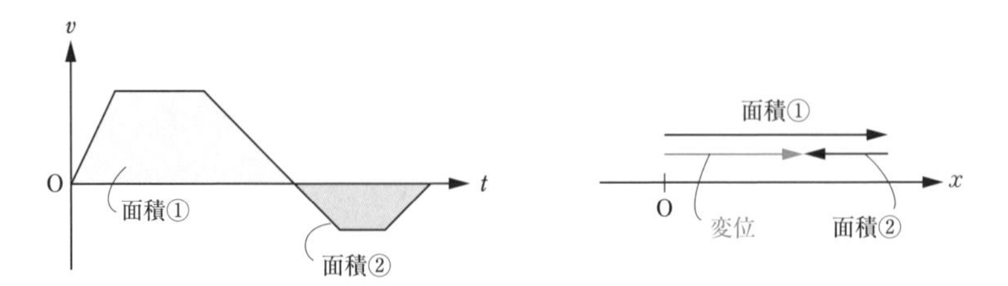

このように，「移動距離（実際に動いた距離）」と「変位（結果的な位置の変化）」の違いを理解することで，今回の問題もスッキリと解くことができます。

与えられた v-t グラフからは次のように面積が求められるので

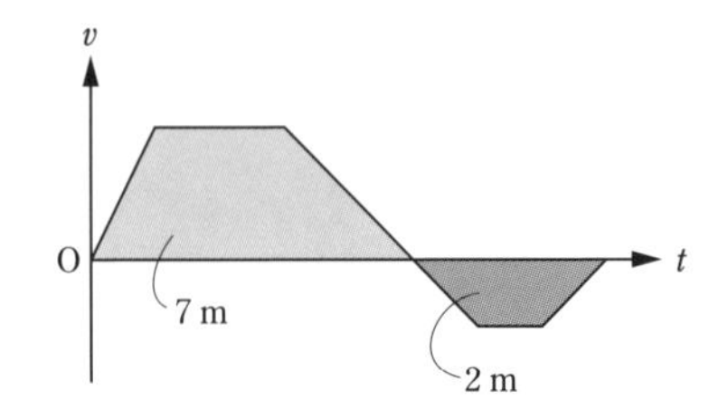

(1)　時刻 $t=8\,\mathrm{s}$ における物体Aの x 座標 $=7-2=5\,\mathrm{m}$

(2)　これまで（時刻 $t=8\,\mathrm{s}$ まで）の道のり $=7+2=9\,\mathrm{m}$

のように求められます。

類題にチャレンジ 02

解答 → 別冊 p.3

1　電車がA駅を出てからB駅に到着するまでの速度 v〔m/s〕と経過時間 t〔s〕の関係を測定したところ，B駅を通り過ぎていったん停止し，再び動き出してB駅に到着した。有効数字 2 桁で答えよ。

(1)　B駅を通り過ぎていったん停止した場所の，A駅からの距離〔m〕を求めよ。

(2)　A駅とB駅の間の距離〔m〕を求めよ。

（九州産業大）

2　物体を自由落下させたところ，スタートから時間 T かかって距離 H だけ落下した。スタートの時刻を $t=0$ として，時刻 $T\sim2T$，$2T\sim3T$ の間に落下した距離をそれぞれ求めよ。

質問03　物理

放物運動する物体の速さは，最高点で0になるのでしょうか？

A 回答　鉛直投げ上げ運動の場合は最高点で速さが0となりますが，放物運動（斜方投射）の場合は最高点でも速さは0になりません。

高さが変わる物体の運動について考える問題では，最高点の高さが問われることがよくあります。そのようなときに，「最高点では速さが0になる」ということを意識しすぎると次のような問題を誤ってしまいます。

例題　地面から高さHの点Aから静かにはなした小球が摩擦のないレールに沿って運動し，図の点Bでレールから離れる。その後に小球が達する最高点の地面からの高さhについて，正しいのは次の①～③のうちのどれか。

①　$h>H$　　②　$h=H$　　③　$h<H$

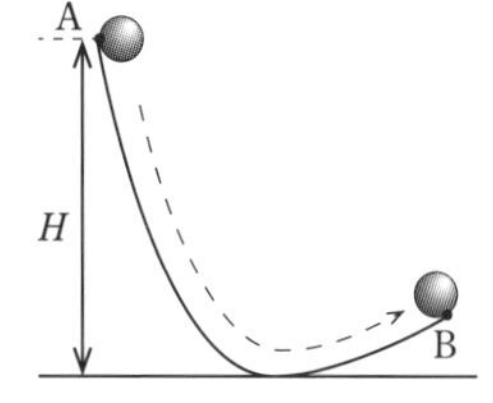

「最高点では速さが0になるので，スタート（点A）と運動エネルギーが等しくなる（0になる）。したがって，力学的エネルギー保存則から，最高点の高さはスタートと同じHになるはずだ（②が正解）」と考えるかもしれませんがこれは誤りです。

放物運動する物体の速度変化を正しく理解するには，速度を「水平成分」と「鉛直成分」の2つに分解して考える必要があります。今回の例題で，レールを飛び出す瞬間を考えてみましょう。

右図のように，レールを飛び出す瞬間，物体は水平方向と鉛直方向の2方向の速度成分をもっています。そして，その後の**放物運動中に変化するのは速度の鉛直成分だけ**です。重力だけを受ける**放物運動において，速度の水平成分は変化せず一定に保たれる**のです。

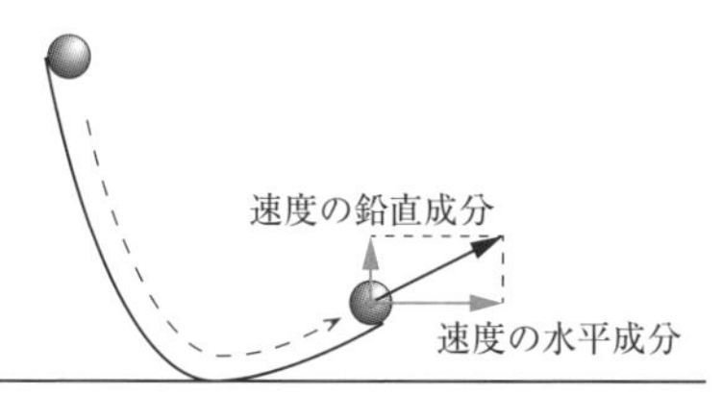

物体が最高点に達した瞬間，速度の鉛直成分は0となります。しかし，**速度の水平成分は0とはならない**のです。

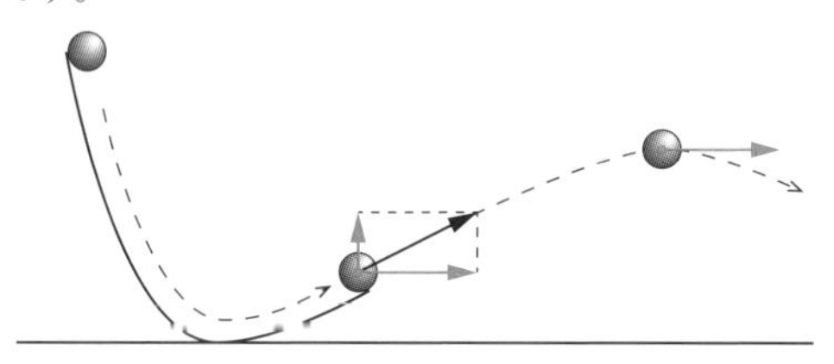

つまり，物体の運動エネルギーは最高点でも0になりません。したがって，運動エネルギーが0のスタート地点Aに比べて重力による位置エネルギーは小さくなるはずなので，

$h<H$ である（③が正解）とわかります。

《注》 もしも放物運動の最高点で物体の速度の水平成分が0になったら，そこから自由落下を始めることになってしまいます。

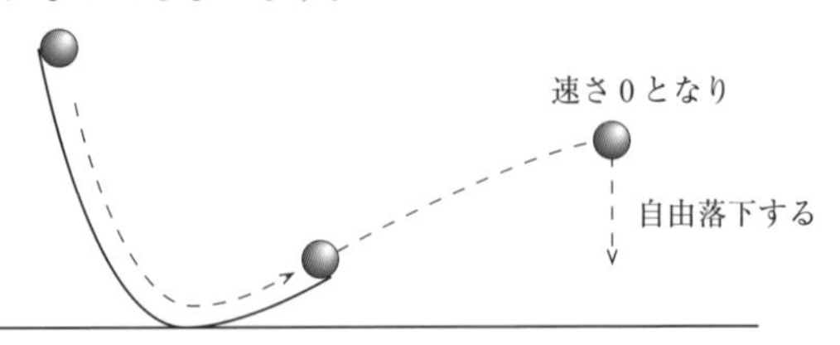

このようなことはあり得ないことからも，放物運動の最高点で物体の速さが0になることはないと理解できます。

《注》 物体の初速度の水平成分を0とする（鉛直上向きの初速度だけが与えられる）のが，鉛直投げ上げ運動です。この場合は，最高点では速度の水平成分も鉛直成分もともに0となり，速さが0となります。

類題にチャレンジ 03

解答 → 別冊 p.4

図のようになめらかな斜面ABとそれにつづく水平面があり，斜面上の点Aに質量 m の小物体を置く。点Aから静かにすべり出した小物体は点Bから空中に飛び出し，水平面上の点Cに落下する。点Aの水平面からの高さは h，点Bで飛び出すときの速さは v_0，そのときの角度は水平面に対し θ $(0^\circ \leqq \theta \leqq 90^\circ)$ とする。また，重力加速度の大きさを g とし，空気の抵抗は無視できるものとする。 （センター試験）

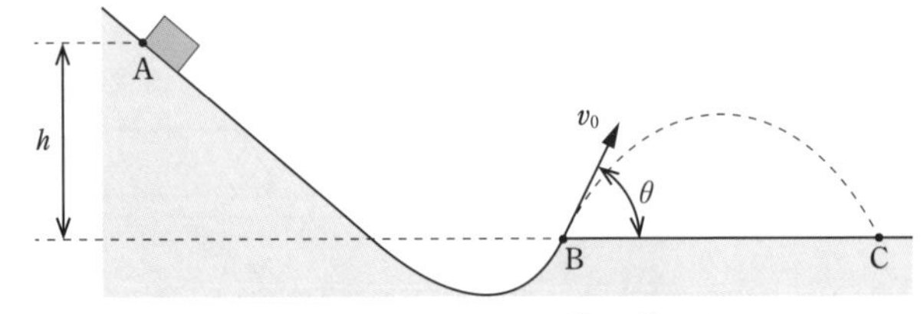

問1 点Bでの小物体の速さ v_0 はいくらか。次の①～④のうちから正しいものを1つ選べ。

① $\sqrt{mgh}$　② $\sqrt{2gh}$　③ $\dfrac{1}{\sqrt{2gh}}$　④ $\dfrac{1}{\sqrt{mgh}}$

問2 点Bを飛び出した小物体はある時間の後，軌道の最高点に達する。水平面から測った最高点の高さはいくらか。次の①～④のうちから正しいものを1つ選べ。

① $\dfrac{{v_0}^2}{2g}\cos^2\theta$　② $\dfrac{{v_0}^2}{2g}\sin^2\theta$　③ $\dfrac{{v_0}^2}{2g}\sin\theta\cos\theta$

④ $\dfrac{{v_0}^2}{2g}\sin^2\theta\cos^2\theta$

質問04 物理基礎

物体には移動する向きに力がはたらいているのでしょうか？

A 回答 物体にはたらく力の向きに，物体の運動する向きは関係ありません。

これはとてもよくある間違いです。例えば，物体が右図のように放物運動しているとします。

このとき，物体はどのような向きに力を受けているのでしょうか？

次のように考える人もいるかもしれません。

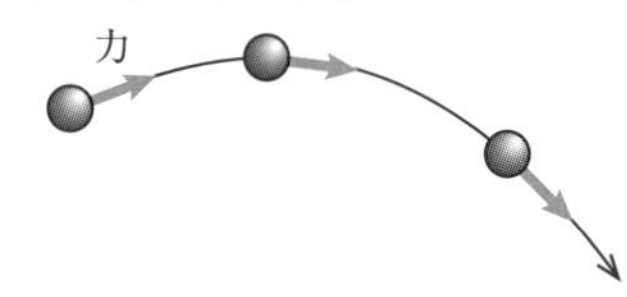

これは間違いです。実際には，このように物体の移動方向に力がはたらくわけではありません。

このことは，**力のはたらき**は「物体を移動させる」ことではなく**「物体の速度を変える（加速度を与える）」こと**だとわかれば理解できます。

物体がもともと動いていれば，特に何か力がはたらかなくても物体は動き続けます。このことは慣性の法則から理解できます。

さて，放物運動する物体にはたらく力は「重力だけ」というのが正解です。

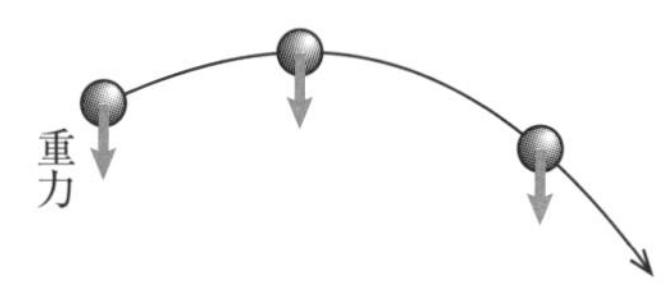

物体は重力を受け，その結果として重力の向き（鉛直下向き）に**速度が変化していく**のです。

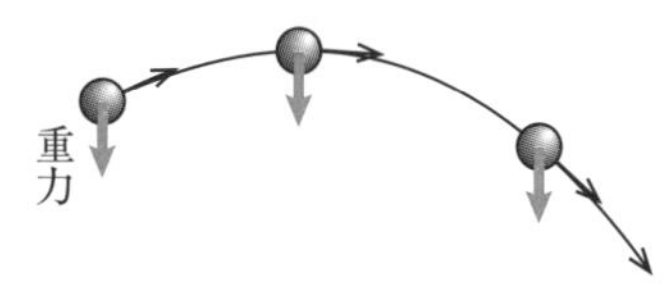

このように，**物体が受ける力を考えるときには運動方向を気にする必要はありません**。高校の力学分野の問題では，**物体が受ける力は「重力」と「接するものからの力」ですべてです**。

この原則さえ理解していれば，どのような場合でも物体が受ける力を正しく漏れなく見つけることができます。

今回の放物運動では，物体には接するものがありませんから重力だけを受けるとわかるのです。

類題にチャレンジ 

解答 → 別冊 p.5

1 右図は，糸をつけた振り子のおもりを左端から右端に運動させたとき，一定時間ごとのおもりの位置を示したものである。この図に関する次の問いに答えよ。ただし，空気の抵抗，および糸の質量は無視できるものとする。また，点A，Dは，それぞれおもりの運動の最下点，最高点とする。

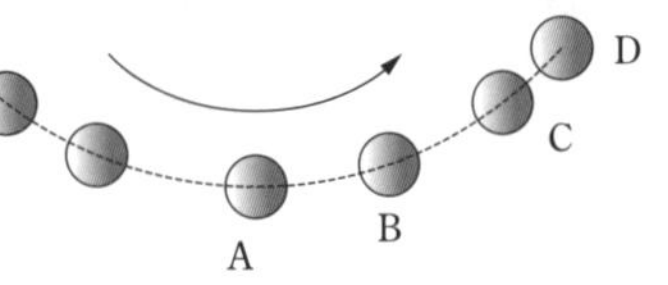

図のBの位置では，おもりにどのような力がはたらいているか。おもりにはたらく力を示す矢印として最も適当なものを，次の①～⑧のうちから1つ選べ。ただし，図にはおもりの糸も描き加えてある。

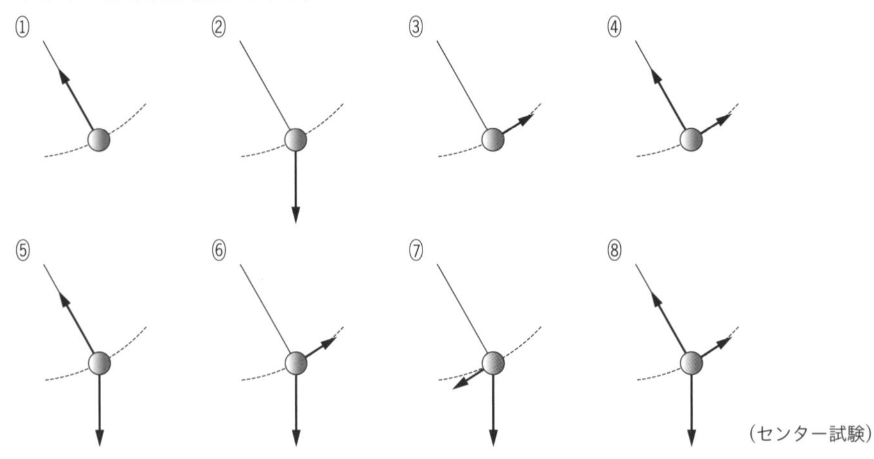

（センター試験）

2 下の文章中の空欄［　　］に入れる語句として最も適当なものを，直後の｛　｝で囲んだ選択肢のうちから1つ選べ。

図のように，大気のない惑星にいる宇宙飛行士の上空を，宇宙船が水平左向きに等速直線運動して通過していく。このとき宇宙船は，等速直線運動をするためにロケットエンジンから燃焼ガスを［　　］

｛
① 水平右向きに噴射していた。
② 斜め右下向きに噴射していた。
③ 鉛直下向きに噴射していた。
④ 噴射していなかった。
｝

（共通テスト試行調査）

質問 05

物理基礎

同じおもりを1本のばねにつるした場合(図1)と，同じばねを2本連結したばねにつるした場合(図2)とでは，ばね1本あたりの伸びに違いがあるのでしょうか？

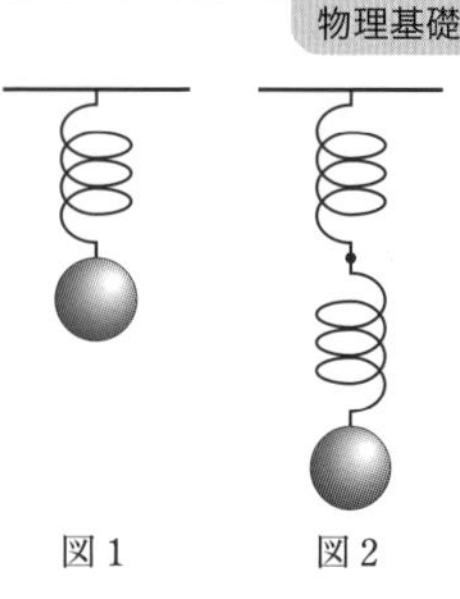
図1　図2

A 回答 どちらの場合も，ばね1本あたりの伸びは同じです。

「図2では，2本のばねを連結した1本のばねで物体を支えることになる。そのため，図1のように1本だけのばねで物体を支える場合に比べて，ばね1本あたりの弾性力は半分で足り，伸びも半分になるのではないか？」このように思われる方は多いと思います。しかし，実際にはこうなりません。どうしてでしょう？

最大のポイントは，**ばねの弾性力は接する物体にだけはたらく**という点にあります。

> ばねが登場するかどうかに関わらず，物体にはたらく力は次のように整理できます。
>
> **物体にはたらく力＝重力や静電気力などの特別な力＋接するものから受ける力**
>
> 重力や静電気力などは，物体どうしが接触しなくてもはたらきます。実は，これは特別なことであり，普通は接触しなければ力は発生しないのです。高校の力学分野では，接触しなくてもはたらく特別な力としては「重力(万有引力)」だけを考えればよい場合がほとんどです。

それでは，このことを頭に置いて図1，図2それぞれの状況を考えてみましょう。

【図1の場合】 ばねにつるされた物体には，右図のような力がはたらきます。物体が接するのはばねだけですから，重力以外に受ける力はばねの弾性力だけです。物体は静止しているので，力のつりあい

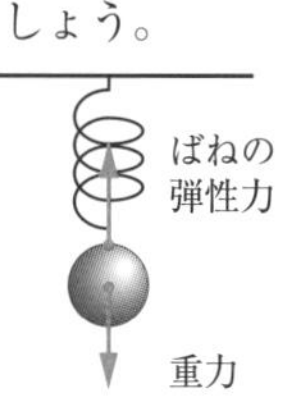

ばねの弾性力の大きさ＝物体にはたらく重力の大きさ

が成り立ちます。ばねの弾性力の大きさが，物体にはたらく重力の大きさと等しいことが確認できます。

【図2の場合】 上側のばねを「ばね1」，下側のばねを「ばね2」として，ばねにつるされた物体にはたらく力を考えてみましょう。**物体に接しているのは，ばね2だけで，ばね1とは接していません**。そのため，物体にはばね2の弾性力ははたらきますが，ばね1の弾性力ははたらかないことに注意が必要です！よって，静止している物体についての力のつりあい

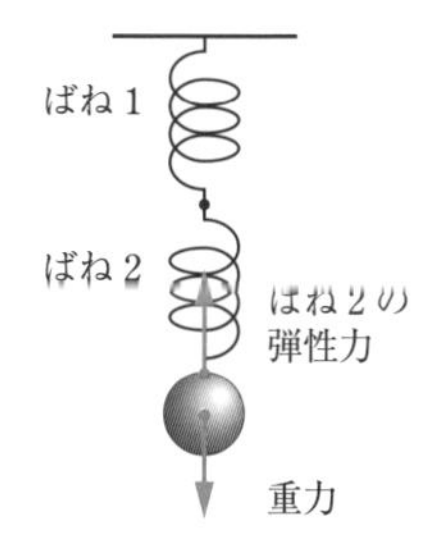

ばね２の弾性力の大きさ＝物体にはたらく重力の大きさ

が成り立つことがわかります。ばね２の弾性力の大きさは，図１の場合と同様に物体にはたらく重力の大きさと等しいですね。

さらに，ばね１の弾性力とばね２の弾性力の大きさを比べてみましょう。

ここで，「ばね１がばね２を引く力」と「ばね２がばね１を引く力」は作用・反作用の関係にあります。つまり，**大きさが等しい**のです。このことから，「ばね１の弾性力」と「ばね２の弾性力」の大きさが等しいことがわかります。

以上のことを整理すると，

ばね１の弾性力の大きさ＝ばね２の弾性力の大きさ＝物体にはたらく重力の大きさ

となります。つまり，図２の場合のそれぞれのばねの弾性力の大きさは，図１の場合と変わらないのです。そのため，それぞれのばねの伸びも図１の場合と等しくなります。

類題にチャレンジ 05

解答 → 別冊 p.6

1 ばね定数が k のばね S_1，S_2 と，質量がそれぞれ m，M のおもり A_1，A_2 を用意し，図のように連結して，天井から鉛直につり下げ，静止させた。このとき，S_1，S_2 の自然の長さからの伸びは，それぞれ x_1，x_2 であった。ただし，$M>m$ とし，ばねの質量は無視できるものとする。また，重力加速度の大きさを g とする。

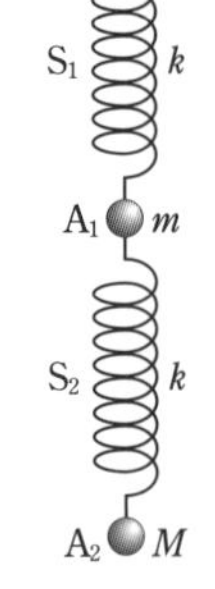

x_1，x_2 を表す式として正しいものを，次の①～⑨のうちから１つずつ選べ。ただし，同じものを繰り返し選んでもよい。

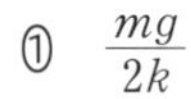

① $\dfrac{mg}{2k}$　② $\dfrac{Mg}{2k}$　③ $\dfrac{(m+M)g}{2k}$

④ $\dfrac{mg}{k}$　⑤ $\dfrac{Mg}{k}$　⑥ $\dfrac{(m+M)g}{k}$

⑦ $\dfrac{2mg}{k}$　⑧ $\dfrac{2Mg}{k}$　⑨ $\dfrac{2(m+M)g}{k}$

（センター試験）

2 ばね定数が k で自然の長さが等しいばね１，ばね２と，質量 m の物体を，図のようにつないだ。このとき，ばね１，ばね２の自然の長さからの伸び l は等しくなった。このときの l の値を求めよ。重力加速度の大きさを g とする。

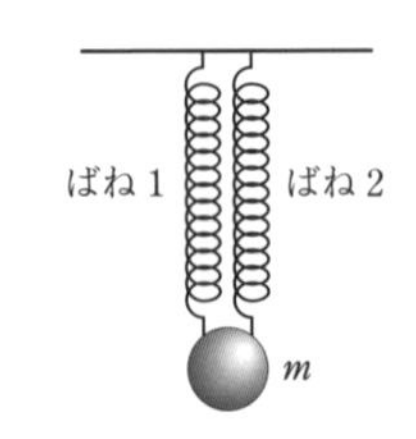

質問 06 物理基礎

相撲取りと子どもがぶつかったら，相撲取りよりも子どもの方が大きな力を受けるのでしょうか？

A 回答 相撲取りと子どもは同じ大きさの力を受けます。

相撲取りと子どもがぶつかったら，相撲取りはびくともしませんが，子どもは跳ね飛ばされてしまうでしょう。これは，「子どもの方が大きな力を受けるからだ」と考えるのが自然なようにも思えます。しかし正しくはそうではないのです。

このことは，作用・反作用の法則から理解できます。2つの物体（AとB）が力をおよぼしあうときには，作用・反作用の法則が成り立ちます。AからBにはたらく力を「作用」とすると，BからAにはたらく力が「反作用」です。

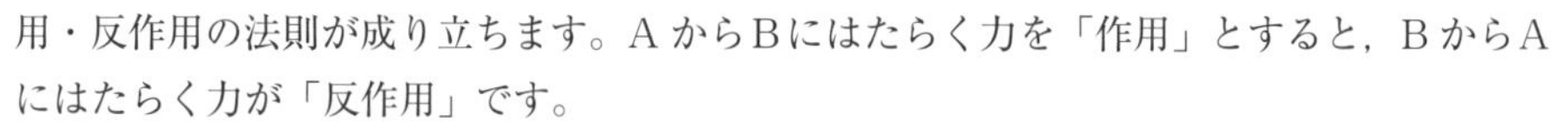

作用・反作用の法則は次のように整理できます。

> **作用があれば，必ず反作用が生じる**
> **作用と反作用は，向きが反対で大きさが等しい**

相撲取りと子どもはお互いに力をおよぼしあうのです。そのとき，**いくら体重差があってもおよぼしあう力の大きさは必ず等しくなる**のです。

このことが感覚的に理解しにくいのは，力は目に見えないからです。

目に見えるのは，力を受けた相撲取りや子どもに生じる変化です。相撲取りは力を受けるのですが，動きにほとんど変化が生じません。それに対して，子どもの動きは大きく変化します。

動き（速度）の変化を，物理では「加速度」とよびます。質量 m の物体が大きさ F の力を受けて加速度 a が生じるとき

$$ma = F$$

という関係が成り立ちます（運動方程式）。ここから，**物体が同じ大きさ F の力を受けたとしても，質量 m が大きいほど生じる加速度 a が小さい**ことがわかります。相撲取りは質量が大きいため，あまり加速度が生じないのです。逆に，質量が小さい子どもには大きな加速度が生じるのです。

物理基礎

「作用・反作用の関係」にある力と「つりあい」の関係にある力はどのように違うのでしょうか？

A 回答 「2つの物体の間でおよぼしあう力」なのか，「1つの物体が受ける力」なのかで見分けられます。

質問06で，作用・反作用の関係にある2つの力の向きは反対で大きさが等しいことを説明しました。

実は，これと同じことがつりあいの関係にある2つの力についても成り立つのです。物体にはたらく2つの力がつりあっているとき，2つの向きは反対で大きさは等しいのです。

このように，「作用・反作用の関係」にある2つの力と「つりあい」の関係にある2つの力とには共通点があります。そのため混同しやすいのです。

両者を見分けるポイントは，**何がその力を受けているのかハッキリさせる**ことです。次の例題で確認してみましょう。

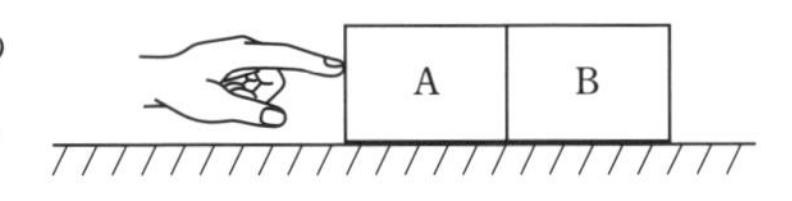

例題 図のように，水平な粗い面の上に2つの物体AとBを互いに接するように置いた。Aの一端を大きさFの力で押したところ，2つの物体は互いに接したまま等速度運動をした。このとき，AがBを押す力の大きさをF_1，BがAを押す力の大きさをF_2，Aと面との間にはたらく動摩擦力の大きさをf_A，Bと面との間にはたらく動摩擦力の大きさをf_Bとする。次の問いに答えよ。

(1) F，F_1，F_2のうち，作用・反作用の関係にある2つの力を答えよ。

(2) F，F_1，F_2，f_A，f_Bのうち，つりあいの関係にある2つの力を答えよ。

まずは，登場する5つの力を図に示してみましょう。

3つの力の中から，「作用・反作用の関係」にある2つの力と「つりあい」の関係にある2つの力を見つけ出すわけです。ここで，その違いを整理しておきます。

> **作用・反作用の関係：2つの物体の間でおよぼしあう力の関係**
> **つりあいの関係：1つの（同一の）物体にはたらく力の関係**

今回の問題では，AからBにはたらくのがF_1であり，BからAにはたらくのがF_2です。

つまり，F_1 と F_2 はA，Bという**2つの物体間でおよぼしあう力**であり，作用・反作用の関係にあるのです。

一方，F_1 と f_B はともにBという**同一の物体にはたらく力**です。物体Bは等速度運動するわけですが，これは F_1 と f_B がつりあっているからだと理解できます(慣性の法則)。

よって例題の答は(1)が F_1 と F_2，(2)が F_1 と f_B となります。

このように，その力を「何が」受けているのかハッキリさせることで，「作用・反作用の関係」と「つりあい」の関係をスッキリ区別できるようになります。

《注》 物体Aにはたらく右向きの力(F)と左向きの力(F_2 と f_Aの合力)も，つりあいの関係にあります。

また，F，f_A，f_B にもそれぞれ反作用があります。

F(手がAを押す力)の反作用は「Aが手を押す力」，f_A(面からAにはたらく摩擦力)の反作用は「Aから面にはたらく摩擦力」，f_B(面からBにはたらく摩擦力)の反作用は「Bから面にはたらく摩擦力」で，それぞれ次のように表せます。

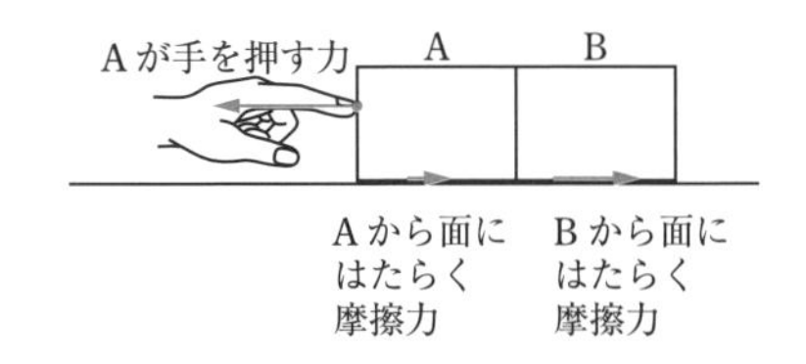

質問 08　物理基礎

糸でつり下げられた物体にはたらく張力の大きさは，物体にはたらく重力の大きさとつねに等しくなるのでしょうか？

回答　つねに重力の大きさと等しいわけではありません。

このことは，具体的な状況をいくつか検討してみると理解できます。

まずは，右図のように質量 m の物体が糸につるされて静止している場合を考えてみましょう。

重力加速度の大きさを g とすると，このとき，物体は静止しているので力のつりあい

糸の張力 T＝重力 mg

が成り立ちます。つまり，糸の張力の大きさは物体にはたらく重力の大きさと等しいことがわかります。では，右図のような２つの物体を静かにはなす場合はどうでしょう。

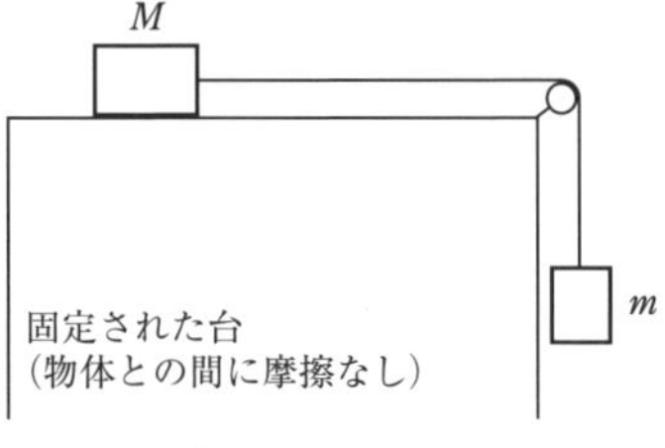

この場合，最初に静止していた物体は静止状態を続けません。動き出します。

物体が動き出すのは，力のつりあいが成り立っていないからです。

つまり，質量 m の物体について考えると，力のつりあい

糸の張力 T＝重力 mg

は成立していないのです。糸の張力の大きさは，糸につるされている物体の重力の大きさとは異なるのです。

このように，糸の張力の大きさはつるされている物体の重力の大きさと等しいとは限らないことがわかります。

では，上の場合の糸の張力の大きさはどのように求められるのでしょうか？

最初に静止していた２つの物体は動き出し，加速度運動します。そのような場合には，運動方程式を書いて考える必要があります。

物体が２つ登場するので，それぞれについて運動方程式を書きます。この場合は次のことがポイントとなります。

【ポイント①】　一緒に運動する物体の加速度の大きさは等しい

２つの物体は，糸でつながれたまま運動します。そのため，つねに速さが等しくなります。速さが等しければ速さの変化の度合い（＝加速度）の大きさも等しくなります。

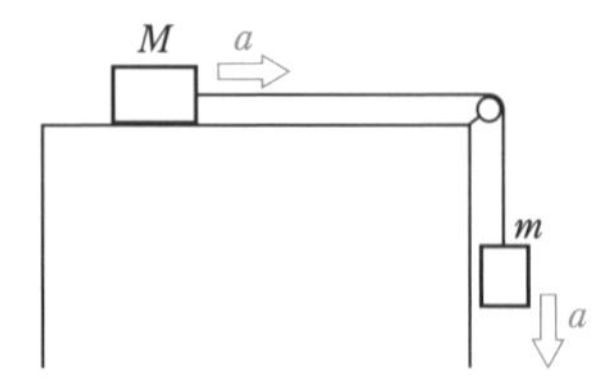

よって，加速度の大きさ（a）を共通にして運動方程式を書きます。

【ポイント②】 質量の無視できる糸の張力の大きさはどこでも等しい

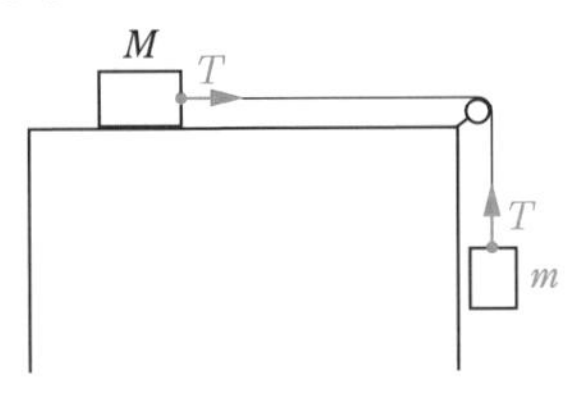

2つの物体にはそれぞれ糸の張力がはたらきます。

このとき，糸の質量が無視できれば張力の大きさ T はどこでも等しくなります。

このことは，糸について運動方程式を書いて考えると理解できます。いまは，糸の水平な部分だけで考えてみましょう。

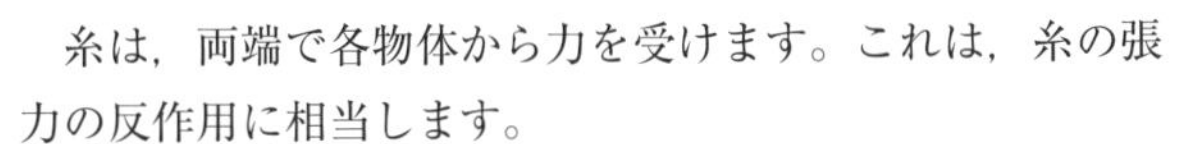

糸は，両端で各物体から力を受けます。これは，糸の張力の反作用に相当します。

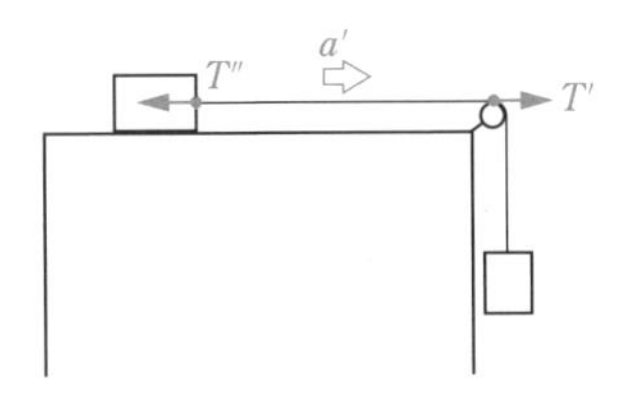

糸がそれぞれの端点で右図のような大きさ T'，T'' の力を受けるとし，糸の質量を m'，生じる加速度の大きさを a' とすると，糸についての運動方程式が

$$m'a' = T' - T''$$

と書けます。

ここから，$m' \neq 0$ であれば $T' \neq T''$ ですが，

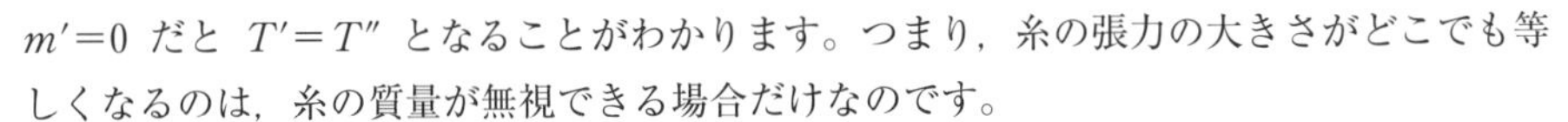

$m'=0$ だと $T'=T''$ となることがわかります。つまり，糸の張力の大きさがどこでも等しくなるのは，糸の質量が無視できる場合だけなのです。

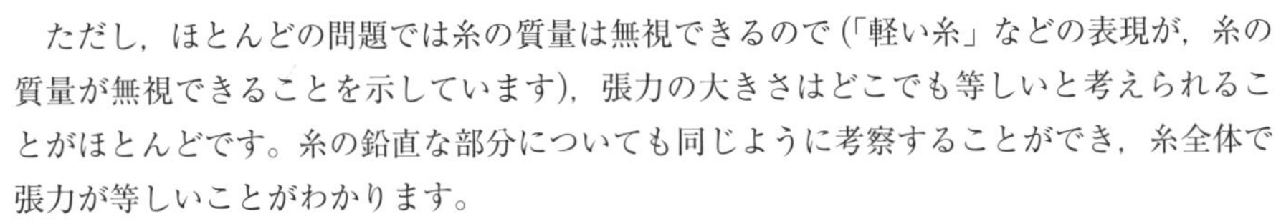

ただし，ほとんどの問題では糸の質量は無視できるので（「軽い糸」などの表現が，糸の質量が無視できることを示しています），張力の大きさはどこでも等しいと考えられることがほとんどです。糸の鉛直な部分についても同じように考察することができ，糸全体で張力が等しいことがわかります。

以上のことを踏まえると，今回の状況では物体の加速度を a として，

質量 M の物体の運動方程式：$Ma = T$

質量 m の物体の運動方程式：$ma = mg - T$

と書けることがわかり，2式から a を消去して

糸の張力の大きさ $T = \boldsymbol{\dfrac{Mmg}{M+m}}$

と求められます。

この値は，物体にはたらく重力の大きさ mg とは異なることが確かめられます。

類題にチャレンジ 08

解答 → 別冊 p.7

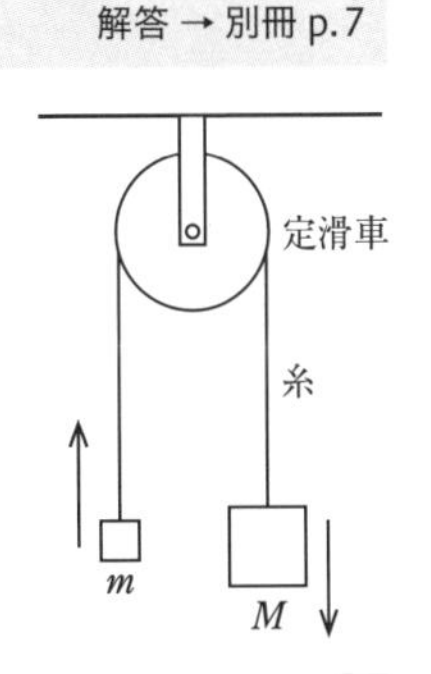

図のように，なめらかに動く軽い定滑車に，質量 M〔kg〕と質量 m〔kg〕の2つの物体を，軽くて伸びない糸で取りつけ，手で支えた。$M>m$ とする。質量 M の物体を支えていた手をはなすと，糸で結ばれていた2つの物体が動きはじめた。運動中の糸の張力の大きさを求めよ。ただし，重力加速度の大きさを g〔m/s²〕とし，空気の抵抗は無視できるものとする。　（防衛大）

質問 09

物理基礎

物体が動いているのに「静止摩擦力」がはたらいたり，物体が静止しているのに「動摩擦力」がはたらいたりすることがあるのはなぜでしょうか？

A 回答 摩擦力の種類は，物体が接する面に対して静止しているのか動いているのかによって決まるからです。

摩擦力を受ける物体の運動を考える問題は入試で頻出です。その問題を解くときに間違いやすいのが摩擦力の種類です。

摩擦力には「静止摩擦力」と「動摩擦力」の2種類があります。物体にはたらくのはどちらの摩擦力なのか，正しく判断できないと正解を得られなくなってしまいます。

ここでは，多くの人が間違える具体的な状況を通して説明します。

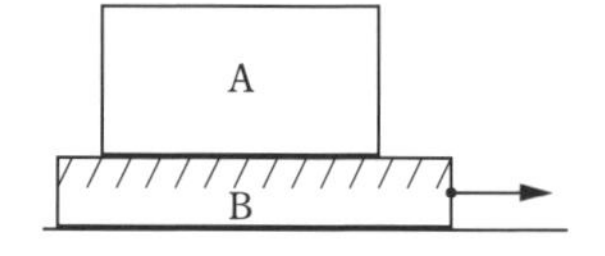

例題 1　水平でなめらかな床の上に物体Bを置き，Bの上に物体Aをのせる。物体AとBの間には摩擦力がはたらくとする。Bに水平方向に力を加えると，AとBは一体となって動いた。AがBから受ける摩擦力，BがAから受ける摩擦力の種類（静止摩擦力，動摩擦力）をそれぞれ答えよ。

この状況ではAもBも動きます。「動いているのだから，動摩擦力がはたらくのだろう」と考えた人は多いのではないでしょうか。

しかし，それは正しくありません。正しくは，「**AにもBにも静止摩擦力**」がはたらいています。どうしてそういえるのでしょうか？

物体が受ける**摩擦力の種類は，物体が静止しているのか動いているのかで決まるわけではありません**。**物体が接する面に対して動いているのか静止しているのかで決まる**のです。

摩擦力を受ける面に対して物体が静止している場合：静止摩擦力を受ける
摩擦力を受ける面に対して物体が動いている場合：　動摩擦力を受ける

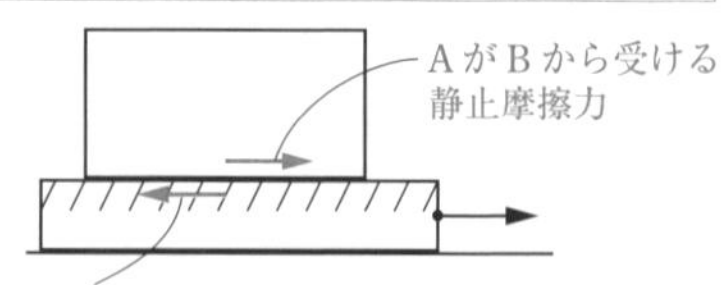

例題1ではAとBが一体となって動いています。つまり，AもBも**互いの接触面に対しては静止しながら動く**ということです。そのため，AはBから**静止摩擦力を受け**，BもAから**静止摩擦力を受ける**ことになるのです。

なお，2つの静止摩擦力は互いに反対向きで，等しい大きさとなります。このことは，「AがBから受ける摩擦力」と「BがAから受ける摩擦力」が作用・反作用の関係にあることがわかれば理解できます。

このような問題を解くとき，特に「BがAから受ける摩擦力」を忘れる人が多くいます。**作用があれば必ず反作用も生じる**（作用・反作用の法則）ことを意識していると，そのような漏れを防ぎやすくなります。

次に，別の例題を考えてみましょう。

例題 2 水平でなめらかな床の上に物体Bを置き，Bの上に物体Aをのせる。物体AとBの間には摩擦力がはたらくとする。Aには一端を壁に固定したぴんと張った糸をつなぐ。この状況でBに水平方向に力を加えると，Bだけが動きAは静止したままであった。AがBから受ける摩擦力，BがAから受ける摩擦力の種類（静止摩擦力，動摩擦力）をそれぞれ答えよ。

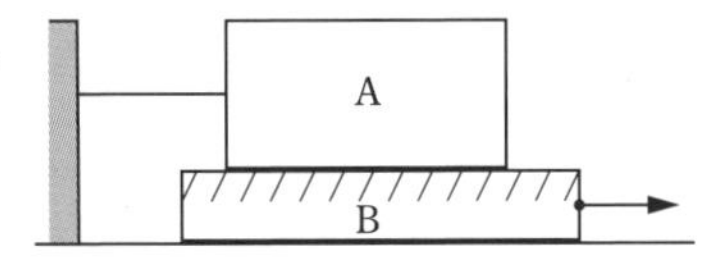

今度はどうでしょう？この状況でも，「Aは静止しているのだから，（Bから）静止摩擦力を受けるだろう」と勘違いする人が多くいます。もちろん，正しくは「**AもBも動摩擦力を受ける**」です。**AもBも，互いの接触面に対して動いているから**です。

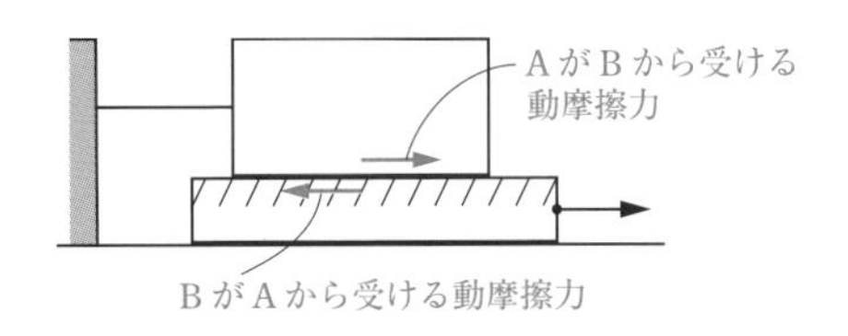

類題にチャレンジ 09

解答 → 別冊 p.8

次の文中の空欄にあてはまる式を記せ。

図のような水平な床に置かれた質量 M の板の一端に，質量 m の物体をのせる。このとき，板と物体との間の静止摩擦係数を μ とする。床と板との間の摩擦は無視できるものとする。重力加速度の大きさを g とする。

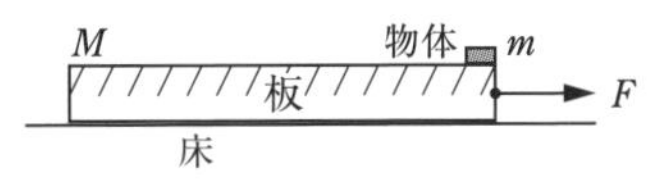

板を水平右向きに大きさ F の力で引く際，力 F や板と物体間の摩擦力の大きさにより，板上の物体がすべることがある。いま，力 F が十分に小さい場合を考える。このとき，力 F が作用した瞬間に物体は板上をすべることなく，板と一体となって動いた。このときの板の加速度を，F，M，m，μ，g のうちから適するものを用いて表すと［ (1) ］であり，板と物体との間の摩擦力の大きさを，F，M，m，μ，g のうちから適するものを用いて表すと［ (2) ］である。

（工学院大）

物理基礎

質問10 どのように考えれば，摩擦力のはたらく向きを正しく求められるのでしょうか？

A 回答 物体が接する面に対してどちら向きに動くのかを確認すると，摩擦力の向きを正しく求められます。

摩擦力には「静止摩擦力」と「動摩擦力」という種類があることに加えて，向きがわかりにくいという特徴があります。糸の張力や垂直抗力といった力なら向きが明確ですが，摩擦力のはたらく向きはとても間違いやすいのです。

次の例題で，摩擦力のはたらく向きを考えてみましょう。

例題 水平でなめらかな床の上に物体Bを置き，Bの上に物体Aをのせる。物体AとBの間には摩擦力がはたらくとする。Bに水平右向きに力を加えると，AとBは異なる加速度で運動した。AがBから受ける摩擦力，BがAから受ける摩擦力のはたらく向き（図の右向き，左向き）をそれぞれ答えよ。

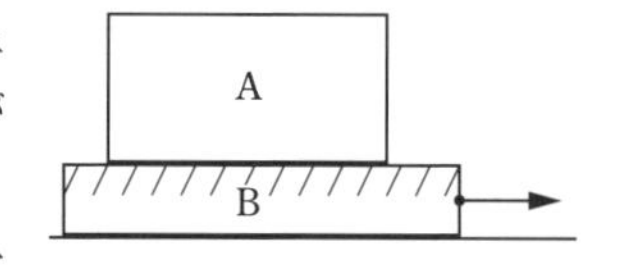

この状況では，AもBもともに右向きに動きますが，Bの方が速く動きます。

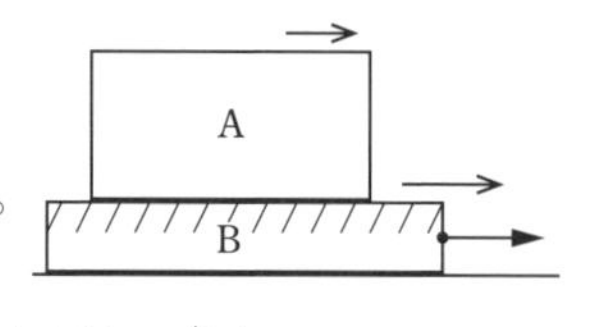

AとBの速さが違っても，ともに右向きに動いていきます。そのため，「物体の動きを妨げるのが摩擦力だから，AもBも左向きに摩擦力を受けるのだろう」と考える人もいるのではないでしょうか。

しかし，「AがBから受ける摩擦力」と「BがAから受ける摩擦力」が作用・反作用の関係にあることを思い出せば，それは間違いであると気づきます。作用と反作用は向きが逆になるからです。

正しくは，AとBが受ける摩擦力のはたらく向きは次のようになります。

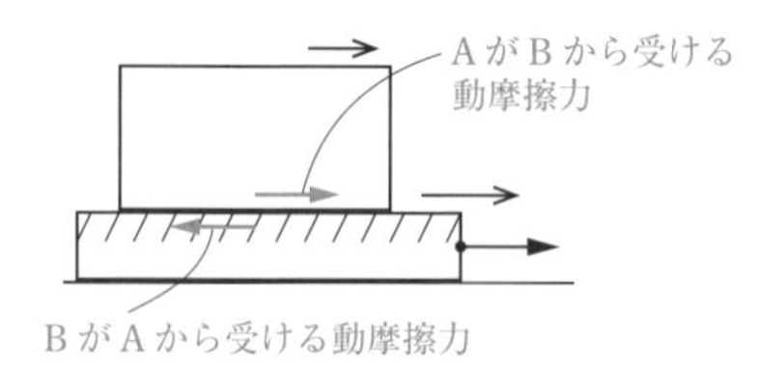

物体は，接触面から摩擦力を受けます。その接触面に対して物体が左向きに動くなら，摩擦力は右向きになります。一方で，接触面に対して右向きに動く場合は，摩擦力は左向きになるのです。つまり，**摩擦力のはたらく向きは接触面に対する移動方向と逆向き**にな

るのです。

今回の例題では，AはBよりも遅れて動いていきます。そのため，Bとの接触面に対しては左向きに動くことになります。だから，**右向き**に摩擦力を受けるとわかるのです。

Bは，Aよりも速く動いていきます。そのため，Aとの接触面に対して右向きに動くことになり，摩擦力は**左向き**になるのです。

このように，**摩擦力のはたらく向きは接触面に対する移動方向を確認することで正しく求められる**ようになります。

類題にチャレンジ 10

解答 → 別冊 p.9

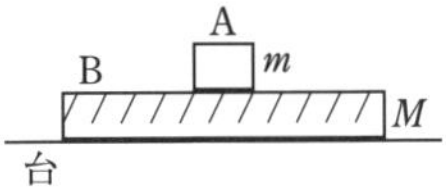

図のように，水平でなめらかな台の上に，長さ $2l$ の板Bがあり，その上に小さな物体Aがのっている。板Bに水平右向きに力を加えてBを動かすことを考える。板Bの質量は M，物体Aの質量は m であり，AとBの間の動摩擦係数は μ' であるとする。重力加速度の大きさを g とし，次の文の空欄に入れるのに最も適当な数，式を記入せよ。

A m B M 台

大きさ F の力を加え続けると，物体Aは板B上をすべりはじめ，台に対する板Bの加速度の大きさは［(1)］であり，台に対する物体Aの加速度の大きさは［(2)］である。

（関西大）

物理基礎

物体にはたらく静止摩擦力の大きさは，つねに μN（μ：静止摩擦係数，N：垂直抗力の大きさ）と求められるのではないのでしょうか？

A 回答　最大摩擦力の大きさは μN と求められますが，静止摩擦力の大きさがつねに μN であるとは限りません。

これも摩擦力に関するよくある誤解です。「物体が接する面に対して静止していれば，大きさ μN の静止摩擦力がはたらく」と考える人は多いのですが，そうではありません。**静止摩擦力の大きさは，状況によって変化する**のです。

このことは，次の例題を考えれば明らかです。

例題 1　水平な床の上に置かれた物体に，右図のように水平右向きに大きさ F の力を加えたが，物体は静止し続けた。このとき，物体にはたらく静止摩擦力の大きさを求めよ。

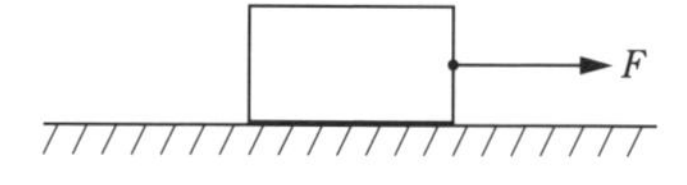

この場合，物体は静止しています。静止しているのですから，物体にはたらく力はつりあっています。

そして，水平成分の力のつりあいを考えれば，物体にはたらく静止摩擦力の大きさは F であるとわかります。

このことは，**静止摩擦力の大きさは物体に加える力の大きさによって変わる**ことを示しています。ですので，**静止摩擦力の大きさを求めるには力のつりあいを考える必要がある**のです。

ただし，静止摩擦力はどこまでも大きくなれるわけではありません。物体に加える力が大きくなるのに応じて静止摩擦力も大きくなっていきますが，それには限界があります。その限界（最大値）が最大摩擦力であり，これを超える力を加えたら物体はすべり出してしまうのです。

すべり出す直前

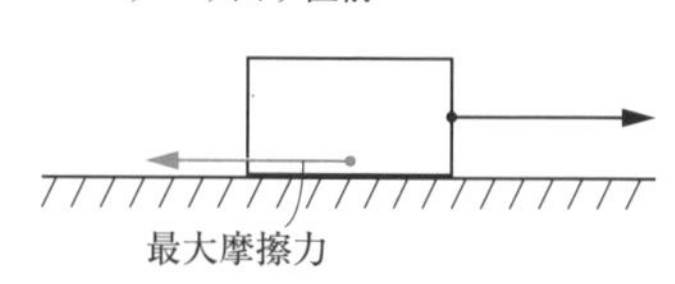

最大摩擦力の大きさは

> **物体と床の間の静止摩擦係数 μ：すべりにくさを表す**
> **物体が床から受ける垂直抗力の大きさ N：物体と床との密着度を表す**

の 2 つの値をかけた「μN」となります。つまり，**μN は静止摩擦力の最大値を表すのであり，いつでも静止摩擦力の大きさが μN となるわけではない**のです。

そして，重要なのは**最大摩擦力がはたらくのは加える力を徐々に大きくしていき，物体**

がすべり出す直前になったときだということです。このことを頭に置いておくと，物体が受ける摩擦力の大きさをスムーズに求められるようになります。

以上のことを，次の例題で確認しましょう。

例題 2　図に示すように，質量 m の物体が，傾斜角 θ の斜面上にある。斜面と物体の間の静止摩擦係数を μ とする。物体の底面は，つねに斜面に接しており，重力加速度の大きさを g とする。

右図において，斜面の傾斜角 θ を徐々に大きくしていくとき，物体Aがすべり落ちない最大の傾斜角を θ_1 とする。θ が θ_1 より小さいとき，物体Aにはたらく斜面の垂直抗力の大きさ N と摩擦力の大きさ F はいくらか。

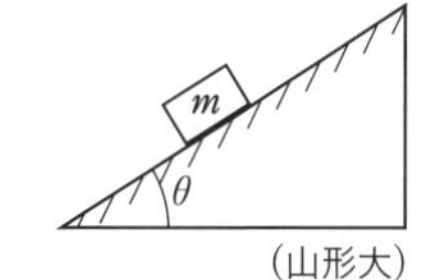

（山形大）

ここでは物体が静止している状況を考えます。静止しているのですから，力のつりあいが成り立っています。それを式にすればよいのです。

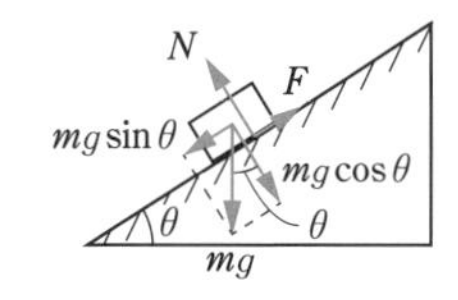

斜面に垂直な方向の力のつりあい：$N = mg\cos\theta$

斜面に沿った方向の力のつりあい：$F = mg\sin\theta$

このように，垂直抗力の大きさ N と静止摩擦力の大きさ F を求めることができます。

静止摩擦係数 μ が与えられていて，さらに垂直抗力の大きさ N を求めさせる設問があると，ついつい静止摩擦力 $= \mu N$ としがちです。しかし，ここではすべり出す直前の状況を考えているわけではありませんから，それは間違いだとわかるのです。

例題 3　例題 2 において，静止摩擦係数 μ を θ_1 を用いて表せ。

$\theta = \theta_1$（物体がすべり出す直前）では，静止摩擦力 F が最大摩擦力となります。

よって，

$$F = \mu N = \mu mg\cos\theta_1$$

であり，これと $F = mg\sin\theta_1$ とから

$$\mu = \frac{\sin\theta_1}{\cos\theta_1} = \tan\theta_1$$

と求められます。

質問 12

物理基礎

水入り容器をのせた台ばかりの示す目盛りは，水に物体を沈める前と後でどう変わるのでしょうか？

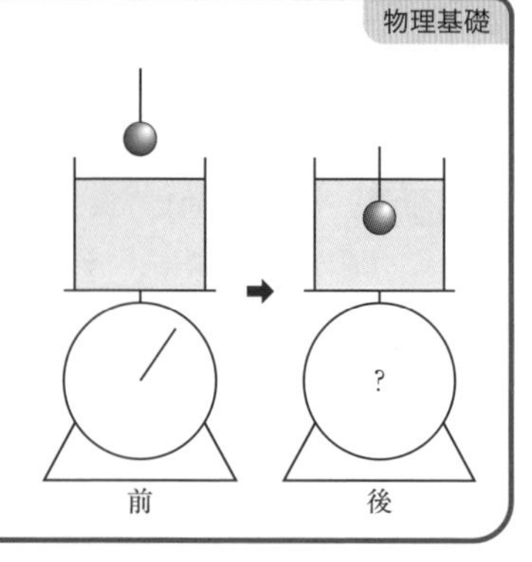

A 回答 沈めた物体が受ける浮力の大きさの分だけ，台ばかりの目盛りは大きくなります。

このテーマについては，例題を通して考えてみましょう。

例題 水を入れた容器を台ばかりにのせる。ここで，ばねばかりにつるした質量 m，体積 V の物体をこの水の中に完全に沈める。物体を水中へ入れる前に比べ，台ばかりおよびばねばかりの示す目盛りはそれぞれどれだけ増加または減少するか。ただし，水の密度を ρ，重力加速度の大きさを g とする。

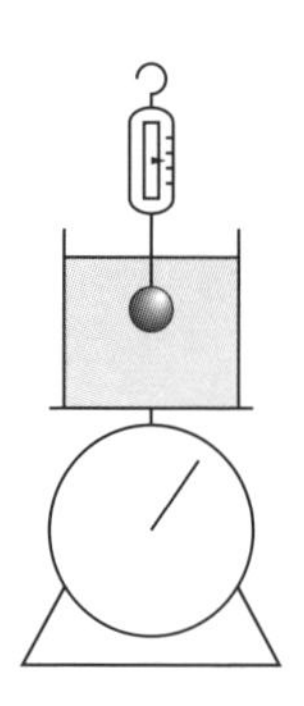

さあ，どのように考えたでしょうか？

質量 m の物体は，ばねばかりに支えられたまま水の中に沈められています。だから，「台ばかりの目盛りもばねばかりの目盛りも変わらない」と思った人も多いのではないでしょうか。そんな気がするかもしれませんが，それは間違いです。**物体が水に沈められることで，物体と水とは力をおよぼしあうようになる**からです。

体積 V の物体は，完全に水中に沈みます。そのため，物体には大きさ ρVg の浮力がはたらきます。ここで，**浮力は水から物体にはたらく力**であることを確認しておきます。

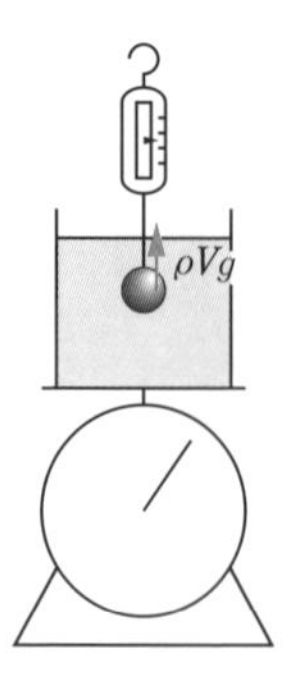

浮力を受ける物体の力のつりあいを考えてみましょう。物体には浮力の他に重力とばねばかりが引く力がはたらきますから，力のつりあいは次のように理解できます（ばねばかりが引く力の大きさを F_1 とします）。

$$F_1+\rho Vg=mg$$

ここから

$$F_1=mg-\rho Vg$$

と求められます。

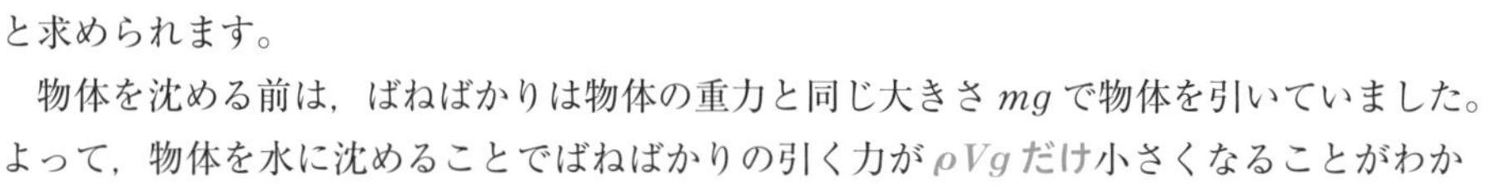

物体を沈める前は，ばねばかりは物体の重力と同じ大きさ mg で物体を引いていました。よって，物体を水に沈めることでばねばかりの引く力が **ρVg だけ**小さくなることがわかります（当然，ばねばかりの目盛りがこれだけ**減少**します）。

では，台ばかりの方はどうでしょう。こちらにも変化が生まれるのです。そのことは，**物体が水から浮力を受けるとき，水も物体から力を受ける**ことに気づくと理解できます。

ある物体Aが物体Bから力を受けるとき，BもAから力を受けることになります。これを作用・反作用の法則といいました。

今回は，水中に沈んだ物体が水から大きさ ρVg の浮力を受けるのですから，水も物体から同じ大きさ ρVg の力（浮力の反作用）を下向きに受けるのです。

台ばかりにのっているのは，容器＋水です。物体を沈めると，水が下向きに大きさ ρVg の力で押されるのです。その結果，台ばかりの目盛りは **ρVg だけ増加**することになるのです。

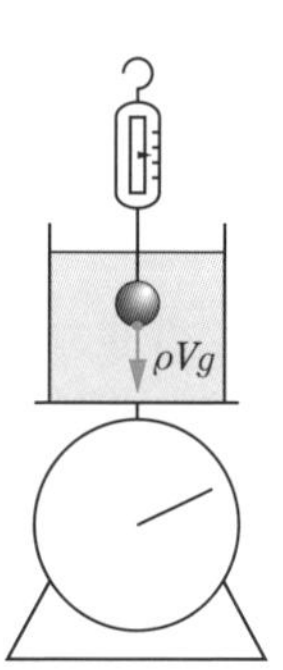

類題にチャレンジ 12

解答 → 別冊 p.10

水を入れた容器を台ばかりにのせる。ここで，ばねばかりにつるした質量 m，体積 V の物体のちょうど半分だけを水の中に入れた。物体を入れる前に比べ，台ばかりおよびばねばかりの示す目盛りはそれぞれどれだけ増加または減少するか。ただし，水の密度を ρ，重力加速度の大きさを g とする。

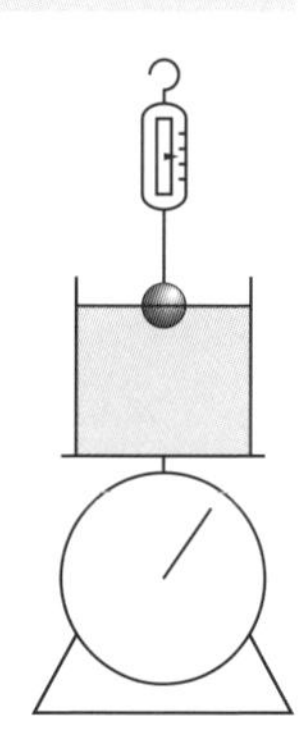

質問
13

物理基礎

空気が入った状態で水中へ沈めた容器の力のつりあいは，どのように考えればよいのでしょうか？

A 回答 中の空気もあわせて１つの物体と考えると，力のつりあいを考えやすくなります。

こちらも，例題を通して考えてみましょう。

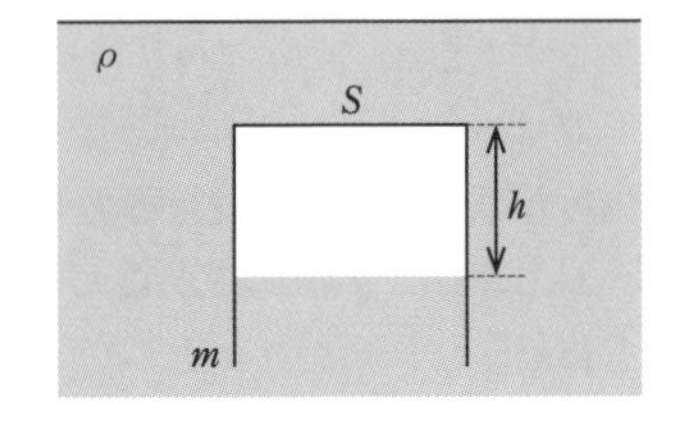

例題 質量 m で断面積 S の一端を閉じた円筒を逆さまにして水中へ沈めた。このとき円筒の中には高さ h の分だけ空気が含まれていた。円筒から手をはなすと，円筒は浮かび上がろうとする。円筒が完全に水中に沈んだ状態で静止し続けるようにするには，どれだけの大きさの力を加えればよいか。水の密度を ρ，重力加速度の大きさを g とし，円筒の厚さと円筒内の空気の質量は無視できるものとする。

水中に金属球などの物体が沈められているときには力のつりあいをスムーズに考えられても，中に空気が含まれると苦手という人も多くいます。たしかに，質量が無視できる空気の力のつりあいをどう考えればよいか戸惑ってしまいます。

このような場合には，**「円筒＋中の空気」をあわせて１つの物体と考える**と，スムーズです。というのは，円筒だけに着目して力のつりあいを考えようとしたら，浮力の大きさを求めるために円筒の体積が必要になります。しかし，円筒の厚さは無視できるとありますので，「浮力は０？」となってしまいます。また，中の空気から上向きに押される力を求めようと思っても，空気の圧力が示されていません。このように，このパターンの問題では容器だけに着目すると難しいことが多いのです。

では，「円筒＋空気」に着目したらどうなるでしょう。そうすると，「質量 m で体積 Sh の物体が水中に沈んでいる」と考えられるのです。

よって，右図のように重力と浮力の大きさを求められます。

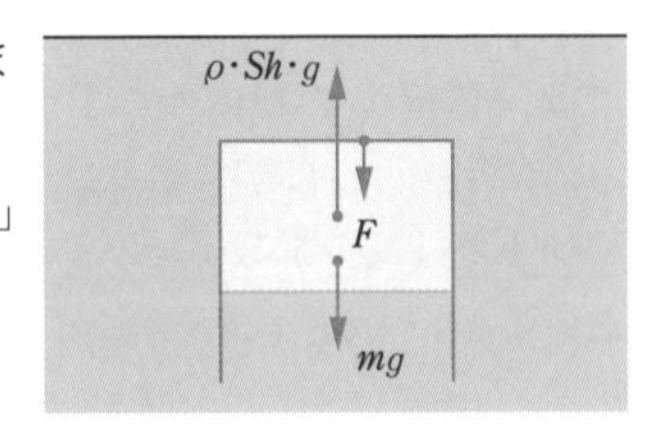

そして，ここへ大きさ F の力を加えて「円筒＋中の空気」について力のつりあいが成り立つようにするには

$$F + mg = \rho Shg$$

であればよく，ここから

$$F = (\rho Sh - m)g$$

と求められます。

質問 14 物理基礎

液体中に浮いている物体の力のつりあいを考えるとき，大気が押す力を含めて考えるのは間違いなのでしょうか？

A 回答 大気が押す力は浮力に含まれています。浮力を使って力のつりあいを考える場合は，大気が押す力を考える必要はありません。

物体が液体中に完全に沈んでいるのでなく，一部が液面から出て浮いている状況を考えるとき，次のような誤りをしてしまうことがあります。

例題 質量 m で断面積 S の円筒形の物体を水中へ沈めると，水中に沈んだ部分の高さが h となった。大気圧を p_0，水の密度を ρ，重力加速度の大きさを g として，物体にはたらく力のつりあいを式で表せ。

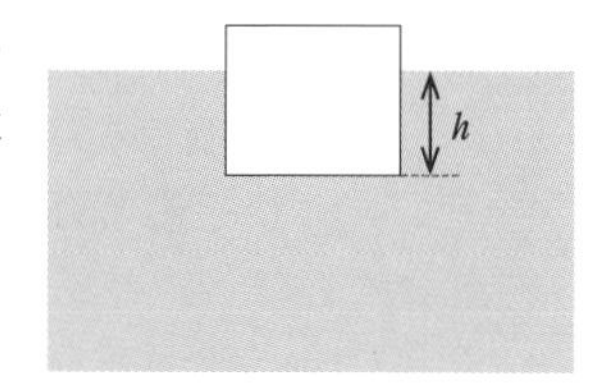

【誤りの例】 物体にはたらく重力の大きさは mg。また，物体は体積 Sh だけ液体中に沈んでいるので，大きさ ρShg の浮力を受ける。さらに，大気から大きさ p_0S の力を受ける。

よって，力のつりあいは

$$mg + p_0S = \rho Shg$$

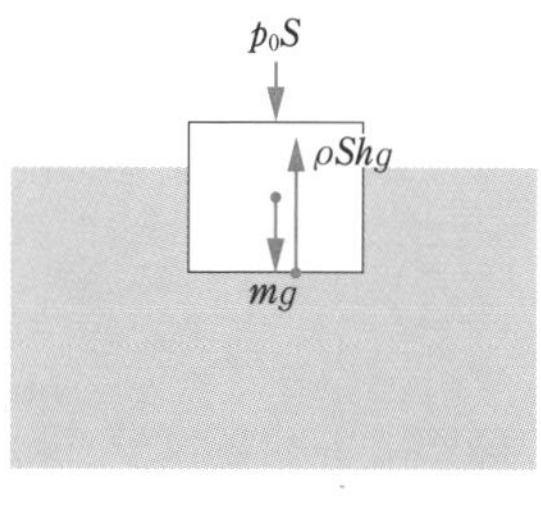

この考え方は，一見正しそうに思えます。どうして間違っているのでしょうか？

誤解の原因は，浮力について正しく理解していないことにあります。

例えば，右図のように体積 V の物体が液体中に（完全に）沈んでいるとき，物体には大きさ ρVg の浮力がはたらきます。実は，**浮力は物体の「下面が液体から上向きに押される力」と「上面が液体から下向きに押される力」の差**なのです。

（浮力）＝（下面が液体から押される力）
　　　－（上面が液体から押される力）＝ρVg

では，物体の一部が液面より上に出ている場合はどうでしょう。この場合は，**物体の「下面が液体から上向きに押される力」と「上面が大気から下向きに押される力」の差が浮力**となっているのです。この差が，物体の**液体中に沈んでいる部分の**体積 V を使って ρVg と求められるのです。

（浮力）＝（下面が液体から押される力）
　　　－（上面が大気から押される力）＝ρVg

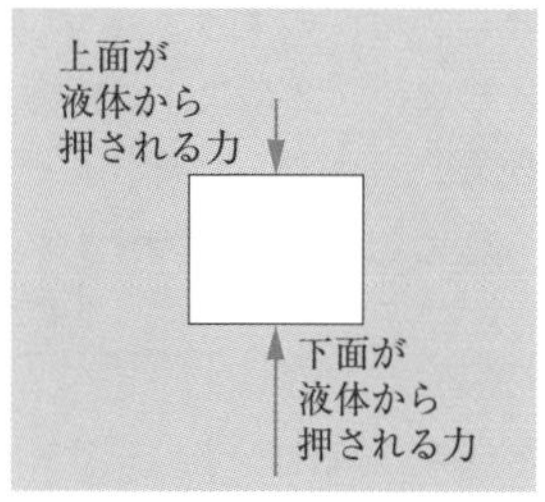

以上のことから，**液体や大気が物体を押す力は，物体にはたらく浮力の中に含まれている**ことが理解できます。よって，浮力を表す式とは別に，大気や液体が押す力を加えたら，同じ力を 2 回加えることになってしまいます。もちろんそれは誤りです。

今回の例題については，正しくは

$$mg = \rho Shg$$

のように力のつりあいを求められます。

《注》 液体の圧力は，液面から深さ h の位置では大気圧より ρhg だけ大きく，$p_0 + \rho hg$ となっています。よって，物体の「下面が液体から上向きに押される力」と「上面が大気から下向きに押される力」はそれぞれ次のように求められ，その差が ρShg となることが確認できます。

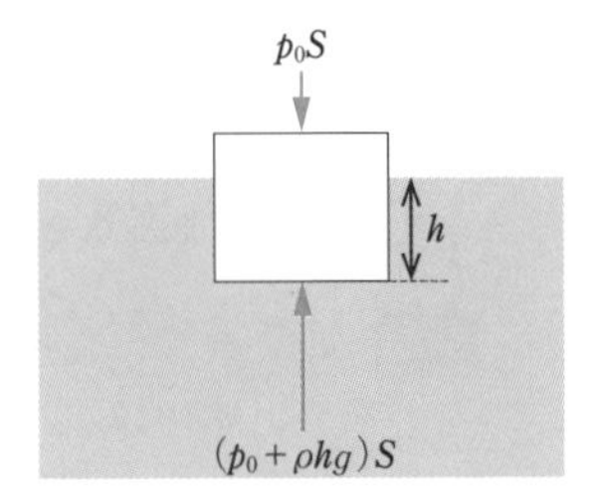

上面が受ける力の大きさ $= p_0S$

下面が受ける力の大きさ $= (p_0 + \rho hg)S$

したがって，

下面が受ける力の大きさ－上面が受ける力の大きさ $= \rho Shg$

類題にチャレンジ 14

解答 → 別冊 p.10

図 1 のように，各辺が L〔m〕の立方体の物体を，密度 ρ_0〔kg/m^3〕の液体に浮かべた。重力加速度の大きさを g〔m/s^2〕とする。

次に，図 2 のように，物体を指で静かに押して，つりあいの位置からさらに x〔m〕だけ沈めた。ただし，物体が沈みきることはないとする。

このとき，指が押す力の大きさ f〔N〕を求めよ。

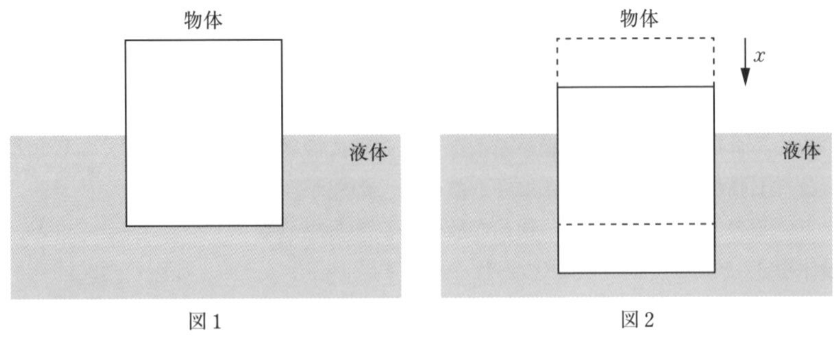

図 1　　図 2

（東邦大）

物理

力のモーメントのつりあいの式は，どの点を回転軸として書けばよいのでしょうか？

A 回答 どの点を回転軸としても解けますが，最も多くの力がはたらいている点を回転軸とするとラクになります。

剛体のつりあいを考える問題では，「力のつりあい」に加えて「力のモーメントのつりあい」の式も書く必要があります。ただし，力のモーメントの式はどの点を回転軸と考えるかによって変わります。つまり，式の書き方はいくらでもあるのです。

結果的には，**どの点を回転軸だと考えて力のモーメントのつりあいを書いても，問題を解くことはできます**。しかし，回転軸の取り方によって式を書く大変さが変わります。

最もラクに力のモーメントのつりあいを書けるのは，一番多くの力がはたらいている点を回転軸とする場合です。回転軸と考える点にはたらいている力のモーメントは0となって消えてしまうからです。

具体的な状況で考えてみましょう。

例題 図のように，長さ l，質量 M の一様な棒の，左端Aを壁に垂直に接触させ，右端Bから長さ $\frac{l}{4}$ のところに軽い糸をつけて水平に支えた。このとき，糸は壁の点Cに固定され，糸と壁との角度は45°であった。重力加速度の大きさを g，壁と棒との間の静止摩擦係数を μ とする。

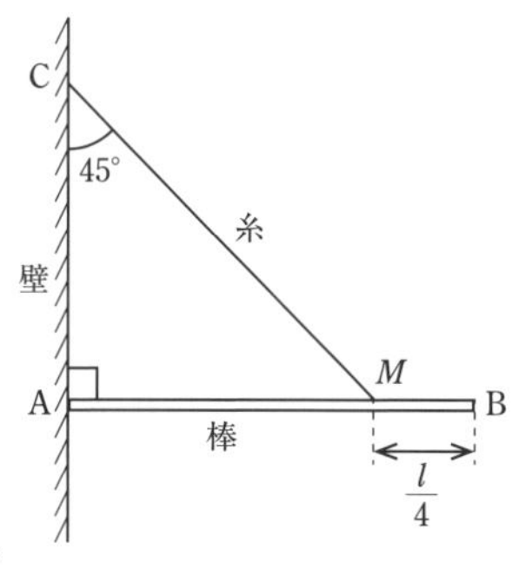

(1) 糸の張力の大きさを求めよ。
(2) 棒が壁から受ける垂直抗力の大きさを求めよ。
(3) 棒と壁との間にはたらく摩擦力の大きさを求めよ。 （東海大）

まずは，棒にはたらく力を確認しましょう。

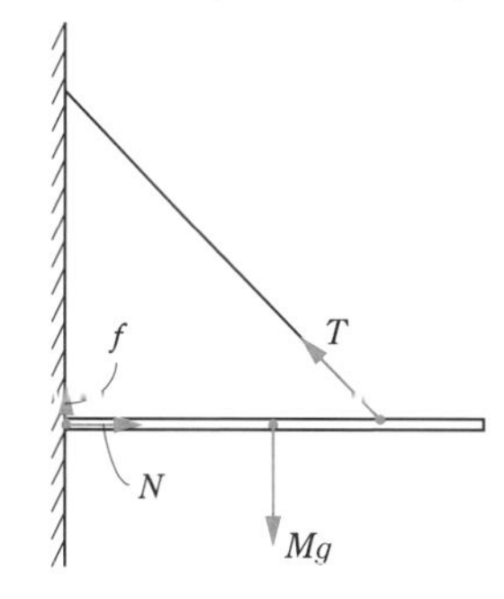

T：糸の張力の大きさ
f：静止摩擦力の大きさ
N：垂直抗力の大きさ

《注》 棒と壁との間に摩擦がなかったら，棒は壁に対して下向きにすべり出します。その動きを妨げるように静止摩擦力ははたらくので，静止摩擦力の向きは上向きになります。

棒には，4つの力がはたらきます。これらの力について「力のつりあい」と「力のモーメントのつりあい」を書けばよいのです。

まずは，「力のつりあい」を確認しましょう。すべての力を直交する2方向に分解して，各方向でのつりあいを書きます。この場合は，水平方向と鉛直方向で式を書くのがよさそうです。

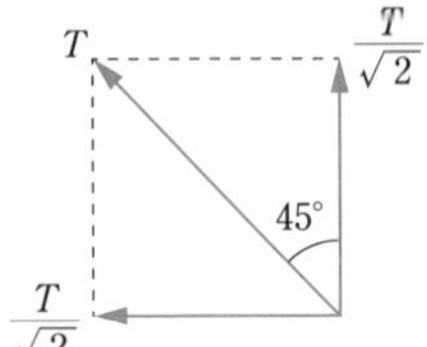

水平方向の力のつりあい：$N=\dfrac{T}{\sqrt{2}}$ ……①

鉛直方向の力のつりあい：$f+\dfrac{T}{\sqrt{2}}=Mg$ ……②

これらに加えて，「力のモーメントのつりあい」を書きます。今回は棒の左端に2つの力（f と N）がはたらいており，これが最も多くの力がはたらく点になっています。ですので，左端を回転軸として力のモーメントのつりあいを書くと一番ラクに式が書けます（f と N のモーメントがともに0となって消えてしまいます）。

力のモーメントのつりあい：$Mg\times\dfrac{l}{2}=\dfrac{T}{\sqrt{2}}\times\dfrac{3}{4}l$ ……③

以上の①～③を解くと，次のように求められます。

$T=\dfrac{2\sqrt{2}}{3}Mg$ （(1)の答）　$N=\dfrac{2}{3}Mg$ （(2)の答）　$f=\dfrac{1}{3}Mg$ （(3)の答）

類題にチャレンジ 15

解答 → 別冊 p.11

図のように，鉛直でなめらかな壁面に，質量がmで長さが l の棒ABを立てかけた。太郎さんが棒の上を点Aから登り始め，点Cに達した。AC間の距離を x とし，太郎さんの質量を m，棒と床面のなす角を θ，棒と床面の間の静止摩擦係数を μ とする。また，棒ABの密度は均一であり，重力加速度の大きさを g とするとき，次の各問いに答えよ。答えは x，m，l，θ，g の中の適切な記号を用いて表せ。

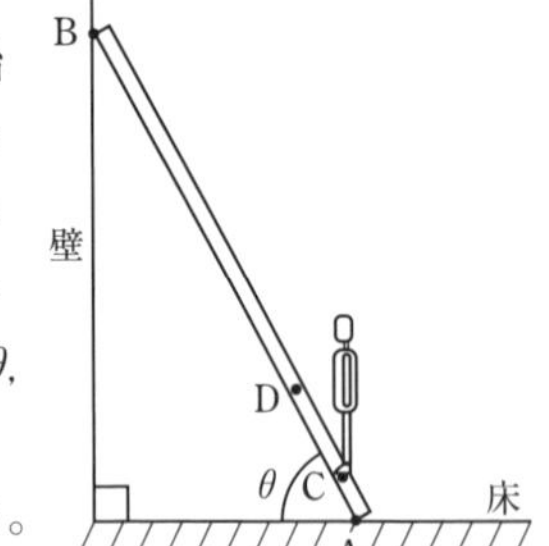

問1　棒の下端Aが床から受ける垂直抗力の大きさNを求めよ。

問2　棒の下端Aが床から受ける摩擦力の大きさ f を求めよ。

問3　棒の上端Bが壁を押す力の大きさ N' を求めよ。

太郎さんはさらに棒を登り，点Dに達した瞬間に棒がすべり始めた。AD間の距離は $\dfrac{l}{4}$ であった。

問4　棒と床面の間の静止摩擦係数μを求めよ。　（東海大）

質問 16　物理

物体が「倒れる」のか「すべり出す」のか，どちらが先に起こるのかどうしたら判断できるのでしょうか？

A 回答　物体が「倒れる」条件と「すべり出す」条件をそれぞれ式で表し，2式を比較して判断できます。

剛体に関する問題では，剛体の転倒を考えることがあります。それと同時に，剛体はすべり出すこともあります。どちらも起こり得るような状況で，実際にどちらが起こるかを考えさせる問題は頻出です。

物体がすべり出す条件についてはこれまでにも登場しましたが，転倒についてははじめてですので先にこちらを説明します。次の例題を見てみてください。

例題 1　一様な密度の立方体が粗い水平な床の上に置かれている。図はそれを側面から見た図である。図(a)のように，立方体の右上の辺に，真横から水平な力を加えた。力を徐々に大きくしていったところ，力の大きさがFを超えたときに，図(b)のように，立方体はすべらずに，左下の辺を軸として傾いた。立方体の質量Mとして正しいものを，下の①～⑦のうちから1つ選べ。ただし，重力加速度の大きさをgとする。

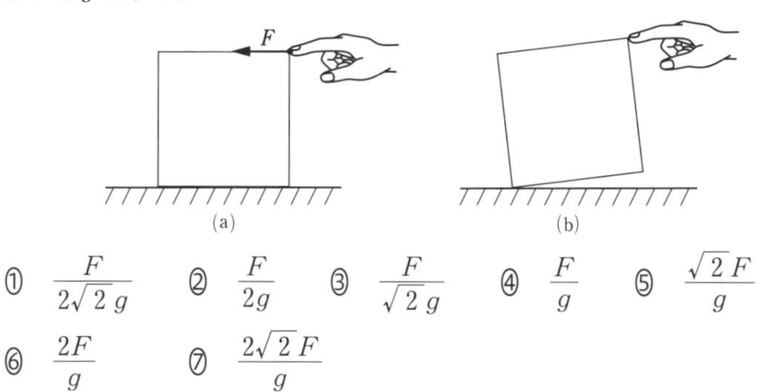

① $\dfrac{F}{2\sqrt{2}\,g}$　② $\dfrac{F}{2g}$　③ $\dfrac{F}{\sqrt{2}\,g}$　④ $\dfrac{F}{g}$　⑤ $\dfrac{\sqrt{2}\,F}{g}$

⑥ $\dfrac{2F}{g}$　⑦ $\dfrac{2\sqrt{2}\,F}{g}$

立方体が「倒れる(傾く)」ということは「回転する」ということですから，力のモーメントのつりあいを考える必要があります。いま，加える力の大きさがFを超えると回転するので，加える力の大きさがFのときにはギリギリ力のモーメントのつりあいが成り立っているわけです。そのことを式にしてみましょう。

立方体には重力Mgがはたらくと同時に，垂直抗力もはたらいています。力Fを加えていないときには，垂直抗力の作用点は下辺の中心です。その状態から加える力Fを大きくしていくと，垂直抗力の作用点は徐々に下辺の左側へ移動していきます。そして，傾く直前(立方体の下面が床から離れる直前)には，

F
垂直抗力
静止摩擦力　Mg
図1

図1のように，垂直抗力の作用点は左端の点となるのです。

立方体は左下の点を軸として回転するので，左下の点を軸として力のモーメントのつりあいを考えてみましょう（そうすれば，垂直抗力や静止摩擦力のモーメントは0となるので，垂直抗力の大きさを確認する必要もなくなります）。立方体の辺の長さをLとすると，左下の点のまわりの力のモーメントのつりあいは

$$Mg \times \frac{L}{2} = F \times L$$

と書け，これを解いて

$$M = \frac{2F}{g} \quad (⑥)$$

と求められます。

ここまで，物体が倒れる（傾く）状況の考え方を確認しました。それでは，いよいよ「倒れる」のか「すべり出す」のか考える問題の登場です。

例題2 図のように，直径a，高さbの円柱を粗い板の上に置き，板の一端をゆっくりもち上げる。このとき，円柱がすべらずに転倒する条件として最も適当なものを，次の①～⑥のうちから1つ選べ。ただし，円柱と板の間の静止摩擦係数をμとし，円柱の密度は一様であるものとする。

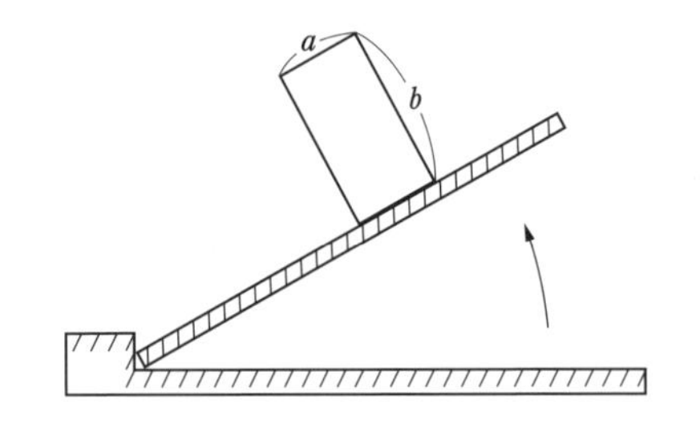

① $a > \mu b$　② $b > \mu a$　③ $ab > \mu$　④ $a < \mu b$　⑤ $b < \mu a$
⑥ $ab < \mu$

このように，「倒れる」「すべり出す」の両方が起こり得る状況を考える問題では，まずはそれぞれが起こる状況を別々に考えます。

まずは，「倒れる」状況です。先ほどと同じように考えられます。

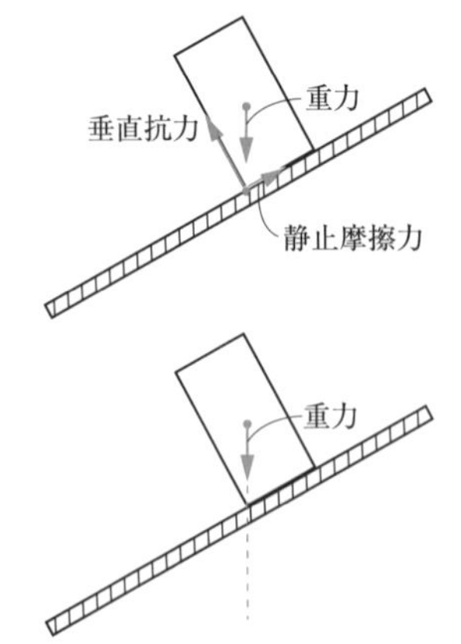

板を傾けていくと，板から円柱にはたらく垂直抗力の作用点が，徐々に下面の左側へ移動していきます。そして，倒れる（転倒する）直前には左端になります。

倒れる直前ですから，ギリギリ力のモーメントのつりあいは成り立っています。左端の点を回転軸として考えると，垂直抗力と静止摩擦力のモーメントは0となります。ですので，重力のモーメントも0となっているはずです。

左端の点のまわりの重力のモーメントが0となることから，重力の作用線が左端の点と交わることがわかります。

このことを図形的に考えて，円柱が倒れる直前の板の傾き θ は

$$\tan\theta=\frac{\frac{a}{2}}{\frac{b}{2}}=\frac{a}{b} \quad \cdots\cdots①$$

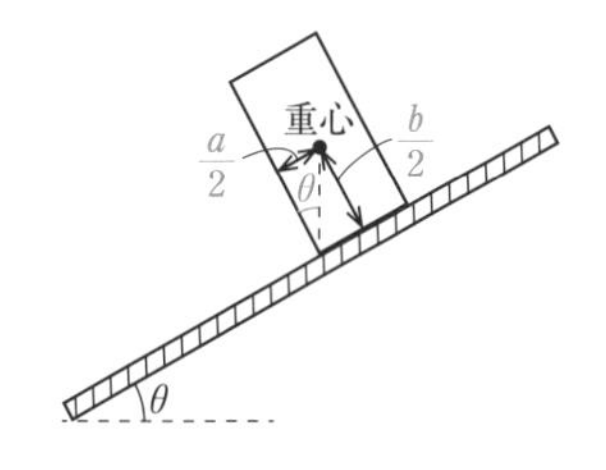

を満たすことがわかります。

それでは，次に円柱が「すべり出す」状況を考えましょう。円柱がすべり出す直前，円柱には最大摩擦力がはたらきます。最大摩擦力は，重力の板に平行な成分とギリギリつりあっています。

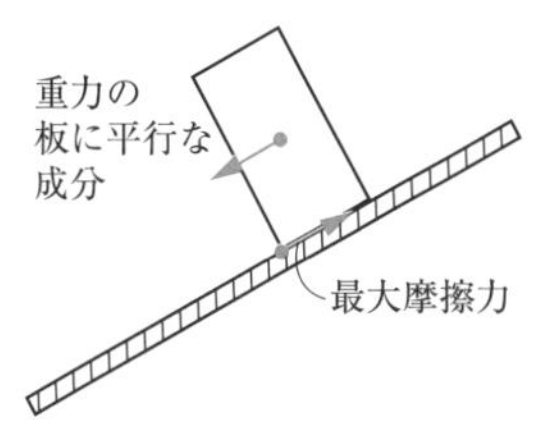

円柱の質量を m，板の傾きを θ'，重力加速度の大きさを g とすると，重力の板に平行な成分の大きさは $mg\sin\theta'$ です。また，最大摩擦力の大きさは $\mu N=\mu mg\cos\theta'$ であることがわかります。

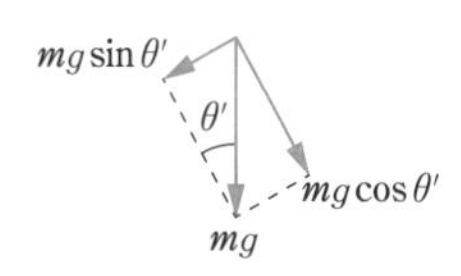

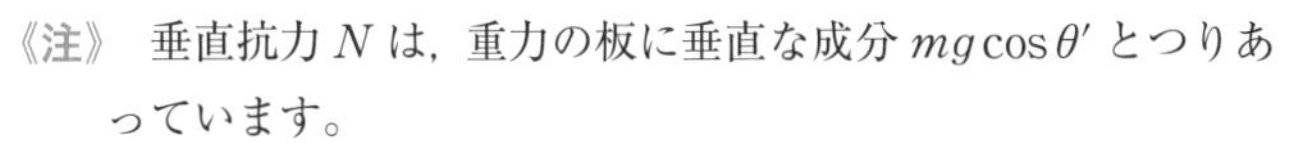

《注》 垂直抗力 N は，重力の板に垂直な成分 $mg\cos\theta'$ とつりあっています。

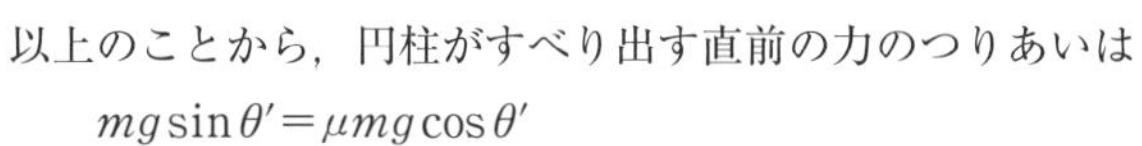

以上のことから，円柱がすべり出す直前の力のつりあいは

$$mg\sin\theta'=\mu mg\cos\theta'$$

と表すことができ，ここから円柱がすべり出す直前の板の傾き θ' は

$$\tan\theta'=\frac{\sin\theta'}{\cos\theta'}=\mu \quad \cdots\cdots②$$

を満たすことがわかります。

ここまで，円柱が「倒れる」「すべり出す」それぞれの状況について考えました。そして，この問題では円柱が「すべらずに倒れる」条件を求めます。

円柱は，①の条件を満たす角 θ まで板を傾ければ倒れます。また，②の条件を満たす角 θ' まで板を傾ければすべり出します。つまり，**条件さえ満たせばどちらも起こり得る**はずなのです。それでも実際にはどちらか一方しか起こりません。それは，「**片方のことが起こる前にもう片方のことが起こる**」といいかえることができます。

今回，「すべらずに倒れる」というのは，「すべり出す前に倒れる」といいかえられ，それは「**すべり出す条件（②）が満たされる前に，倒れる条件（①）が満たされる**」と理解できるのです。板を傾けるにしたがって $\tan\theta$，$\tan\theta'$ はともに大きくなっていきますから，②より前に①が満たされるには

$$\tan\theta<\tan\theta' \quad \text{つまり} \quad \frac{a}{b}<\mu$$

であればよいことがわかるのです（正解は $a<\mu b$ ④）。

類題にチャレンジ 16

解答 → 別冊 p.12

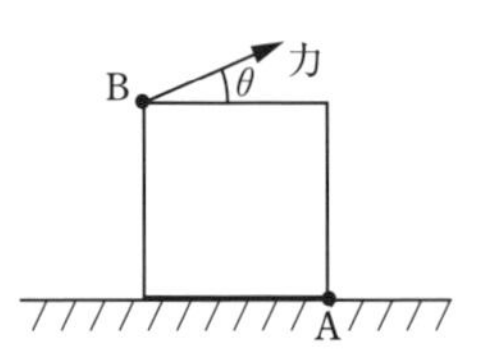

一辺がaで質量がmの一様な立方体形の物体が水平面上に置かれている。物体と水平面の間の静止摩擦係数をμとし，重力加速度の大きさをgとする。図は物体の重心を通る鉛直断面を表している。

この図のように，物体の左上の点Bに水平方向からの角度$\theta\left(0 \leqq \theta \leqq \dfrac{\pi}{2}\right)$の向きに力を加えた。その力を徐々に大きくしたところ，加えた力の大きさがFのときに，物体はすべることなく傾き始めた。

問 1　物体が傾き始める直前に，物体が水平面から受ける垂直抗力の大きさを求めよ。

問 2　物体が傾き始める直前の力の大きさFを求めよ。

問 3　θを変えると，物体が傾き始める力の大きさFを最小にすることができる。その角度$\theta_{\rm m}$を求めよ。

問 4　$\theta_{\rm m}$の方向に力を加えるとき，物体が水平面上をすべることなく傾き始める場合の，静止摩擦係数μの条件を求めよ。

（金沢大）

質問 17

物理基礎

物体に対して「仕事をする」力と「仕事をしない」力は，どのように見分けられるのでしょうか？

A 回答 物体にはたらく力の向きが，その移動方向に対して垂直かどうかで見分けられます。物体の移動方向と垂直な方向にはたらく力は，物体に対して仕事をしません。

物体が「どのような力からどれだけ仕事をされるか」を正しく求めることは，次に登場する「力学的エネルギー」を考えるのに必要です。物体がある力からされる仕事は

仕事＝物体の移動方向にはたらく力の成分×物体の移動距離

と求められます。つまり，どれだけ大きな力がはたらいていても，**その向きが物体の移動方向と垂直だったら仕事は0**となるのです。力の向きが物体の移動方向に垂直なら，物体の移動方向にはたらく成分は0だからです。

具体的な状況で，物体に対して「仕事をする」力と「仕事をしない」力を見分ける練習をしてみましょう。

例題 図のように，質量 m の物体が水平な粗い平面上の点Aを速さ v で通過し，距離 L だけすべって点Bで静止した。面と物体の間の動摩擦係数を μ' とし，重力加速度の大きさを g とする。

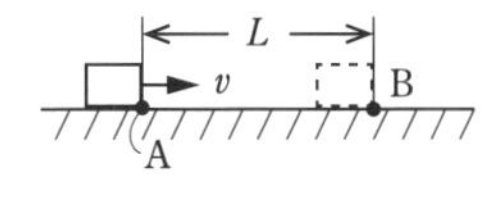

点Aから点Bまで移動する間に，重力，垂直抗力および動摩擦力が物体にした仕事 W_g，W_N，W_μ をそれぞれ求めよ。（静岡理工科大）

物体には問題で示された3つの力がはたらいています。それぞれの向きは，右図のようになります。

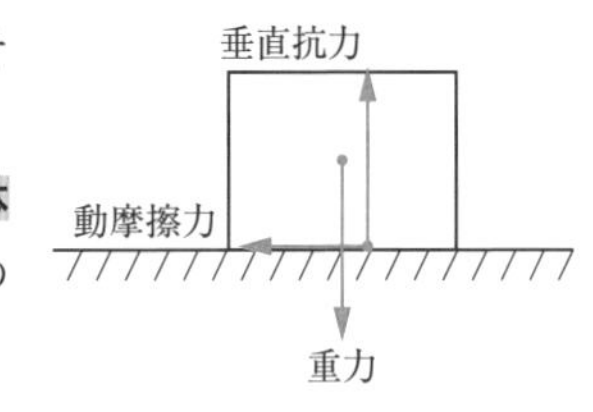

このように力の向きを確認すると，**重力と垂直抗力は物体の移動方向に垂直な向きにはたらく**ことがわかります。そのことから，

重力が物体にした仕事 $W_g=0$

垂直抗力が物体にした仕事 $W_N=0$

であることがわかるのです。

つまり，物体に仕事をするのは動摩擦力だけということです。動摩擦力の大きさは $\mu' N=\mu' mg$（N は垂直抗力の大きさで，物体にはたらく重力の大きさ mg と等しい）ですので

動摩擦力が物体にした仕事 $W_\mu=-\mu' mgL$

と求められます（**物体の移動方向と逆向きにはたらく力の仕事は，負の値になります**）。

質問 18 物理基礎

物体の力学的エネルギーは，どのようなときに保存されて，どのようなときに保存されないのでしょうか？

A 回答 物体が「非保存力」から仕事をされるかどうかで決まります。

物体の運動の変化を考える上で，「力学的エネルギー」は大きな武器になります。

> **力学的エネルギー＝運動エネルギー＋位置エネルギー**
>
> **位置エネルギー**
> - **・重力（万有引力）の位置エネルギー**
> - **・ばねの弾性力の位置エネルギー**

ただし，これが保存されるのかされないのか正しく判断できないと，使いこなすことはできません。

押さえるべきポイントは，「**物体の力学的エネルギーは非保存力から仕事をされた分だけ変化する**」ということだけです。

> **保存力：重力（万有引力），ばねの弾性力**
>
> **これ以外の力を非保存力といいます。**
>
> 《注》 **電磁気学分野で登場する静電気力も，保存力です。**

物体の力学的エネルギーは非保存力からされた仕事の分しか変化しないので，

物体が非保存力から仕事をされない場合 ⇒ 力学的エネルギーが保存される

物体が非保存力から仕事をされる場合 ⇒ 力学的エネルギーが変化する

と整理することができます。このことを頭に置いて，具体的な状況で考えてみましょう。

例題 1 水平面と角 θ をなす，なめらかな斜面上の物体の運動を考える。重力加速度の大きさを g とする。

小物体を斜面上の点Pから斜面に沿って上向きに速さ v_0 で打ち出したところ，図のように小物体は斜面を上り，点Pから L だけ離れた点Qを速さ v で通過した。v を表す式として正しいものを，下の①～⑧のうちから1つ選べ。

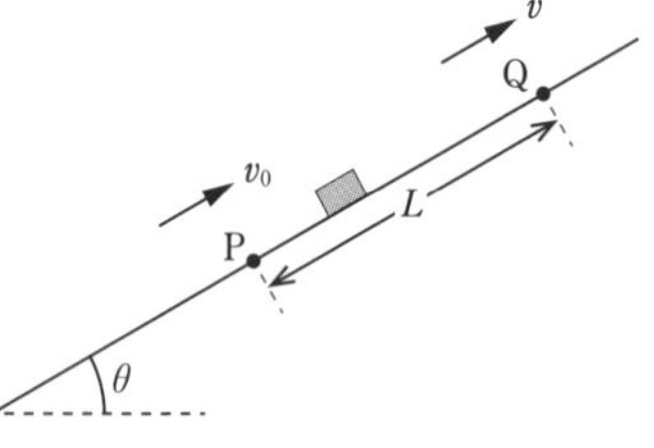

① $\sqrt{v_0^2+gL}$　② $\sqrt{v_0^2-gL}$　③ $\sqrt{v_0^2+2gL}$

④ $\sqrt{v_0^2-2gL}$　⑤ $\sqrt{v_0^2+gL\sin\theta}$　⑥ $\sqrt{v_0^2-gL\sin\theta}$

⑦ $\sqrt{v_0^2+2gL\sin\theta}$　⑧ $\sqrt{v_0^2-2gL\sin\theta}$

力学的エネルギーに着目して，この問題を解いてみましょう。まずは，**物体が非保存力から仕事をされるかどうか確認**する必要があります。

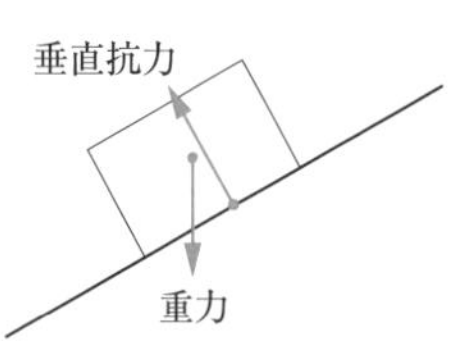

なめらかな斜面に沿って運動する物体にはたらく力は「重力」と面からの「垂直抗力」です。

重力は保存力ですので，物体が重力からどれだけ仕事をされても力学的エネルギーは変化しません。

垂直抗力は保存力ではない（非保存力）ですから，垂直抗力からされる仕事を求める必要があります。いま，物体は斜面に沿って運動し，垂直抗力は斜面に垂直な方向にはたらきます（「面に対して垂直」だから「垂直抗力」といいます）。つまり，垂直抗力は物体の移動方向と垂直な向きにはたらくということです。質問 17 で学んだことを思い出すと，垂直抗力の仕事が 0 であることがわかります。

以上のことから，物体は非保存力から仕事をされていません。つまり，力学的エネルギーが保存されるのです。

力学的エネルギー保存則の式は，PとQの高低差が $L\sin\theta$ であることから

$$\underbrace{\frac{1}{2}m{v_0}^2}_{\text{Pでの力学的エネルギー}} = \underbrace{\frac{1}{2}mv^2+mgL\sin\theta}_{\text{Qでの力学的エネルギー}}$$

と表すことができます。これを解いて，

$$v=\sqrt{{v_0}^2-2gL\sin\theta} \quad (⑧)$$

と求められます。

例題 1 は，力学的エネルギーが保存される状況でした。それでは，次の例題 2 はどうでしょうか？

例題 2　図のように，粗い水平な床の上の点Oに質量 m の小物体が静止している。この小物体に，床と角 θ をなす矢印の向きに一定の大きさ F の力を加えて，点Oから距離 l にある点Pまで床に沿って移動させた。ただし，小物体と床の間の動摩擦力の大きさを f とする。

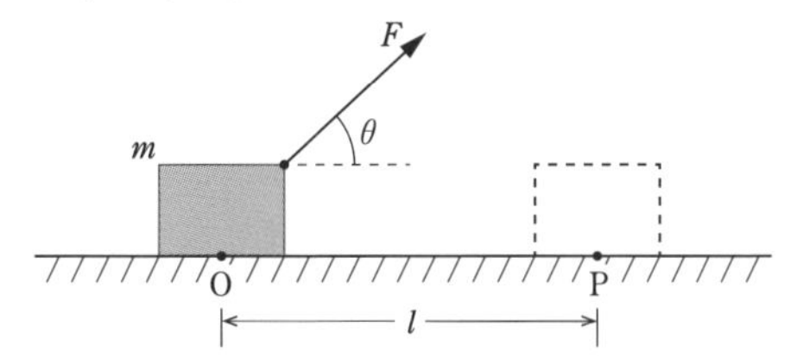

小物体が点Pに到達したときの速さを表す式として正しいものを，次の①～⑥のうちから1つ選べ。

① $\sqrt{\dfrac{2l(F+f)}{m}}$　② $\sqrt{\dfrac{2l(F\sin\theta+f)}{m}}$　③ $\sqrt{\dfrac{2l(F\cos\theta+f)}{m}}$

④ $\sqrt{\dfrac{2l(F-f)}{m}}$　⑤ $\sqrt{\dfrac{2l(F\sin\theta-f)}{m}}$　⑥ $\sqrt{\dfrac{2l(F\cos\theta-f)}{m}}$

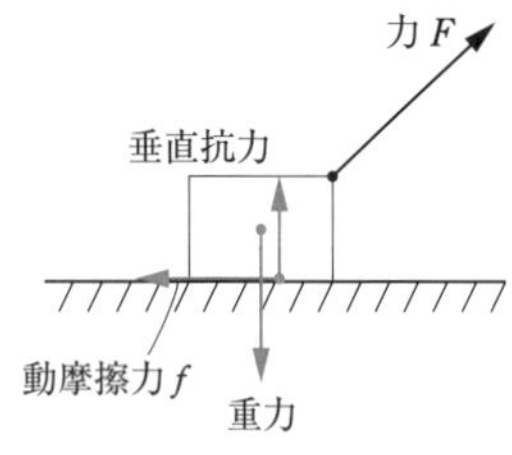

まずは物体にはたらく力を確認しましょう（右図）。

4つの力の中で，重力は保存力です。重力からいくら仕事をされても，物体の力学的エネルギーは変化しません。

他の3つの力は非保存力ですが，そのうち垂直抗力は物体の移動方向と垂直な向きにはたらくので，その仕事は0です。問題は，残りの2つです。これらは，物体に対して仕事をします。

$F\sin\theta$　F　θ　$F\cos\theta$

力Fの仕事$=F\cos\theta\times l$

動摩擦力の仕事$=-fl$

物体の力学的エネルギーは，これらの非保存力から仕事をされた分だけ変化することになるのです。そのことを式で表すと

（力学的エネルギーの変化）＝（非保存力による仕事）

となります。そして，力学的エネルギーの変化は「（変化後の力学的エネルギー）−（変化前の力学的エネルギー）」と求められます。よって，点Pでの物体の速さをvとすると，

$$\frac{1}{2}mv^2-0 = F\cos\theta\times l+(-fl)$$

（左辺：物体の力学的エネルギーの変化　右辺：非保存力による仕事）

となります。

これを解いて

$$v=\sqrt{\frac{2l(F\cos\theta-f)}{m}}\quad（⑥）$$

と求められます。

類題にチャレンジ 18

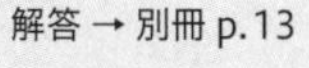

解答 → 別冊 p.13

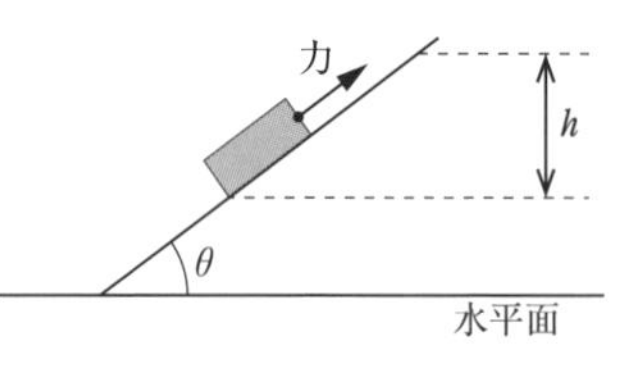

図のように，水平面と角θをなすなめらかな斜面上に，質量mの小物体を置く。小物体に力を加え，斜面に沿ってゆっくりと高さhだけ引き上げた。小物体に加えた力がした仕事を表す式として正しいものを，下の①〜⑦のうちから1つ選べ。ただし，重力加速度の大きさをgとする。

① mgh　② $mgh\sin\theta$　③ $\dfrac{mgh}{\sin\theta}$　④ $mgh\cos\theta$

⑤ $\dfrac{mgh}{\cos\theta}$　⑥ $mgh\tan\theta$　⑦ $\dfrac{mgh}{\tan\theta}$

（センター試験）

物理基礎

物体の運動エネルギーの変化は，どのように求められるのでしょうか？

A 回答 物体の運動エネルギーは，「すべての力からされた仕事」の分だけ変化します。

運動エネルギーと位置エネルギーの和のことを，力学的エネルギーといいます。質問18では，この変化について考えました。

問題によっては，力学的エネルギーのうちの運動エネルギーだけの変化を問われることがあります。その場合には，どのように運動エネルギーの変化を求めればよいのでしょうか？

ここで，「力学的エネルギー」の変化と，「運動エネルギー」の変化の求め方について，整理してみます。

> **力学的エネルギーの変化＝非保存力からされた仕事**
> **運動エネルギーの変化＝すべての力からされた仕事**

つまり，運動エネルギーだけに着目して考えたい場合は，**保存力・非保存力の区別なくすべての力からどれだけ仕事をされたか**を求めればよいのです。

具体的な例題で確認してみましょう。

例題 図のように，静止している質量mの小物体を，同じ大きさの力Fで引いて3つの異なる向きに動かした。鉛直上向きに引いた場合をA，傾き45°の斜面に沿って上向きに引いた場合をB，水平方向に引いた場合をCとする。それぞれの場合に1s間引いた直後の小物体の運動エネルギーをK_A，K_B，K_Cとし，それらの大小関係を表す式として正しいものを，下の①～⑥のうちから1つ選べ。ただし，斜面と水平面はなめらかであり，空気の抵抗は無視できるものとする。また，重力加速度の大きさをgとし，$F>mg$が満たされているものとする。

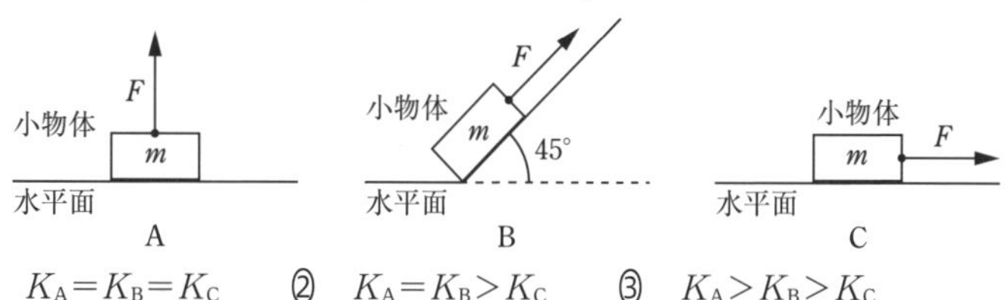

① $K_A=K_B=K_C$　② $K_A=K_B>K_C$　③ $K_A>K_B>K_C$
④ $K_C>K_A=K_B$　⑤ $K_C>K_A>K_B$　⑥ $K_C>K_B>K_A$

この問題では，運動エネルギーを比較します。ですので，物体がすべての力からどれだけ仕事をされるかを考えます。

A，B，C それぞれの状況で，物体にはたらく力の合力の大きさは次のようになります。

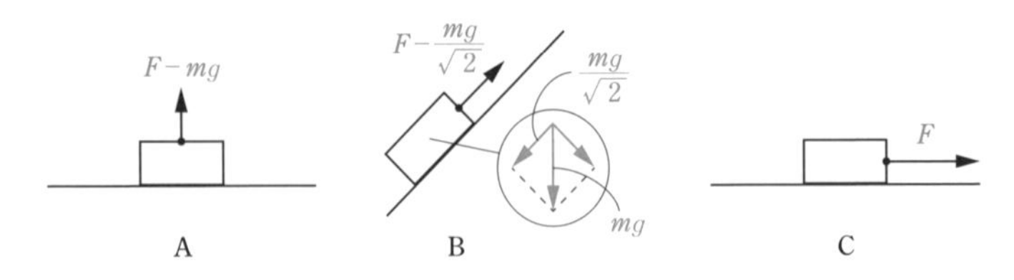

A，B，C を比較すると，物体にはたらく合力の大きさの大小関係は

C＞B＞A

であるとわかります。そのため，1 s 間の物体の移動距離の大小関係も

C＞B＞A

となります。つまり，物体がすべての力（合力）からされる仕事の大きさの大小関係は

C＞B＞A

となるのです。物体の運動エネルギーは，すべての力からされた仕事の分だけ変化しますので，変化した後の物体の運動エネルギーを比較すると

$K_C > K_B > K_A$　（⑥）

の大小関係にあることがわかるのです。

質問 20　物理

エネルギーを考えるときには数字の足し算や引き算でよいのに，運動量を考えるときには向きも考えなければいけないのはなぜでしょうか？

A 回答　エネルギーはベクトル（大きさと向きをあわせもつ量）ではありませんが，運動量はベクトルだからです。

ここまで，力学的エネルギーの変化または保存について考えてきました。そのとき，例えば運動エネルギーを求めるのに物体の運動の向きを考えることはありませんでした。物体の**速さ**が v であれば，**どちら向きに動いていようが**運動エネルギーは $\frac{1}{2}mv^2$ と求められます。このように，エネルギーについて考えるときには運動の向きを気にする必要はないのです。それは，**エネルギーには大きさだけがあり向きがないから**です。それに対して，**運動量には大きさだけでなく向きもあります**。つまり，**運動量はベクトル**だということです。

右図の例で，運動エネルギーと運動量の違いを考えてみましょう。

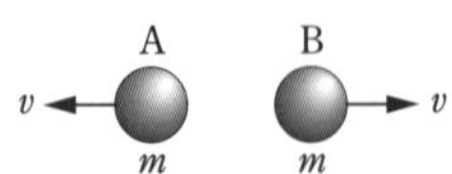

ともに質量 m のAとBは，同じ速さ v で動いています。ですので，運動エネルギーはともに $\frac{1}{2}mv^2$ です。しかし，運動する向きが違うAとBの運動量は等しくありません。Aの運動量は「**左向きに mv**」，Bの運動量は「**右向きに mv**」と区別されるのです。

このように，**運動量には必ず「○向きに」が添えられる**のです。

それでは，例題を通して運動量の扱い方を確認しましょう。

例題 右向きに3.0 m/sで運動する質量2.0 kgの球Aと，左向きに2.0 m/sで運動する質量1.0 kgの球Bが正面衝突した。衝突後，Aは右向きに1.0 m/sで運動した。衝突後のBの速度を求めよ。

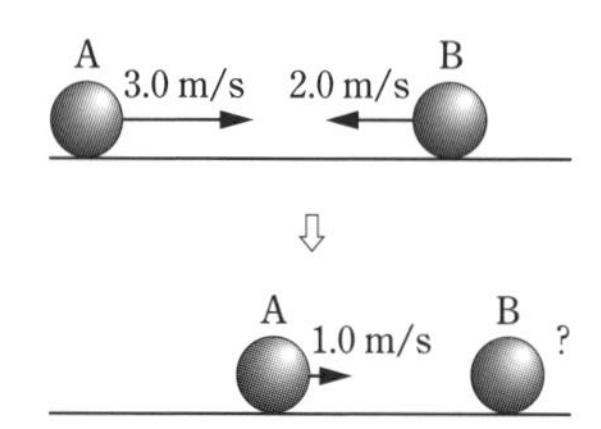

これは衝突に関する問題ですから，運動量保存則を使って解くことができます（運動量保存則については，質問22で詳しく説明します）。

まずは衝突前のAとBの運動量の和を求めます。このとき

衝突前の運動量の和＝2.0 kg×3.0 m/s＋1.0 kg×2.0 m/s＝8.0 kg·m/s

とする間違いがよくあります。

間違っているのは，物体の運動の向きを考慮せずに運動量を求めていることです。運動量は，必ず向きも含めて求めなければいけません。

今回の場合，Aの運動量は右向き，Bの運動量は左向きです。ですので，例えば右向きを正の向きとすれば

衝突前の運動量の和＝2.0 kg×3.0 m/s＋{1.0 kg×(−2.0 m/s)}＝4.0 kg·m/s

と求められるのです（左向きを正の向きとしても問題ありません）。

続いて，衝突後の運動量の和も考えます。衝突後にAが右向きに運動していることから，Bも右向きに運動していることがわかります。よって，その速さを v〔m/s〕とすると

衝突後の運動量の和＝2.0 kg×1.0 m/s＋1.0 kg×v

と求められます。衝突後はA，Bともに右向きに運動しますので，どちらの運動量も正の値となるのです。

衝突前後で運動量の和が保存されることから

4.0 kg·m/s＝2.0 kg×1.0 m/s＋1.0 kg×v

であることがわかり，これを解いて v＝2.0 m/s と求められます（正解は右向きに2.0 m/s）。

運動量を求めるときには，向きを意識することが重要だとわかります。

質問 21 　物理

2球が衝突するときの反発係数（はねかえり係数）を表す式 $-\dfrac{v_1'-v_2'}{v_1-v_2}$ をうまく使いこなせません。どのように考えたら正しく使えるのでしょうか？

A 回答　式の丸暗記ではなく，式の意味を理解できると反発係数を正しく求められるようになります。

教科書などでは，2つの球が衝突する場合の反発係数は，上図の例では $-\dfrac{v_1'-v_2'}{v_1-v_2}$ のように求められると説明されています。この式を見ると，反発係数が負の値になるような印象を受けます。もちろん，それは正しくありません。反発係数 e は $0 \leqq e \leqq 1$ だからです。

さらに，分母も分子も2球の速度の引き算になっています。ここから，例えば次のように誤って反発係数を求めてしまう人も多くいます。

例題　右向きに3.0 m/sで運動する球Aと，左向きに2.0 m/sで運動する球Bが正面衝突した。衝突後，Aは右向きに1.0 m/sで，Bは右向きに4.0 m/sで運動した。2球AとBの間の反発係数はいくらか。

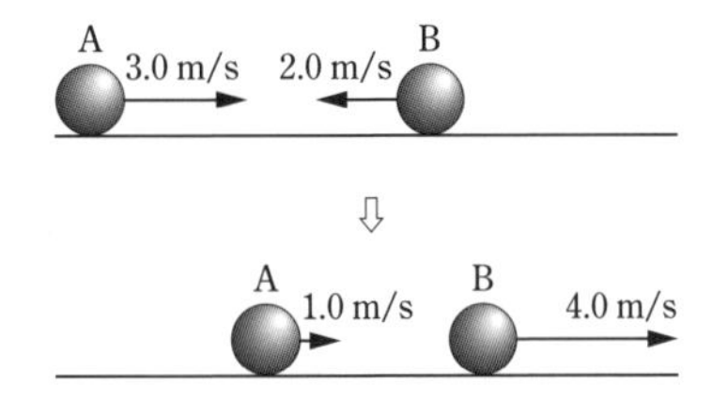

衝突前後のA，Bそれぞれの速度を $-\dfrac{v_1'-v_2'}{v_1-v_2}$ へあてはめて計算すると（v_1：衝突前のAの速度，v_2：衝突前のBの速度，v_1'：衝突後のAの速度，v_2'：衝突後のBの速度）

$$\text{反発係数 } e = -\frac{1.0-4.0}{3.0-2.0} = 3.0$$

となりそうです。しかし，これは1より大きな値ですので，間違っています。どこが違うのでしょうか？

$-\dfrac{v_1'-v_2'}{v_1-v_2}$ に登場する v_1，v_2，v_1'，v_2' は，すべて**速度**です。**速さではありません**。つまり向きも考える必要があるということです。

例えば，右向きを正の向きとすると衝突前のBは左向きに運動しているので，速度は -2.0 m/sです。それ以外の速度はすべて右向きなので正の値となります。

よって正しくは

$$\text{反発係数 } e = -\frac{1.0-4.0}{3.0-(-2.0)} = 0.60$$

と求められるのです。

以上のように，反発係数の式に登場する値がすべて速度であることに注意すれば，正しく求められます。ただ，それでもやはり式の形は複雑ですし，速度の正負でのミスが起こりやすいのは事実です。

そこで，**反発係数を表す式の意味**を考えてみましょう。式の意味を理解できると，実はシンプルな式なのだとわかります。

$-\dfrac{v_1'-v_2'}{v_1-v_2}$ という式は $\dfrac{\textbf{衝突後の相対速度の大きさ}}{\textbf{衝突前の相対速度の大きさ}}$ を意味します。言い換えると，

$\dfrac{\text{衝突後の相対速度の大きさ}}{\text{衝突前の相対速度の大きさ}}$ を求めるための計算方法が $-\dfrac{v_1'-v_2'}{v_1-v_2}$ だといえます。

つまり2球の衝突において反発係数を知りたければ，衝突前後の相対速度の大きさを求めればよいのです。もう一度前ページの例題で考えてみましょう。

衝突前のAとBの相対速度の大きさは，5.0 m/s です。相対速度は，「片方から見たもう片方の速度」のことです。衝突前，AからBを見ても，BからAを見ても相手が5.0 m/s の速さで近づいてくるように見えることは容易に想像できると思います。

衝突後のAとBの相対速度の大きさは，3.0 m/s です。こちらもAまたはBになったつもりで考えると，相手は3.0 m/s の速さで遠ざかっていくように見えることがわかると思います。

よってこの場合の反発係数は

$$\frac{3.0}{5.0}=0.60$$

と求められるのです。

類題にチャレンジ 21

解答 → 別冊 p.14

右向きに3.0 m/s で運動する球Aと，左向きに2.0 m/s で運動する球Bが正面衝突した。衝突後，Aは右向きに1.0 m/s で運動した。AとBの衝突が弾性衝突であったとすると，衝突後のBの速さはいくらになるか。

A 3.0 m/s　2.0 m/s B

⇩

A 1.0 m/s　B ?

質問 22

物理

「運動量の変化と力積の関係」で考えればよいのか，「運動量保存則」で考えればよいのか迷うことがあります。どちらで考えればよいのでしょうか？

A 回答　1つの物体に着目して考える場合には「運動量の変化と力積の関係」を使い，2つ以上の物体全体について考えるときには「運動量保存則」を使います。

運動量と力積の分野では，「運動量の変化と力積の関係」と「運動量保存則」が登場します。問題を解くときにどちらを使えばよいかという質問ですが，まずはそれぞれの内容を確認しましょう。

はじめに「**運動量の変化と力積の関係**」です。これは，次のように理解できます。

物体の運動量は受けた力積の分だけ変化する

ここで登場する「力積」とは，「力×時間」のことです。力はベクトルですから，力積もベクトル（大きさと向きがある量）であることに注意が必要です。物体が力積を受けると，その分だけ運動量が変化するというわけです。運動量（質量×速度）ももちろんベクトルです。

次に「**運動量保存則**」です。こちらは次のように理解できます。

衝突や分裂において運動量の和は保存される

「衝突や分裂において」というのは，より正確には「物体全体が外力を受けないとき」と説明できます。物体どうしの間でおよぼしあう力を「内力」というのに対して，他から受ける力を「外力」といいます。衝突や分裂は，物体間で内力だけをおよぼしあって外力を受けない典型的な状況です。問題を解くときには，「衝突や分裂では運動量の和が保存される」と理解しておけば大丈夫です。

さて，この2つには大きな違いがあります。着目する物体の数です。

「運動量の変化と力積の関係」は，1つの物体について成り立つ関係です。ある1つの物体が力積を受けたとき，その分だけその物体の運動量が変化するということです。

それに対して，**「運動量保存則」は2つ以上の物体全体について成り立つ法則**です。衝突や分裂が起こる際，各物体の運動量は変化します。しかし，全体の運動量の和は変化しないのです。

この違いが理解できれば，**1つの物体に着目するなら「運動量の変化と力積の関係」を，2つ以上の物体全体について考えるなら「運動量保存則」を使えばよい**と理解できます。

問題を解きながら，どちらを使えばよいか正しく判断できるようになりましょう。

類題にチャレンジ 22

解答 → 別冊 p.15

1 次の文中の空欄にあてはまる式または語句を記せ。

図のように，なめらかで水平な床の上に，物体Aと，人が乗った板Bが静止している。板Bに乗った人が，t〔s〕の時間，大きさF〔N〕の一定の力で物体Aを押した。その結果，人が乗った板Bは，床の上を水平右向きに運動を始めた。ここで，人は板Bの上ですべらないとする。物体Aの質量をm_A〔kg〕，人と板Bをあわせた質量をm_B〔kg〕とする。

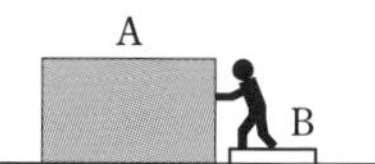

(1) 人が物体Aに加えた力積の大きさは ㋐ 〔N･s〕であり，物体Aは速さ ㋑ 〔m/s〕で ㋒ 向きに動き始める。

(2) 人が乗った板Bの速さは ㋓ 〔m/s〕である。 (東京工科大)

2 なめらかな水平面上で，質量 4.0 kg の小球Aが速さ 5.0 m/s で，同じ向きに速さ 1.0 m/s で運動している質量 2.0 kg の小球Bに衝突した。衝突前後は同じ直線上で運動するものとし，反発係数（はねかえり係数）を 0.50 とする。

このとき，衝突後の小球A，Bの速さはそれぞれいくらか。 (九州産業大)

質問 23 　物理

衝突や分裂において,「運動量保存則」や「力学的エネルギー保存則」はいつでも成り立つのでしょうか?

A 回答　衝突や分裂では「運動量保存則」は必ず成り立ちます。「力学的エネルギー保存則」は,成り立つ場合と成り立たない場合があります。

衝突や分裂が起こるときに「運動量保存則」が成り立つことは,質問 22 で説明した通りです。衝突や分裂の問題を解くときには,真っ先に思い浮かべる必要があるのが,「運動量保存則」なのです。

そして,これに加えて「力学的エネルギー保存則」も使う必要がある問題があります。では,こちらも衝突や分裂においていつでも成り立つのでしょうか?そうではありません。力学的エネルギー保存則が成り立つ場合と,成り立たない場合があります。

どのようなときなら力学的エネルギー保存則が成り立つか正しく理解していないと,これを正しく使うことができなくなってしまいます。衝突と分裂のそれぞれについて,整理したいと思います。

まずは衝突です。衝突には弾性衝突(反発係数=1)と非弾性衝突(0≦反発係数<1)があります。それぞれについて

> **弾性衝突:**力学的エネルギー保存則が成り立つ
> **非弾性衝突:**力学的エネルギーは減少する(保存則は成り立たない)

となります。つまり,衝突の問題で力学的エネルギー保存則を使えるのは,その衝突が弾性衝突の場合だけということです。このことは,**類題にチャレンジ** 1 で確認します。

続いて分裂です。

分裂には,火薬による分裂,ばねによる分裂,そういったものを使わない分裂などいくつかのパターンがあります。順に考えてみましょう。

静止

火薬による分裂は,例えば右図のように起こります。

この場合,分裂前の運動エネルギーは 0 ですが,分裂後には運動エネルギーが生まれています。つまり,分裂によって運動エネルギーが増加するのです。

これは,火薬がもっていた化学エネルギーが運動エネルギーに変わったと理解できます。

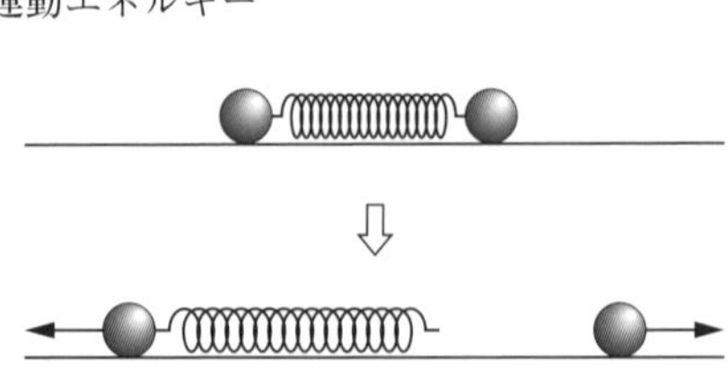

今度は右図のようなばねによる分裂です。

この場合も,分裂によって物体の運動エネルギーが増加します。その源は,2 物体が連結されている状態でばねに蓄えられていた弾

性エネルギーです。2物体が分裂するには，ばねを縮めておく必要があります。縮められたばねには，弾性エネルギー（弾性力による位置エネルギー）が蓄えられているのです。分裂が起こると，これが運動エネルギーに変わるのです。

このことから，ばねによる分裂では力学的エネルギー保存則が成り立つことがわかります。弾性エネルギーが運動エネルギーに変わるだけで，その和は変化しないのです。

さらに，右図のような運動も2物体の分裂と考えられます。これは，火薬やばねを使わない分裂といえます。

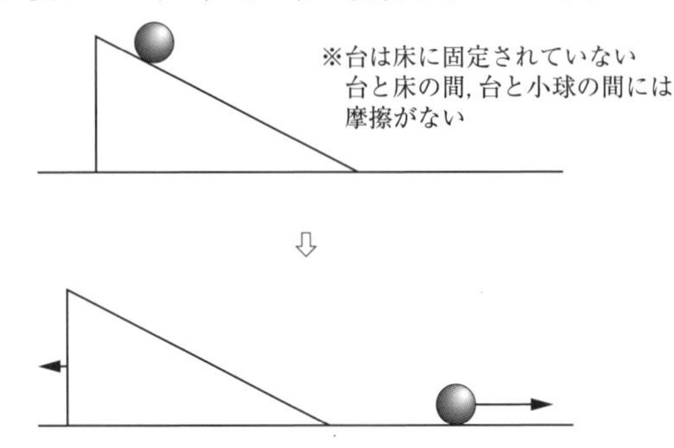

この場合もやはり，分裂によって物体の運動エネルギーが増加します。今回は運動エネルギーを生み出したのは最初に小球がもっていた重力による位置エネルギーです。小球が低い位置へ移動して重力による位置エネルギーが減少した分が，小球および台の運動エネルギーに変化するのです。

このときにも，力学的エネルギー保存則が成り立つことがわかります。重力による位置エネルギーが運動エネルギーに変わるだけで，その和は変化しないのです。

以上のことから，分裂については次のように整理できます。

火薬を使う分裂： 力学的エネルギーは増加する（保存則は成り立たない）
火薬を使わない分裂： 力学的エネルギー保存則が成り立つ

類題にチャレンジ 23

解答 → 別冊 p.17

1 水平でなめらかな床の上に，質量 M の小物体Bを静止させて置き，右向きに進む質量 m の小物体Aを，水平方向から小物体Bと衝突させた。すると，衝突直後に小物体Aが静止し，小物体Bは衝突直前の小物体Aと同じ向きに運動した。ただし，$m<M$ である。

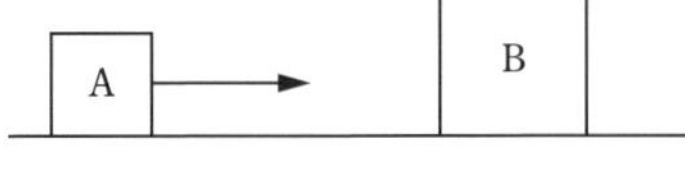

(1) 衝突直前の小物体Aの速さを v_0 とする。衝突直後の小物体Bの速さ v を求めよ。

(2) この衝突におけるはねかえり係数 e はいくらか，m および M を用いて表せ。

(3) 衝突直前の小物体Aの運動エネルギーを K_0 で表すとき，衝突直後の小物体Bの運動エネルギー K は K_0 の e 倍になることを示せ。 （新潟大）

2 図のように，質量Mのなめらかな面をもつ台が水平な床の上に置かれ静止している。この台の上面では，曲面PQと水平面が点Qでなめらかにつながっている。空気による抵抗はなく，重力加速度の大きさをgとする。また，台は床の上で摩擦なく自由に動くことができる。台の水平面から高さhにある面上の点Pに質量mの小物体を置き，静かにはなす。小物体が台上の点Qに達したときの，小物体の床に対する速度をv，台の床に対する速度をVとする。ただし，速度は右向きを正とする。このとき，vとVが満たすべき関係式はどれか。正しいものを，次の①～⑧のうちから2つ選べ。

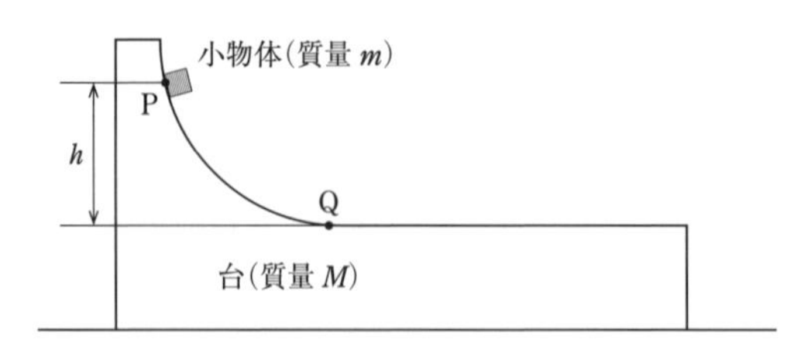

① $mv+MV=0$　② $mv-MV=0$　③ $v+V=0$

④ $v-V=0$　⑤ $\frac{1}{2}mv^2=\frac{1}{2}MV^2$　⑥ $\frac{1}{2}mv^2+\frac{1}{2}MV^2=mgh$

⑦ $\frac{1}{2}mv^2=mgh$　⑧ $\frac{1}{2}MV^2=mgh$

(センター試験)

3 Aさんは固定した台座の上に立っていて，Bさんは水平な氷上に静止したそりの上に立っている。図のように，Aさんがボールを斜め上方に投げたとき，ボールはBさんに届いた。そりと氷との間に摩擦力ははたらかないものとし，空気抵抗は無視できる。

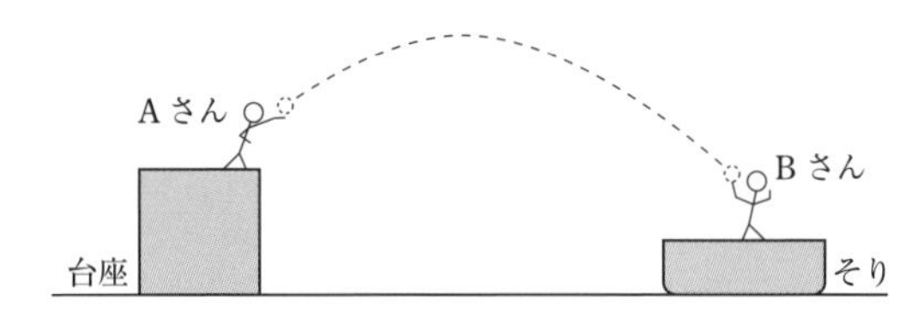

Bさんが届いたボールを捕球して，そりとBさんとボールが一体となって氷上をすべり出すときの全力学的エネルギーE_2と，捕球する直前の全力学的エネルギーE_1との差$\varDelta E=E_2-E_1$について記述した文として最も適当なものを，次の①～④のうちから1つ選べ。

① $\varDelta E$は負の値であり，失われたエネルギーは熱などに変換される。
② $\varDelta E$は正の値であり，重力のする仕事の分だけエネルギーが増加する。
③ $\varDelta E$はゼロであり，エネルギーはつねに保存する。
④ $\varDelta E$の正負は，mとMの大小関係によって変化する。

(共通テスト)

質問 24 物理

物体の移動方向が一直線上に収まらない衝突や分裂の問題は，どのように考えればよいのでしょうか？

A 回答 運動量はベクトルであることに注意して，運動量のベクトル図を描いて考えるとスムーズです。

2 物体が衝突や分裂をするとき，運動量保存則が成り立ちます。衝突や分裂が直線上で起こる場合には，速度の向きが逆だと運動量の符号が逆になることに注意して，運動量保存則の式を書いて考えることができます（質問 20 参照）。

しかし，物体の移動方向が一直線上に収まらない場合は 1 つの式で表すのが難しくなります。この場合は，どのように考えればよいのでしょうか？次の例題で考えてみましょう。

例題 ともに質量が m の 2 物体 A，B が弾性衝突した。衝突前の A の速さは V，B の速さは 0 であり，衝突後に A，B は図のような向きに速さ v_A，v_B で進んだ。衝突後に A が進んだ向き（図の角 θ）を求めよ。

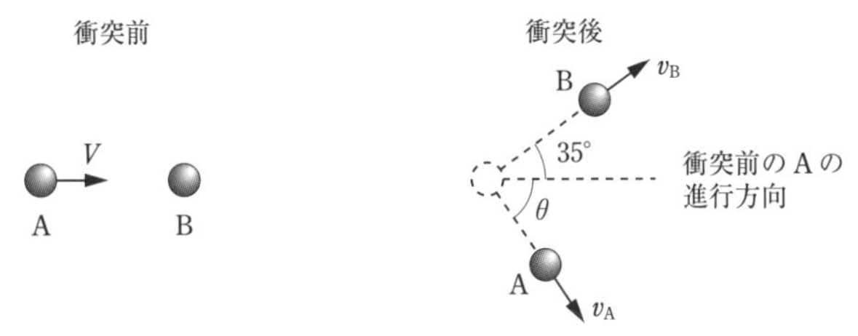

このとき，運動量保存則を

$$mV = mv_A + mv_B$$

と表すのは間違いです。運動量の大きさしか考えておらず，向きを考えていないからです。**運動量はベクトルである**ことを忘れてはいけません。

ではこのように向きがバラバラな運動量をどのように考えたらよいのでしょうか？いろいろな向きがあるので，正負の符号だけで区別することはできません。

このように衝突が 2 次元的に起こる場合，**運動量をベクトル図で表して運動量保存則を考える**とスムーズに解くことができます。衝突前，衝突後のそれぞれの運動量をベクトルで描いてみましょう。

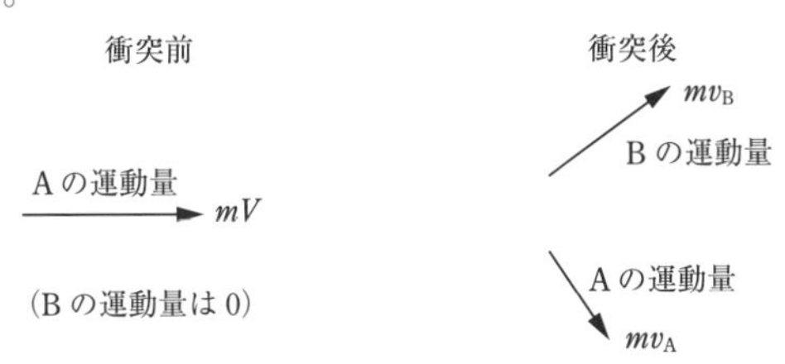

運動量を前ページのようにベクトル図で描くと，**運動量保存則も図形的に考えられるようになる**のです。

衝突前の運動量の和　　衝突後の運動量の和

$m\vec{V}$ ＝ $m\vec{v_{\mathrm{B}}}$　35°　$m\vec{v_{\mathrm{A}}}$

さて，この問題はこの図だけでは解けません。もう１つ，衝突が弾性衝突であることを考える必要があります。

弾性衝突では，力学的エネルギーが保存されます。この場合は，運動エネルギーの和が保存されます。そのことを式にすると

$$\frac{1}{2}mV^2=\frac{1}{2}mv_{\mathrm{A}}{}^2+\frac{1}{2}mv_{\mathrm{B}}{}^2$$

です。整理すると

$$V^2=v_{\mathrm{A}}{}^2+v_{\mathrm{B}}{}^2$$

となります。これは，右図において三平方の定理が成り立つことを示しています。

三平方の定理が成り立つならば，AとBの運動量ベクトルは直交しているはずです。つまり，衝突後には右図のようになっていることがわかり，ここから $\theta=55°$ と求められるのです。

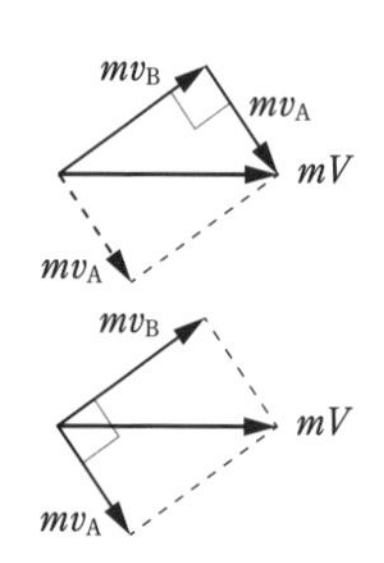

類題にチャレンジ 24

解答 → 別冊 p.19

なめらかな水平面上を速度 $\vec{V}$ で運動してきた質量 $2m$ の粒子が，その内部の力により同じ質量 m の２個の粒子A，Bに分裂し，水平面上を運動した。分裂後の粒子の速度をそれぞれ $\vec{v_{\mathrm{A}}}$，$\vec{v_{\mathrm{B}}}$ とするとき，$\vec{V}$，$\vec{v_{\mathrm{A}}}$，$\vec{v_{\mathrm{B}}}$ の間の関係として最も適当なものを，次の①～④のうちから１つ選べ。

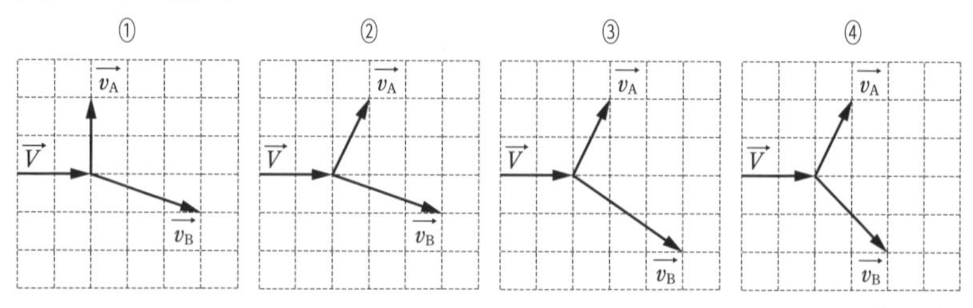

（センター試験）

質問 25

物理

速度が平面上で変化する場合，運動量の変化を求めるにはどのようにすればよいのでしょうか？

A 回答 運動量をベクトル図に描いて，「運動量の変化＝変化後の運動量－変化前の運動量」で求めます。

物体が受けた力積を求める場合には，その物体の運動量の変化を考える必要があります(質問 22 参照)。物体が直線上を運動する場合は運動量の変化が簡単に求められますが，次のように平面上で速度が変化する場合はどのように運動量の変化を求めればよいのでしょうか？

例題 真上から見て，水平面上を右図のような向きに速さ v で運動していた質量 m の小球が，板と衝突して板の面と垂直な向きに力積を受けた結果，速度が板の面と平行な向きになった。小球が受けた力積の大きさと，力積を受けた後の速さを求めよ。

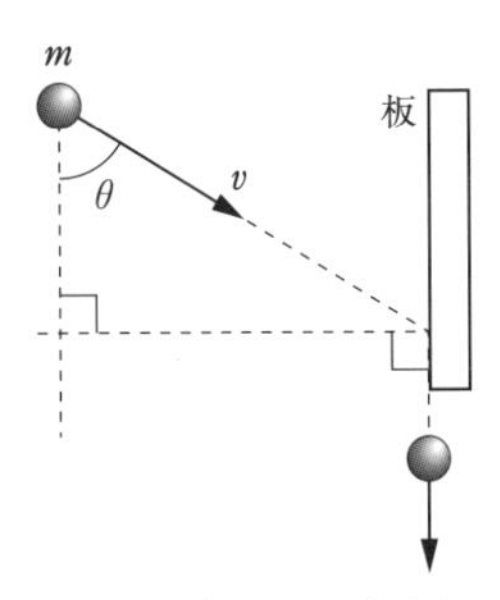

ここでは，1つの物体に着目して考えています。その場合は，「物体の運動量は，受けた力積の分だけ変化する」ことを利用できるのでした(質問 22 参照)。

ただし，物体の速度が一直線上から外れて変化しているので，質問 24 と同様に物体の運動量をベクトル図で表して考える必要があります。

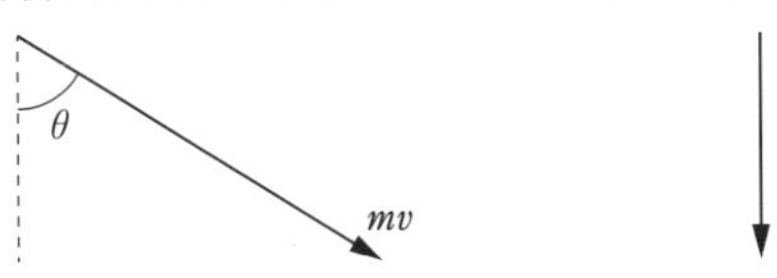

このように運動量をベクトル図で表した上で，その変化量を求める必要があります。運動量の変化が物体が受けた力積を表すからです。では，どうやって運動量の変化を求めればよいのでしょう？

物理の問題を解くとき，運動量に限らずいろいろな値の「変化量」を求めなければならないことがよくあります。速度の変化，エネルギーの変化，などなどです。

どのような値についても，「変化量」は

変化量＝変化後の値－変化前の値

と求めることができます。**物理の問題で何かの変化量を求めるとき，必ずこの方法で求めることができます**。確実に使えるようにしておきましょう。

今回は，運動量の変化をこの方法で求めてみましょう。

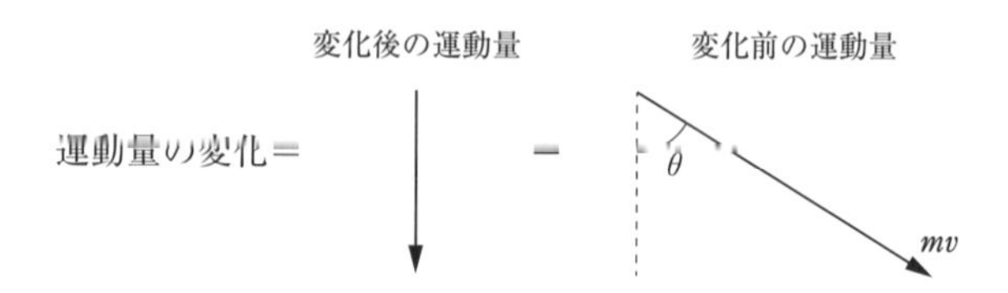

さて，これがただの数字の引き算なら簡単にできます。しかし，ベクトルの引き算となると戸惑ってしまう人も多いのではないでしょうか。

ベクトルの引き算はややこしいですが，次のように考えれば難しくありません。

> **ベクトルを引く＝ベクトルの向きを逆にして足す**

この考え方を使うと，今回のベクトルの引き算は

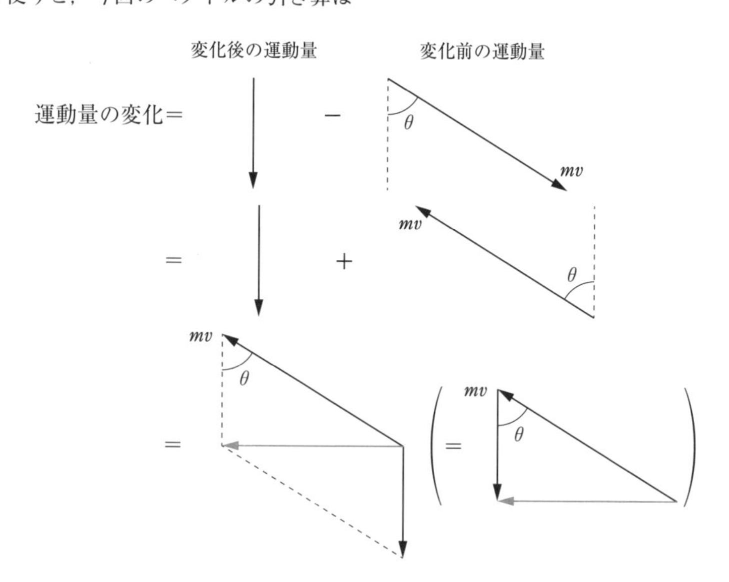

のようにできるとわかるのです。

《注》 ベクトルを足すときは今回のように始点をそろえて平行四辺形をつくってもいいですし，ベクトルの始点ともう一方の終点をつなぎあわせても求められます。

以上のように，物体の運動量の変化を求めることができました。そして，これが物体が受けた力積と等しいことから，物体が受けた力積の大きさは $mv\sin\theta$ であるとわかります。

さらに，力積を受けた後の運動量の大きさが $mv\cos\theta$ であることもわかり，ここから力積を受けた後の物体の速さは $v\cos\theta$ と求められます。

質問 26

物理基礎・物理

エレベーター内で自由落下させた物体が床に達するまでにかかる時間を求めるには，どのように考えたらよいのでしょうか？

A 回答 エレベーターに乗った人の視点で考えると，求めやすくなります。

エレベーターなどの乗り物の中で物体を運動させるパターンの問題はよく出題されます。自由落下を例にして，このような問題の考え方を説明したいと思います。

まず，地上で静止している人の視点で考えてみましょう。

初速度が0の落下運動を自由落下といいますが，ここではエレベーターに対する初速度が0の運動を考えます。例えば，エレベーターが鉛直上向きに速さ v で運動している瞬間に物体の自由落下が始まるなら，物体の初速度も鉛直上向きに v だということです。

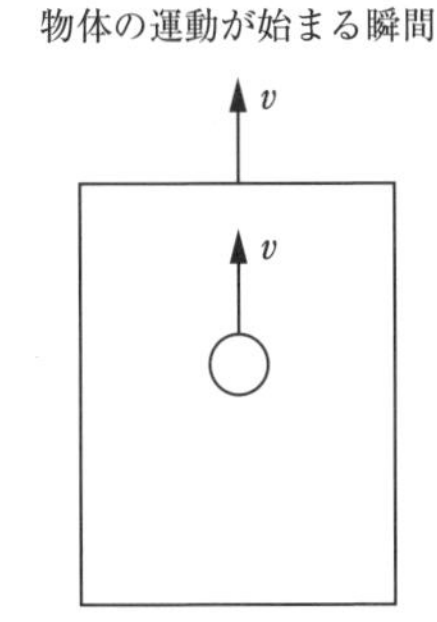

この後，物体がエレベーターの床に達するまでにかかる時間を考えてみましょう。これは，エレベーターの動き方によって変わります。まずはエレベーターが等速度運動する場合です。

例題 1 鉛直上向きに一定の速さ v で等速度運動するエレベーター内で，床からの高さが h の点で物体を自由落下させた。物体がエレベーターの床に達するまでにかかる時間 t を求めよ。重力加速度の大きさを g とする。

エレベーターと物体について，それぞれの変位を求めてみます。

まずは，エレベーターです。エレベーターは鉛直上向きに速さ v で等速度運動するので，時間 t だけ経過したときの変位は「鉛直上向きに vt」となります。

続いて物体です。物体は，鉛直下向きに大きさ g の重力加速度で加速度運動します。そのため，時間 t だけ経ったときの変位は「鉛直上向きに $vt-\frac{1}{2}gt^2$」となります。

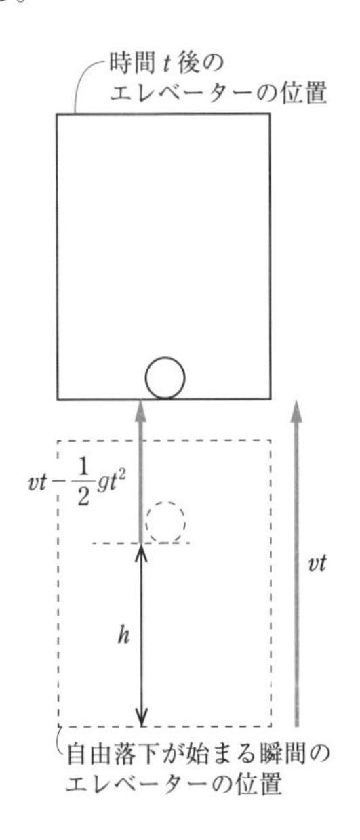

つまり，時間 t だけ経ったときにはエレベーターが物体より

$$vt-\left(vt-\frac{1}{2}gt^2\right)=\frac{1}{2}gt^2$$

だけ大きく鉛直上向きに変位していることがわかります。これが h と等しくなる瞬間が物体が床に達する瞬間になるので

$$\frac{1}{2}gt^2=h$$

を解いて，$t=\sqrt{\frac{2h}{g}}$ と求められます。

物体が床に達するまでの時間はこのように考えて求められますが，よりシンプルに求めることもできます。

ここまで説明したのは地上で静止している人の視点での考え方ですが，同じ状況をエレベーターに乗っている人の視点で考えるとラクに考えられるようになります。

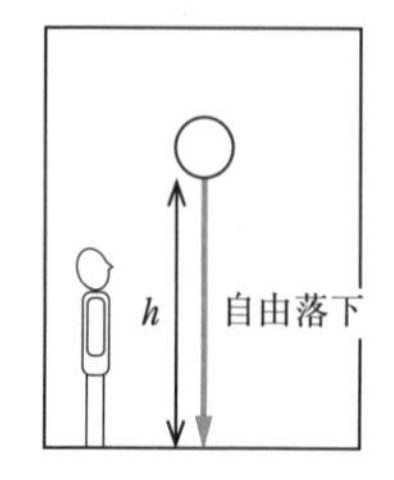

エレベーターに乗っている人には，「物体が高さ h の点から自由落下した」と見えるに過ぎません。物体の加速度は，鉛直下向きに大きさ g です（これは，エレベーターが等速度運動しているからです。エレベーターが加速度運動する場合は変わります。それについては例題 2 で説明します）。

このことから，時間 t だけ経過したときの物体の（エレベーター内での）落下距離は $\frac{1}{2}gt^2$ になるとわかり，これが h と等しくなるときに床に達することから

$$\frac{1}{2}gt^2=h$$

より，$t=\sqrt{\frac{2h}{g}}$ と求められます。

エレベーターが等速度運動する例題 1 は，「地上で静止している人」，「エレベーターに乗っている人」どちらの視点で考えても，それほど労力は変わりませんでした。しかし，エレベーターが等加速度運動する場合は違ってきます。

例題 2　鉛直上向きに一定の加速度 a で加速度運動するエレベーター内で，床からの高さが h の点で物体を自由落下させた。物体がエレベーターの床に達するまでにかかる時間 t を求めよ。重力加速度の大きさを g とする。

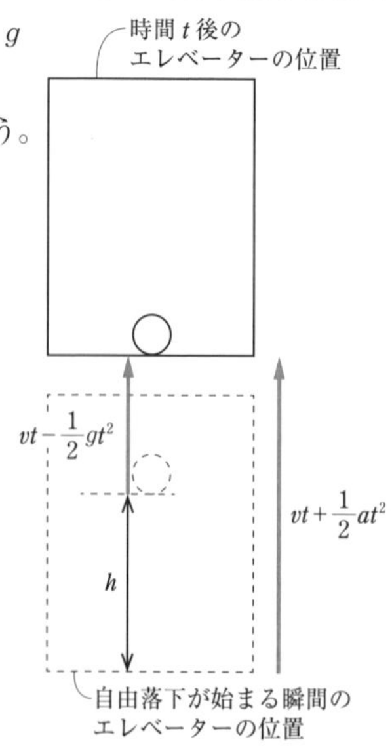

まずは，地上で静止している人の視点で考えてみましょう。

物体の自由落下が始まる瞬間のエレベーターおよび物体の速度を，ともに鉛直上向きに v とします。それから時間 t だけ経過したときの

$$\text{エレベーターの鉛直上向きの変位}=vt+\frac{1}{2}at^2$$

$$\text{物体の鉛直上向きの変位}=vt-\frac{1}{2}gt^2$$

です。

つまり，時間 t だけ経過したときにはエレベーターが物体より

$$vt+\frac{1}{2}at^2-\left(vt-\frac{1}{2}gt^2\right)=\frac{1}{2}at^2+\frac{1}{2}gt^2$$

だけ大きく鉛直上向きに変位していることがわかります。これがhと等しくなる瞬間が物体が床に達する瞬間になるので

$$\frac{1}{2}at^2+\frac{1}{2}gt^2=h$$

を解いて，$t=\sqrt{\dfrac{2h}{g+a}}$ と求められます。

どうでしょうか。エレベーターが等速度運動する場合に比べると，計算の手間が多くなります。

この状況を，エレベーターに乗っている人の視点で考えるとラクになります。ただし，今回はエレベーターが等加速度運動しているので，慣性力を考える必要があります。

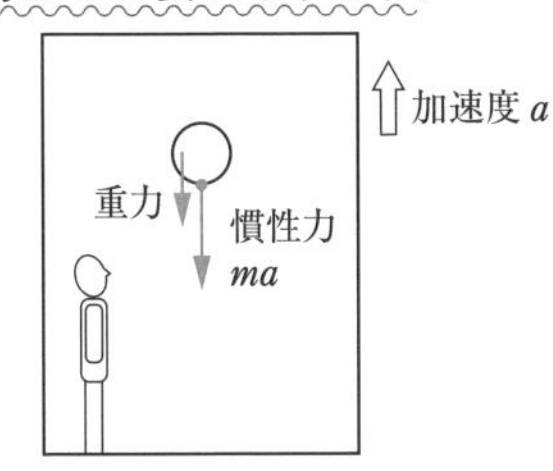

加速度運動する乗り物に乗っている人には，慣性力という力がはたらいているように見えます。**慣性力の向きは，乗り物の加速度と逆向きです**。そして，**大きさは物体の質量 m と乗り物の加速度の大きさ a を使って，ma となります**。

今回は，物体に右図のような慣性力がはたらいていることになります（物体の質量を m とします）。

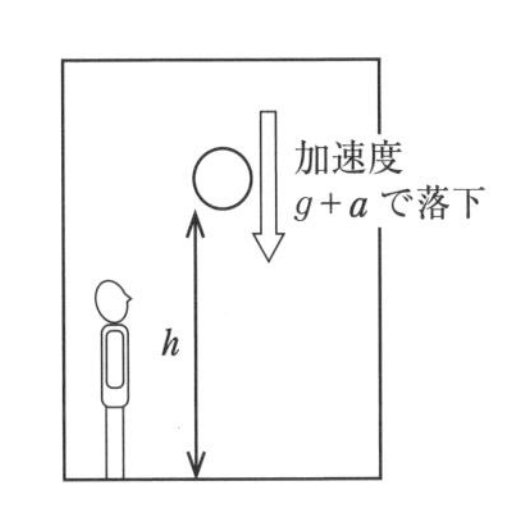

よって，エレベーターに乗っている人には，物体には重力 mg と慣性力 ma がはたらいているように見えるわけです。その結果，鉛直下向きに大きさ $g+a$ の加速度で運動するように見えることになるのです。

よって，時間 t だけ経過したときの物体の（エレベーター内での）落下距離は $\frac{1}{2}(g+a)t^2$ となるとわかり，これが h と等しくなるときに床に達することから

$$\frac{1}{2}(g+a)t^2=h$$

より，$t=\sqrt{\dfrac{2h}{g+a}}$ と求められます。

エレベーター内での物体の運動は，エレベーターに乗った人の視点で見るとラクに考えられるのです。

類題にチャレンジ 26

解答 → 別冊 p.20

1 図のように，台車の上面に水と少量の空気を入れて密閉した透明な水そうが固定されており，その上におもりが糸でつり下げられている。台車を一定の力で右向きに押し続けたところ，おもりと水そう内の水面の傾きは一定となった。このとき，おもりと水面の傾きを表す図として最も適当なものを，下の①～④のうちから1つ選べ。ただし，空気の抵抗は無視できるものとする。

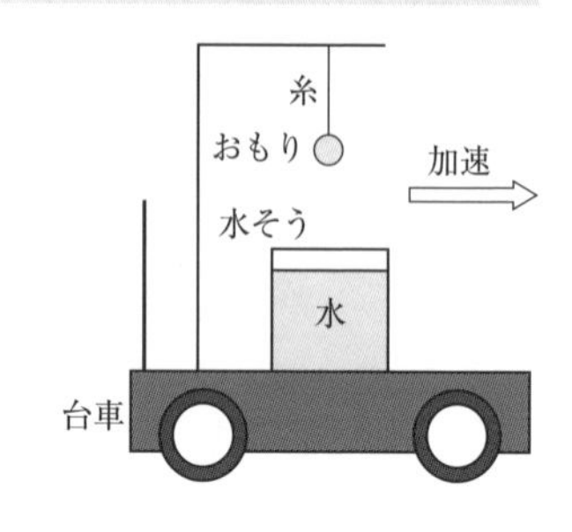

①
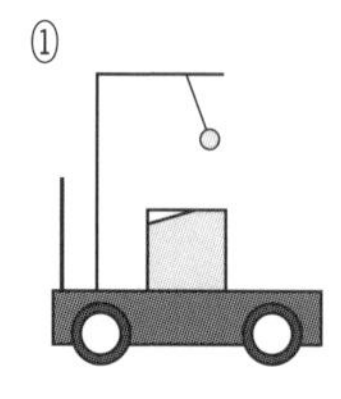

②
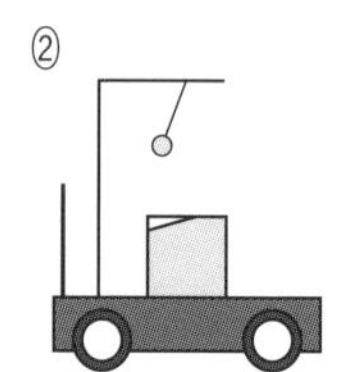

③
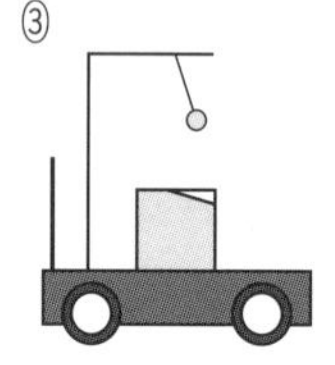

④
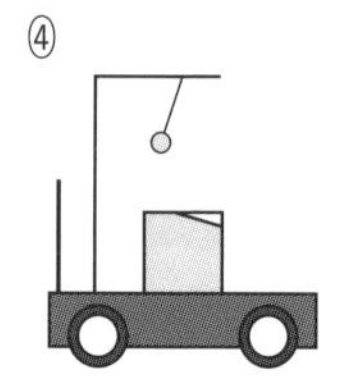

2 水平面上に置かれた平らな台を考える。図のように，原点Oを台に固定してとり，水平右向きにx軸を，鉛直上向きにy軸をとる。台の上で，原点Oから質量mの小球を，x軸に対して角θの方向に速さv_0で投げ上げる。重力加速度の大きさをgとする。

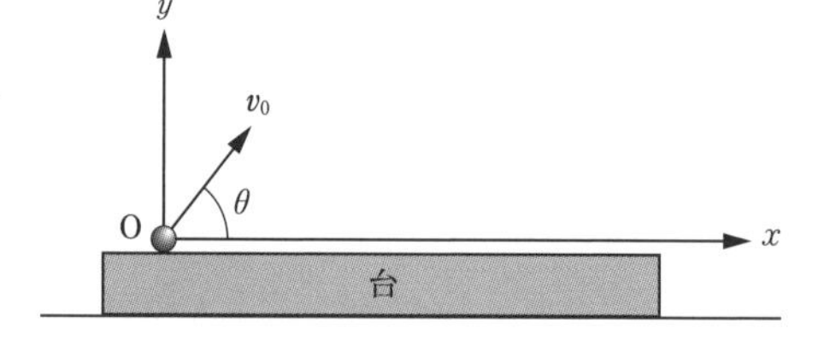

台が大きさaの加速度で水平右向きに等加速度直線運動している場合を考える。投げ上げた角θが60°のとき，小球は原点Oに戻ってきた。このときのaを求めよ。ただし，小球を投げ上げたと同時に台は運動を始め，投げ上げたことによる台の運動への影響は無視できるものとする。

質問 27　物理

「向心力」とは何でしょうか？円運動する物体にだけ「向心力」という特別な力がはたらくのでしょうか？

A 回答　「向心力」という特別な力があるわけではありません。物体にはたらく力のうち，円軌道の中心向きにはたらく成分を「向心力」といいます。

ここからは，円運動にまつわる疑問を解決していきましょう。まずは，物体が円運動するために必要な「向心力」についてです。

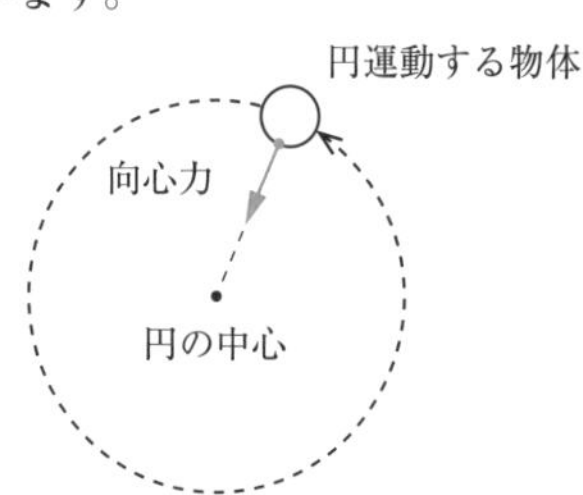

円軌道の中心向きにはたらく力を「向心力」といいます。円運動する物体には，必ず向心力がはたらいています。つまり，物体は円軌道の中心向きに力を受けなければ円運動しないということです。

このように聞くと，向心力という特別な力が存在するように誤解するかもしれません。しかし，向心力というのは何も特別なものではないのです。

物体には，重力，垂直抗力，糸の張力，ばねの弾性力など状況に応じていろいろな力がはたらきます。そして，それらの力(合力)の**円軌道の中心向きにはたらく成分のことを向心力**というのです。向心力は特別な力ではなく，普通の力が円の中心向きにはたらいているときに，そのようなよび方をするだけなのです。

例題　図のように，質量 m の小物体につけた軽くて伸びない糸をなめらかで水平な板に空いた穴Oに通す。手で糸をもち，小物体に板上でOを中心とする半径 l の等速円運動をさせる。ただし，穴の直径は l に比べて十分に小さく，糸と穴の間の摩擦は無視できるものとする。

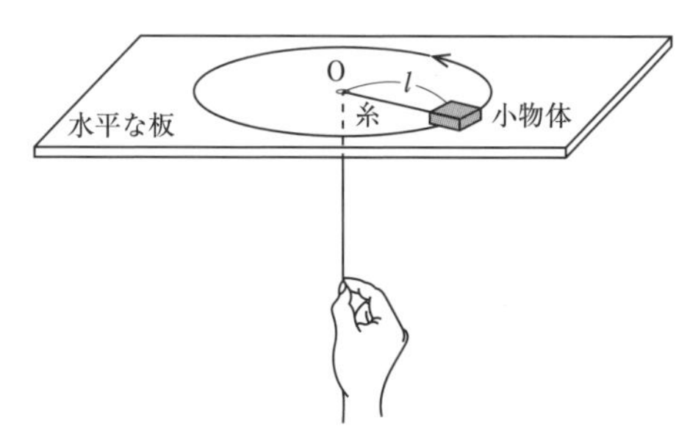

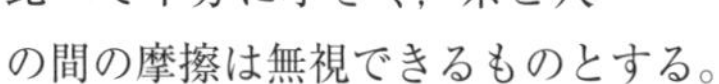

手が糸を引く力の大きさは F であった。このとき，小物体の速さを表す式として正しいものを，次の①～⑥のうちから1つ選べ。

① $\sqrt{\dfrac{lF}{m}}$　② $\sqrt{\dfrac{F}{ml}}$　③ $\sqrt{mlF}$

④ $\dfrac{lF}{m}$　⑤ $\dfrac{F}{ml}$　⑥ mlF

物体が等速円運動する状況を考える問題です。このような場合も，まずは物体にはたらいている力を確認するところから始めます。

等速円運動する物体には，右図に示した3つの力がはたらいています。この中で円軌道の中心に向いているのは，糸の張力だけです。つまり，糸の張力が向心力としてはたらいているとわかるのです。

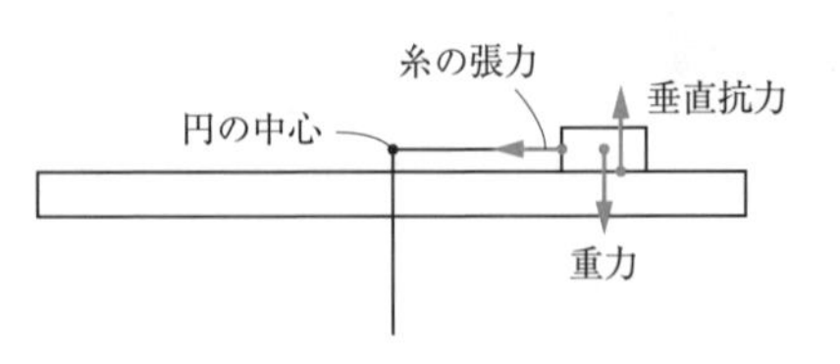

向心力の大きさは，$m\dfrac{v^2}{r}$ と表されます（m：物体の質量，r：円軌道の半径，v：物体の速さ）。今回は大きさFの糸の張力が向心力になっており，また円軌道の半径は l なので

$$F=m\frac{v^2}{l}$$

という関係が成り立ちます。これを解いて，$v=\sqrt{\dfrac{lF}{m}}$ （①）と求められます。

類題にチャレンジ 27

解答 → 別冊 p.22

図のように長さ l の軽くて伸びない糸の一端を点Oに固定し，他端に質量 m の小球を取りつけて，糸がたるまず水平になる点Pで小球を静かにはなす。点Oから鉛直下方に距離 a だけ離れた点Qに細い釘（くぎ）があり，小球が最下点Rを通る瞬間に糸が釘にかかり，小球は点Qを中心とする円運動を始める。点Qから小球までの間の糸と鉛直方向QRのなす角度を β と表す。ただし，重力加速度の大きさを g とする。

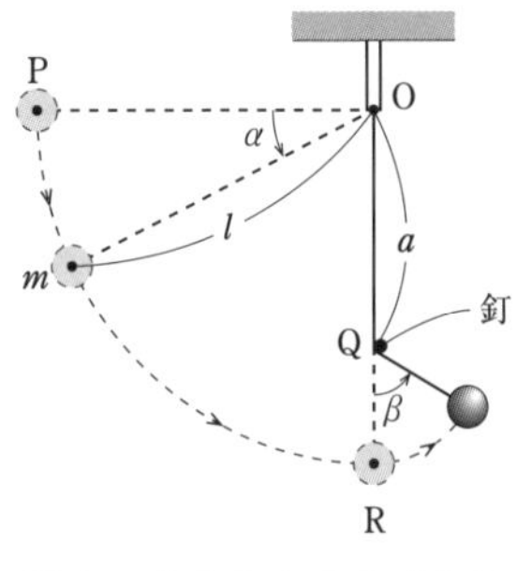

小球が点R（$\alpha=90°$）を通過後 $\beta=90°$ となったとき，糸の張力の大きさを表す式として正しいものを，次の①～⑥のうちから1つ選べ。

① $\dfrac{(l-a)mg}{2a}$　② $\dfrac{(l-a)mg}{a}$　③ $\dfrac{2(l-a)mg}{a}$

④ $\dfrac{amg}{2(l-a)}$　⑤ $\dfrac{amg}{l-a}$　⑥ $\dfrac{2amg}{l-a}$

（センター試験）

質問 28 物理

物体が鉛直面内で円運動するとき，最高点での速さが0以上なら最高点まで達するのではないでしょうか？

A 回答 物体に速さがあっても，糸の張力や面からの垂直抗力の大きさが0になると円運動を続けられなくなります。

物体が鉛直面内で円運動する（高さを変えながら円運動する）状況を考える問題は頻出です。その場合，「物体が最高点を無事に通過して円運動を続ける」ための条件がよく問われます。

具体例を通して，このような問題の考え方を確認しましょう。

例題 図のように，鉛直な壁面，半径Rの円筒面，水平な天井面がなめらかにつながっている。質量mの小物体を点Oから鉛直上方に打ち出したところ，小物体は壁面に沿って運動した後，円筒面に沿って運動し，点Aを通過した。ただし，すべての面はなめらかであるものとする。また，重力加速度の大きさをgとする。小物体が点Aを通過するための，点Aでの速さv_Aの満たす条件を求めよ。

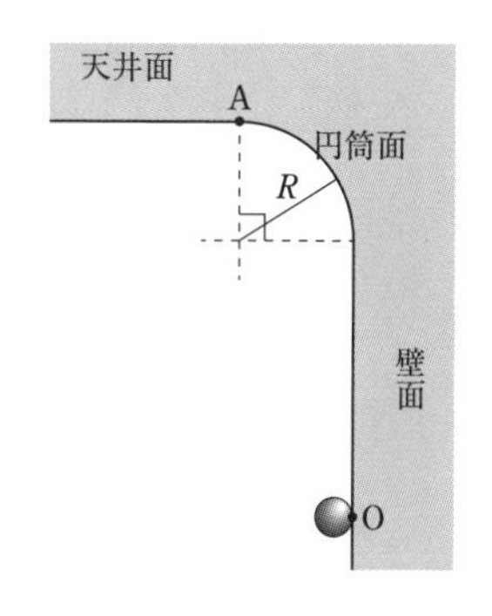

さて，この問題を見て「$v_A \geqq 0$ なら，点Aを通過できるだろう」と思った人は多いのではないでしょうか。確かに，物体の速度がなくならなければ点Aを通過できそうです。しかし，それは正しくありません。

たとえ物体の速さが0にならなくても，右図のように面から離れていくことはあり得るのです。逆に，もしも面に接しながら運動する物体の速さが途中で0となったら，物体はその後自由落下することになります。しかし，これはあまりに不自然であると理解できるでしょう。

つまり，物体は**速さが0になる前に面から離れてしまう**のです。ですので，面から離れるかどうかは速さとは違う何かをもとに考える必要があるのです。

では，何をもとに面から離れる条件を考えればよいのでしょう。

物体が面と接していれば面から垂直抗力を受けるはずです。物体が面に押しつけられるほど垂直抗力は大きくなります。逆に，物体の面への押しつけられる度合いが下がっていくと面か

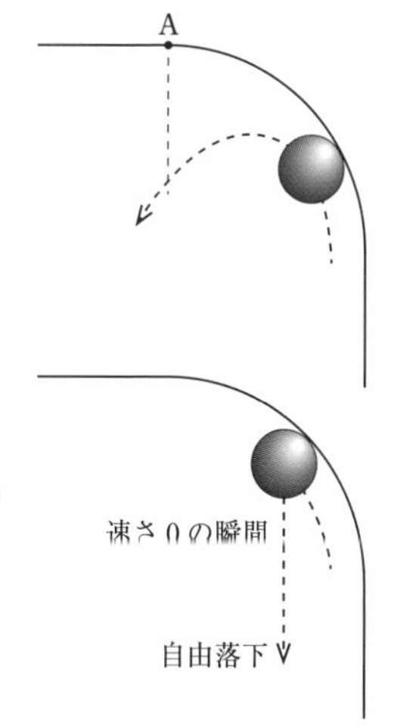

ら受ける垂直抗力は小さくなっていきます。そして，**面から離れようとする瞬間(離れる直前)には，垂直抗力が0となる**のです。このことから，物体が面から受ける垂直抗力の大きさNが0以上であれば物体は面から離れないと理解できます。

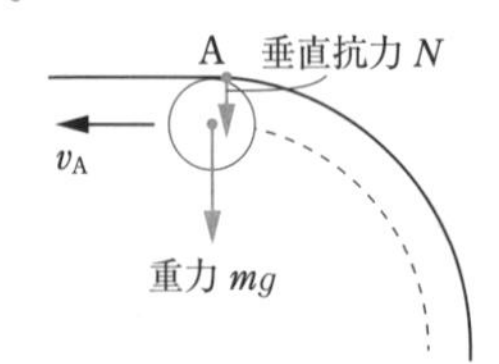

今回の状況でこのことを式にしてみましょう。点Aを通過するまで，物体は円運動しています。ですので，物体には向心力がはたらいているはずです。

円軌道の半径はRなので，向心力の大きさは$m\frac{v_A^2}{R}$となります。点Aでは重力と垂直抗力はともに円軌道の中心に向いているので，この和が向心力となっています。すなわち

$$mg+N=m\frac{v_A^2}{R}$$

です。そして，垂直抗力の大きさNが0以上ならよいので

$$N=m\frac{v_A^2}{R}-mg\geqq 0 \qquad \text{より} \qquad v_A\geqq\sqrt{gR}$$

が求める条件だとわかります。

《注》 $N=0$ となったら，物体は面から離れてしまう？だから，物体が面から離れない条件は $N\geqq 0$ ではなく $N>0$ が正しいのではないか？と思うかもしれません。しかし，$N\geqq 0$ が正しい条件となります。物体が円筒面に沿って上昇するにつれ，垂直抗力Nは小さくなっていきます。そして，点Aで最小となるのです。ということは，点Aでちょうど $N=0$ となる場合，その直前までは $N>0$ だということです。だから，点Aに達するまで物体は円筒面から離れないのです。

類題にチャレンジ 28

解答 → 別冊 p.23

図のように，水平でなめらかな床面上で，質量mの小物体を速さvで点Oを通過させた。その後，小物体は半径rのなめらかな円筒の内面に沿って運動した。点Pは円筒の内面の最高点を表し，重力加速度の大きさをgとする。

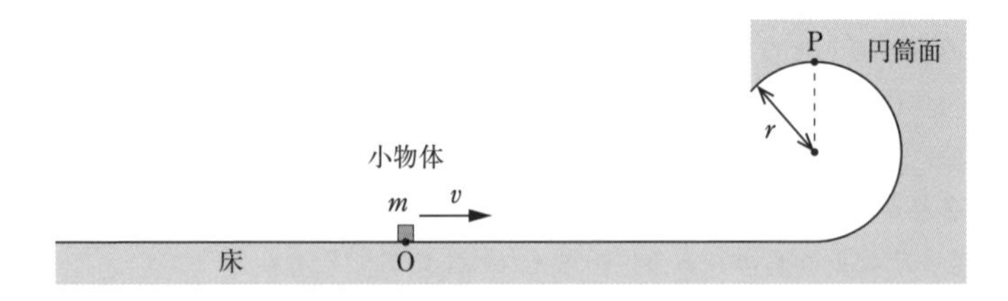

小物体が円筒の内面に沿って点Pを通過するために必要なvの最小値を表す式として正しいものを，次の①～⑤のうちから1つ選べ。

① $\sqrt{3gr}$　② $\sqrt{4gr}$　③ $\sqrt{5gr}$　④ $\sqrt{6gr}$　⑤ $\sqrt{7gr}$　（センター試験）

質問 29

物理

円運動する物体について考えるとき,「遠心力」が登場する場合と,登場しない場合があるのはなぜでしょうか？

A 回答　遠心力が登場するかどうかは，物体の運動を考える視点によって決まります。

円運動の問題を解くポイントの1つに，遠心力を正しく扱うということがあります。それは，質問の通り**遠心力が登場する場合としない場合とがある**からです。これは，視点の違いによります。

円運動する物体について考えるとき，2つの視点があります。

1つ目は，地上に静止している人の視点です。つまり，自分は静止していて「物体が円運動しているな」と見てとれる人ということです。

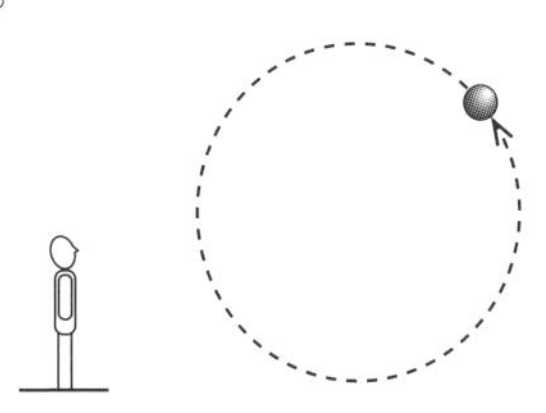

2つ目は，物体と一緒に円運動している人の視点です。例えば，メリーゴーラウンドに乗っている人が，自分が乗っているメリーゴーラウンドを見ているといった感じです。この場合は，「物体は静止している」ように見えることになります。

そして，**遠心力は物体と一緒に円運動している人にだけはたらく**ということが重要です。つまり，**地上に静止している人が見る運動には遠心力は登場しない**のです。

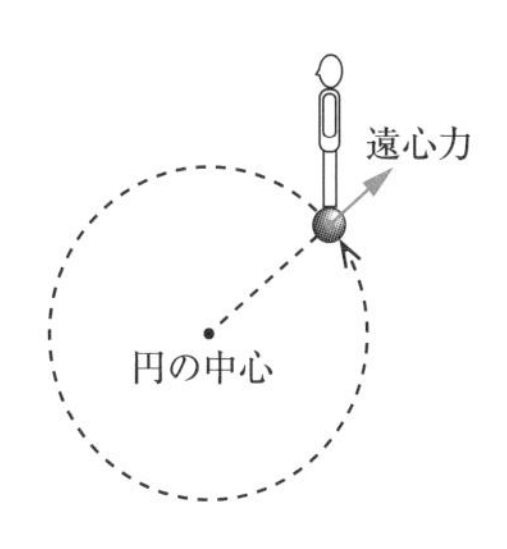

物体と一緒に円運動している人には，**物体は静止して見えます**が，これは，**物体にはたらく向心力と遠心力がつりあっているから**だと理解できるのです。

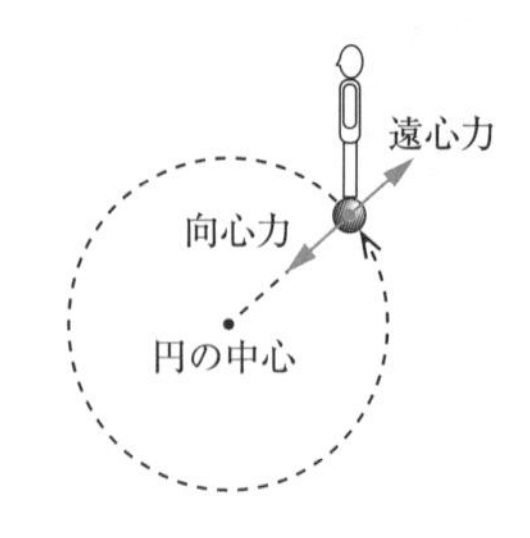

2つの視点の違いを，具体的な例題を通して確認しましょう。

例題 図のように，摩擦がない曲面と点Oを中心とする半径rの円筒面が点Aでなめらかにつながっている。水平面からある高さの曲面上の点で，質量mの小物体を静かにはなしたところ，曲面上をすべり落ち，速さvで点Aを通過した。重力加速度の大きさをgとする。

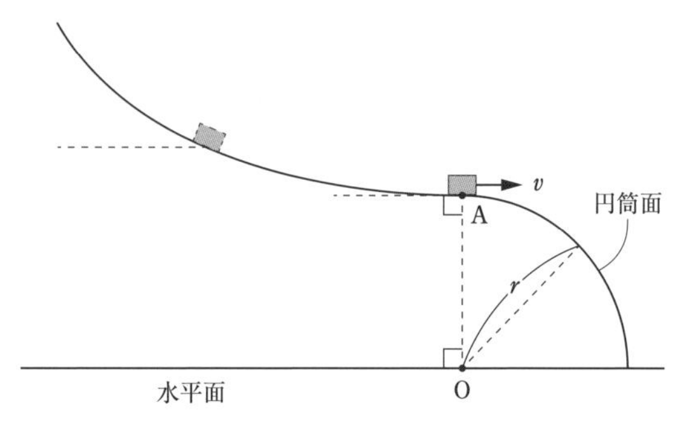

小物体をはなす高さを徐々に大きくしていったところ，小物体が円筒面から離れる位置が変化した。高さがある値に達したとき，はじめて小物体は点Aで空中に飛び出した。このときの速さvの満たす条件を求めよ。

物体が点Aを通過する瞬間の運動は，円運動だと考えられます。これを，2つの視点からそれぞれ考えてみましょう。

まずは地上で静止している人の視点です。この人には，物体には下図のような力がはたらいて見えます（遠心力は見えません）。

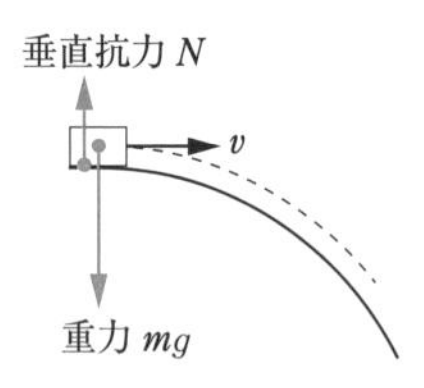

物体が点Aで円筒面から離れる条件は

　　点Aで物体が円筒面から受ける垂直抗力 $N \leqq 0$

と表せます（点Aで $N=0$ の場合でも，その直後に $N<0$ となるため，点Aから飛び出すことになります）。

点Aでの物体の運動を考えると，円軌道の半径はrなので，向心力の大きさは$m\frac{v^2}{r}$となります。重力と垂直抗力の合力が向心力となっていることから

$$mg-N=m\frac{v^2}{r} \quad \cdots\cdots①$$

だとわかります。そして，垂直抗力Nが0以下なら円筒面から離れたことになり

$$N = mg - m\frac{v^2}{r} \leqq 0$$

であればよいとわかります。これを解いて

$$v \geqq \sqrt{gr}$$

が求める条件だとわかります。

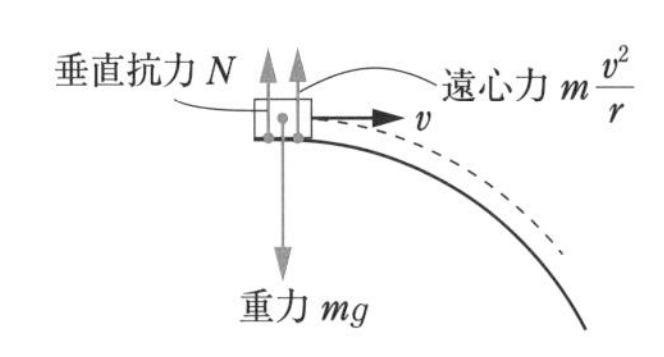

それでは，同じ運動を物体と一緒に円運動する人の視点で考えてみましょう。この場合は遠心力もはたらくことになります。

そして，物体と一緒に円運動している人には，物体は静止して見えるのでした。物体が静止しているということは，力のつりあいが成り立っているということです。この場合は，力のつりあいは

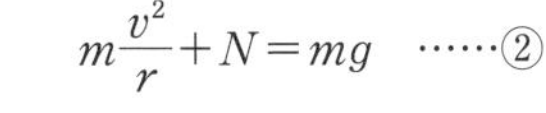

$$m\frac{v^2}{r} + N = mg \quad \cdots\cdots②$$

と表すことができます。

さて，このようにして導き出された式②は，地上で静止している人の視点で考えた式①とまったく同じ形です。これ以降の考え方は同じですので，同じように答えを得ることができます。**式①と②は，見た目としてはまったく同じものです。しかし，意味することは異なります**。①は物体にはたらく向心力を表す式（運動方程式）であるのに対し，②は力のつりあいを表しているのです。このような違いを意識しながら，2つの視点を区別して考えられるようにする必要があります。

類題にチャレンジ 29

解答 → 別冊 p.24

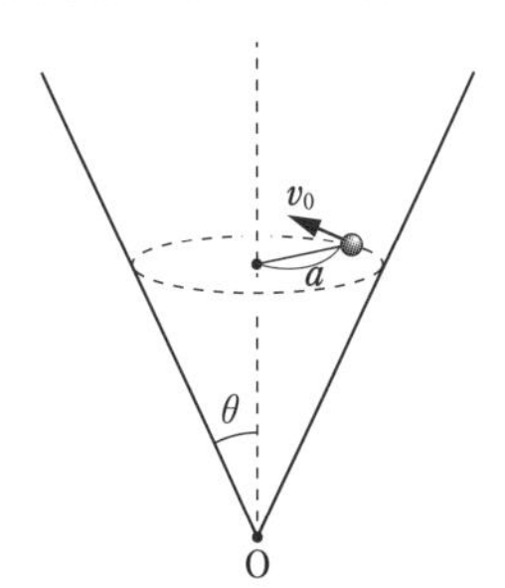

図のように，十分大きくなめらかな円錐（えんすい）面が，中心軸を鉛直に，頂点Oを下にして置かれている。大きさの無視できる質量 m の小物体に，大きさ v_0 の初速度を水平方向に与えると，小物体は同一水平面内で等速円運動をした。その半径 a を表す式として正しいものを，下の①～⑧のうちから1つ選べ。頂点Oにおいて円錐面と中心軸のなす角を θ とし，重力加速度の大きさを g とする。

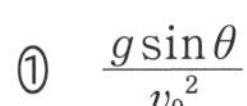

① $\dfrac{g\sin\theta}{{v_0}^2}$

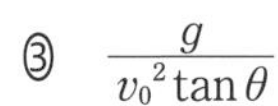

② $\dfrac{g\cos\theta}{{v_0}^2}$

③ $\dfrac{g}{{v_0}^2\tan\theta}$

④ $\dfrac{g\sin\theta\cos\theta}{{v_0}^2}$

⑤ $\dfrac{{v_0}^2}{g\sin\theta}$

⑥ $\dfrac{{v_0}^2}{g\cos\theta}$

⑦ $\dfrac{{v_0}^2\tan\theta}{g}$

⑧ $\dfrac{{v_0}^2}{g\sin\theta\cos\theta}$

（センター試験）

質問30 単振動する物体にはたらく力はどんな力でしょうか？

物理

A 回答 物体に変位に比例した復元力がはたらくと，物体は単振動します。

ここからは，単振動の問題の解き方を考えていきます。まずは，「物体が単振動する」ことに気がつく必要があります。運動のようすがわかってこそ，解き方が見えてくるのです。

代表的な例題で，物体が単振動するには何が必要か確認しましょう。

例題 図に示すように，なめらかで水平な台の上に軽いばねの一端が固定され，他端には質量mの小球が取りつけられている。ばね定数をk，ばねの自然の長さをlとし，小球に手で力を加えてばねを自然の長さから$a\,(a>0)$だけ伸ばす。

静かに手をはなしてから，ばねの伸びが再び最大になるまでの時間T_0を求めよ。

（関西大）

手をはなしてから再びばねの伸びが最大になるまでの間，物体はどのような運動をするのでしょうか？物体がどのような運動をするかは，物体にどのような力がはたらくのか確認するとわかります。

この場合，物体には右図のような力がはたらきます。

このうち，重力と垂直抗力はつりあっています。物体が運動を始めても，この2力のつりあいは保たれます。ですので，物体にはばねの弾性力だけがはたらいていると考えることができます。

物体にはたらく力
（物体を静かにはなした瞬間）

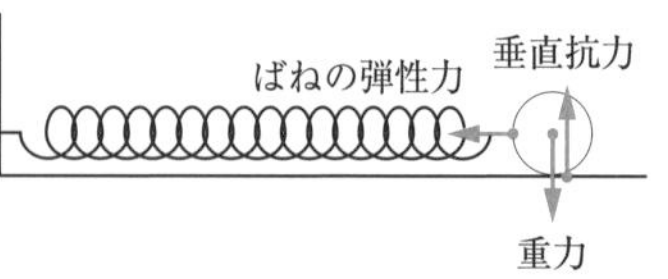

さて，物体が運動するにつれて物体にはたらくばねの弾性力の向きと大きさは変化します。**ばねの弾性力は，つねにばねを自然の長さに戻そうとする向きにはたらきます**。そして，その大きさはばね定数kとばねの伸び（縮み）の大きさxを使って，kxと表すことができます。

右図から，物体にはたらく力の次のような特徴が見えてきます。

ばねの弾性力の
向きと大きさの変化のようす

振動の中心

> **向き：** ある一点（力のつりあいの位置）につねに向かう
> **大きさ：** その点（位置）からの距離に比例する

この力は，物体をある一点（位置）に戻そうとする力だと理解できます。そのため，「**復元力**」とよばれます。

物体が単振動するのは，この「復元力」がはたらくときなのです。そして，復元力が「物体をそこへ戻そうとしている点（位置）」が，振動の中心になります。

物体が単振動することに気づくためのポイントは，物体にはたらく力が復元力であることに気づくことです。

例題の単振動のようすは，右図のように表すことができます。

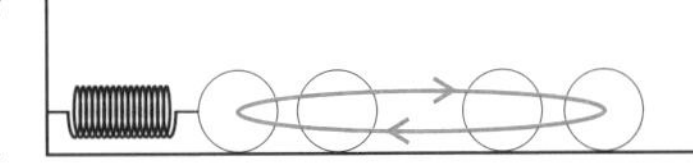

ばねが縮んでから再び伸びが最大になるまでに，物体は1回振動することがわかります。つまり，求める時間 T_0 は単振動の周期だということです。

物体にはたらく復元力が $\boldsymbol{-Kx}$（K：比例定数，x：振動の中心からの変位）と表されるとき，単振動の周期は $\boldsymbol{2\pi\sqrt{\frac{m}{K}}}$ となります。

今回は，ばね定数 k を使って復元力は $-kx$ と表されることから

$$T_0=2\pi\sqrt{\frac{m}{k}}$$

と求められます。

なお，T_0 は最初に伸ばした長さ a とは無関係です。

類題にチャレンジ 30

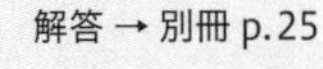
解答 → 別冊 p.25

図のように，長さ L，断面積 S，質量 M の直方体を，密度 ρ の液体に浮かべて静止させた。その位置からさらに物体を沈めて静かにはなすと，物体は鉛直上向きに動き出した。物体が運動をはじめた位置に戻るまでにかかる時間はいくらか。重力加速度の大きさを g とする。ただし，直方体の上面は液体に沈まないものとする。

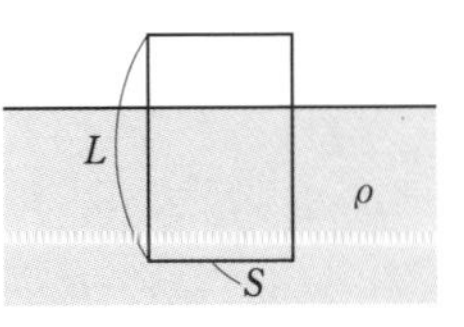

物理

物体にはたらく力を式で表しても，それが復元力だと気づかないことがあります。どうすれば復元力だとわかるのでしょうか？

A 回答　物体にはたらく力が復元力であれば，その大きさは「比例定数×振動の中心からのずれの大きさ」という形で表すことができるはずです。

単振動の問題には，いくつものパターンがあります。単振動が起こるのは，すべて物体に復元力がはたらくことが原因ですが，はたらく力が復元力であることがわかりにくいこともあります。そのような場合に，はたらく力が復元力であることを見抜く方法を解説します。

例題　図のように，天井にばね定数kの軽いばねの一端を固定し，他端に質量mの物体を取りつけた。ばねの長さが自然の長さのときの物体の位置を原点Oとし，鉛直下向きにx軸をとり，物体の運動について考える。重力加速度の大きさをgとする。

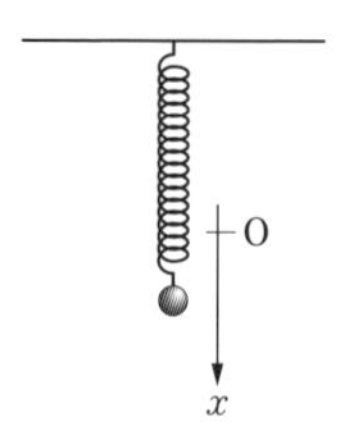

(1)　物体がつりあいの位置で静止しているときの位置x_0を求めよ。

(2)　ばねが自然の長さとなる位置まで物体をもち上げて静かにはなすと，物体は静かに振動した。物体の位置がxのとき，物体にはたらく力をk，x_0，xで表せ。

(3)　問(2)のつねに振動の中心に向かう力を何というか。語句で答えよ。

(4)　このときの振動の周期T，振幅Aをそれぞれ求めよ。　(福岡大)

まずは，物体にはたらく力を確認します。

ばねが自然の長さからxだけ伸びたとき

自然の長さ

ばねの弾性力 kx

O

x

重力 mg

物体には2つの力がはたらくわけですが，位置xの値によっては2力がつりあうことがあります。2つの力がつりあうのは

$$kx_0=mg$$

が成り立つときです。ここから $x_0=\dfrac{mg}{k}$ ((1)の答) と求められます。

そして，図から物体にはたらく力は$mg-kx$であることがわかります。さて，これをいま求めたx_0を使って表すとどうなるでしょうか？

$mg=kx_0$ なので，これを代入して

$$mg-kx=kx_0-kx=-k(x-x_0)\ \text{((2)の答)}$$

と表すことができます。

《注》「−」の符号は，向きを表している(合力が振動の中心に向かうことを表している)

に過ぎません。

さて，物体にはたらく力がこのように表されたことからわかることがあります。まずは，物体にはたらくのは**復元力**（(3)の答）であることがわかります。この力がつねに $x=x_0$ の位置に向かい，$x=x_0$ の位置からの距離に比例する大きさだからです。

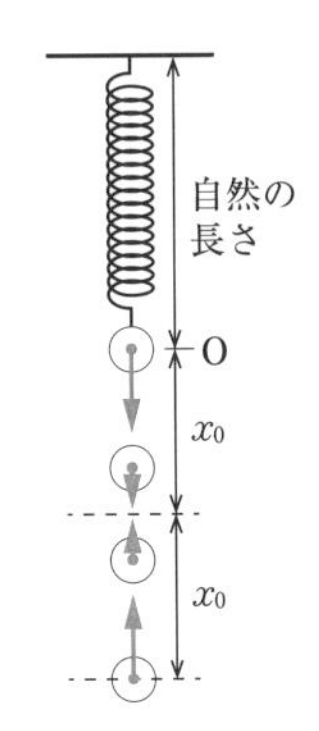

物体は復元力を受けるので単振動をします。そして，復元力はつねに $x=x_0$ の位置に向かうことから，$x=x_0$ の位置が単振動の中心になることもわかるのです。

以上のことは，物体にはたらく力を $-k(x-x_0)$ という形に表すことで見えてきたことです。$mg-kx$ という形のままでは，復元力であることにはなかなか気がつきません。

$x-x_0$ は振動の中心からの変位を表すので，**$-k(x-x_0)$ という形は物体にはたらく力を「－比例定数×振動の中心からの変位」と表したもの**といえます。このような表し方をすることで，物体に復元力がはたらいて単振動すること，そしてその中心の位置が見えてくるのです。

さらに，このような表し方をすれば単振動の周期も即座に求められます。復元力が $-Kx$（K：比例定数，x：振動の中心からの変位）と表されるとき，単振動の周期は $2\pi\sqrt{\dfrac{m}{K}}$ となるのでした。つまり，物体にはたらく力を「－比例定数×振動の中心からの変位」という形で表せれば，周期もすぐにわかるということです。今回は比例定数が k であることから，単振動の周期 T は $2\pi\sqrt{\dfrac{m}{k}}$（(4)の答）と求められます。

今回の単振動のようすを整理すると右図のようになります。つまり，振幅 A は x_0（(4)の答）だとわかるのです。

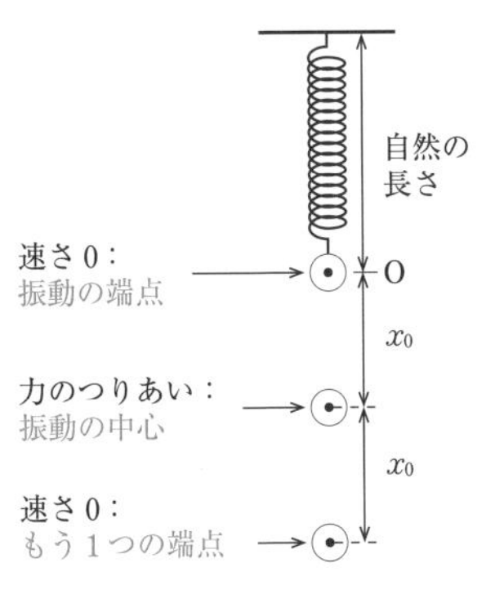

物理

ばね振り子の周期は振動の方向によらず等しくなるのはなぜでしょうか？

A 回答 単振動の周期は，物体の質量と復元力の比例定数だけで決まるからです。

今回は，単振動の周期について考えてみましょう。単振動に関する問題では，必ずといっていいほど周期が問われます。「1回振動するのにかかる時間」である周期は，単振動のようすを端的に表す値だからです。

そして，質問にあるように**「ばね振り子」の周期は，おもりの質量とばねのばね定数が等しければ，振動の方向によらず等しくなります**。そのことを知っていると，例えば次のような例題は即答できてしまいます。

例題 図(a)～(c)のように，ばね定数kの軽いばねの一端に質量mの小球を取りつけ，ばねの伸縮方向に単振動させる。(a)～(c)の場合の単振動の周期を，それぞれT_a，T_b，T_cとする。T_a，T_b，T_cの大小関係として正しいものを，下の①～⑥のうちから1つ選べ。ただし，(a)の水平面，(b)の斜面はなめらかであるとする。

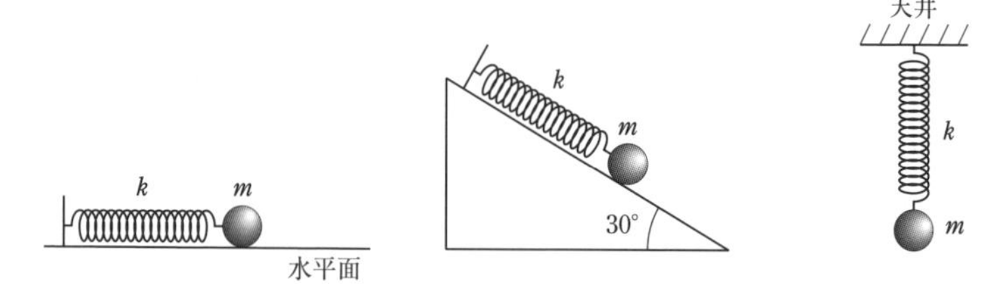

(a) ばねの他端を水平面で固定する。　(b) ばねの他端を傾き30°の斜面上で固定する。　(c) ばねの他端を天井に固定する。

① $T_a > T_b > T_c$　② $T_c > T_b > T_a$　③ $T_b = T_c > T_a$
④ $T_a = T_b = T_c$　⑤ $T_a = T_c > T_b$　⑥ $T_b > T_a = T_c$

3つともおもりの質量もばね定数も等しいので周期は等しくなります。つまり，④が正解です。

振動する方向が違うのにどうして周期は等しくなるのでしょうか？おもりにはたらく復元力を考えると理由が理解できます。振動の中心からばねが伸びる方向をx軸正の向きとします。

まずは図(a)の水平方向に振動する場合を考えましょう。この場合，ばねが自然の長さのときにおもりにはたらく力がつりあうため，ここが振動の中心になるのでした（質問30参照）。そして，おもりの振動中心からの変位をxとすると，おもりにはたらく力（復元力）は$-kx$となります。つまり，復元力の比例定数はkとなるのです。

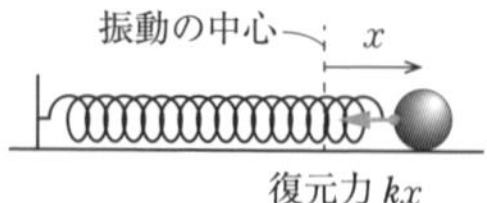

単振動の周期は，おもりの質量 m と復元力の比例定数 k を使って $2\pi\sqrt{\dfrac{m}{k}}$ と求められます。水平方向に振動する場合の周期はこの値になるのです。

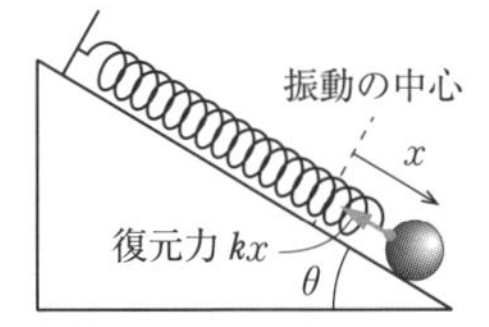

次に，図(b)の斜面上で斜面方向に振動する場合です。この場合は斜面の傾きを θ とすると，ばねが $\dfrac{mg\sin\theta}{k}$ だけ伸びた位置でおもりにはたらく力がつりあい，ここが振動の中心になります。そして，おもりがこの位置から変位 x だけずれた位置にあるとき，ばねの弾性力の大きさが kx だけ変化します。よって，おもりに $-kx$ の復元力がはたらくことになるのです。

復元力の比例定数が先ほどと変わらなければ，単振動の周期も変わらず $2\pi\sqrt{\dfrac{m}{k}}$ となるのです。

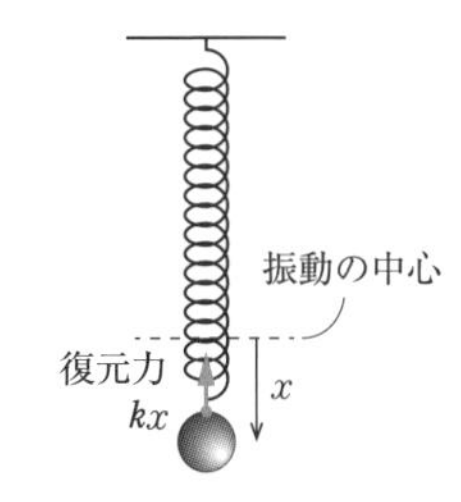

最後に，図(c)の鉛直方向に振動する場合です。この場合は，ばねが $\dfrac{mg}{k}$ だけ伸びた位置でおもりにはたらく力がつりあい，ここが振動の中心になるのでした（質問 31 参照）。そして，おもりがこの位置から変位 x だけずれた位置にあるとき，ばねの弾性力の大きさが kx だけ変化します。よって，おもりには $-kx$ の復元力がはたらくことになるのです。

この場合も復元力の比例定数は同じなので，単振動の周期もやはり $2\pi\sqrt{\dfrac{m}{k}}$ となります。

以上のように，**物体にはたらく復元力を正しく知ることで，単振動の周期を求められる**のです。

類題にチャレンジ 32

解答 → 別冊 p.26

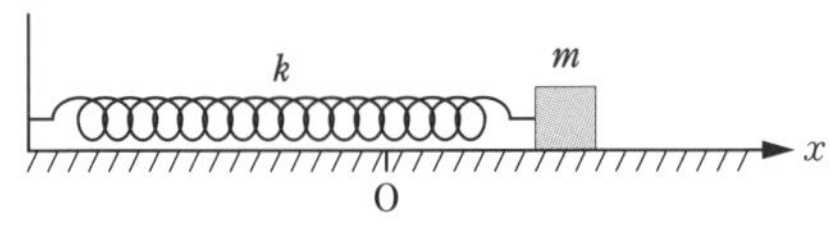

ばね定数 k の軽いばねの一端に質量 m の小物体を取りつけ，あらい水平面上に置き，ばねの他端を壁に取りつけた。図のように x 軸をとり，ばねが自然の長さのときの小物体の位置を原点Oとする。ただし，重力加速度の大きさを g，小物体と水平面の間の動摩擦係数を μ' とする。また，小物体は x 軸方向にのみ運動するものとする。

小物体を右側に動かし，静かに手をはなすと，小物体は動き始め，何回か振動を繰り返した後，物体は静止した。手をはなしてから次に速度が0となる瞬間までの時間を求めよ。

質問 33 物理

等加速度運動するエレベーターの中では，停止していたときと比べ，ばね振り子や単振り子の周期は変わるのでしょうか？

A 回答 ばね振り子の周期は変わりませんが，単振り子の周期は見かけの重力の変化によって変わります。

単振動の考察の最後に，加速度運動する乗り物の中での変化を考えてみましょう。まずは，これまで考えてきたばね振り子です。

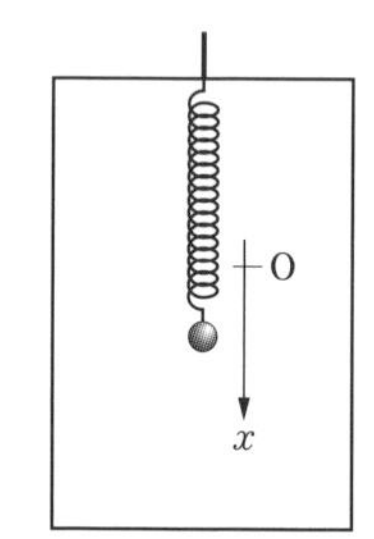

例題 1 図のように，エレベーターの天井にばね定数kの軽いばねの一端を固定し，他端に質量mの物体を取りつけた。ばねの長さが自然の長さのときの物体の位置を原点Oとし，鉛直下向きにx軸をとり，エレベーター内の人から見た立場で，物体の運動について考える。重力加速度の大きさをgとする。

いま，エレベーターが鉛直上向きに一定の加速度の大きさaで上昇している。エレベーターが静止している場合と比較すると，周期は何倍になっているか。数値で答えよ。

加速度運動する乗り物に乗っている人から見ると，物体には慣性力がはたらいて見えるのでした。これが，地上で静止している人の視点との違いです。

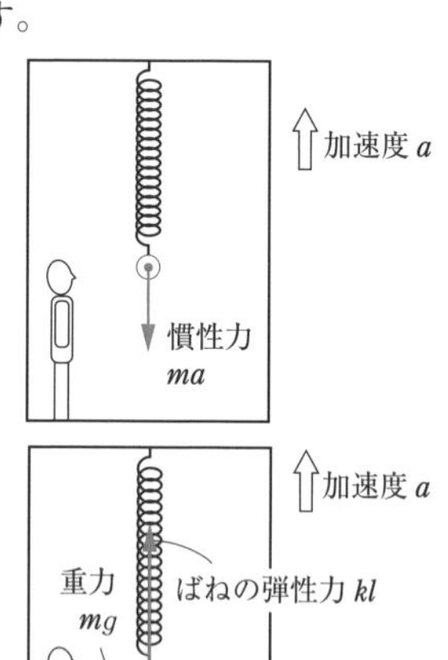

今回は，エレベーターが鉛直上向きに大きさaで等加速度運動しているので，エレベーターに乗った人には，物体に右図のような慣性力がはたらいて見えます。

そして，物体にはこれ以外に重力とばねの弾性力がはたらいています。

ばねの自然の長さからの伸びをlとすると，これらの力がつりあうとき

$$kl=mg+ma$$

より，ばねの伸びは

$$l=\frac{mg+ma}{k}$$

となることがわかります。

物体にはたらく力がつりあう位置が振動の中心です。つまり，**エレベーターの加速度によって振動の中心位置が変わる**ことがわかるのです。

では，振動の周期はどうなるでしょうか？周期を求めるためには，復元力の比例定数を知る必要がありました。

物体の位置が振動の中心から変位xだけずれたときを考えます。このとき，物体にはたらく重力も慣性力も変わりません。**変わるのはばねの弾性力だけ**です。弾性力の大きさはkxだけ変化します。

よって，物体が振動中心から変位xだけずれているときには，物体にはたらく合力は右図のようになります。

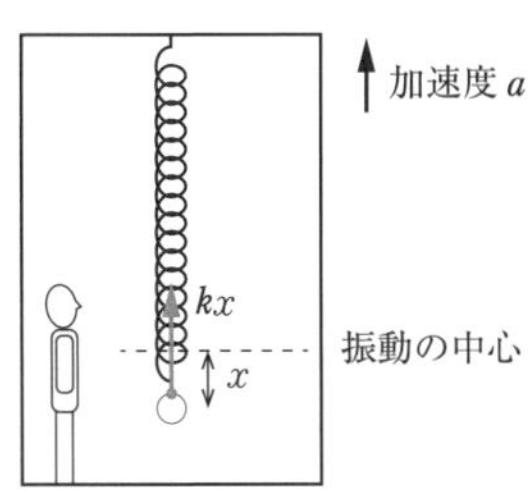

合力は$-kx$と表され，これが復元力となって物体は単振動するのです。つまり，復元力の比例定数はkだということです。

よって，単振動の周期は$2\pi\sqrt{\dfrac{m}{k}}$となるのです。この値は，エレベーターが停止している（加速していない）場合とまったく等しくなっています。つまり，エレベーターが停止している場合の周期の1倍です。

このように，**等加速度運動する乗り物の中でもばね振り子の周期は変わらない**ことがわかるのです。

《注》 鉛直ばね振り子を例に説明しましたが，他の方向に振動しても周期が変わることはありません。それは，鉛直ばね振り子の場合と同様に，乗り物が等加速度運動しても復元力の比例定数は変わらないからです。

それでは，単振り子の場合はどうなるのでしょう？

例題 2 鉛直上向きに大きさaで等加速度運動するエレベーターの中で，質量mのおもりを長さLの糸につるして単振り子を振らせた。この単振り子の周期はいくらか。重力加速度の大きさをgとする。

単振り子の周期は，振り子の長さLを使って$2\pi\sqrt{\dfrac{L}{g}}$と求められます。

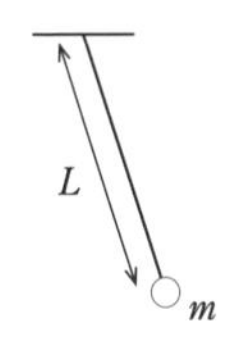

つまり，おもりの質量mは単振り子の周期には無関係だということです。

では，単振り子を等加速度運動する乗り物の中で振らせると，何か変化があるのでしょうか？

乗り物が等加速度運動したからといって，糸の長さLが変わることはありません。変わるとしたら重力加速度の大きさです。

等加速度運動する乗り物に乗った人には，物体に慣性力がはたらいて見えます。今回は右図のような慣性力です。

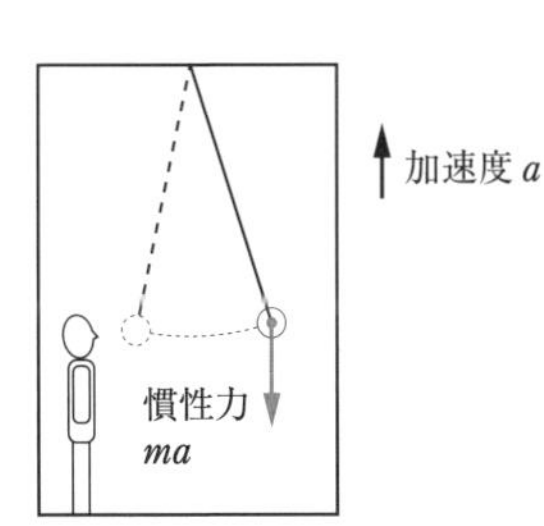

つまり，慣性力の向きは重力の向きと等しいのです。そのため，**エレベーターに乗った人は重力が大きくなったように感じる**のです。

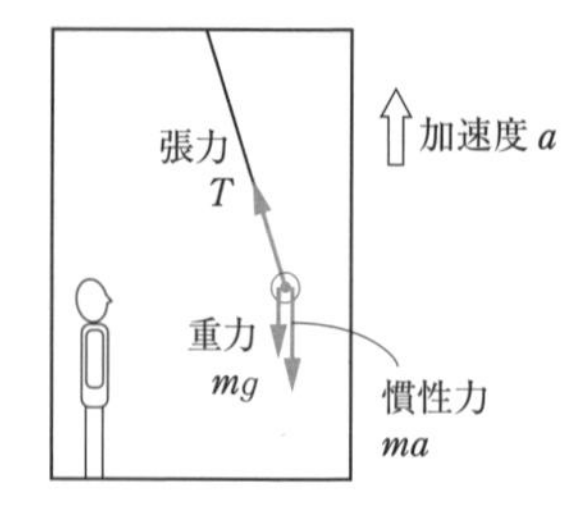

エレベーターに乗った人には，おもりにはたらく重力の大きさが $mg+ma=m(g+a)$ になったように感じられるということです。これは，**重力加速度の大きさが $g+a$ になって見える**ということもできます。エレベーターの中の世界では，重力加速度の大きさが変化しているのです。

このことが原因となって，単振り子の周期に変化が生じます。エレベーターの中では，周期 $2\pi\sqrt{\frac{L}{g}}$ の中の g は $g+a$ となっているのです。そのため，単振り子の周期は $2\pi\sqrt{\frac{L}{g+a}}$ となるのです。

等加速度運動する乗り物の中で，ばね振り子の周期に変化はありませんが，単振り子の周期は変化するのです。

質問 34　物理基礎・物理

万有引力による位置エネルギーは，どうして必ず負の値になるのでしょうか？

A 回答　無限遠を基準とするからです。位置エネルギーの値は，基準のとり方によって変わります。

質量 m の物体が基準面から高さ h の位置にあるとき，重力加速度の大きさを g とすると，物体は大きさ mgh の重力による位置エネルギーをもちます。物体の高さが変わると，物体のもつ重力による位置エネルギーも変わります。

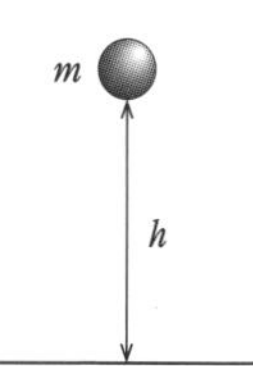

ただし，**この式が使えるのは物体が地上付近にあるときです。物体が地面から大きく離れたときには使えません**。それは，物体が地上付近にあるときにだけ物体にはたらく重力の大きさは mg で一定として扱うことができるためです。地面から大きく離れると，地球から受ける重力はこれより小さくなるのです。

物体が地面から大きく離れているときの位置エネルギーは，普通「万有引力による位置エネルギー」とよばれます。そして，質量 m の物体が，質量 M の地球の中心から距離 r だけ離れているときの位置エネルギーは，万有引力定数 G を用いて $-G\dfrac{Mm}{r}$ となります。

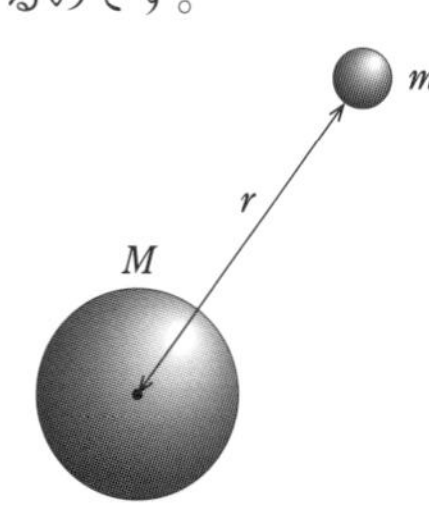

さて，地上では mgh という正の値として求められた位置エネルギーがどうして負の値になるのでしょうか？

実は，位置エネルギーというのは基準面のとり方によって正にも負にもなるものなのです。例えば右図のように基準面をとった場合，地上での重力による位置エネルギー mgh も負の値になります。

基準面

《注》 物体が基準面より低い位置にあるとき $h<0$ となるため，$mgh<0$ となります。

万有引力による位置エネルギーは，普通「無限遠」を基準と定めます。これは，そうすることで $-G\dfrac{Mm}{r}$ というシンプルな形の式で表せるようになるからです。

無限遠を基準とすると，どのような点で位置エネルギーを求めても**必ず負の値**となります。そのことは数学的にも説明できますが，ここではよりイメージが湧くように説明します。

物体は地球から万有引力を受けます。それは，地球という巨大な質量をもったものが空間に目に見えない歪みを生んでいるからだと考えられています。ちょうど，次のようなイメージです。

無限遠

つまり，地球周辺の空間は地球を中心として凹んでいると考えられるのです。このように，地球の存在によって空間は平坦ではなくなっています。だからこそ，そこに置かれた別の物体は地球に近づくように動いていくのです。この力が，地球から受ける万有引力だと理解できます。

上図から，**地球の近くにある物体ほど低い位置にあることがわかります**。**無限遠より高い位置になることはあり得ない**のです。これが，万有引力による位置エネルギーが負の値になる理由であり，地球に近づくほど小さくなる（rが小さくなるほど，$-G\dfrac{Mm}{r}$の値は小さくなる）理由でもあります。

《注》 万有引力の位置エネルギーは負の値ですから，地球に近づくほどこれが「小さくなる」とは「絶対値が大きくなる」ということです。

類題にチャレンジ 34

解答 → 別冊 p.27

太陽を周回する惑星の運動について考える。

図の(a)〜(d)の曲線のうち，太陽からの惑星の距離rと惑星の運動エネルギーの関係を表すものはどれか。また，距離rと万有引力による位置エネルギーの関係を表すものはどれか。その組合せとして最も適当なものを，下の①〜⑥のうちから1つ選べ。ただし，万有引力による位置エネルギーは，無限遠で0とする。

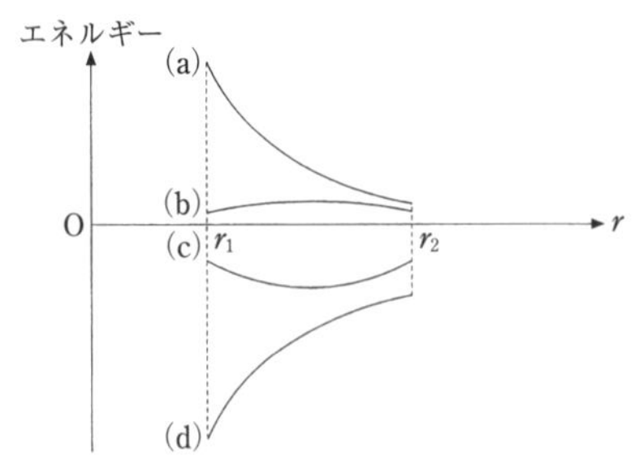

	運動エネルギー	位置エネルギー
①	(a)	(b)
②	(a)	(c)
③	(a)	(d)
④	(b)	(a)
⑤	(b)	(c)
⑥	(b)	(d)

（センター試験）

質問 35　物理

惑星や衛星（人工衛星）に関する問題で，答に使える値を指定されている場合がありますが，混乱します。どうすればよいのでしょうか？

A 回答　$mg=G\dfrac{Mm}{R^2}$ ……(※) という関係式を使って変形することで，指定された値（文字）だけを使って答を表せるようになります。

まずは関係式(※)の説明をします。この式は，地表面にある質量 m の物体が受ける重力（万有引力）の大きさを2通りの方法で表したものです。すなわち，質量 m の物体が受ける重力（大きさ mg）は，半径 R，質量 M の地球から受ける万有引力$\left(\text{大きさ } G\dfrac{Mm}{R^2},\ G\text{：万有引力定数}\right)$でもあるということです。

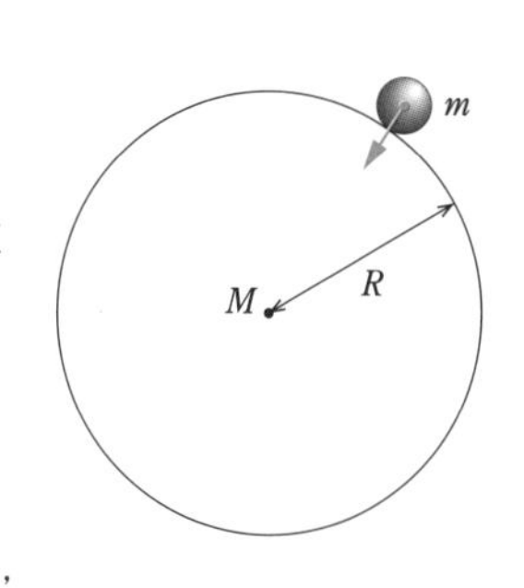

惑星や衛星（人工衛星）の運動を考える問題では，使用できる値が制限されていることがよくあります。そのようなときに，この関係式を使うことで問題の指定に適するように式変形ができるようになります。

ここで，間違いやすい点について1つ確認しておきます。それは，**物体が受ける重力の大きさが mg となるのは，物体が地表面にあるときだけ**だということです。物体が地表面から遠く離れた場合には，重力の大きさは mg ではなくなるのです。

ということは，**関係式(※)に登場する R は地球の半径であり，例えば人工衛星の軌道半径などではない**ということになります。このことに注意して，関係式(※)を使う必要があります。

例題 1　地表すれすれの円軌道をまわり続けることができる人工衛星の速さを「第1宇宙速度」という。第1宇宙速度を重力加速度の大きさ g と地球の半径 R を用いて表せ。

人工衛星は，地球からの万有引力を受けて等速円運動します。人工衛星の質量を m とすると，地球から受ける万有引力の大きさは，地球の質量 M，地球の半径 R，万有引力定数 G を使って $G\dfrac{Mm}{R^2}$ と求められます。これが向心力となって，軌道半径が地球の半径 R となるように等速円運動をするのです。

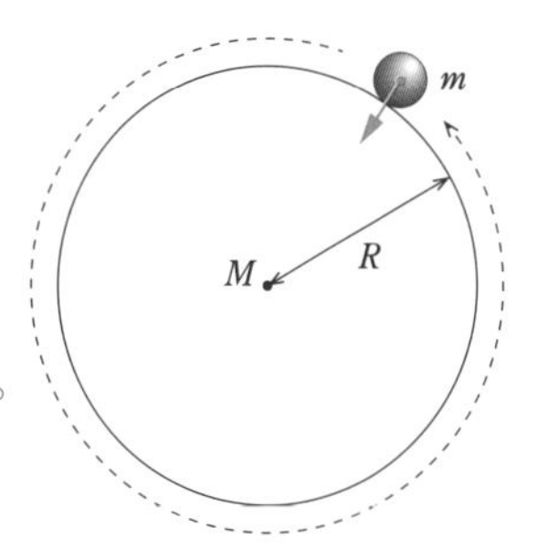

人工衛星の速さを v とすると，円運動の運動方程式は

$$m\frac{v^2}{R}=G\frac{Mm}{R^2}$$

と書けます。これを解いて，人工衛星の速さは

$$v=\sqrt{\frac{GM}{R}} \quad \cdots\cdots①$$

と求められます。

これが答えでよさそうですが，登場する G や M は問題文で与えられていません。つまり，これらは使えないのです。そこで，式変形が必要になります。

このようなときに $mg=G\frac{Mm}{R^2}$ という関係式が役立つのです。いまは G と M を消したいわけですから，この関係式を

$$GM=gR^2$$

と変形し，これを式①へ代入して

$$v=\sqrt{\frac{GM}{R}}=\sqrt{gR}$$

とするのです。これで，問題文に登場する値だけを使って答えを求められました。

例題 2　地上から打ち上げられた物体が無限遠まで飛んでいくのに必要な最小の初速度の大きさを「第 2 宇宙速度」という。第 2 宇宙速度を，地表での重力加速度の大きさ g と地球の半径 R を用いて表せ。

地上から打ち上げられた物体は，地球に引き戻される向きに万有引力を受けます。そのため，減速していくのです。それでも，十分な大きさの初速度を与えると，減速しながらも無限遠までたどり着くことができます。

打ち上げられた物体は万有引力だけを受けます。万有引力は「保存力」なので，物体の力学的エネルギーは保存されることになります。

物体の質量を m，初速度の大きさを v，無限遠にたどり着いたときの速さを v'，地球の質量を M，万有引力定数を G とすると，力学的エネルギー保存則は

$$\underbrace{\frac{1}{2}mv^2+\left(-G\frac{Mm}{R}\right)}_{\text{地表面のとき}}=\underbrace{\frac{1}{2}mv'^2+\left(-G\frac{Mm}{\infty}\right)}_{\text{無限遠のとき}} \quad \cdots\cdots②$$

と表すことができます。

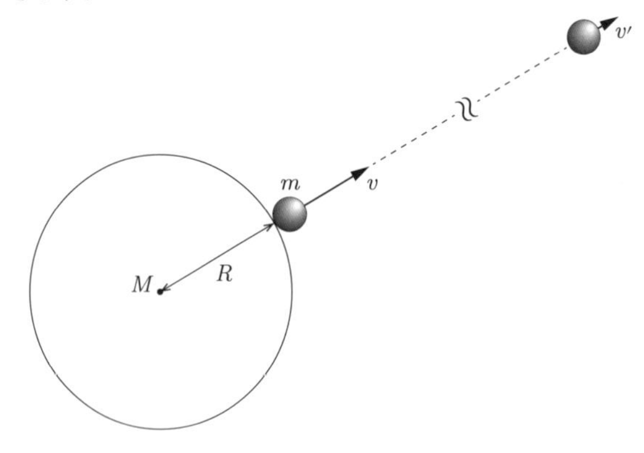

そして，無限遠での速さ $v' \geqq 0$ であれば，物体は無限遠までたどり着くことになります。

式②の力学的エネルギー保存則の式から

$$v'^2 = v^2 - \frac{2GM}{R}$$

と求められることから

$$v^2 - \frac{2GM}{R} \geqq 0$$

であればよいことがわかり，これを解いて物体が無限遠までたどり着くための条件は

$$v \geqq \sqrt{\frac{2GM}{R}}$$

だとわかります。つまり，物体が無限遠まで飛んでいくのに必要な最小の初速度の大きさは $\sqrt{\frac{2GM}{R}}$ と求められるのです。

ただし，この場合もやはり登場する G や M が問題文で与えられていません。そのため，式変形が必要になります。

今回も $mg = G\frac{Mm}{R^2}$ から

$$GM = gR^2$$

として，これを代入して

$$\sqrt{\frac{2GM}{R}} = \sqrt{2gR}$$

と求められます。

質問 36

物理

惑星や衛星（人工衛星）が円運動する場合と楕円運動する場合とで，問題の解き方に違いはあるのでしょうか？

A 回答 円運動の場合は「円運動の運動方程式」を使います。楕円運動の場合は「ケプラーの第2法則（面積速度一定の法則）」と「力学的エネルギー保存則」を使います。

惑星や衛星（人工衛星）の問題では，それらが円運動する状況と楕円運動する状況とが登場します。運動の仕方によって，解き方の使い分けが必要です。

まずは，円運動する場合から確認しましょう。

例題 1 万有引力定数を G，地球の質量を M，地球の半径を R，地表における重力加速度の大きさを g とする。

地表から高さ h の円軌道をまわっている人工衛星Sについて考える。Sの速さ V を，g，R，h を用いて表せ。（福岡大）

円運動する物体について考えるときには，円運動の運動方程式を書く必要があります。

人工衛星Sの質量を m とすると，Sには地球から受ける大きさ $G\dfrac{Mm}{(R+h)^2}$ の万有引力が向心力としてはたらき，半径 $R+h$ の円軌道を等速円運動します。このとき，円運動の運動方程式は

$$m\frac{V^2}{R+h}=G\frac{Mm}{(R+h)^2}$$

と書けます。これを解いて，人工衛星の速さは

$$V=\sqrt{\frac{GM}{R+h}}$$

と求められます。

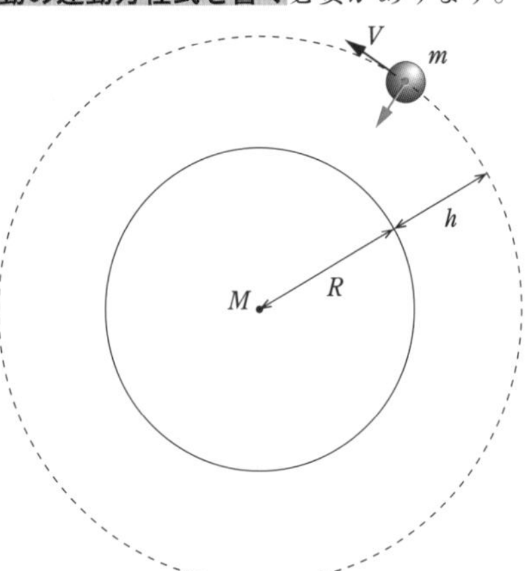

ここへ，質問35で登場した地上での重力の大きさを表す関係式 $mg=G\dfrac{Mm}{R^2}$ から

$$GM=gR^2$$

と変形したものを代入すると

$$V=\sqrt{\frac{GM}{R+h}}=R\sqrt{\frac{g}{R+h}}$$

と求められます。

次は，楕円運動する天体について考えてみましょう。

例題 2 質量 M の太陽のまわりを公転する，質量 m の人工天体の運動を考える。人工天体は太陽から万有引力（万有引力定数を G とする）を受けて運動し，地球などの惑星から受ける万有引力は無視できるものとする。

人工天体がケプラーの第 1 法則にしたがって，図のように，太陽を焦点の 1 つとする楕円軌道Tを公転し，太陽からの距離は，近日点Aで R_1 に等しく，遠日点Bで R_2 に等しい。

(1) 人工天体の点Aにおける速さ V_A を，G，M，R_1，R_2 を用いて表せ。

(2) 同様にして，点Bにおける速さ V_B を，G，M，R_1，R_2 を用いて表せ。

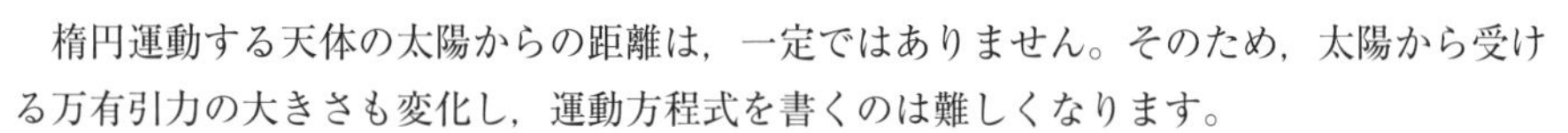

楕円運動する天体の太陽からの距離は，一定ではありません。そのため，太陽から受ける万有引力の大きさも変化し，運動方程式を書くのは難しくなります。

楕円運動について考えるときには，次の 2 つの式を書くのが定石です。

> **ケプラーの第 2 法則（面積速度一定の法則）**
> **力学的エネルギー保存則**

1 つずつ確認しましょう。

まずは，ケプラーの第 2 法則です。これは面積速度一定の法則ともよばれ，万有引力を受けて楕円運動する天体に対して成り立つ法則です。

面積速度が容易に求められるのは，近日点と遠日点です。それぞれ，次のように面積速度を求められます。

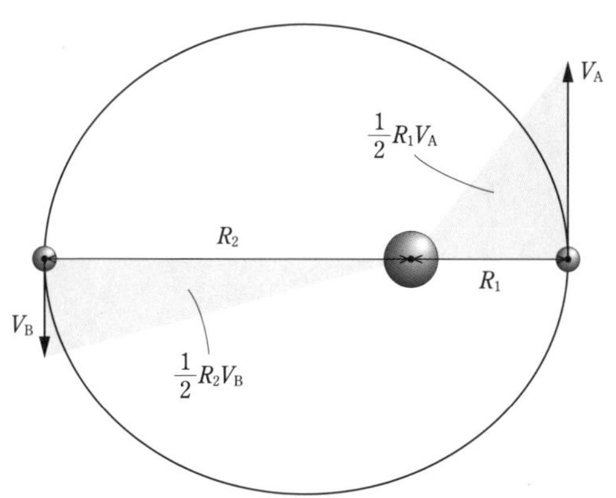

2 つの面積速度が等しいことから

$$\frac{1}{2}R_1V_A=\frac{1}{2}R_2V_B \quad \cdots\cdots①$$

が成り立つとわかります。

もう1つ，力学的エネルギー保存則も成り立ちます。天体は保存力である万有引力だけを受けて運動しているからです。

この場合は，「運動エネルギーと万有引力による位置エネルギーの和」が力学的エネルギーとなります。これも，近日点と遠日点での値を使って表すことができ，力学的エネルギー保存則は

$$\underbrace{\frac{1}{2}mV_A{}^2+\left(-G\frac{Mm}{R_1}\right)}_{\text{近日点のとき}}=\underbrace{\frac{1}{2}mV_B{}^2+\left(-G\frac{Mm}{R_2}\right)}_{\text{遠日点のとき}}\quad\cdots\cdots②$$

と表すことができます。

式①から

$$V_B=\frac{R_1}{R_2}V_A$$

と求められ，これを式②へ代入して整理すると，

$$V_A=\sqrt{\frac{2GMR_2(R_2-R_1)}{R_1(R_2{}^2-R_1{}^2)}}=\sqrt{\frac{2GMR_2(R_2-R_1)}{R_1(R_2+R_1)(R_2-R_1)}}=\sqrt{\frac{2GMR_2}{R_1(R_1+R_2)}}$$

と求められます。

そして，V_Bも

$$V_B=\frac{R_1}{R_2}V_A=\frac{R_1}{R_2}\sqrt{\frac{2GMR_2}{R_1(R_1+R_2)}}=\sqrt{\frac{2GMR_1}{R_2(R_1+R_2)}}$$

と求められます。

《注》 V_Bの値は，求めたV_Aの中のR_1をR_2に，R_2をR_1に置き換えて求めることもできます。これは，太陽からの距離R_1に対応するのがV_A，R_2に対応するのがV_Bだからです。

物理基礎・物理

「熱」と「温度」は同じことを表すように思えるのですが，何か違うのでしょうか？

A 回答 「熱（熱量）」は「物体全体の熱運動のエネルギー」を表し，「温度」は「分子1個あたりのエネルギー」を表します。

日常的には，「熱」と「温度」という言葉は区別せずに使っています。例えば，体温が高いことを「熱がある」といいます。

しかし，熱（熱量）と温度が意味するものは異なります。次の例（下図）で考えてみましょう。

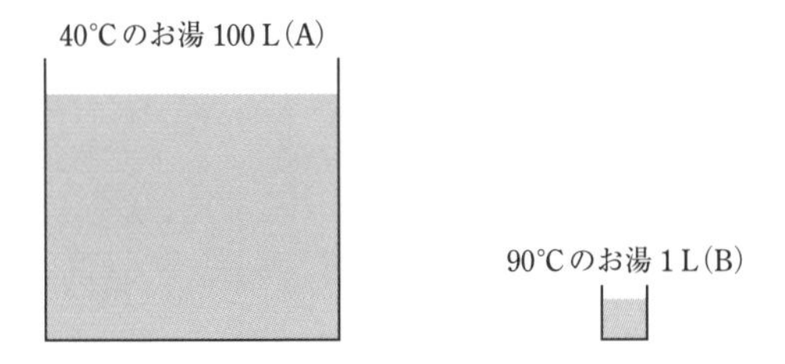

(A)と(B)を比べると，当然ながら温度が高いのは(B)です。では，熱（熱量）が多いのはどちらでしょうか？これは，(B)に冷たい水を加えて100 Lにすると考えると，理解しやすくなります。

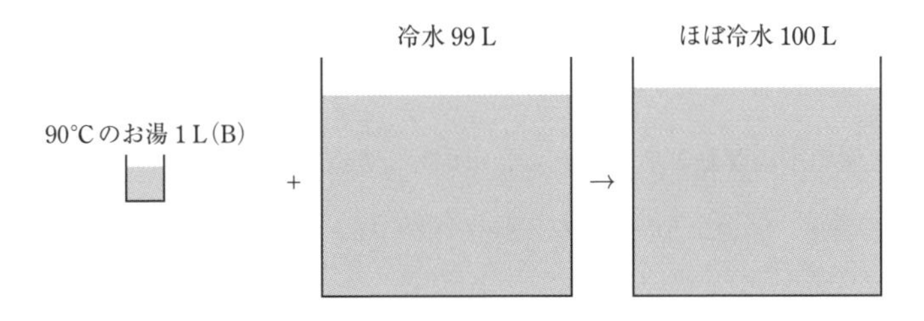

冷水で薄めて体積を100倍にしたら，(B)はほぼ冷水になってしまいます。このことは，(A)よりも(B)の方が熱（熱量）が少ないことを意味します。

つまり，(A)と(B)を比べると「温度が高いのは(B)」「熱（熱量）が多いのは(A)」ということになるのです。ここから，**「熱（熱量）」と「温度」は異なる**ことが理解できます。

水は，たくさんの水分子が集まってできています。そして，水分子はじっと止まっているのではなく無秩序に運動しています。これを熱運動といいます。温度の高い水と低い水との違いは，分子の熱運動の激しさの違いにあります。つまり，**「温度」とは「分子1個あたりのエネルギー」を表す値**なのです。

それに対して，**「物体全体の熱運動のエネルギー」を表すのが「熱（熱量）」**です。

今回，熱運動のエネルギーが分子1個あたりでは(B)の方が，物体全体では(A)の方が大きいということになるのです。

例題を通して，この違いを確認しましょう。

例題 1　次の文章中の空欄［ア］〜［ウ］に入れる語句の組合せとして最も適当なものを，下の①〜⑧のうちから1つ選べ。

単原子分子理想気体では，気体分子の平均運動エネルギーは絶対温度に［ア］し，［イ］。分子の平均の速さの目安となる二乗平均速度は，同じ温度のヘリウム (He) とネオン (Ne) では，［ウ］。

	ア	イ	ウ
①	比　例	分子量によらない	ヘリウムの方が大きい
②	比　例	分子量によらない	同じになる
③	比　例	分子量とともに大きくなる	ネオンの方が大きい
④	比　例	分子量とともに大きくなる	同じになる
⑤	反比例	分子量によらない	ヘリウムの方が大きい
⑥	反比例	分子量によらない	同じになる
⑦	反比例	分子量とともに大きくなる	ネオンの方が大きい
⑧	反比例	分子量とともに大きくなる	同じになる

気体分子1個あたりの運動エネルギーを考える問題です。分子1個あたりのエネルギーは，温度によって表されるのでした。そのことを具体的に式で表すと，次のようになります。

気体分子1個の平均運動エネルギー： $\frac{1}{2}m\overline{v^2}=\frac{3}{2}k_{\mathrm{B}}T$

(m：分子の質量，$\overline{v^2}$：分子の速さの2乗の平均，k_{B}：ボルツマン定数，T：絶対温度)

つまり，分子1個の運動エネルギーは，絶対温度だけで決まるのです。分子の種類は関係ありません。同じ温度なら，どのような気体分子でも（分子量によらず）同じ運動エネルギーになるのです。

ただし，温度が等しくても分子量が違えば，分子の速さは異なります。

上の式から

$$\sqrt{\overline{v^2}}=\sqrt{\frac{3k_{\mathrm{B}}T}{m}}$$

であることがわかり，$\sqrt{\overline{v^2}}$（二乗平均速度）は絶対温度 T だけでなく分子の質量 m によっても異なることがわかります。

ヘリウムとネオンを比べると，ヘリウムの方が分子量が小さい（質量 m が小さい）分子でできています。そのため，同じ温度ならヘリウムの方が $\sqrt{\overline{v^2}}$ が大きくなるのです（正解は①）。

同じ温度では「**軽い気体分子の方が速く飛び回っている**」というイメージで理解するとよいでしょう。

例題 2 図のように，ピストンによって2つの部屋 A_1，A_2 に仕切られた総容積 $2V$ のシリンダーを考える。部屋 A_1 には n_1 モルの単原子分子理想気体，部屋 A_2 には n_2 モルの単原子分子理想気体がそれぞれ封入されている。シリンダー内部は断熱壁で外界から隔てられていて，ピストンも断熱壁である。気体定数を R とする。

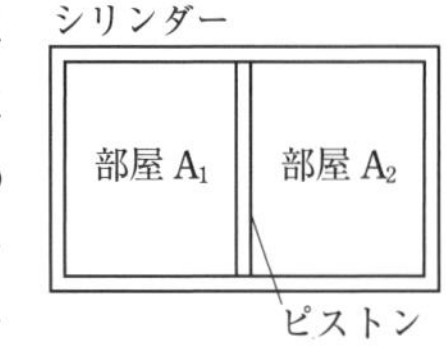

ピストンを部屋 A_1 と部屋 A_2 の容積がともに V であるような位置に固定しておく。また，このときの部屋 A_1，A_2 内の気体の温度をそれぞれ T_1，T_2 とおく。

この状態における部屋 A_1 内の気体の内部エネルギーと部屋 A_2 内の気体の内部エネルギーの和 U を R，n_1，n_2，T_1，T_2 を用いて求めよ。（学習院大）

今度は，気体の内部エネルギーを求める問題です。「気体全体のもつエネルギー」を「内部エネルギー」といいますので，気体のもつ熱量を考える問題だともいえます。

さて，単原子分子理想気体の場合，内部エネルギー U は

$$U=\frac{3}{2}nRT \qquad (n：物質量，R：気体定数，T：絶対温度)$$

と表されます。つまり，内部エネルギーは気体の物質量 n と絶対温度 T によって決まるのです。

気体の絶対温度は，気体分子1個あたりのエネルギーを表すのでした。絶対温度が高ければそれぞれの気体分子の運動エネルギーが大きくなります。その結果，気体全体のエネルギーも大きくなるというわけです。

また，エネルギーをもつ気体分子がたくさん集まるほど全体のエネルギーは大きくなります。分子の数を表すのが物質量 n ですので，内部エネルギーはこれにも比例するわけです。このように，気体全体のエネルギーを表すのが「内部エネルギー」だとわかれば，式の意味が理解できるのです。

今回は，2つの気体の内部エネルギーの和 U は

$$U=\frac{3}{2}n_1RT_1+\frac{3}{2}n_2RT_2=\frac{3}{2}R(n_1T_1+n_2T_2)$$

と求められます。

質問 38

物理基礎

物質の状態変化が関係するときに移動する熱量をうまく求められません。どのように求めればよいのでしょうか？

A 回答 物質が状態変化するときと，温度変化するときを分けて考えると，移動する熱量を求めやすくなります。

例えば，氷(固体)を十分な量の熱いお湯の中へ入れる場合を考えます。氷は融けて水になるでしょう。

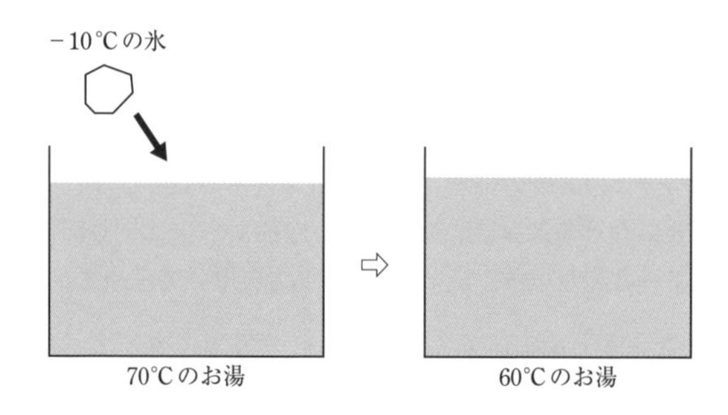

図の状況で考えてみましょう。−10℃の氷は，最終的には60℃のお湯になるわけです。

さて，このとき氷はどのような過程を経て60℃のお湯に変わるのでしょうか？氷は，次の3段階で変化することに注意が必要です。

−10℃の氷 ⟹ 0℃の**氷** ⟹ 0℃の**水** ⟹ 60℃の水

氷は，水へと状態変化しています。ただし，物体が状態変化するときには温度は変化しません。**状態変化は温度一定のまま起こる**のです。氷は0℃のまま融解し，0℃の水になります。ということは，**温度変化は状態が変化しないとき起こる**ということです。−10℃から0℃までは氷という状態のまま，0℃から60℃までは水という状態のまま温度上昇するのです。

以上のことがわかると，−10℃の氷が60℃のお湯になるまでに吸収する熱量が求められます。

−10℃の氷 ⟹ 0℃の氷 ⟹ 0℃の水 ⟹ 60℃の水

吸収する熱量　↑ $mc\Delta T$　↑ mL　↑ $mc'\Delta T'$

（m：氷(水)の質量，c：氷の比熱，c'：水の比熱
ΔT，$\Delta T'$：温度変化，L：融解熱）

変化の過程を考えることで，移動する熱量を求められるようになります。

例題 外部と熱の出入りのない容器の中に，-20°C の氷が 100 g 入っている。これに電熱器を用いて 70 W の割合で一定の熱を加えたとき，図のようにその温度が変化した。容器の熱容量は無視でき，水と氷の比熱はそれぞれ一定とする。有効数字 2 桁で次の問いに答えよ。

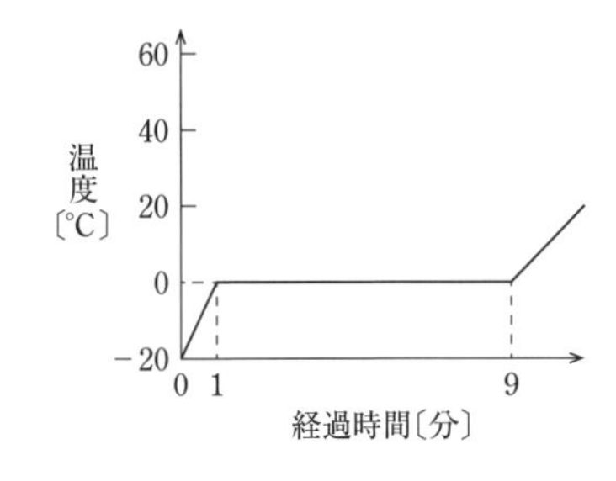

(1) 氷の比熱〔J/(g·K)〕を求めよ。

(2) 氷の融解熱〔J/g〕を求めよ。

(3) 熱を加えはじめてから，50°C の水になるまでの時間〔分〕を求めよ。ただし，水の比熱を 4.2 J/(g·K) とする。 (東海大)

この問題では，-20°C の氷が 50°C の水になるまでの過程を考えます。これは，次の 3 段階で起こります。

-20°C の氷 ①⟹ 0°C の**氷** ②⟹ 0°C の**水** ③⟹ 50°C の水

(1) まずは，①の過程を考えます。このとき氷が吸収した熱量は，氷の比熱を c〔J/(g·K)〕とすると

$100\ \text{g} \times c\ [\text{J/(g·K)}] \times 20\ \text{K}$

と求められます。

また，70 W (＝70 J/s) で 1 分 (60 s) 間加熱したとき，氷に与えられる熱量は

$70\ \text{W} \times 60\ \text{s}$

となります。2 つの値が等しいことから

$100 \times c \times 20 = 70 \times 60$ より $c = \mathbf{2.1\ J/(g·K)}$

と求められます。

(2) 続いて，②の過程を考えます。このとき氷が吸収した熱量は，氷の融解熱を L〔J/g〕とすると

$100\ \text{g} \times L\ [\text{J/g}]$

です。

また，70 W (＝70 J/s) で 8 分 (60×8 s) 間加熱したとき，氷に与えられる熱量は

$70\ \text{W} \times (60 \times 8)\ \text{s}$

です。2 つの値が等しいことから

$100 \times L = 70 \times 60 \times 8$ より $L \fallingdotseq \mathbf{3.4 \times 10^2\ J/g}$

と求められます。

第2章 熱力学

(3) 最後に，③の過程を考えます。このとき水が吸収した熱量は

$$100\ \mathrm{g}\times4.2\ \mathrm{J/(g\cdot K)}\times50\ \mathrm{K}$$

と求められます。

また，70 W (＝70 J/s) での加熱時間を t〔分〕とすると，水に与えられる熱量は

$$70\ \mathrm{W}\times(60\times t)\ [\mathrm{s}]$$

となります。2 つの値が等しいことから，

$$100\times4.2\times50=70\times60\times t \quad より \quad t=5\ 分$$

と求められます。

よって，熱を加えはじめてからの時間は

$$9+5=14\ 分$$

と求められます。

〈補足〉

物質が状態変化するときには，熱を加えているにも関わらず温度が一定に保たれます。その理由は，加える熱が物質を構成する原子や分子を自由に動けるようにしたり，バラバラにするために使われるからです。

これに対して，状態変化しないときには加えた熱によって原子や分子の熱運動が激しくなるため，温度が上昇します。

類題にチャレンジ 38

解答 → 別冊 p.28

断熱容器の中の水 710 g に，−10 °C の氷 42 g を入れたところ，氷はすべて融解して全体が 0 °C の水になった。最初に断熱容器の中にあった水の温度は何 °C であったか。最も適当な数値を，次の①～⑤のうちから 1 つ選べ。ただし，氷の比熱を 2.1 J/(g·K)，水の比熱を 4.2 J/(g·K)，氷の融解熱を 334 J/g とする。

① 1　② 5　③ 10　④ 15　⑤ 20　（センター試験）

物理

「気体分子運動論」ではとても長い思考が必要なのですが，どこがポイントなのでしょうか？

A 回答 1つの気体分子に着目して考えます。「単位時間に壁に与える力積」＝「壁に与える力」であることがポイントです。

気体分子の運動のようすを考察することで，気体分子がもつ運動エネルギーが求められます。そして，その集合として気体分子全体がもつエネルギーも求めることができます。この一連の考察を「気体分子運動論」といいます。

気体分子運動論の特徴は，議論が長いことです。そのため，わからない部分があるとその先に進めなくなってしまい，大失点につながりかねません。気体分子運動論が出題されたら確実に得点できるよう，ポイントを整理して理解しておきましょう。

例題 次の文中の空欄にあてはまる式または数値を記せ。

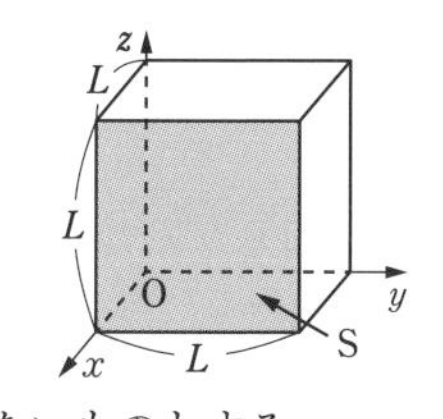

図のような，一辺の長さL，体積$V\,(=L^3)$の立方体の容器に，質量mの気体分子N個が入っている。ここで，1つの分子の速度を$\vec{v}$，そのx軸，y軸，z軸方向の速度成分をそれぞれv_x，v_y，v_zとする。なお，気体は理想気体で，気体分子は容器の内壁と弾性衝突し，分子どうしの衝突はないものとする。

x軸に垂直な壁Sに向かって飛んできた1つの分子がもつ，壁に垂直な速度成分はv_xである。その分子の運動量の壁に垂直な成分は［(1)］である。これは，壁と衝突後，［(2)］に変化するので，壁に与える力積の大きさは［(3)］となる。この分子が壁Sに衝突後，再び壁Sに衝突するまでの時間は［(4)］であり，壁Sにこの分子が単位時間あたりに与える力積の大きさは［(5)］である。ここで，N個の分子について，その速度の2乗の平均を$\overline{v^2}$，速度のx成分の2乗の平均を$\overline{v_x{}^2}$とする。気体分子の運動はどの方向にも同等であり，$\overline{v_x{}^2}=$［(6)］$\overline{v^2}$となる。したがって，壁SにN個の分子が単位時間あたりに与える平均的な力積の大きさ，すなわち，壁Sに与える力の大きさは［(7)］となり，気体の圧力pはVを用いて $p=$［(8)］ ……① と表される。

一方，分子の個数Nが，ちょうどnモルに相当する場合を考える。nモルの理想気体に対する状態方程式(圧力p，体積V，絶対温度Tの間の関係式)は，気体定数をRとして［(9)］と書けるので，式①と比較して，絶対温度Tにおける分子の運動エネルギーの平均は $\frac{1}{2}m\overline{v^2}=$［(10)］と表せる。

単原子分子理想気体では，気体の内部エネルギーは個々の気体分子の運動エネルギーの和で与えられる。絶対温度Tにおけるnモルの単原子分子理想気体

の内部エネルギー U は T を用いて $U=$ ⑾ と表せることがわかる。

(長崎大＋関西大)

気体分子運動論は，**1つの気体分子に着目**して考えます。また，気体分子は3次元的に運動しますが，**そのうちのどれか1つの方向（通常は x 軸方向）に沿った運動のみを考えれば考察しやすくなります**。まずはこのようなことに注意して，分子の壁との衝突を考えましょう。分子の x 軸に沿った運動が変化するのは，x 軸に垂直な壁に衝突したときです。

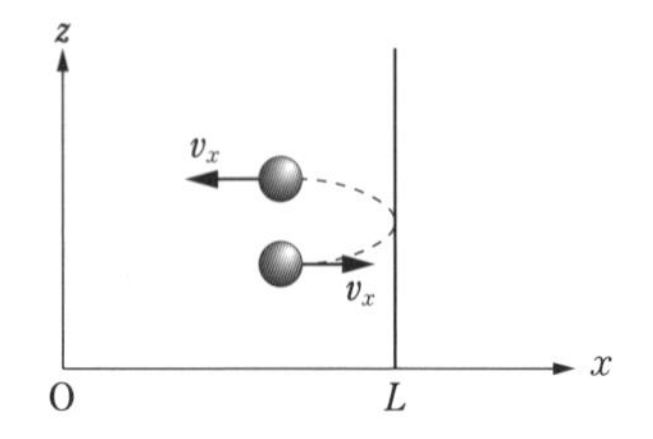

このとき，分子は壁と弾性衝突するため，x 軸方向の速度成分は逆向きで負になりますが大きさは変わりません。つまり，運動量の壁に垂直な成分は mv_x ((1)の答) から $-mv_x$ ((2)の答) へと変化します。

さて，分子の運動量が変化するのは，分子が壁から力積を受けるからです。**「分子が受ける力積」＝「分子の運動量の変化」**の関係から

分子が壁から受ける力積の x 成分 $=-mv_x-mv_x=-2mv_x$

だとわかります。これは「分子が壁から」受ける力積ですが，「壁も分子から」力積を受けます。

壁と分子がおよぼしあう力の大きさは等しいので（作用・反作用の法則），壁が分子から受ける力積の大きさも $2mv_x$ となります。

さて，分子は同じ壁に衝突を繰り返します。その間に，別の壁に衝突することもあるでしょう。しかし，いまは x 軸に沿った運動だけを考えればよいので，他の壁への衝突は無視して考えることができます。

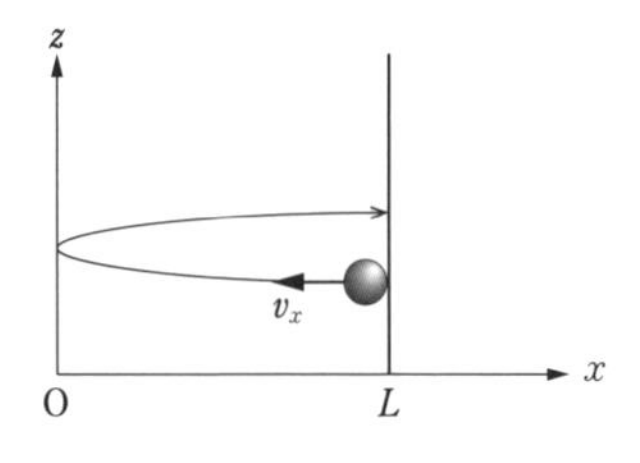

分子は，x 軸方向に往復で距離 $2L$ だけ運動すると，再び同じ壁Sに衝突します。

この間，速度の x 成分の大きさは v_x のまま一定です。よって，x 軸方向に距離 $2L$ だけ進むのにかかる時間は $\frac{2L}{v_x}$ ((4)の答) であり，これだけ時間が経過すると再び同じ壁Sに衝突することがわかります。

ここまでで求めたことを整理すると

$$\frac{2L}{v_x} \quad \rightarrow \quad 2mv_x$$

└時間┘　　└分子が壁に与える力積┘

となります。ここから，分子が単位時間に壁に与える力積が求められます。「単位時間」とは，時間を「1」としたもののことです。

$$1 \quad \rightarrow \quad 2mv_x \times \frac{v_x}{2L} = \frac{mv_x{}^2}{L} \quad \text{((5)の答)}$$

└時間┘　　└分子が壁に与える力積┘

さて，どうしてここで「単位時間あたりの力積」が問われているのでしょうか？それは，**「単位時間あたりの力積」＝「力」**だからです。

> **力積＝力×時間 より**
> **単位時間あたりの力積＝力×1＝力**

つまり，$\dfrac{m{v_x}^2}{L}$ は1つの分子が壁に与える力の大きさを表す値なのです。このように，**力積を単位時間あたりで考えることで，力積から力を求めることができる**のです。ここが気体分子運動論の大きなポイントです。

分子が壁に与える力の大きさがわかれば，それを壁の面積で割ることで「圧力」が求められます。これが次のステップとなりますが，まずは $\overline{{v_x}^2}$ を $\overline{v^2}$ を使って表します。右の図から，三平方の定理をもとに $\overline{v^2}=\overline{{v_x}^2}+\overline{{v_y}^2}+\overline{{v_z}^2}$ であり，$\overline{{v_x}^2}=\overline{{v_y}^2}=\overline{{v_z}^2}$ も使って

$$\overline{{v_x}^2}=\frac{1}{3}\overline{v^2}\ \text{((6)の答)}$$

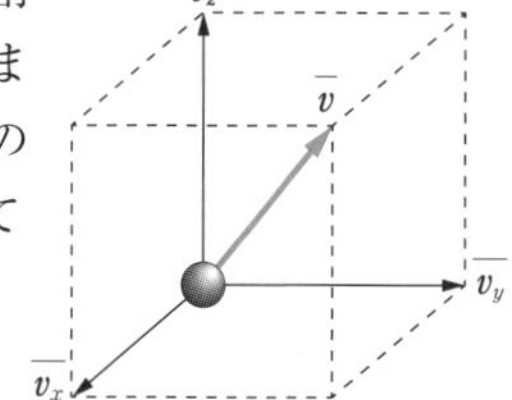

と求められることがわかります。

また，1つの分子が壁に与える力の大きさに，分子の個数 N をかけることで，分子全体が壁に与える力の大きさを求められます。

$$\text{気体が壁に与える力の大きさ}=\frac{m\overline{{v_x}^2}}{L}\times N=\frac{Nm\overline{v^2}}{3L}\ \text{((7)の答)}$$

よって，これを壁の面積 L^2 で割って

$$\text{気体の圧力}\ p=\frac{Nm\overline{v^2}}{3L}\div L^2=\frac{Nm\overline{v^2}}{3L^3}$$

と求められます。ここで，L^3 は気体の体積を表すので V を用いると

$$p=\frac{Nm\overline{v^2}}{3V}\ \text{((8)の答)}$$

です。気体の圧力 p が求められたら，いよいよ最後のステップです。「分子の運動エネルギー」を求めるのです。

分子1個の運動エネルギー (平均値) は，$\dfrac{1}{2}m\overline{v^2}$ と表すことができます。これは

$$p=\frac{Nm\overline{v^2}}{3V}\quad \text{を変形して}\quad \frac{1}{2}m\overline{v^2}=\frac{3pV}{2N}\ \cdots\cdots(※)$$

と求められます。

さて，ここで理想気体の状態方程式 $pV=nRT$ ((9)の答) が登場します。これを式 (※) に代入すると

$$\frac{1}{2}m\overline{v^2}=\frac{3nRT}{2N}\ \text{((10)の答)}$$

です。そして，n モルの気体の分子の個数 N は $N=nN_\mathrm{A}$ (N_A：アボガドロ定数) です。

よって

$$\frac{1}{2}m\overline{v^2}=\frac{3nRT}{2nN_A}=\frac{3RT}{2N_A}$$

のように整理できるのです。

$\frac{R}{N_A}$ はボルツマン定数という値で，通常 k_B で表します。これを使って，**気体分子1個あたりの平均運動エネルギーは $\frac{1}{2}m\overline{v^2}=\frac{3}{2}k_BT$ と表されます**。

ここまでの考察によって上の式が求められるのですが，これを試験場で再現するのは大変です。この式は，覚えておく必要があります。そうすれば必要なときにすぐに使えますし，気体分子運動論の問題ではたとえ途中過程がわからなかったとしても，結論部分を求められることになります。不明だった部分も，結論からさかのぼって考えることもできるかもしれません。

$\frac{3}{2}k_BT$ は，気体分子1個あたりのエネルギーを表します。これに気体分子の数 N を掛ければ，気体全体のエネルギーを求められます。これは，$\frac{3}{2}k_BT$ とする前の $\frac{3nRT}{2N}$ の形で行うとスムーズです。

気体全体のエネルギー $U=\frac{3nRT}{2N}\times N=\frac{3}{2}nRT$ ((11)の答)

これは，**単原子分子理想気体の内部エネルギー**を表す式です。こちらも，覚えて使えるようにしておきたい式です。

類題にチャレンジ 39

解答 → 別冊 p.29

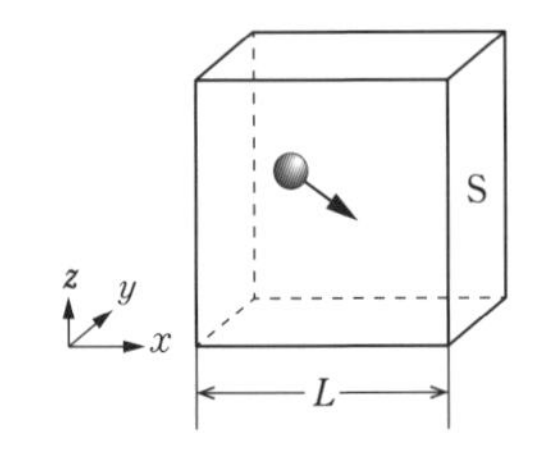

図のように，一辺がLの立方体の容器の中に1モルの理想気体が入っている。気体分子は容器の壁と弾性衝突を行い，分子どうしは衝突しないとする。分子は皆同じ質量 m をもち，アボガドロ定数を N_A，気体定数をRとして，以下の問いに答えよ。

問1　以下の空欄を適切な式で埋め，文章を完成させよ。

　気体中のある分子の x 軸方向の速度成分を v_x とする。その分子が図に示した壁Sに衝突してから，次にSと衝突するまでにかかる時間は [(1)] であり，時間 t の間に分子は [(2)] 回衝突する。したがって，この間にSが受ける力積より，この壁はその分子から [(3)] の力を受けていることがわかる。分子の速度の x 成分，y 成分，z 成分の2乗の平均値は等しく，分子の速度の2乗の平均値を $\overline{v^2}$ とすると，Sが気体から受ける力Fは [(4)] となり，Sが受ける圧力 p は [(5)] である。

問2　理想気体の状態方程式を用いて，気体分子1個の平均の運動エネルギーと気体の絶対温度 T の関係式を導け。

(熊本大)

物理

「ボイルの法則」と「シャルルの法則」のどちらを使えばよいか迷うことがあります。どのように使い分ければよいのでしょうか？

A 回答 2つの法則を区別して利用する必要はありません。「$\frac{pV}{T}$＝一定」という1つのかたちで，物質量が変わらなければどのような状況も考えることができます。

気体の圧力 p，体積 V，絶対温度 T が変化することを「状態変化」といいます。気体が状態変化するときには，次の2つの法則が成り立ちます。

ボイルの法則：T が一定のとき，p と V は反比例しながら変化する
シャルルの法則：p が一定のとき，V と T は比例しながら変化する

2つの法則には，それぞれ「T が一定のとき」，「p が一定のとき」といったように，使える条件があります。ただ，これをきちんと考えて「今は絶対温度 T が一定だからボイルの法則だな」などと考えるのは面倒です。また，「体積 V が一定のまま圧力 p と絶対温度 T が変化する」，「圧力 p，体積 V，絶対温度 T の3つとも変化する」ような状況は，2つの法則のどちらにもあてはまりません。そのようなときはどうしたらよいか困ってしまいます。

実は，ボイルの法則とシャルルの法則は区別して使う必要はないのです。2つの法則は

$$\frac{pV}{T}=\text{一定}\quad（ボイル・シャルルの法則）$$

というかたちにまとめることができるのです。つまり，このかたちで覚えておけば，2つの法則は忘れてしまっても大丈夫だということです。

そして，このかたちであれば「V が一定で p と T が変化する」，「p，V，T の3つとも変化する」といったような状況でも使うことが可能です。

ぜひこのかたちで状態変化を考えられるようにしておきましょう。

例題 断面積 S のなめらかに動くピストンにより，一定量の気体を閉じ込めたシリンダーがある。このシリンダーを水平に倒して，気体部分の長さを測った。閉じ込められた気体の温度は，つねに周囲の大気と等しいものとする。

大気の圧力が p，絶対温度が T のとき，図のように閉じ込められた気体部分の長さは L になった。次に，大気の圧力が p'，絶対温度が T' のときに，閉じ込められた気体部分の長さを測ると L' であった。温度比 $\frac{T'}{T}$ を求めよ。

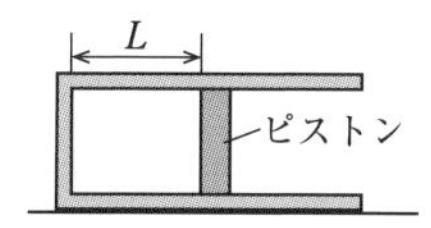

ここでは，気体の圧力・体積・絶対温度の3つすべてが変化しています。このようなときに「$\frac{pV}{T}$＝一定」のかたちが有効です。

第2章 熱力学

状況を整理すると

	変化前		変化後
圧力：	p		p'
体積：	SL	⇨	SL'
絶対温度：	T		T'

となります。変化前と変化後のそれぞれの値を $\frac{pV}{T}$ へ代入します。そして，代入したときの $\frac{pV}{T}$ の値が変化前と変化後で等しくなるのです。

$$\underbrace{\frac{p \cdot SL}{T}}_{変化前} = \underbrace{\frac{p' \cdot SL'}{T'}}_{変化後}$$

ここから

$$\frac{T'}{T} = \frac{p'L'}{pL}$$

と求められます。

類題にチャレンジ 40

解答 → 別冊 p.31

ピストンのついた容器に単原子分子の理想気体を閉じ込め，体積 V_0，圧力 p_0 の状態Aにした後，図のA→B→C→D→Aのように気体の状態をゆっくり変化させた。過程A→Bと過程C→Dは定積変化，過程B→Cと過程D→Aは定圧変化であった。

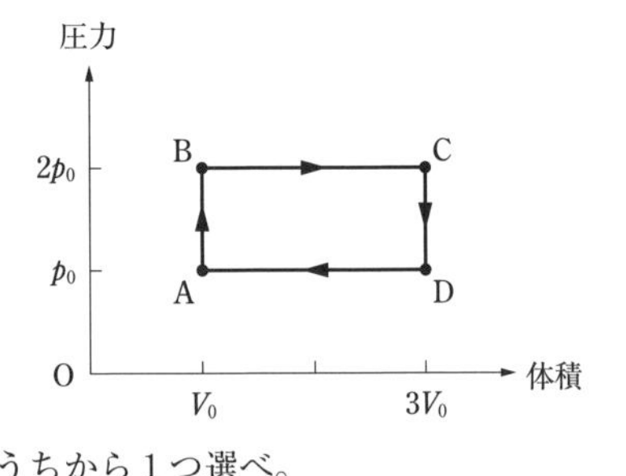

過程A→B→C→D→Aの温度と圧力の関係を表すグラフとして最も適当なものを，次の①～⑥のうちから１つ選べ。

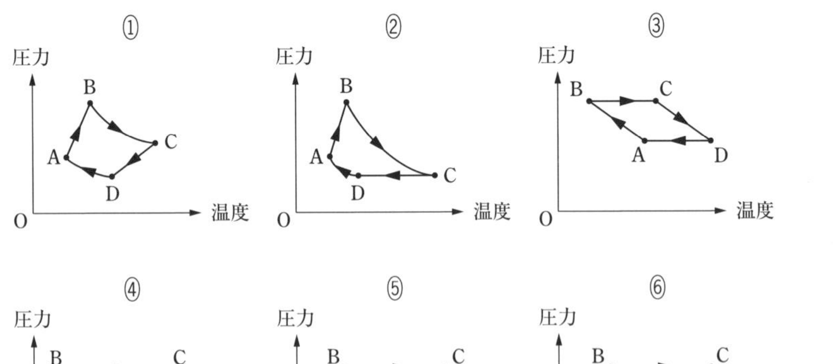

（センター試験）

物理基礎・物理

教科書や参考書の種類によって，熱力学第 1 法則が「$Q=\Delta U+W$」と表されるときと「$\Delta U=Q+W$」と表されるときがあります。どちらを使えばよいのでしょうか？

A 回答 W が「気体がする仕事」を表すか「気体がされる仕事」を表すかによって，異なる 2 つの表し方が生まれます。そのことを理解して，自分が使うかたちを決めておきましょう。

気体の状態変化を考える上で，熱力学第 1 法則を正しく使えることが重要です。正しく使うために，まずは登場する文字式の意味を正確に理解する必要があります。

> Q：**気体が吸収する熱量**
> ΔU：**気体の内部エネルギーの増加量**
> W：**気体が外部へする仕事，もしくは気体が外部からされる仕事**

以上が 3 つの文字式の意味ですが，この中で W だけが意味が 1 つに定まっていないことがわかります。これは教科書や参考書などの書籍によって W を「気体が外部へする仕事」としているものと「気体が外部からされる仕事」としているものとがあるということです。そして W がそのどちらを意味するかによって，熱力学第 1 法則の 2 つの表記が生まれるのです。

> W＝**「気体が外部へする仕事」のとき**：$Q=\Delta U+W$ ……①
> W＝**「気体が外部からされる仕事」のとき**：$\Delta U=Q+W$ ……②

このうち①の表記は「気体が吸収した熱 Q は，気体の内部エネルギーの増加 ΔU と外部への仕事 W に使われる」と解釈できます。②なら「気体の内部エネルギーは，吸収した熱 Q と外部からされた仕事 W の分だけ増加する」となります。

熱力学第 1 法則には 2 つの表記がありますが，どちらを使っても構いません。両方使えるようになる必要はないので，どちらか好きな方を決めて使えるようにすれば大丈夫です。そのことを，次の例題で確かめてみましょう。

例題 熱をよく通すシリンダーに気体を封入し，ピストンを動かして気体に 15 J の仕事をしたところ，気体の内部エネルギーが 10 J 増加した。気体が放出した熱量はいくらか。

この問題を，①と②のそれぞれで解いてみましょう。どちらを使っても解けますし，当然同じ答が得られます。

まずは①を使ってみましょう。気体の内部エネルギーの増加量 $\Delta U=10\,\mathrm{J}$ です。そして，ここが間違えやすいのですが，気体が外部へする仕事 $W=-15\,\mathrm{J}$ なのです。実際には，気体は 15 J の仕事を**されて**います。それをあえて**「する仕事」と表現するときには，符号を反対にすればよい**のです。

よって

$$Q=10\,\mathrm{J}+(-15\,\mathrm{J})=-5\,\mathrm{J}$$

となります。

そして，ここでも注意が必要になります。いま気体が**吸収した**熱量 Q が $-5\,\mathrm{J}$ という**負の値**として求められました。このことは，**実際には気体は熱を吸収したのではなく放出した**ことを示しています。よって，気体が**放出した**熱量は **5 J** と求められます。

では，②を使って考えるとどうなるでしょう。この場合も，気体の内部エネルギーの増加量 $\Delta U=10\,\mathrm{J}$ であることは変わりません。違いは W が「気体がされる仕事」を表すことでした。つまり，②の場合は気体が外部からされる仕事 $W=15\,\mathrm{J}$ となるわけです。

よって

$$10\,\mathrm{J}=Q+15\,\mathrm{J}$$

より，$Q=-5\,\mathrm{J}$ と求められます。つまり 5 J の熱を放出したことを示しています。

類題にチャレンジ 41

解答 → 別冊 p.31

図のように，熱をよく通す断面積 S のシリンダーと，なめらかに動くピストンが大気中にある。はじめ，シリンダー内の気体の内部エネルギーは U_1 であった。大気の温度が上がり，気体が膨張してピストンが L だけ移動すると，内部エネルギーは U_2 になった。この過程で気体が受け取った熱量 Q を表す式として正しいものを，下の①～⑧のうちから1つ選べ。ただし，大気圧 P_0 は変化しなかったものとする。

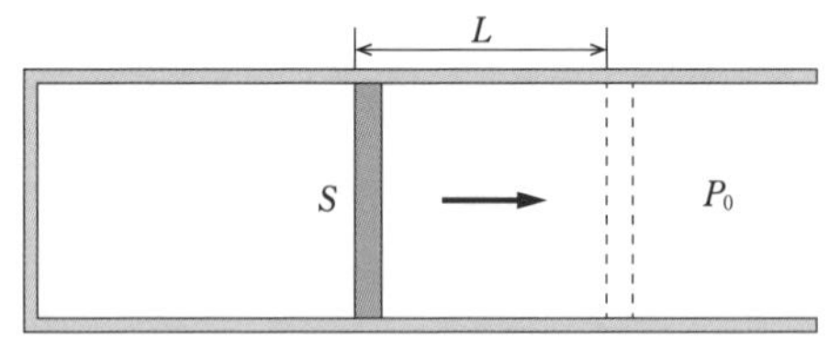

① P_0SL　② $-P_0SL$　③ U_1-U_2
④ U_2-U_1　⑤ $U_1-U_2+P_0SL$　⑥ $U_2-U_1-P_0SL$
⑦ $U_1-U_2-P_0SL$　⑧ $U_2-U_1+P_0SL$

（センター試験）

質問 42

物理基礎・物理

気体の状態変化の仕方によって，熱力学第１法則の使い方はどのように変わるのでしょうか？

A 回答 Q，$\varDelta U$，W のいずれかが0となる場合は，まずはそのことを見抜くことが重要です。

ここからは，熱力学第１法則を「$Q=\varDelta U+W$」のかたちで使って説明していきます（W は「気体が外部へする仕事」になります）。

気体が状態変化するとき，熱力学第１法則が必ず成り立ちます。気体の状態変化を考える問題では，熱力学第１法則が強力な武器となるのです。

熱力学第１法則を上手く使いこなすには，気体の状態変化の仕方によって使い方が違うことを理解しておく必要があります。次の質問43で整理しますが，まずは次のことを理解すると見通しがよくなります。

気体が定積変化する場合： $W=0$
気体が等温変化する場合： $\varDelta U=0$
気体が断熱変化する場合： $Q=0$

１つずつ確認しましょう。

まずは**定積変化（気体の体積が一定のままの変化）**です。気体は膨張するときには外部に対して仕事をします。逆に，圧縮されるときには外部から仕事をされます。しかし，気体の体積が変わらなければ，気体は仕事をすることもされることもなくなります。つまり，気体が外部へする仕事 $\boldsymbol{W=0}$ となるのです。

次に，**等温変化（気体の温度が一定のままの変化）**です。気体の内部エネルギー U は，気体の絶対温度 T に比例します。よって，絶対温度 T が一定なら，気体の内部エネルギー U も一定となります。すなわち，内部エネルギーの増加量 $\boldsymbol{\varDelta U=0}$ となるのです。

そして，**断熱変化（熱の出入りがない変化）**です。気体が熱を吸収することも放出することもないわけですから，気体が吸収する熱量 $\boldsymbol{Q=0}$ となります。

以上のことを理解しているだけでも，問題を解くのにかなり役立ちます。実際の問題を通して，そのことを確かめましょう。

例題 なめらかに動くピストンがついたシリンダー内に理想気体を入れたところ，圧力 P_0，体積 V_0，温度 T_0 になった。この状態から，次ページの図１に示す３つの過程により，気体の体積を V_1 に減少させる。過程(a)は断熱変化，過程(b)は等温変化，過程(c)は定圧変化である。

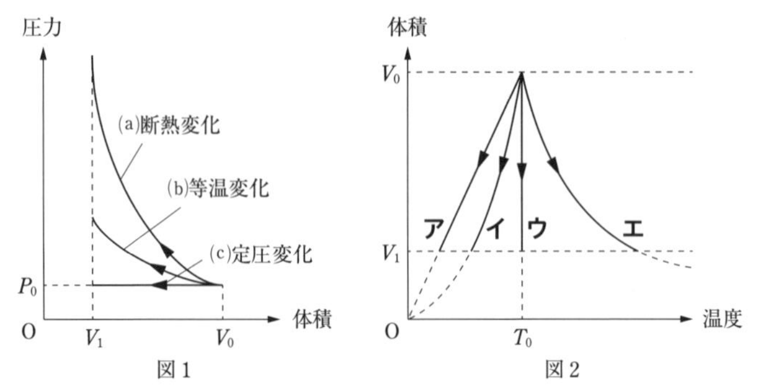

(1) 過程(a), (b), (c)において，気体が外部からされる仕事をそれぞれ W_a, W_b, W_c とする。これらの大小関係を示せ。

(2) 図 2 に示した温度と体積の関係を表す実線**ア**〜**エ**のうち 3 つは，過程(a), (b), (c)に対応する。どの実線が過程(a), (b), (c)に対応するか答えよ。

「断熱変化」,「等温変化」,「定圧変化」の 3 通りの変化を比較して考える問題です。

(1)では，各過程で気体が外部からされる仕事を比較します。図 1 で p-V グラフ (気体の圧力 p と体積 V の変化を表す) が示されています。ここで,「気体が外部へする仕事」または「気体が外部からされる仕事」は，p-V グラフの面積から求めることができます (質問 44 で詳しく説明します)。今回は，気体の体積が減少している (気体が圧縮されている) ので，気体は仕事をされています。よって，p-V グラフと横軸で囲まれた部分の面積が,「気体が外部からされる仕事」を表すことになります。

ここから,

$$W_a > W_b > W_c$$

という大小関係がわかります。

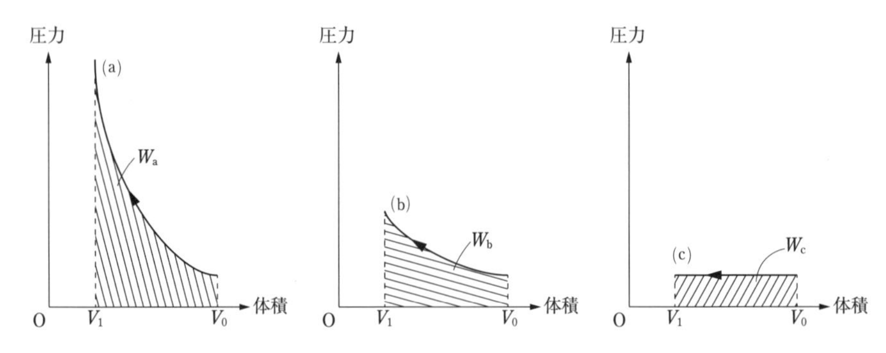

そして，(2)です。各過程での温度変化のようすを確認していきましょう。

(a)断熱変化

$Q=0$ なので，熱力学第 1 法則から

$$0=\Delta U+W$$

だとわかります。

ここで，W は「気体が外部へする仕事」であることに注意します。つまり，今回は気体が外部から正の仕事をされているので，気体が外部へする仕事 $W<0$ なのです。よって，上の式から $\Delta U>0$ だとわかります。このことは，**気体の温度が上昇している**ことを示しています。

(b)等温変化

この場合は，当然**気体の温度は一定**のまま変化しません。

(c)定圧変化

ここでは，$\dfrac{pV}{T}=$一定 であることを考えるとスムーズです。

気体の圧力 p が一定のまま体積 V が減少しているので，**絶対温度 T も V に比例しながら減少**することがわかります。

以上の考察から，(a)ーエ，(b)ーウ，(c)ーアが正解とわかります。

類題にチャレンジ 42

解答 → 別冊 p.32

単原子分子の理想気体が容器に閉じ込められている。気体の圧力 p と体積 V を，図のように，状態S(圧力 p_0，体積 V_0，温度 T_0) から，A，Bの2つの状態に変化させた。ここで，S→Aは等温変化，S→Bは断熱変化である。また，状態Bの圧力は p_1，体積は V_1 である。

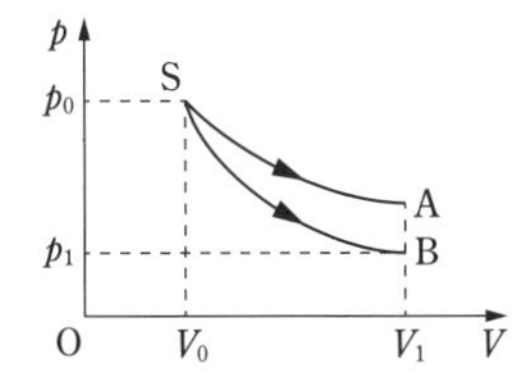

(1) 等温変化S→Aにおいて，気体が外部にした仕事 W_{SA} と，気体に加えた熱量 Q_{SA} の大小関係を示せ。

(2) 断熱変化S→Bにおいて，気体が外部にした仕事 W_{SB} を，T_0，p_0，p_1，V_0，V_1 のうちから必要な記号を用いて表せ。 (千葉大)

質問 43

物理基礎・物理

気体の状態変化に関わる式がたくさん登場して，どれを使えばよいかわからなくなります。どのように考えればよいのでしょうか？

A 回答 Q，ΔU，W の求め方を整理して最後に熱力学第１法則を使う，という流れで考えると理解しやすくなります。

気体の状態変化を考えるときに使う式はたくさんありますが，それらは Q，ΔU，W のいずれかを求める式です。つまり，熱力学第１法則 $Q=\Delta U+W$ に登場する値を求める式なのです。そこで，熱力学第１法則をベースとして式を整理することができます。

ただし，面倒なのが気体の状態変化の仕方によって，式が変わるということです。ですので，気体が「定積変化」，「定圧変化」，「等温変化」，「断熱変化」する場合に分けて，式を整理する必要があります。

以上のことを踏まえて，気体の状態変化に関係する式は次のように整理できます。

《Q，ΔU，W の求め方》

	Q	ΔU	W
定積変化	$nC_V\Delta T$	$nC_V\Delta T$	0
定圧変化	$nC_p\Delta T$	$nC_V\Delta T$	$p\Delta V=nR\Delta T$ (※３)
等温変化	※１	0 (※２)	※４
断熱変化	0	$nC_V\Delta T$	※４

（n：物質量，C_V：定積モル比熱，C_p：定圧モル比熱，ΔT：温度上昇，R：気体定数）

※１　特に決まった求め方はありません。ΔU と W がわかれば，熱力学第１法則から求めることができます。

※２　気体の内部エネルギーの増加量 ΔU は，**気体がどのように変化する場合でも** $\Delta U=nC_V\Delta T$ と求められます。

等温変化では $\Delta T=0$ なので，$\Delta U=nC_V\Delta T=0$ となります。

※３　定圧変化する場合だけ，気体が外部へする仕事 W を $p\Delta V$ と求められます。（p：圧力，ΔV：体積の増加量）

そして，これは $nR\Delta T$ と変形することもできます。問題で与えられている値に応じて使い分けが必要となります。

例）状態方程式

$$pV=nRT \quad \cdots\cdots①$$

が成り立つ状態から，定圧変化において体積が ΔV，温度が ΔT だけ増加すると，状態方程式は

$$p(V+\Delta V)=nR(T+\Delta T) \quad \cdots\cdots②$$

となります。

②から①を引くと

$$p\varDelta V = nR\varDelta T$$

と求められます。

※4　p-V グラフの面積から求められる場合もあります（質問44で説明します）。

そのように求められない場合は，Q と $\varDelta U$ がわかれば熱力学第1法則から求められます。

また，単原子分子理想気体や二原子分子理想気体の場合，定積モル比熱 C_V は次のように求められます。

単原子分子理想気体の場合：$C_V = \frac{3}{2}R$

二原子分子理想気体の場合：$C_V = \frac{5}{2}R$

そして定積モル比熱 C_V がわかれば，定圧モル比熱 C_p は

$C_p = C_V + R$ **（マイヤーの関係式）**

と求められます。

登場する式をこのように整理して理解することで，どのような場合にどの式を使えばよいか判断できるようになります。

例題　ピストンのついたシリンダーに単原子分子理想気体を一定量 n モル入れ，その圧力 p と体積 V を，図に示すように A → B → C → A と変化させる。ここで，B → C は断熱変化で，状態 C の温度は状態 B の温度の 0.64 倍となった。状態 A の圧力および体積を p_0 および V_0，状態 B の圧力を $3.0p_0$ としたとき，以下の問いに p_0，V_0 を用いて答えよ。ただし，R は気体定数である。

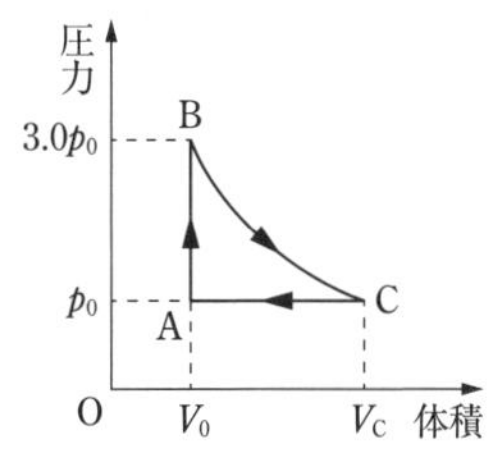

(1)　A → B の変化で気体に加えられた熱量 Q_{AB} を求めよ。

(2)　B → C の変化で気体がした仕事 W_{BC} を求めよ。

(3)　C → A の変化で気体がした仕事 W_{CA} を求めよ。　（電気通信大）

変化の過程を1つずつ確認していきましょう。

まずは A → B です。この間，気体の体積は一定です。つまり，定積変化をしているのです。

気体が定積変化する場合，気体が吸収する熱量 Q_{AB} は

$$Q_{AB} = nC_V\varDelta T_{AB}$$

と求められます。単原子分子理想気体なので，$C_V=\frac{3}{2}R$ を代入すると

$$Q_{AB}=\frac{3}{2}nR\Delta T_{AB}$$

です。

ここで，気体の温度上昇 ΔT を求めるために状態 A，B のそれぞれについて状態方程式を書いてみます。

Aのとき：$p_0V_0=nRT_A$　(T_A：A のときの温度)

Bのとき：$3.0p_0V_0=nRT_B$　(T_B：B のときの温度)

ここから

$$T_A=\frac{p_0V_0}{nR},\quad T_B=\frac{3.0p_0V_0}{nR}$$

と求められ

$$\Delta T_{AB}=T_B-T_A=\frac{2.0p_0V_0}{nR}$$

とわかります。よって

$$Q_{AB}=\frac{3}{2}nR\Delta T_{AB}=\mathbf{3.0p_0V_0}$$ ((1)の答)

と求められます。

《別解》 (1)は，熱力学第1法則を使って解くこともできます。

$\Delta U_{AB}=nC_V\Delta T_{AB}$ であり，定積変化なので $W_{AB}=0$ であることから

$$Q_{AB}=\Delta U_{AB}+W_{AB}=nC_V\Delta T_{AB}$$

と求められます。

それでは，次は(2)のＢ→Ｃの変化を考えてみましょう。これは断熱変化ですから，気体がする仕事 W を直接計算して求めることはできません。p-V グラフの面積から求められることもありますが，今回はそれもできません。よって，Q_{BC} と ΔU_{BC} の値を求めてから熱力学第1法則を使って求めるしか方法がありません。

断熱変化であることから，気体が吸収する熱量 $Q_{BC}=0$ であることがわかります。そして，どのような状態変化でも

$$\Delta U_{BC}=nC_V\Delta T_{BC}$$

と求められます。

ここでも $C_V=\frac{3}{2}R$ です。また，状態Cの温度は状態Bのときの0.64倍になっていることから，状態Cのときの温度 $T_C=0.64T_B$ です。つまり

$$\Delta T_{BC}=T_C-T_B=0.64T_B-T_B=-\frac{1.08p_0V_0}{nR}$$

だとわかるのです。これらを代入して

$$\Delta U_{BC}=nC_V\Delta T_{BC}=-1.62p_0V_0$$

と求められます。

以上のことから，熱力学第１法則は

$$0=-1.62p_0V_0+W_{BC}$$

と表すことができ，気体がした仕事 W_{BC} は

$$W_{BC}=1.62p_0V_0 \fallingdotseq 1.6p_0V_0$$ （(2)の答）

と求められます。

そして，(3)の C → A です。これは定圧変化です。気体が定圧変化する場合は，気体がする仕事 W_{CA} が

$$W_{CA}=p\Delta V_{CA}$$

と求められます。

ここで，状態Cについて状態方程式が

$$p_0V_C=nR\times 0.64T_B$$

と書けるので

$$V_C=\frac{0.64nRT_B}{p_0}=1.92V_0$$

だとわかります。よって

$$\Delta V_{CA}=V_0-V_C=-0.92V_0$$

です。これと，気体の圧力 $p=p_0$ を代入して

$$W_{CA}=p_0\Delta V_{CA}=-0.92p_0V_0$$ （(3)の答）

と求められます。

類題にチャレンジ 43

解答 → 別冊 p.33

図のように，１モルの単原子分子理想気体の体積 V と圧力 p を，外部との熱および仕事のやりとりを適切に調節することによって，A → B → C → A の経路に沿って変化させた。状態Aでは，体積は V_0，圧力は p_0 で，温度は T_0 であり，状態Bの圧力は $2p_0$，状態Cの体積は $2V_0$ であった。A → B の過程では体積を一定に保ち，B → C の過程では圧力と体積の関係を直線的に，C → A の過程では圧力を一定に保って変化させた。気体定数を R とする。

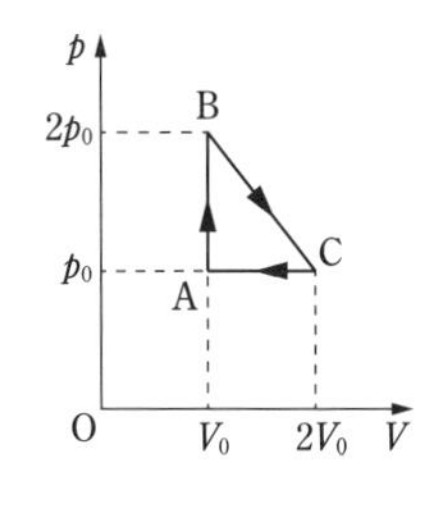

A → B，B → C，およびC → A の各状態変化の過程で，気体が外部から得た熱量をそれぞれ求めよ。

（京都府大）

物理

質問44 気体の圧力が変化しながら状態変化するとき，「気体がする仕事」はどのように求められるのでしょうか？

A 回答 「気体がする仕事」は p-V グラフの面積から求められる場合があります。

気体が定圧変化するときには，「気体が外部へする仕事」W は

$$W = p\Delta V$$

と求められます。しかし，気体の圧力が変化する場合にはこの式を使うことはできません。そのような場合でも W を求める方法はないのでしょうか？

このときに役立つのが，p-V グラフ（気体の圧力 p と体積 V の変化を表すグラフ）です。**気体が外部へする仕事 W は，p-V グラフと V 軸で挟まれた部分の面積から求められる**のです。

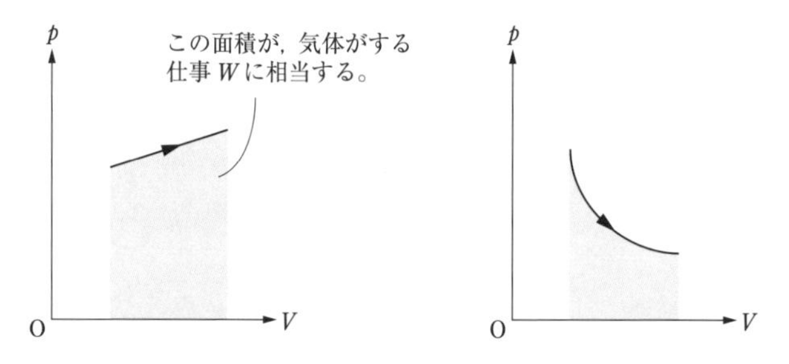

p-V グラフが左上図のように描かれる場合，W は台形の面積として求めることができます。しかし，例えば p-V グラフが右上図のようになるときには，直接面積を求めるのは難しくなります。

いつでも p-V グラフの面積から W を求められるわけではなく，熱力学第1法則を使わないと求められないこともあります（質問46参照）。

それでは，実際の例題で p-V グラフの面積から W を求める方法を確認しましょう。

例題 次ページの図1(a)のように，熱をよく伝える材料でできたシリンダーの端に断面積 S のなめらかに動くピストンがあり，ばね定数 k のばねが自然の長さで接続されている。ピストンの右側はつねに真空になっている。次に栓を開いて，シリンダー内部に物質量 n の単原子分子理想気体を入れて再び密閉したところ，図1(b)のように，気体の圧力が p_0，体積が V_0，温度（絶対温度）が外の温度と同じ T_0 になった。ただし，気体定数を R とする。

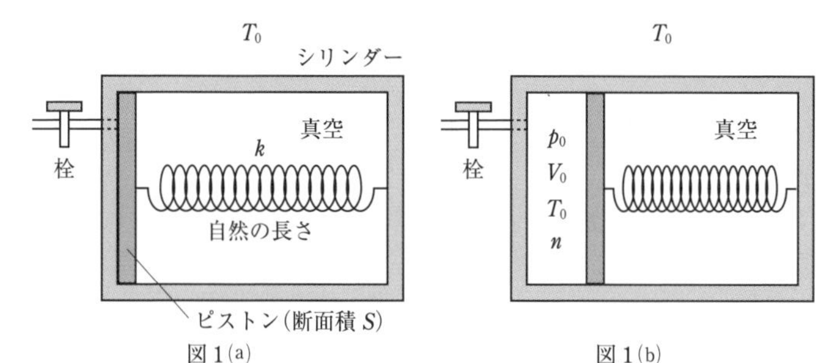

図 1(a)　　図 1(b)

次に，図 2 のように，外の温度を T まで上昇させると，気体の圧力は p，体積は V，温度は T になった。ここで，気体の圧力と体積がそれぞれ p_0，V_0 から p，V に変化したときに，気体がした仕事を考える。その仕事の大きさは，気体の圧力と体積の関係を表すグラフにおける面積で表される。この面積を灰色部分で示したものとして最も適当なものを，次の①～⑥のうちから１つ選べ。

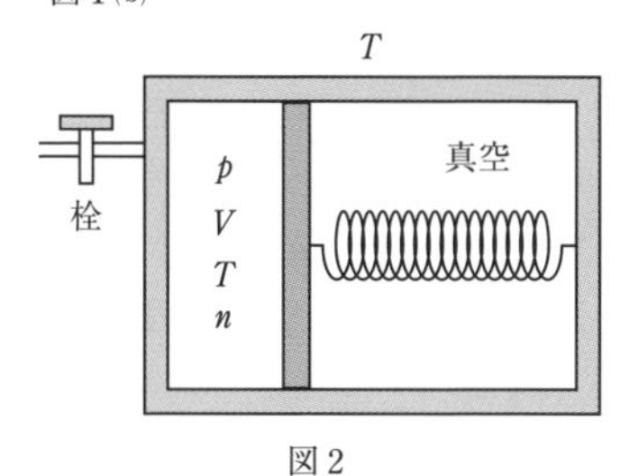

図 2

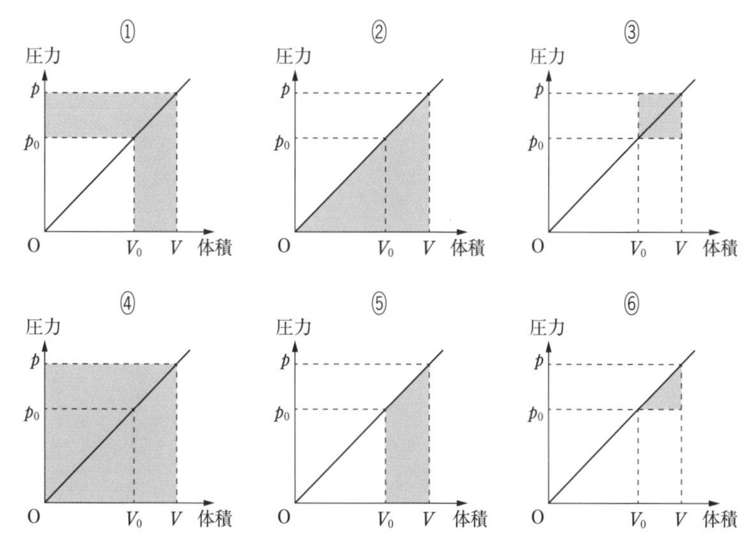

この例題の状況では，気体の体積 V が大きくなるにつれて，気体の圧力 p も大きくなっていきます。それは，V が大きくなるほどばねが縮んでばねの弾性力が大きくなるためです。

もう少し詳しく考えてみましょう。ばねが自然の長さから x だけ縮んでいるとき，ピストンにはたらく力のつりあいは

$$pS=kx$$

と表せます。

また，ばねの縮み x を使って気体の体積 V は

$$V=Sx$$

と表せます。2 式から x を消去すると

$$p=\frac{k}{S^2}V$$

と求められます。つまり p と V は比例しながら変化するのです。

よって，p-V グラフは右上図のようになります。

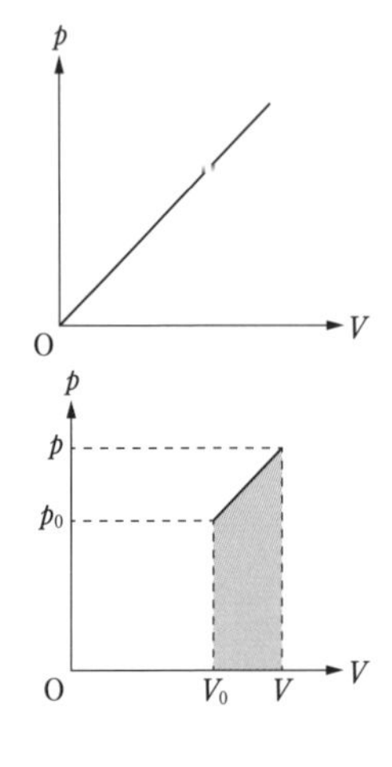

p-V グラフの中で，気体の圧力と体積が p_0，V_0 の状態から p，V の状態へ変化する部分だけを描くと右下図のようになります。よって，気体がした仕事 W は右下図の灰色部分の面積から求められるとわかります（正解は⑤）。

なお，このことから気体がした仕事 W は

$$W=\frac{(p_0+p)(V-V_0)}{2}$$

と求めることができます。

類題にチャレンジ 44

解答 → 別冊 p.35

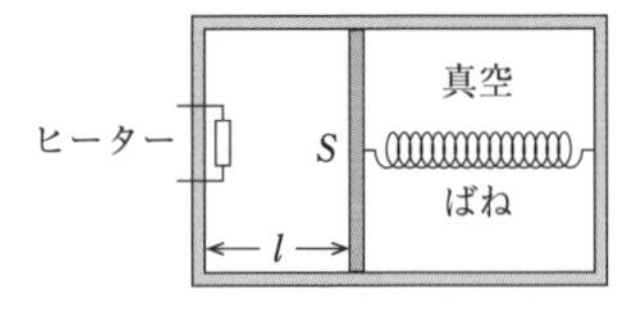

図のように，両端が閉じられた断面積 S のシリンダーがあり，内部はなめらかに移動できるピストンによって左右に仕切られている。ピストンの左の空間には単原子分子理想気体が封じ込められ，加熱用のヒーターが備えられている。また，ピストンの右の空間は真空であり，ピストンがばね定数 k のばねでシリンダーの右端につながっている。ピストンがシリンダーの左端に接しているとき，ばねは自然の長さになっているものとする。シリンダーとピストンは断熱材でできており，ヒーターの熱容量は無視できる。はじめの状態では，ばねが l だけ縮んだ位置でピストンがつりあっている。次に内部の気体にゆっくりとヒーターで熱を加えると，ばねはさらに $\frac{l}{2}$ だけ縮んでつりあった。この加熱過程で気体がした仕事を求めよ。　　（上智大）

物理

定積変化ではないのに，定積モル比熱 C_V が登場するのはなぜでしょうか？

A 回答 気体の内部エネルギーの増加量 ΔU は，いつでも $\Delta U=nC_V\Delta T$ と求められるからです。

まずは「モル比熱」の意味を確認しましょう。モル比熱は，「1モルの気体の温度を1K上昇させるのに必要な熱量」のことです。このことから，モル比熱が C，物質量が n の気体の温度を ΔT だけ上げるのに必要な熱量 Q は

$$Q=nC\Delta T$$

と求められることがわかります。

そして，モル比熱には「定積モル比熱 C_V」と「定圧モル比熱 C_p」という2種類があります。

これは，気体が定積変化するか定圧変化するかによって，同じ量の気体の温度を同じだけ上昇させるのに必要な熱量が異なるからです。

なお，気体が等温変化や断熱変化をする場合のモル比熱は定義されていません。温度が変化しない等温変化や熱を吸収しない断熱変化では，「1モルの気体の温度を1K上昇させるのに必要な熱量」を考えることができないからです。

それでは，定積モル比熱 C_V と定圧モル比熱 C_p には，どのような違いがあるのでしょうか？次の例題を通して確認しましょう。

例題 理想気体の定積モル比熱と定圧モル比熱について述べた文として最も適当なものを，次の①～④のうちから1つ選べ。

① 定積モル比熱は，体積を一定に保つために仕事が必要なので，定圧モル比熱より大きくなる。

② 定圧モル比熱は，気体に与えた熱量の一部が外部に仕事をすることに使われるので，定積モル比熱より大きくなる。

③ 定積モル比熱と定圧モル比熱は，どちらも温度を1K上げるために必要な熱量なので，つねに等しくなる。

④ 定積モル比熱と定圧モル比熱は，比熱を測定する状況が異なるので，その間に定まった大小関係はない。

気体が定積変化するとき，気体が外部へする仕事 $W=0$ です。よって，熱力学第1法則は

$$Q=\Delta U$$

のように表されることになります。これは，**定積変化では気体に与えられる熱量 Q がすべ**

て気体の内部エネルギーの増加量 ΔU になることを示しています。
では，定圧変化する場合はどうでしょう。この場合は気体が外部へする仕事 W は0とはなりません。よって，熱力学第1法則は

$$Q=\Delta U+W$$

のように表されます。このとき，熱を与えられた気体は膨張しながら外部へ仕事をします。つまり $W>0$ です（気体が熱を放出する場合は，収縮しながら外部から仕事をされるため $W<0$ となります）。

これらのことから，**定圧変化では気体に与えられる熱量 Q が，気体の内部エネルギーの増加量 ΔU と外部への仕事 W になる**ことがわかります。**与えた熱量 Q の一部しか，内部エネルギーの増加量 ΔU にならないのです**。そのため，**同じ量の気体の温度を同じだけ上げるには，定積変化よりも定圧変化の方がより多くの熱量が必要になる**のです。

以上のことから，②が正解だとわかります。

なお，定圧モル比熱 C_p は必ず定積モル比熱 C_V よりも気体定数 R だけ大きくなります。これは気体の種類によりません。どんな気体でも

$$C_p=C_V+R \qquad \text{（マイヤーの関係式）}$$

が成り立つのです。

ここまでの考察から，「定積モル比熱 C_V」は定積変化から，「定圧モル比熱 C_p」は定圧変化から定義される値だとわかります。それなのに，定積変化以外の変化で「定積モル比熱 C_V」が登場することがあるのです。なぜでしょう？

ここまでは「気体に与えられる熱量 Q」について考えてきましたが，今度は「気体の内部エネルギーの増加量 ΔU」を考えてみましょう。

気体の内部エネルギー U は，気体の絶対温度 T に比例します。その比例定数は，nC_V（n：気体の物質量）なのです。つまり，U は

$$U=nC_VT$$

と表すことができるのです。そして，ここから気体の内部エネルギーの増加量 ΔU が

$$\Delta U=nC_V\Delta T$$

と求められることもわかるのです。大切なのは，**この式は定積変化に限らずいつでも成り立つ**ということです。

これが，定積変化ではないのに「定積モル比熱 C_V」を使う必要がある理由です。**U や ΔU を求めるときには，気体の変化の仕方に関わらず C_V が必要**なのです。

質問 46 物理

等温変化と断熱変化の p-V グラフには，どのような違いがあるのでしょうか？

A 回答 気体の体積が増加する場合と減少する場合で，p-V グラフの曲線の上下関係が逆になります。

気体が状態変化するようすを表すのに，p-V グラフ（圧力 p と体積 V の変化を表すグラフ）がよく用いられます。気体の状態変化の仕方によって，p-V グラフにどのような違いが表れるか理解しておくことが重要になります。

気体が「定積変化」や「定圧変化」をするときは，さほど難しくありません。

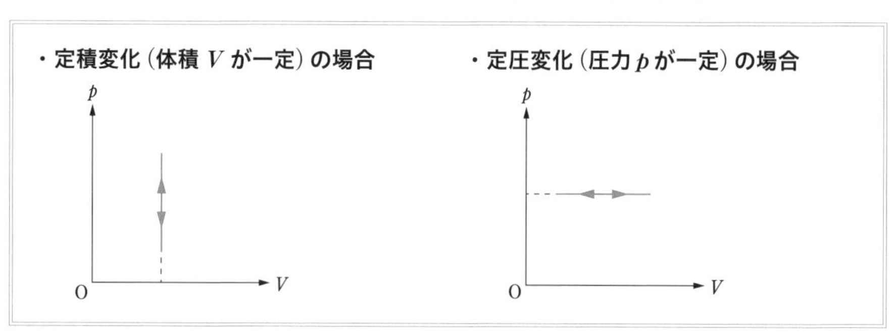

では気体が「等温変化」や「断熱変化」をする場合はどのような p-V グラフになるでしょうか？

まずは次の例題を通して等温変化の p-V グラフ（等温曲線）の特徴を理解しましょう。

例題 1 絶対温度 T_1，T_2（$T_1 > T_2$）の理想気体1モルの圧力 p と体積 V との関係を表すグラフとして最も適当なものを，次の①～④のうちから1つ選べ。

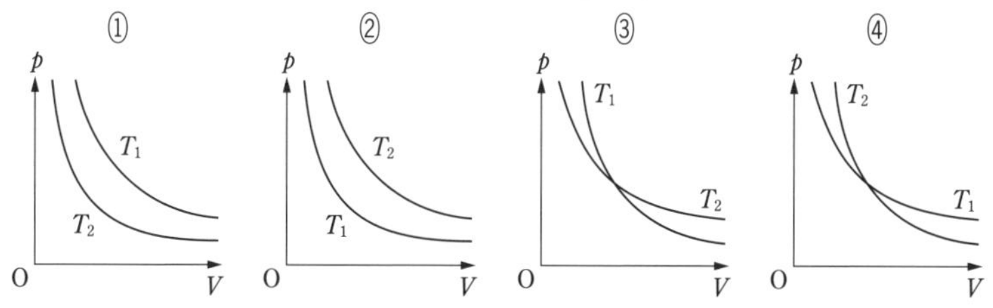

この問題では，気体の絶対温度が T_1 または T_2 で一定の場合を考えます。

気体が状態変化するときには，「$\dfrac{pV}{T}$＝一定」という関係が成り立ちます（質問40参照）。

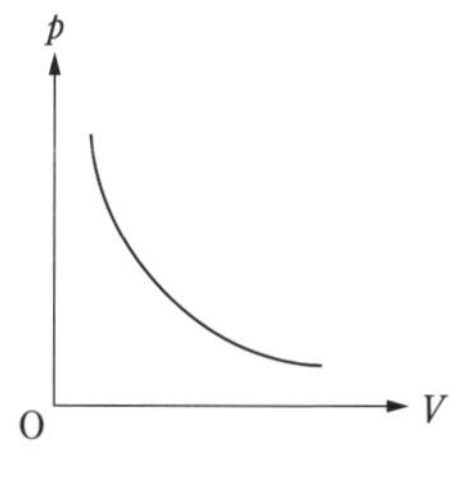

第2章 熱力学

そして，この中の絶対温度 T が一定であれば，pV＝一定 となります。つまり，気体の圧力 p と体積 V は反比例しながら変化することになるのです。

よって，**等温曲線は反比例のグラフになる**ことがわかります。

今回は異なる温度での等温曲線の比較も必要です。これは，同じ体積 V の場合にどちらの方が圧力 p が大きくなるか考えるとスムーズです。

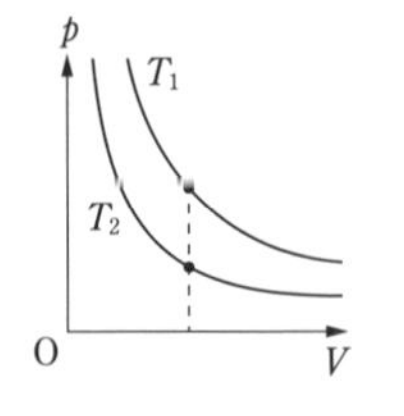

絶対温度が T_1 のときの方が，
同じ体積 V のときの
圧力 p が大きくなる。

$\dfrac{pV}{T}$＝一定 より，気体の体積 V が同じ値であれば，絶対温度 T が大きいほど圧力 p が大きくなることがわかります。この関係は，体積 V がどのような値になっても成り立ちます。

よって，$T_1 > T_2$ より上図の関係がわかるのです（正解は①）。

これで，等温曲線の特徴がわかりました。そして，断熱変化の p-V グラフ（断熱曲線）は，等温曲線と比較して考えると理解しやすくなります。

次の例題で考えてみましょう。

例題 2　右図の曲線で示された点線は，気体が等温変化しながら体積が V_1 から V_2 ($>V_1$) まで膨張するときの p-V グラフである。同じ気体が断熱変化しながら体積が V_1 から V_2 まで膨張する場合の p-V グラフとして正しいのは，①と②のどちらか答えよ。

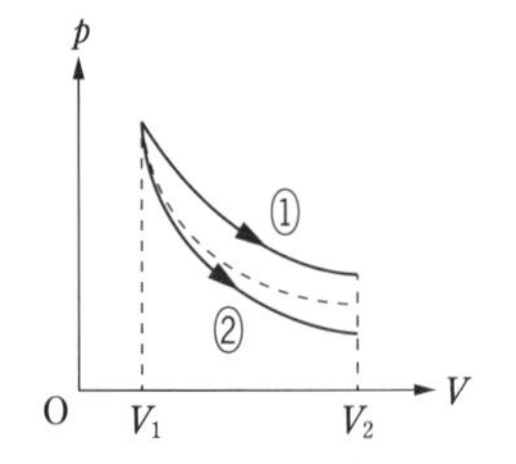

断熱曲線の特徴を理解するには，断熱変化するときの気体の温度変化を考える必要があります。ここでは，熱力学第1法則を使って考えてみましょう。

断熱変化では，気体が吸収する熱 $Q=0$ です。そして，上のように気体が膨張する場合には気体が外部へする仕事 $W>0$ です。

よって，熱力学第1法則 $Q=\Delta U+W$ より気体の内部エネルギーの増加量 $\Delta U<0$ であることがわかります。そして，気体の内部エネルギー U は気体の絶対温度 T に比例するので，気体の絶対温度 T が下がることがわかるのです。

つまり，**気体が断熱膨張するときには温度が下がる**ということです。

等温変化の場合は気体の絶対温度 T が一定であるのに対して，断熱膨張では絶対温度 T が下がります。そのため，同じ体積 V で比べると断熱膨張したときの方が圧力 p が小さくなるのです。よって，**膨張する場合には断熱曲線は等温曲線よりも下側へずれる**ことがわかります（正解は②）。

では気体が圧縮される場合はどうなるでしょう？次ページの例題で確認してみましょう。

例題 3 右図の曲線で示された点線は，気体が等温変化しながら体積が V_2 から $V_1(<V_2)$ まで圧縮されるときの p-V グラフである。同じ気体が断熱変化しながら体積が V_2 から V_1 まで圧縮される場合の p-V グラフとして正しいのは，①と②のどちらか答えよ。

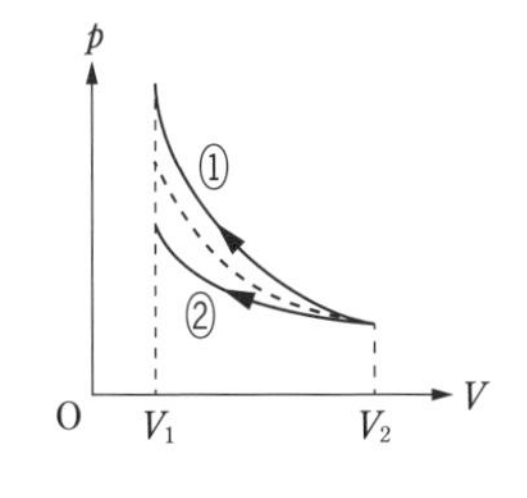

同じように，熱力学第１法則を使って考えてみます。

気体が吸収する熱量 Q は，やはり 0 です。そして，気体が圧縮される場合には気体が外部へする仕事 $W<0$ となります。

よって熱力学第１法則 $Q=\Delta U+W$ より，気体の内部エネルギーの増加量 $\Delta U>0$ であることがわかります。つまり，気体の絶対温度 T は上がるのです。

まとめると，**気体が断熱圧縮されるときには温度が上がる**ことがわかります。

断熱圧縮では絶対温度 T が上がるため，同じ体積 V で比べると等温変化のときより断熱圧縮のときの方が圧力 p が大きくなるのです。よって，**圧縮される場合には断熱曲線は等温曲線よりも上側へずれる**とわかります（正解は①）。

以上のように，断熱曲線は気体の体積が増加する場合と減少する場合で異なります。いずれの場合も，等温曲線と正しく比較できるようにしておくことが必要です。

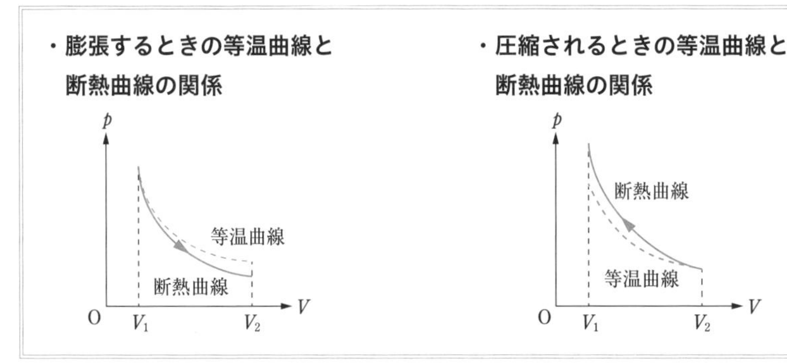

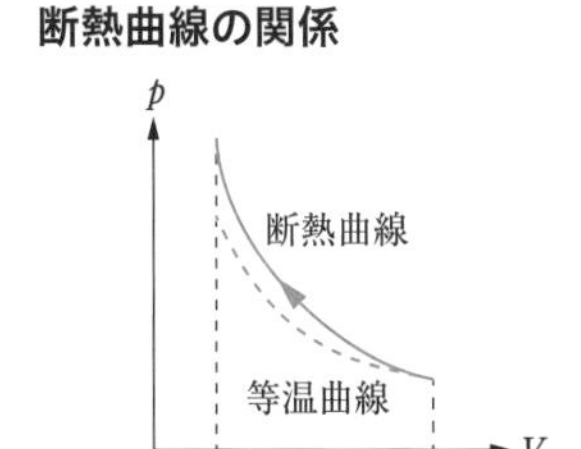

質問 47

物理基礎

熱効率 $\frac{W}{Q}$ を求めるとき，「Q には気体が外部とやりとりするすべての熱量」を，「W には気体が外部とやりとりするすべての仕事」を加えるのは正しいのでしょうか？

A 回答 W には気体が外部とやりとりするすべての仕事を入れますが，Q には気体が「吸収する」熱量だけを入れます。

熱機関の熱効率は $\frac{W}{Q}$ と求められます。

このときQは「気体が外部とやりとりするすべての熱量」だと誤解する人が多くいます。熱サイクル(気体が状態変化して最初の状態に戻ること)では，気体が熱の吸収と放出の両方を行います。吸収するだけで放出しないということも，放出するだけで吸収しないということもあり得ません。そして，熱効率 $\frac{W}{Q}$ の分母のQは，このうち気体が**吸収した熱量だけ**を指します。**放出した分は含めない**のです。

では W はどうでしょうか？熱サイクル中には，気体が外部へ仕事をする過程と外部から仕事をされる過程とがあります。そして，W は「(気体がする仕事)−(気体がされる仕事)」と求められる値です。W は**気体がした仕事とされた仕事の両方を使って求める**必要があるのです。これを「正味の仕事」といいます(「正味の」とは「差し引きの」という意味です)。

熱効率を求める式はシンプルですが，以上のことを正しく理解していないと間違えてしまいます。実際の例題を通して，熱効率の正しい求め方を確認しましょう。

例題 ピストンのついたシリンダーに単原子分子理想気体を一定量nモル入れ，その圧力pと体積Vを，図に示すようにA→B→C→Aと変化させる。ここで，B→Cは断熱変化で，状態Cの温度は状態Bの温度の0.64倍となった。状態Aの圧力および体積を p_0 および V_0，状態Bの圧力を $3.0p_0$ とする。

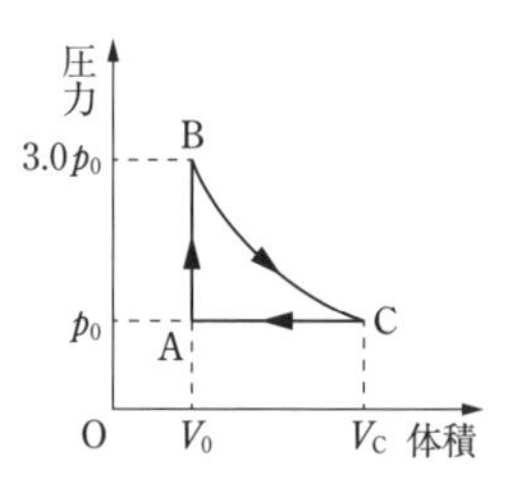

A→B→C→Aのサイクルを熱機関と考えた場合に，熱効率 e を計算して有効数字2桁の％で表せ。ただし，気体定数をRとする。

実は，これは質問43で登場した例題の続きです。ですので，そのときに得られた結論を先に整理しておきます。

	熱のやり取り	仕事のやり取り
A → B	$3.0p_0V_0$ の熱を吸収する	仕事せず，されもしない
B → C	熱を吸収も放出もしない	$1.62p_0V_0$ の仕事をする
C → A	熱を放出する（※）	$0.92p_0V_0$ の仕事をされる

※　質問 43 でこの問題を解いたとき，C → A については「気体が吸収（放出）する熱量」を求めていませんでした。しかし，C → A においては気体が熱を放出することがわかります。それは，**熱サイクルには気体が熱を放出する過程が必ず存在する**からです。A → B でも B → C でも気体が熱を放出していないことから，C → A では熱を放出するとわかるのです。

気体が熱を放出することさえわかれば，その量を求める必要はありません。**熱効率は放出する熱量は含めずに求める**からです。つまり，C → A については熱を放出するということさえ確かめれば十分なのです。

表から

気体が吸収した熱量 $Q=3.0p_0V_0$

だとわかります。また

気体がした正味の仕事 $W=1.62p_0V_0-0.92p_0V_0=0.70p_0V_0$

であることもわかります。これらの値を使って

$$\text{熱効率}\ \frac{W}{Q}=\frac{0.70p_0V_0}{3.0p_0V_0}\fallingdotseq 0.23$$

と求められます。今回は % で求めるので，23 % が答となります。

類題にチャレンジ 47

解答 → 別冊 p.36

単原子分子からなる理想気体を，図のように，矢印の経路に沿って状態 A（圧力 p_1，体積 V_1）から状態 B($3p_1$, V_1)，状態Bから状態 C($3p_1$, $3V_1$)，状態Cから状態 D(p_1, $3V_1$)，状態Dからもとの状態Aにゆっくり変化させた。

(1)　A → B，B → C，C → D，D → A のそれぞれの過程に対して，気体に外部から加えられる熱量を求めよ。

(2)　A → B → C → D → A の過程で，気体が外部に対してした正味の仕事を求めよ。

(3)　上記の過程を 1 サイクルとみなす熱機関を考える。この熱機関の効率を求めよ。

（兵庫県立大）

質問 48 物理

熱気球が登場する問題は，どのような考え方を使って解けばよいのでしょうか？

A 回答 「熱気球にはたらく浮力の大きさ＞熱気球の重力の大きさ」となると，熱気球は浮上を始めます。熱気球の重力を正しく求めるためには，気球内の気体の密度を求める必要があります。

熱気球が登場する問題では，たいてい「熱気球が浮上するための条件」が問われます。**熱気球が浮上するための条件**は，「**熱気球にはたらく浮力の大きさ＞熱気球の重力の大きさ**」です。

> **熱気球にはたらく浮力の大きさ：ρVg**
> **（ρ：まわりの空気の密度，V：熱気球の体積，g：重力加速度の大きさ）**
> **熱気球の重力の大きさ：$(M+\rho' V)g$**
> **（M：熱気球本体の質量，ρ'：熱気球の中の空気の密度，V：熱気球の体積，g：重力加速度の大きさ）**

浮力を求めるときと重力を求めるときとで，使用する気体の密度の値が異なることに注意が必要です。

以上のことが理解できると，熱気球の問題を解くためのポイントは気体の密度の求め方にあることがわかります。熱気球の中では，気体の温度が変わることで密度が変化します。次の例題で，密度の求め方を確認しましょう。

例題 熱気球が大気中に置かれている。大気の絶対温度を T_0，大気圧を p_0，大気の密度を ρ_0 とする。熱気球内の絶対温度を T_1 としたときの熱気球内の気体の密度はいくらになるか。

まずは気体の密度を求める式を確認します。気体１モルの質量を m，気体の物質量を n とすると，気体の質量は nm です。

よって，熱気球内の気体の密度 ρ は気球の体積 V を使って

$$\rho=\frac{nm}{V}$$

と表せます。ここで，状態方程式 $pV=nRT$ から

$$\frac{n}{V}=\frac{p}{RT}$$

であることを使うと

$$\rho=\frac{nm}{V}=\frac{pm}{RT}$$

と変形できます。この式から，**気体の密度 ρ は圧力 p に比例し，絶対温度 T に反比例する**ことがわかります。

さて，熱気球内の気体とまわりの大気とでは，状態にどのような違いがあるでしょうか？

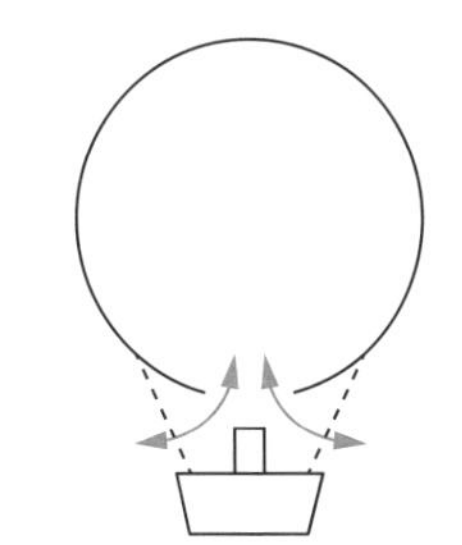

気体は，熱気球の内と外とを自由に行き来します。そのため，**熱気球の内と外で気体の圧力に違いは生じない**のです。

熱気球の内と外との気体は，温度が異なるけれども圧力は等しいということです。

以上のことから，熱気球内の気体の密度は絶対温度に反比例しながら変化することがわかります。よって，絶対温度が T_0 で密度が ρ_0 の大気に対して，絶対温度が T_1 の熱気球内の気体の密度（ρ_1 とする）は

$$\rho_1 = \frac{T_0}{T_1}\rho_0$$

と求められます。

類題にチャレンジ 48

解答 → 別冊 p.37

気球内部の空気の質量を除いた残りの部分の質量が M で，容積が V の熱気球が大気中に置かれている。大気の絶対温度を T_0，大気の密度を ρ_0 とする。熱気球内の絶対温度をいくらより大きくすると，熱気球は浮上するか。

物理

ポアソンの式を使って圧力や体積だけでなく温度の変化を求めるには，どのようにすればよいのでしょうか？

回答　断熱変化において，気体の温度 T の変化を考えるときには，ポアソンの式「$pV^{\gamma}=$一定」を「$TV^{\gamma-1}=$一定」と変形して使うと便利です。

ポアソンの式は，気体がゆっくり断熱変化するときに成り立つ式です。気体が断熱変化しながら気体の圧力 p と体積 V が変化するとき

$$pV^{\gamma}=\text{一定}$$

を満たしながら変化します。これがポアソンの式です。ここで登場する γ は比熱比とよばれ

$$\gamma=\frac{C_p}{C_V}\qquad (C_V\text{：定積モル比熱，}C_p\text{：定圧モル比熱})$$

です。例えば，単原子分子理想気体の場合は $C_V=\frac{3}{2}R$，$C_p=\frac{5}{2}R$ なので

$$\gamma=\frac{\frac{5}{2}R}{\frac{3}{2}R}=\frac{5}{3}$$

です。つまり，単原子分子理想気体の場合のポアソンの式は

$$pV^{\frac{5}{3}}=\text{一定}$$

となるということです。

断熱変化する気体の圧力 p や体積 V の変化を考えるときには，ポアソンの式が便利なことがわかります。しかし，ポアソンの式には気体の温度 T は登場しないため，このままでは温度 T の変化を考えるのには不便です。

そこで，ポアソンの式を状態方程式 $pV=nRT$ を使って変形してみましょう。状態方程式をポアソンの式へ代入すると

$$pV^{\gamma}=pV\cdot V^{\gamma-1}=nRT\cdot V^{\gamma-1}=\text{一定}$$

となります。ここで，気体が状態変化しても物質量 n と気体定数 R は変わりませんから，上の式は

$$TV^{\gamma-1}=\text{一定}$$

とすることができます。

このように，**ポアソンの式は体積 V と温度 T を使って表すこともできる**のです。**気体の温度 T の変化を考えるときには，この形で使うと便利**です。

例題 図のように，体積 V_0 の密閉された容器内部が，なめらかに動くピストンで2つに分離されている。左側をA，右側をBとし，ともに n モルの気体が封じ込められている。またA側には体積と熱容量の無視できるヒーターが備えつけられている。気体定数を R として以下の問いに答えよ。ただし容器，ピストンはすべて断熱材でできており，ピストンの厚みは無視できるものとする。

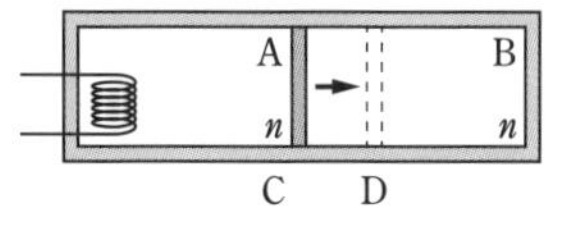

最初，気体の絶対温度はA，Bともに T_0 であり，ピストンは位置Cでつりあって静止している。その後，ヒーターでA側の気体を加熱すると，ピストンは右側へゆっくりと動き出し，加熱を止めるとピストンは位置Dで静止した。このときB側の気体の温度は αT_0 であった。加熱後のA側の体積 V_A' を求めよ。必要があればB内の気体の比熱比 γ を用いよ。（埼玉大）

A側の気体にはヒーターによって熱が加えられますが，B側の気体については熱の出入りがありません。つまり，B側の気体は断熱変化するということです。そこで，B側の気体の変化をポアソンの式を使って考えてみましょう。

この例題では，B側の気体の温度が T_0 から αT_0 へ変化したことが示されていますので，ポアソンの式を

$$TV^{\gamma-1}=\text{一定}$$

の形で使うと便利です。与えられた値から，B側の気体について

$$T_0\left(\frac{V_0}{2}\right)^{\gamma-1}=\alpha T_0 V_B'^{\gamma-1} \qquad (V_B'\text{：変化後のB側の気体の体積})$$

の関係が成り立つことがわかり，これを解いて

$$V_B'=\frac{V_0}{2}\times\left(\frac{1}{\alpha}\right)^{\frac{1}{\gamma-1}}$$

と求められます。これにより，A側の気体の体積は

$$V_A'=V_0-V_B'=V_0\left(1-\frac{1}{2\alpha^{\frac{1}{\gamma-1}}}\right)$$

と求められます。

物理基礎

なぜ同じ波が異なるグラフで表されることがあるのでしょうか？

回答　波を表すグラフは２種類あるからです。

ここからは波動の問題にまつわる疑問を解決していきましょう。まずはグラフについてです。

波の伝わるようすは，グラフで表されることがあります。視覚的にとらえられるグラフは便利な道具ですが，注意が必要です。**波を表すグラフは２種類ある**という点です。

次の例題で説明しましょう。

例題　x 軸正の向きに進む正弦波①の時刻 $t=0$ の波形は，次のように表されたとする。

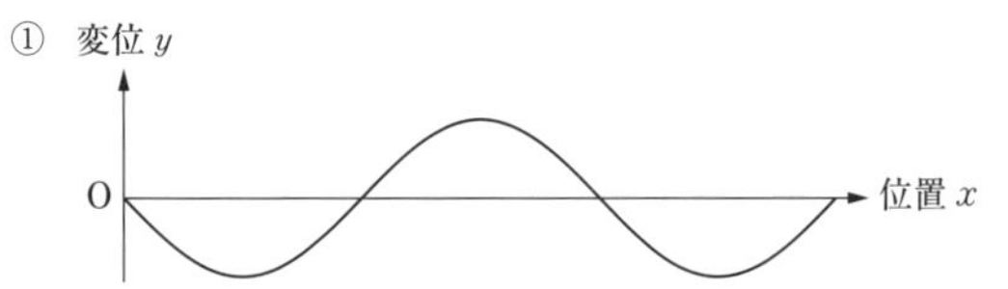

また，同じく x 軸正の向きに進む正弦波②の時刻 $t=0$ の波形は，次のように表されたとする。

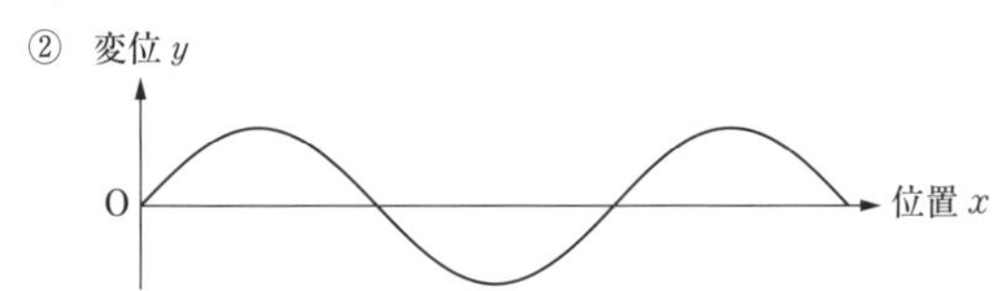

正弦波①，②について，位置 $x=0$ の振動のようすを，変位 y と時刻 t の関係で正しく表したものを，次の a，b からそれぞれ選べ。

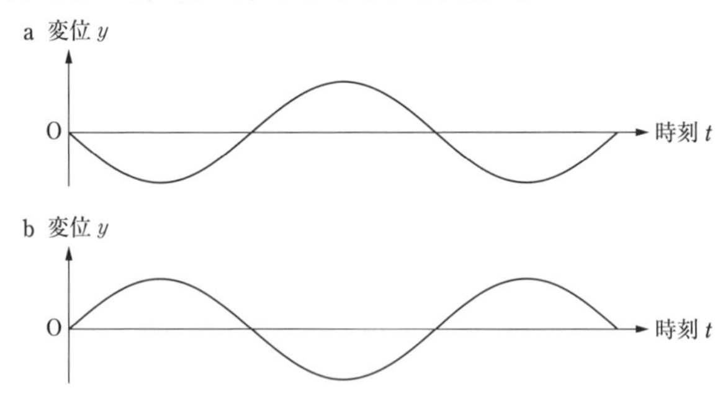

例題では，２種類の波のグラフが登場していることに気がついたでしょうか？**違いは横軸にあります**。

最初に示されているのは，横軸が「位置 x」のグラフです。これは，ある時刻でのそれぞれの位置の変位 y がどのようになっているか，ひと目でわかるように示したものです。つまり，波形そのものを表したものといえます。

波は時間とともに移動します。ですので，時刻を1つに決めなければ波形を表すことができません。**横軸が「位置 x」のグラフは，ある1つの時刻についてのもの**です。ちょうど，**その瞬間に撮影した写真のようなもの**だと理解できます。

それに対して，a，b で示されているのは横軸が「時刻 t」のグラフなのです。これは，時刻 t とともに変位 y がどのように変化するかを表したものです。

同じ時刻 t でも，位置によって変位 y は異なります。**横軸が「時刻 t」のグラフは，ある1つの位置について振動のようすを表したもの**です。位置を1つに決め，時刻とともに変位が変わるようすを表しているのです。

以上のような2種類のグラフの違いがわかると，例題をスッキリ解けると思います。

まずは正弦波①です。与えられているのは横軸が「位置 x」のグラフですから，ある1つの時刻についてのもののはずです。その時刻が $t=0$ だと示されています。

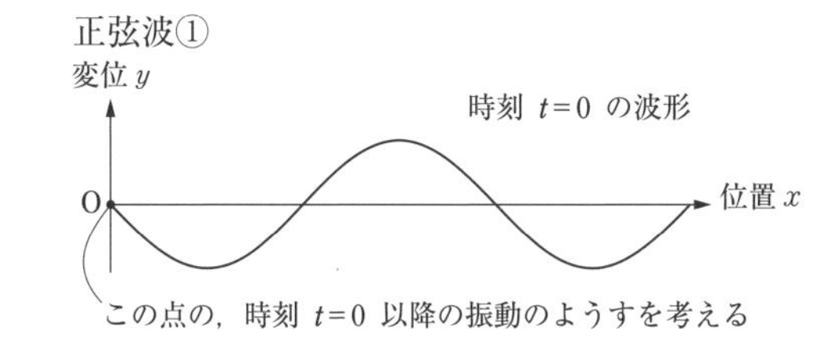

そして，求めたいのは横軸が「時刻 t」のグラフです。これはある1つの位置についてのもののはずですが，その位置が $x=0$ だと指定されているのです。

正弦波①は，x 軸正の向きに進みます。ですので，時刻 $t=0$ の少し後には右図の青線のような波形になります。

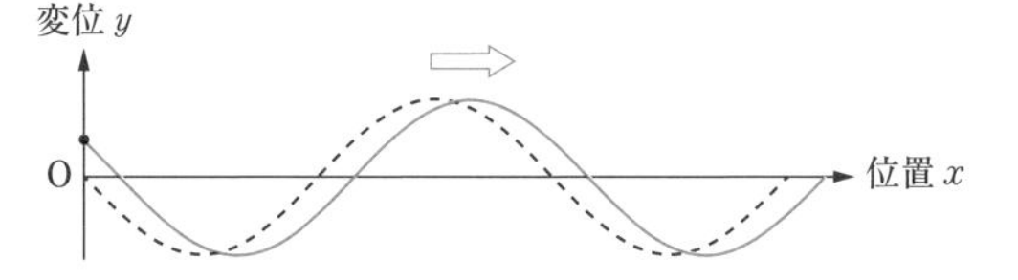

ここから位置 $x=0$ の振動は $y>0$ の向きから始まることがわかります。よって，位置 $x=0$ の変位 y は，時刻 t とともにはじめ上昇するように変化すると理解できます。

以上の考察から，正弦波①に対応するのは **b** だとわかります。

正弦波②についても，まったく同じように考えられます。正弦波②もx軸正の向きに進むので，時刻$t=0$の少し後には右図の青線のような波形になることがわかります。

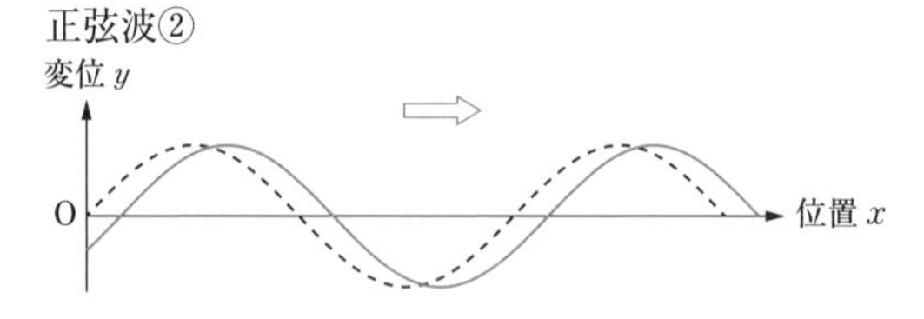

ここから位置$x=0$の振動は$y<0$の向きから始まるとわかります。よって，位置$x=0$の変位yは時刻tとともにはじめ下降するように変化すると理解できます。

つまり，正弦波②に対応するのはaなのです。

この例題の場合，対応する2つのグラフ(横軸が「位置x」のものと「時刻t」のもの)の形はそれぞれ等しくありません。それは，表す内容が違うのだから当然のことだといえるのです。

類題にチャレンジ 50

解答 → 別冊 p.38

媒質の振動がx軸の正の向きに速さ20 m/sで伝わる振幅A〔m〕の波(正弦波)を考える。図は時刻$t=0$ sにおける媒質の変位と位置xの関係を表すグラフである。位置$x=15$ mでの変位が時間t〔s〕とともにどのように変化するかを表す図として最も適当なものを，次の①～④のうちから1つ選べ。

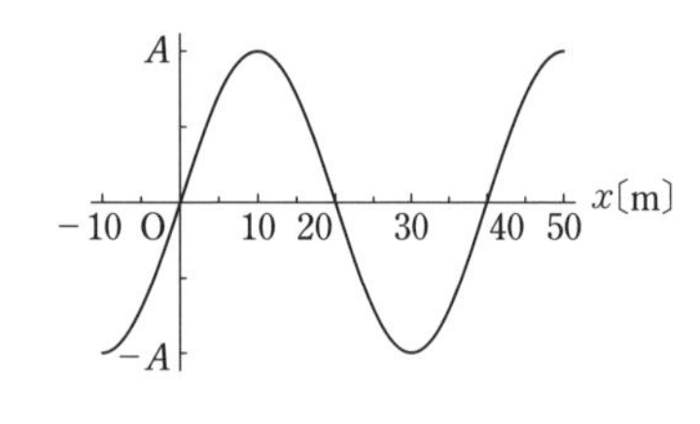

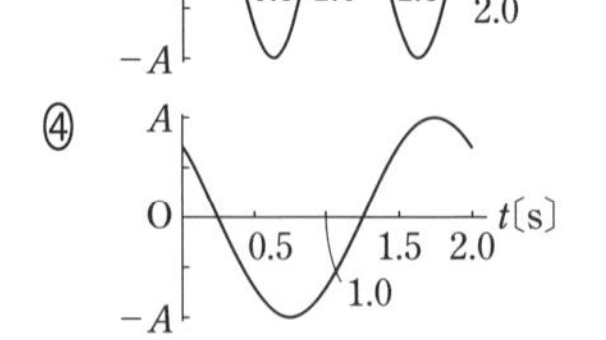

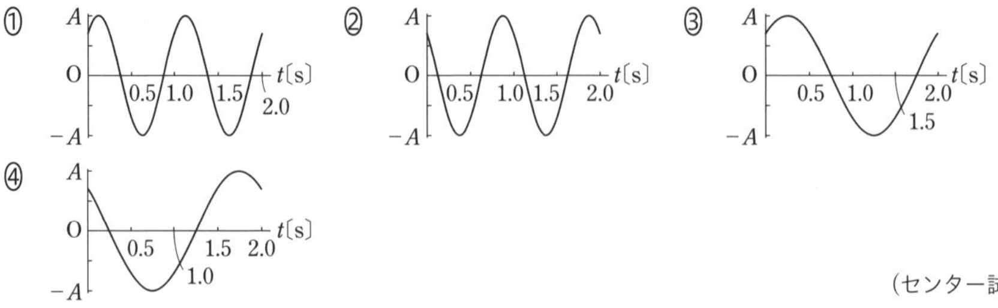

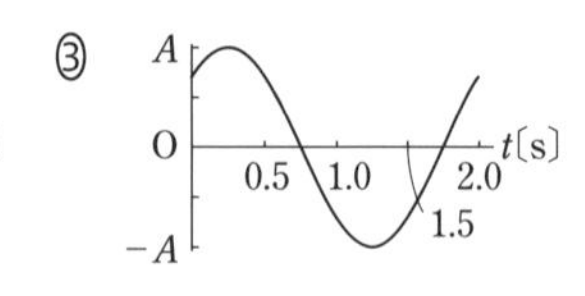

(センター試験)

質問 51 物理

媒質の変位を表す正弦波の式が複雑で自分で書くことができません。どのように考えればよいのでしょうか？

A 回答 まずは考えやすい点の変位を求め，その変位が他の点に伝わっていくと考えて書くことができます。

波が伝わっていくとき，媒質の変位 y を式で表せるようになる必要があります。

変位 y は，媒質の位置 x によって異なります。また，時刻 t の経過によっても変化します。つまり，y は x と t の2変数関数として表されるということです。具体的には

$$y=A\sin\frac{2\pi}{T}\left(t-\frac{x}{v}\right)$$

のような式で表されます。

一度は目にしたことがあると思いますが，形が複雑で理解しにくかったという人も多いかもしれません。

そこで，例題を通してこのような式がどのようにして導き出されるのか，確認します。考え方がわかれば，この式は暗記せずとも書けるようになります。むしろ，式を丸暗記すると落とし穴にはまってしまうこともあるので，注意が必要です（例題2で確認します）。

例題1 右図の実線は x 軸の正の向きに進む正弦波の波形を表し，時刻 $t=0$ s における位置 x〔cm〕での変位 y〔cm〕のグラフである。この正弦波の伝わる速さを 10 cm/s とする。

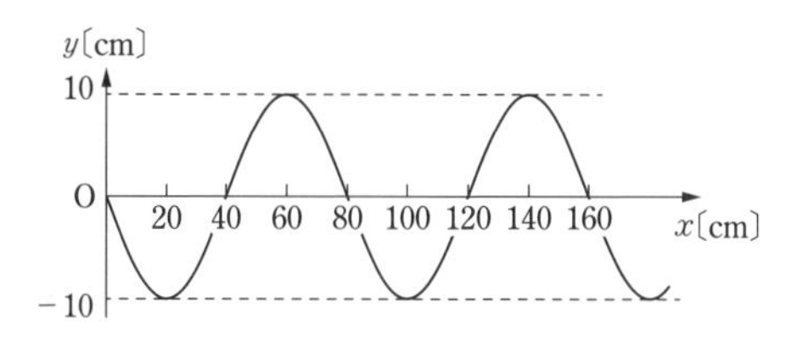

(1) グラフから，この正弦波の振幅，波長，周期を求めよ。

(2) 原点Oで起こる，時刻 t〔s〕における媒質の単振動の変位を，円周率を π として求めよ。

(3) 原点Oから位置 x の任意の点Pまで振動が伝わるのにかかる時間を求めよ。また，時刻 t における点Pでの波の変位 y は，どの時刻での原点Oの変位と等しくなるか。

(4) 時刻 t における位置 x での正弦波の変位 y を求めよ。（玉川大）

正弦波が伝わっていくとき，媒質の変位をどのように式で表せるか考える問題です。

(1) 図より正弦波の振幅は 10 cm，波長は 80 cm です。また，次ページの

$$v=f\lambda=\frac{\lambda}{T}$$ （**v：波の伝わる速さ，f：振動数，λ：波長，T：周期**）

の関係より周期 T は，

$$T=\frac{\lambda}{v}=\frac{80}{10}=8.0\ \mathrm{s}$$

と求められます。

(2) 以上のことを確認した上で，まずは原点Oの変位を式で表すことを考えます。これは，いろいろな位置の中で**原点の変位が最も求めやすいから**です。**まずは，求めやすい点で変位を考えよう**というわけです。

時刻 $t=0$ に $y=0$ である原点Oは，その後に $y>0$ の上向きに単振動を始めます。

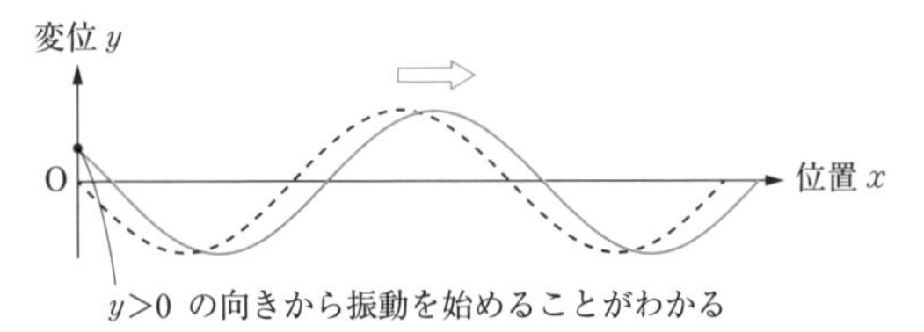

よって，時刻 t の原点Oの変位 y は単振動を表す式より

$$y=A\sin\omega t=A\sin\frac{2\pi}{T}t$$ （**A：振幅，ω：角振動数，T：周期**）

のように表せます。

ここへ(1)で求めたAと T の値を代入して

$$y=10\sin\frac{2\pi}{8.0}t=10\sin\frac{\pi}{4}t\ \text{〔cm〕}$$

と求められます。

(3) そして，(2)の結果の**原点の変位を表す式をもとにして**位置 x の任意の点の変位を式で表すのが，この問題のポイントです。

位置 x の変位と原点Oの変位との間にどのような関係があるのか理解するのに，「**変位が原点から位置 x の点まで伝わるのにかかる時間**」が必要となります。だからこれが設問となっているのです。

原点Oと位置 x の点とは，距離 x だけ離れています。そこを波が速さ v で伝わる場合，波の変位が伝わるのにかかる時間は $\frac{x}{v}$ となります。よって，

$$\frac{x}{v}=\frac{x}{10}\ \text{〔s〕}$$

と求められます。

また，位置 x の点には，原点Oからこれだけ時間がかかって変位が伝わるのです。つまり，**位置 x の変位は原点Oよりも時間が $\frac{x}{10}$ だけ遅れたものになる**ということです。

つまり，時刻 t の位置 x の変位は，時刻 $t-\frac{x}{10}$〔s〕での原点Oの変位と等しくなるのです。

(4) 以上のことを式にして，時刻 t における位置 x の変位 y が

$$y=10\sin\frac{\pi}{4}\left(t-\frac{x}{10}\right)〔\mathrm{cm}〕$$

と求められます。

例題では具体的な値を使って式を書きましたが，一般化すれば正方向に進む場合は，

$$y=A\sin\frac{2\pi}{T}\left(t-\frac{x}{v}\right)$$

のように表せることが理解できると思います。ただし，最初に述べたようにこの式を丸暗記するのでなく，考え方を理解して自分で導き出せるようにしておくことが大事です。それは，次の例題2のように式の丸暗記で通用しないケースもあるからです。

例題2 $y=A\sin(320t+64x)$ の式で表される正弦波がある。x は位置座標〔m〕，y は変位〔m〕，A は振幅〔m〕，t は時刻〔s〕を表す。この波の波長 λ〔m〕および速さ v〔m/s〕を求めよ。必要であれば，$\pi=3.14$ として有効数字2桁で答えよ。

（芝浦工業大）

与えられているのは，時刻 t における位置 x の変位 y を表す式です。ところが先ほど求めた

$$y=A\sin\frac{2\pi}{T}\left(t-\frac{x}{v}\right)$$

とは決定的に違う点があります。◯で囲んだ符号です。

$$y=A\sin\frac{2\pi}{T}\left(t\ominus\frac{x}{v}\right)$$

$$y=A\sin(320t\oplus64x)$$

これが式の丸暗記では対応できなくなると述べた理由です。

実は，◯で囲んだところの符号は「＋」になることも「－」になることもあるのです。「＋」になるのは，右図のような場合です。

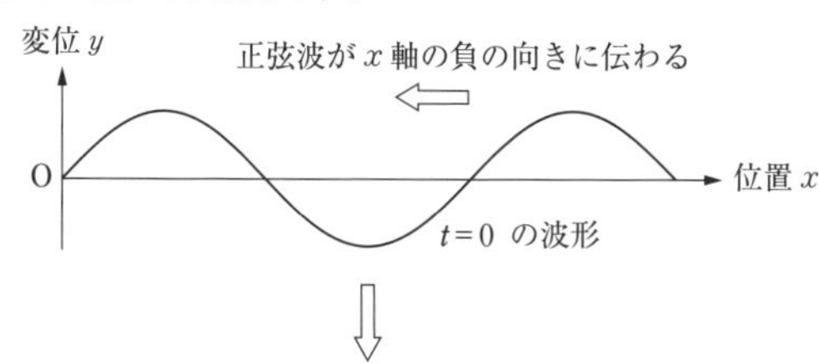

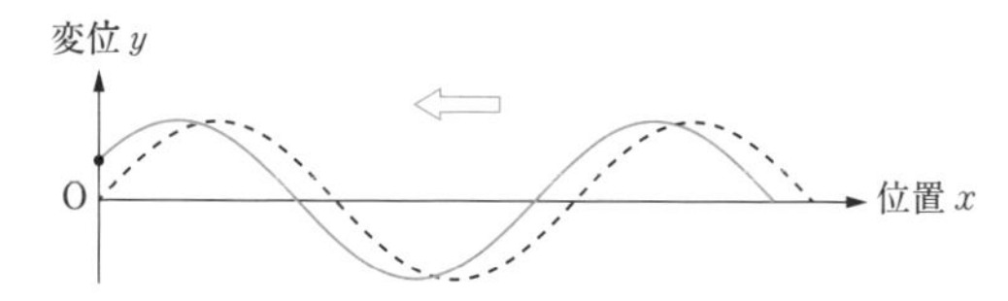

この場合も，原点の変位 y は

$$y=A\sin\frac{2\pi}{T}t$$

と表されます。では，位置 x ではどうでしょう。

今回は原点から位置 x へ変位が伝わるのでなく，**位置 x から原点へ変位が伝わる**のです（$x>0$ の場合）。

第3章 波動

変位が伝わるのにかかる時間は $\frac{x}{v}$ です。つまり，**位置 x の変位は原点の変位よりも時間が $\frac{x}{v}$ だけ進んだものになる**のです。よって，時刻 t における位置 x の変位 y は

$$y = A\sin\frac{2\pi}{T}\left(t \oplus \frac{x}{v}\right)$$

となります。

以上のことから，この問題では **x 軸方向を負の向きに進む波について考えている**ことがわかります。それでは，与えられた式を

$$y = A\sin\frac{2\pi}{T}\left(t + \frac{x}{v}\right) \quad \cdots(※)$$

と同じかたちにしてみましょう。

$$y = A\sin(320t + 64x) = A\sin 320\left(t + \frac{64x}{320}\right)$$

これと式(※)を比較して

$$\frac{2\pi}{T} = 320 \quad より \quad T = \frac{\pi}{160}\text{〔s〕}$$

$$\frac{x}{v} = \frac{64x}{320} \quad より \quad v = \frac{320}{64} = 5.0\ \text{m/s}$$

であることがわかり

$$\lambda = vT = 5.0 \times \frac{\pi}{160} \fallingdotseq 9.8 \times 10^{-2}\ \text{m}$$

と求められます。

類題にチャレンジ 51

解答 → 別冊 p.39

定常波について述べた次の文章中の空欄に入れる式を求めよ。

一般に，定常波は波長も振幅も等しい逆向きに進む2つの正弦波が重なりあって生じる。図は，時刻 $t=0$ の瞬間の右に進む正弦波の変位 y_1（実線）と左に進む正弦波の変位 y_2（破線）を，位置 x の関数として表したグラフである。それぞれの振幅を $\frac{A_0}{2}$，波長を λ，振動数を f とすれば，時刻 t における y_1 は，

$$y_1 = \frac{A_0}{2}\sin 2\pi\left(ft - \frac{x}{\lambda}\right)$$

と表され，y_2 は，$y_2 = \boxed{}$ と表される。

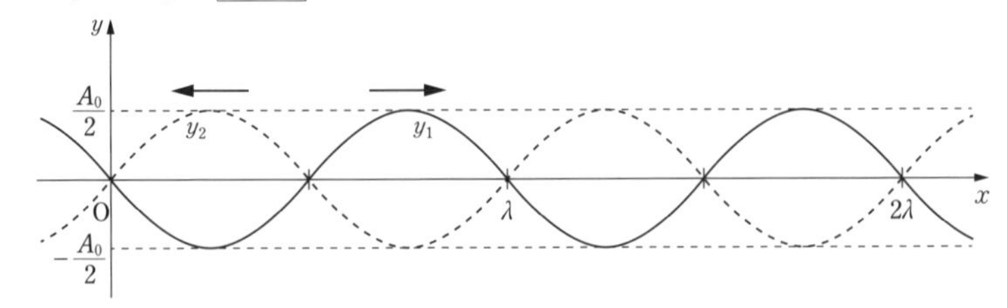

質問 52

物理基礎

定常波ができるとき，もとの波の腹に見える位置が節だったり，節に見える位置が腹だったりしますが，節と腹の位置を正しく求めるにはどのようにすればよいのでしょうか？

A 回答 考えやすい腹または節を1つ見つけると，定常波の全体像が見えてきます。

波形が等しい2つの正弦波が互いに逆向きに進むとき，定常波ができます。定常波とは，「その場で振動するだけで移動しないように見える波」のことです。

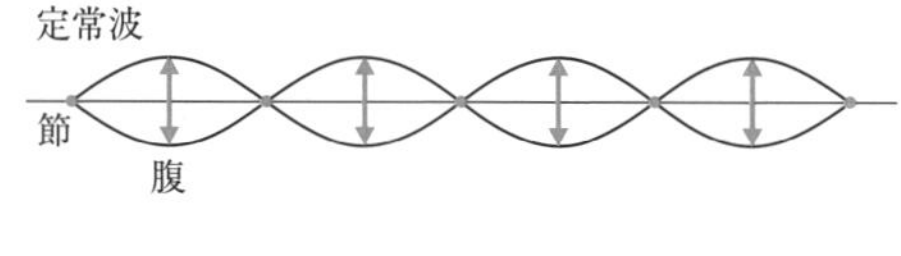

定常波では，大きく振動する「腹」とまったく振動しない「節」ができます。腹と節は，等間隔で交互に並んでいます。

さて，定常波について考える問題では誤解が生じることが多くあります。質問に挙げられている，腹と節の勘違いです。次の例題で考えてみましょう。

例題 図の実線と破線は，x 軸上を互いに逆向きに進む横波のある時刻における波形を示したものであり，縦軸は位置 x における媒質の変位 y を表している。2つの波の振幅，波長，速さは等しく，時間の経過とともに，それぞれの波は波形を保ったまま図の矢印の方向に移動していき，それらが重ねあわさると定常波が生じる。

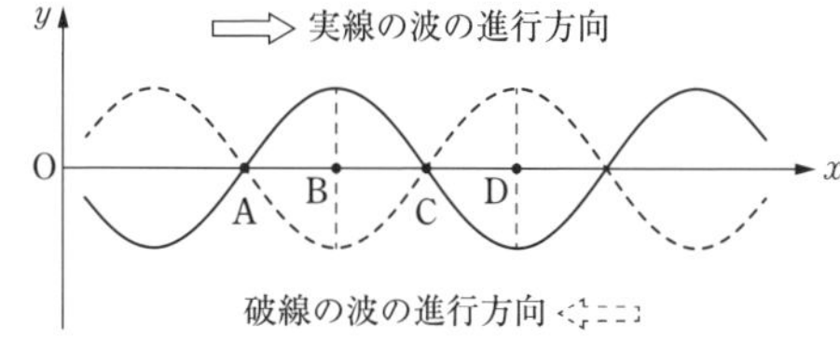

図の点A，B，C，Dにおける定常波に関する記述として最も適当なものを，次の①～④のうちから1つ選べ。

① 点Aには定常波の腹ができている。

② 点Bは定常波が最も激しく振動する点である。

③ 点Cでは定常波は実線の波の2倍の振動数で振動している。

④ 点Dでの定常波の山の高さは実線の波の振幅と等しい。

さて，例題の図を見て右図のように勘違いする人は多いのではないでしょうか？

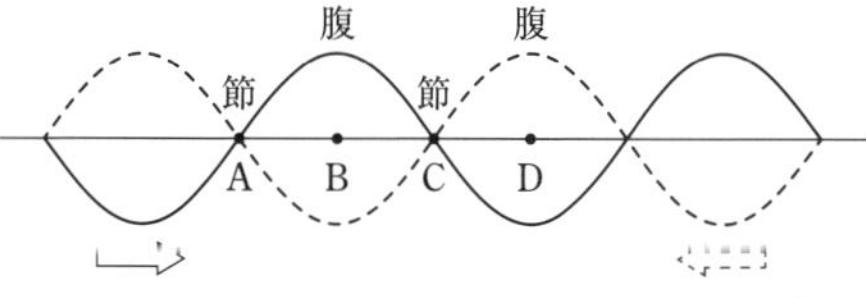

これが正しいとすると，「点Bは腹（最も激しく振動する点）である」と述べている②と，「点Dの山の高さは破線の波の振幅（＝実線の波の振幅）と等しい」と述べている④が両方正しいように思えてきます。しかし，正解は1つですから何かが間違っているはずです。

「定常波をつくるもとになる2つの波」と「(2つの波によってつくられた) 定常波」は違います。問題で示されているのは，「定常波をつくるもとになる2つの波」であり，「定常波」ではないのです。この区別が正しくできれば誤解が解けます。

定常波は示された2つの波の重ねあわせによってつくられます。そのとき，各点がどのように振動するか確認してみましょう。

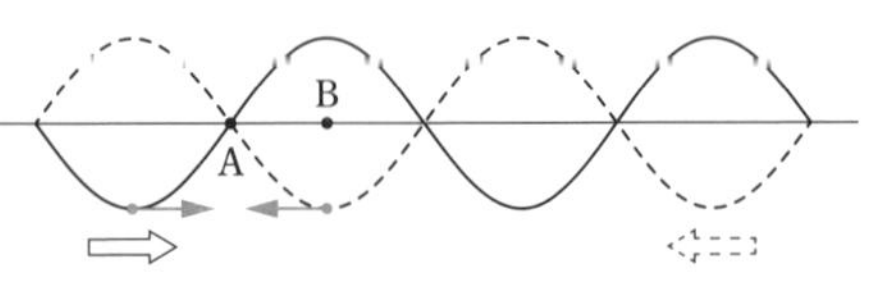

まずは点Aです。右図の瞬間にはAの変位は0となっていますが，この後には2つの波の谷が同時にやってきます。そのとき，**Aは深い谷になる**のです。

では点Bはどうでしょう。上図の瞬間，Bには山と谷が同時にやってきています。ですので，図の瞬間のBの変位は0なのです。そして，その後も2つの波の重ねあわせによって**Bの変位は0のまま変わらない**ことが理解できます。

定常波のようす

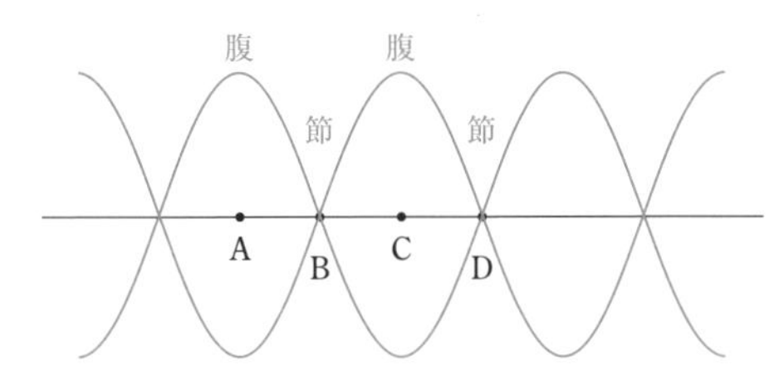

以上のことから，点A(およびC)は大きく振動する腹に，点B(およびD)は振動しない節になることがわかります。

以上のことを正しく理解できれば，正解は①だとわかります。点BもDも振動しない節になるわけですから，選択肢②と④は間違いだとわかります。

なお定常波の振動数は，もとになった2つの波の振動数と等しくなります。ですので，③も間違いとなります。

類題にチャレンジ 52

解答 → 別冊 p.40

振幅 A〔m〕，波長 λ〔m〕の波が x 軸方向を負の向きに速さ v〔m/s〕で進んでいる。図は時刻 $t=0$ s における この波の形を描いたものである。$x=0$ m の位置には波を完全に反射する壁が置かれていて，波はこの壁で固定端反射する。

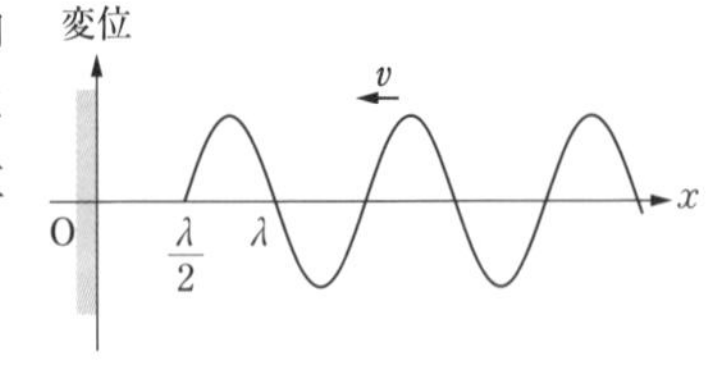

しばらくすると，壁の近くに定常波が生じた。このとき，節の位置を壁に近い方から3つ答えよ。

質問 53　物理

波の反射や屈折を考えるとき，どの角度を使って考えればよいかわからなくなってしまいます。どのように考えればよいのでしょうか？

A 回答　「波の進行方向」と「境界面の法線」の2つを確認し，2つのなす角を使って考えます。

波の反射を考えるときには「反射の法則」を，屈折を考えるときには「屈折の法則」を使う必要があります。ここでは，特に間違いやすい屈折の法則の正しい使い方を確認します。

屈折の法則には，「入射角」と「屈折角」が登場します。この2つの角度を正しく求められないことが，屈折の法則を正しく使えない原因となります。それでは，次の例題で2つの角度の求め方を確認しましょう。

例題　右図に示すように，媒質1から媒質2へ進む波が，2つの媒質の境界面で屈折した。角 θ_1，θ_2 は境界面の法線と波の波面とのなす角であり，媒質1での波の波長は λ_1，媒質2での波長は λ_2 であった。このときに成り立つ式として正しいのは，①と②のどちらか。

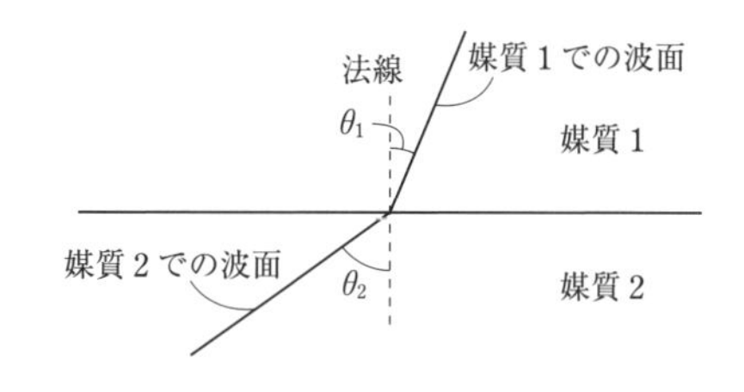

① $\dfrac{\sin\theta_1}{\sin\theta_2}=\dfrac{\lambda_1}{\lambda_2}$　　② $\dfrac{\cos\theta_1}{\cos\theta_2}=\dfrac{\lambda_1}{\lambda_2}$

2つの選択肢を見て，直感的に「屈折の法則に登場するのはcosではなくsinだから，①が正しい」と思うかもしれません。しかし，正解は②です。どうしてでしょうか？

屈折の法則を使うときには，まずは「入射角」と「屈折角」を正しく求める必要があります。

「入射角」は，「入射波の進行方向と境界面の法線とがなす角」のことです。**「屈折角」も，「屈折波の進行方向と境界面の法線とがなす角」のこと**です。だから，入射波と屈折波について，**波面ではなく進行方向を確認する**必要があるのです。

波は，波面と直交する向きに進みます。よって，入射波と屈折波はそれぞれ右図のような向きに進むとわかります。

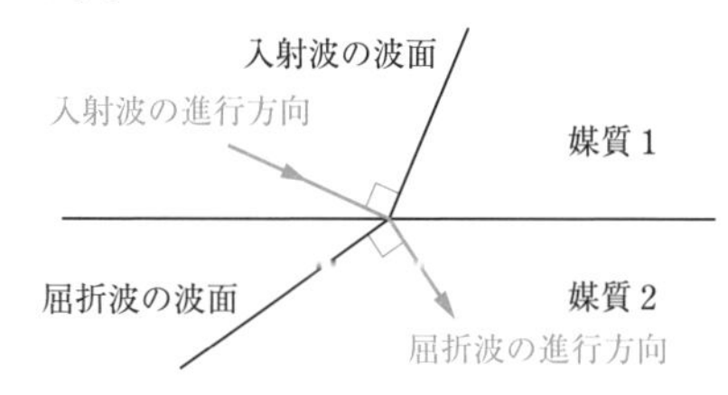

第3章　波動

つまり，図に示されているθ_1やθ_2は入射角や屈折角ではないのです。入射角と屈折角は，それぞれ右図のように求められるのです。

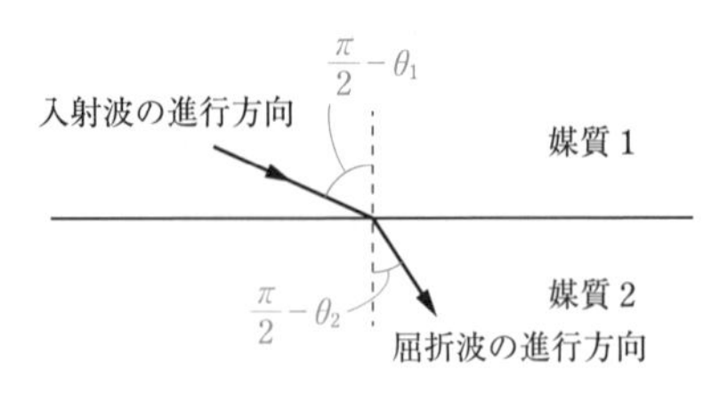

これらの値を使って，屈折の法則は

$$\frac{\sin\left(\frac{\pi}{2}-\theta_1\right)}{\sin\left(\frac{\pi}{2}-\theta_2\right)}=\frac{\lambda_1}{\lambda_2}$$

と表すことができます。これを変形すると

$$\frac{\cos\theta_1}{\cos\theta_2}=\frac{\lambda_1}{\lambda_2}$$

となり，②が正しいことがわかります。

類題にチャレンジ 53

解答 → 別冊 p.41

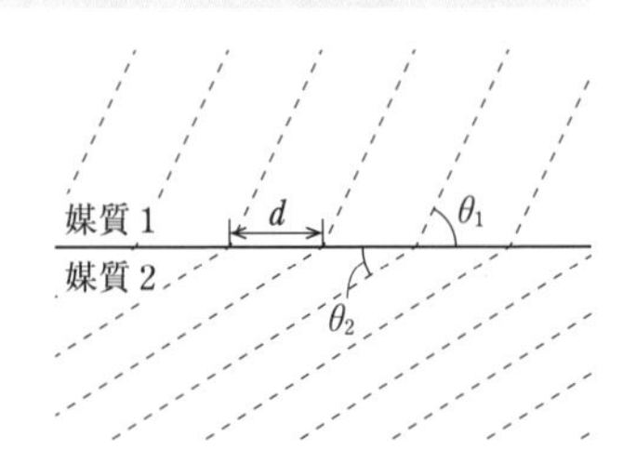

媒質 1 から入射した平面波が境界面で屈折し，媒質 2 を伝播(でんぱ)している。ある時刻における波のようすを図に示す。図中の破線は平面波の山の位置を表しており，媒質 1，2 において破線が境界面となす角をそれぞれθ_1，θ_2，境界面上での山の間隔をdとする。また，媒質 1，2 での波の速さをそれぞれv_1，v_2，波長をそれぞれλ_1，λ_2とする。

問 1　境界面上の一点において，単位時間あたりに，媒質 1 から到達する波の山の数と媒質 2 へと出ていく波の山の数とは等しい。このことから成立する関係として正しいものを，次の①～⑥のうちから 1 つ選べ。

① $v_1\lambda_1\sin\theta_1=v_2\lambda_2\sin\theta_2$　② $v_1\lambda_1\cos\theta_1=v_2\lambda_2\cos\theta_2$　③ $\frac{v_1\sin\theta_1}{\lambda_1}=\frac{v_2\sin\theta_2}{\lambda_2}$

④ $\frac{v_1\cos\theta_1}{\lambda_1}=\frac{v_2\cos\theta_2}{\lambda_2}$　⑤ $v_1\lambda_1=v_2\lambda_2$　⑥ $\frac{v_1}{\lambda_1}=\frac{v_2}{\lambda_2}$

問 2　境界面上での山の間隔dが媒質 1 と 2 において共通であることから成立する関係として正しいものを，次の①～⑦のうちから 1 つ選べ。

① $\lambda_1\sin\theta_1=\lambda_2\sin\theta_2$　② $\frac{\lambda_1}{\sin\theta_1}=\frac{\lambda_2}{\sin\theta_2}$　③ $\lambda_1\cos\theta_1=\lambda_2\cos\theta_2$

④ $\frac{\lambda_1}{\cos\theta_1}=\frac{\lambda_2}{\cos\theta_2}$　⑤ $\lambda_1\tan\theta_1=\lambda_2\tan\theta_2$　⑥ $\frac{\lambda_1}{\tan\theta_1}=\frac{\lambda_2}{\tan\theta_2}$

⑦ $\lambda_1=\lambda_2$

（センター試験）

質問 54 物理基礎

気柱の共鳴が起こるとき，開管では基本振動に対して 2 倍振動，3 倍振動，… が生じるのに，閉管では基本振動に対して 3 倍振動，5 倍振動，… しか生じない（偶数倍振動は生じない）のはなぜでしょうか？

A 回答 気柱に生じる定常波を図示すると理解できます。

ストローや試験管などの管の中に定常波ができる現象を「気柱の共鳴」といいます。このときに生じる定常波の波長は，特定の値になります。その値は，管の長さによって決まるのですが，管が開管（両端が開いている管）なのか閉管（片側が閉じている管）なのかによっても変わるのです。

今回の質問は，開管で生じる定常波と閉管で生じる定常波の違いに関するものです。**この違いは，定常波を図に描いて考えるとハッキリとわかります**。

まずは開管に生じる定常波を描いてみましょう。ポイントは，**開いている端は定常波の腹になる**ということです。

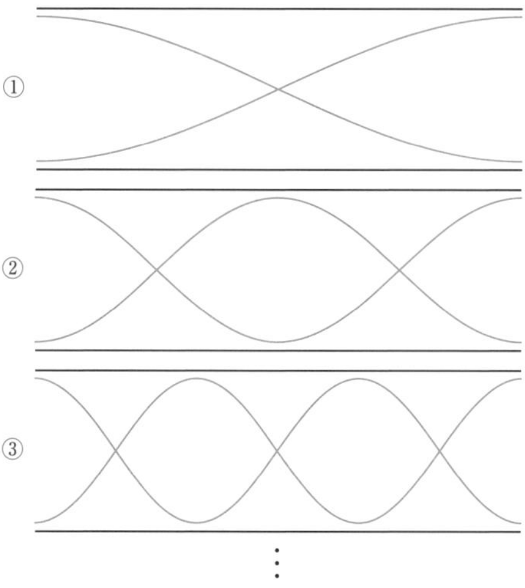

①

②

③

⋮

図の定常波①は両端が腹になる定常波の中で波長が最も長いものです。これ以外にも，両端が腹になる定常波は無数にあります。波長が長い方から順に描いていくと右図の②，③のようになります。

開管ではこのような定常波が生じるのです。

開管に生じるこれらの定常波には，区別のためにそれぞれ名前がついています。最も波長が長い定常波①は「基本振動」，②は「2 倍振動」，③は「3 倍振動」，…と続きます。

ここで，「基本振動より波長が短くなっていくのに，どうして「2 倍」，「3 倍」などとよぶのだろう？」と思われるかもしれません。もっともな疑問なのですが，ここの**「2 倍」，「3 倍」というのは波長のことではなく，振動数のこと**なのです。

どんな波でも

$v = f\lambda$ （v：波の伝わる速さ，f：振動数，λ：波長）

という関係が成り立ちます。そして，管の中にできるどの定常波でも，伝わる速さ v は共通です。管の中を伝わるのは音波であり，音波の速さは気温によって決まるからです。

よって，定常波の振動数 f と波長 λ は反比例しながら変化することがわかります。

定常波②は，定常波①に対して波長λが$\frac{1}{2}$倍です。そのため，振動数fは①の2倍になっているのです。これが，定常波②が「2倍振動」とよばれる理由です。

同様に，定常波③は定常波①に対して波長λが$\frac{1}{3}$倍なので，振動数fは①の3倍です。だから，定常波③は「3倍振動」なのです。

以上のように定常波の図を描いて考察することで，開管内に「2倍振動」，「3倍振動」，… が生じる理由がわかりました。

では次に閉管の場合を考えてみましょう。同じように定常波の図を描きますが，**閉じている端は定常波の節になる**ことがポイントとなります。

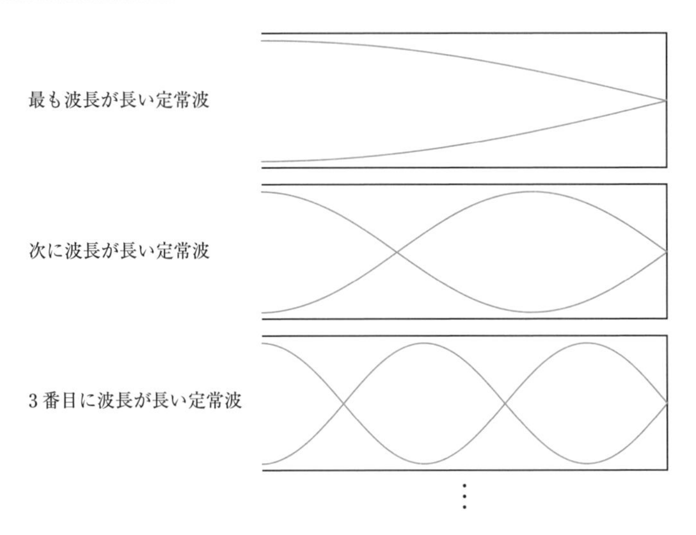

この場合も，最も波長が長い定常波を「基本振動」とよびます。

そして，それに対して波長が$\frac{1}{3}$倍，$\frac{1}{5}$倍，…という定常波が生じることがわかります。

よって，振動数fと波長λが反比例しながら変化することから，それぞれの定常波の振動数fは，基本振動の「3倍」，「5倍」，…であるとわかるのです。そのため，これらの定常波は「3倍振動」，「5倍振動」，…とよばれます。

このように図を描くことで，生じる定常波の特徴がわかります。どうして閉管では2倍振動，4倍振動，…という偶数倍の振動が生じないのか理由がわかるのです。

例題 図のような細長い管の開口部付近に，一定の振動数の音を発生しているスピーカーを置いて気柱の共鳴実験を行った。空気の温度を一定に保ち，ピストンを管の左端からゆっくりと右に動かすと，ピストンと管の左端との距離がL_1のとき最初の共鳴が，L_2の

スピーカー　ピストン

とき2度目の共鳴が起きた。

(1) $L_2-L_1=40$ cm のとき，スピーカーが発生している音波の波長を求めよ。

(2) 次に空気の温度を下げてある一定の温度にすると，音速は小さくなった。温度を下げる前と後では，2つの共鳴が起こるピストンの位置 L_1，L_2 はともに移動した。図の右か左のいずれへ移動したか，語句で答えよ。

気柱の共鳴について考える問題です。やはり管内に生じる定常波を描いて考えると見通しがよくなります。

(1) 振動数 f が一定の音波がスピーカーから発生しています。気温も一定なので音速 v も一定です。よって，$v=f\lambda$ が成り立つことから音波の波長 λ も一定であることがわかります。

よって，ピストンを動かして最初に生じる定常波と，次に生じる定常波はそれぞれ右図のように描くことができます。

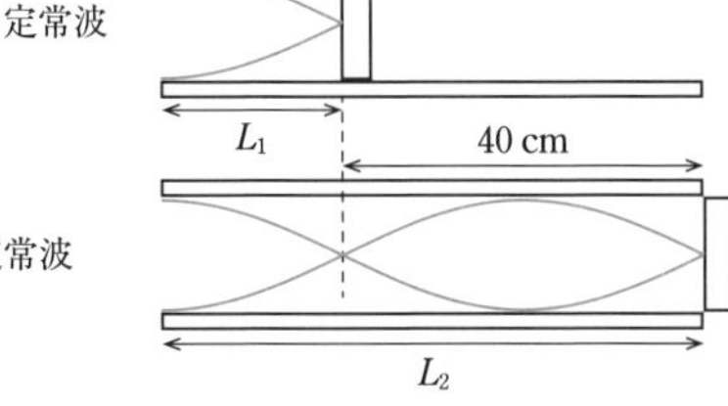

図から，音波の波長 λ は

$\lambda=40\times2=$**80 cm**

と求められます。

(2) 空気の温度を下げて音速 v が小さくなるとき，$v=f\lambda$ より音波の波長 λ も小さくなることがわかります（振動数 f は変わらないため）。よって，共鳴が起こるピストンの位置が次のように変わるとわかるので，正解は**左**です。

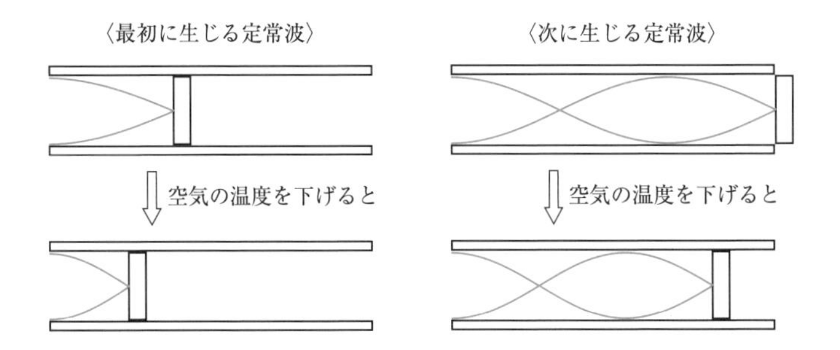

第3章 波動

物理基礎

弦や気柱の振動の問題で，速さ v，振動数 f，波長 λ のうちどれが変化して，どれが変化しないのか混乱してしまいます。どのように考えればよいのでしょうか？

A 回答　生じる定常波の波長 λ は，弦や気柱の長さによって決まります。速さ v や振動数 f を変化させる要素も整理しておくと考えやすくなります。

弦や気柱の振動を考える問題では，波についていつでも成り立つ

> $v=f\lambda$　（v：波の伝わる速さ，f：振動数，λ：波長）

という関係式を使って考えるのが基本です。

この式には，3つの値が登場します。多くの問題では，このうちの1つは変化せず，残り2つが変化する状況を考えます。このとき，**どの値が変化し，どの値は変化しないのかを正しく判断する**ことが重要です。この確認が正しくできないと，問題を解けなくなってしまいます。

速さ v，振動数 f，波長 λ の変化の仕方を整理すると，次のようになります。

	速さ v	振動数 f	波長 λ
弦の振動	弦の張力の大きさと線密度によって決まる（※1）	おんさにつないで振動させる場合は，おんさによって決まる	生じる定常波の波長は，弦の長さによって決まる
気柱の振動	気温が変わらなければ一定となる（※2）	音源によって決まる	生じる定常波の波長は，気柱の長さによって決まる

※1　弦を伝わる波の速さは，弦の張力が大きいほど，線密度が小さいほど大きくなります。弦の張力は，弦につるすおもりの質量などによって変わります。また，線密度は弦の太さによって変わります。よって，つるすおもりを変えず，弦の種類も変えない場合，弦を伝わる波の速さは一定となります。

※2　気柱に定常波をつくるのは，音波です。音波の伝わる速さは気温によって決まるので，気温が一定なら音波の速さは一定となります。

具体的な状況で，確認してみましょう。

例題 図のように，弦の一端を固定し，滑車を通して他端におもりをつけ，2つのコマの先端 A，B の間に弦を張る。AB の中央部で弦をはじくと，A，B を固定端とする定常波が生じた。AB 間の距離が L のとき，AB 間に節がない定常波の振動数(基本振動数)は f_0 であった。

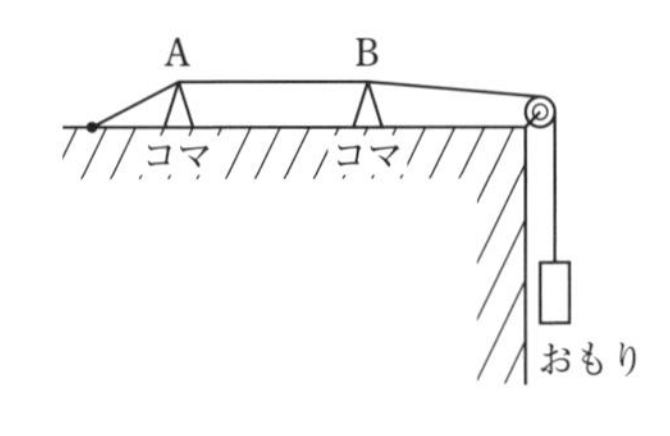

(1) AB 間の距離を $\frac{4}{3}L$ とすると，基本振動数はいくらになるか。

(2) さらに AB 間の距離を $\frac{4}{3}L$ で固定したまま，おもりの質量を変化させ，基本振動数を f_0 に戻した。このとき弦を伝わる波の速さはいくらか。

(1) 弦につるすおもりを変えません。そのため弦の張力は変化しません。弦を取り換えることもしませんので，弦の線密度も一定です。

よって，最初は弦を伝わる波の速さ v は一定であることがわかります。このように，**まずは速さ v，振動数 f，波長 λ の中に変化しないものがないかどうか確認することが必要**です。

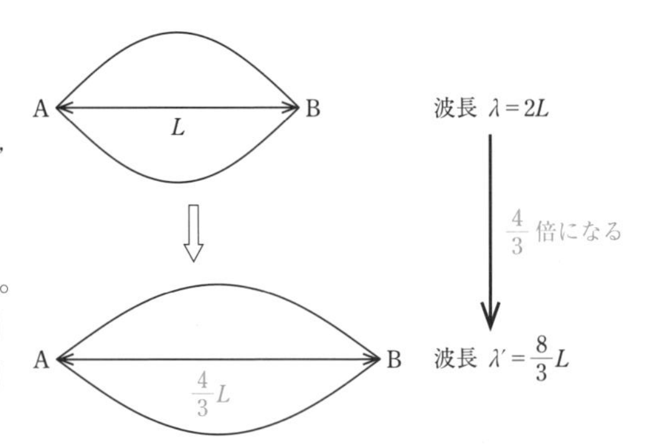

そして，ここでは基本振動について問われています。基本振動の波長 λ は，AB 間の距離が変われば変わります。

ここまでわかったことを整理すると

$$\underset{\text{一定}}{v} = f \underset{\times\frac{4}{3}}{\lambda}$$

となります。よって，振動数 f は $\frac{3}{4}$ 倍になる，つまり，$\frac{3}{4}f_0$ になるとわかるのです。

(2) 次に，この状態からおもりの質量を変えるとどうなるかを考えます。おもりの質量を変えることで弦の張力が変わり，弦を伝わる波の速さ v が変化することを確認しておきます。そして，振動数を $\frac{3}{4}f_0$ から f_0 に戻すので，振動数 f は $\frac{4}{3}$ 倍になることがわかります。ただし，AB 間の距離は固定されているため，基本振動の波長 λ は一定です。

つまり

$$v = \underset{\times\frac{4}{3}}{f}\ \underset{\text{一定}}{\lambda}$$

のように整理できます。よって，弦を伝わる波の速さ v は $\frac{4}{3}$ 倍になることがわかり，その値は

$$v = f_0 \cdot 2L \times \frac{4}{3} = \frac{8}{3} f_0 L$$

と求められます。

《注》 おもりの質量を変える前には，弦を伝わる波の速さは AB 間の距離が L のときと等しく，$f_0 \cdot 2L$ です。

類題にチャレンジ 55

解答 → 別冊 p.42

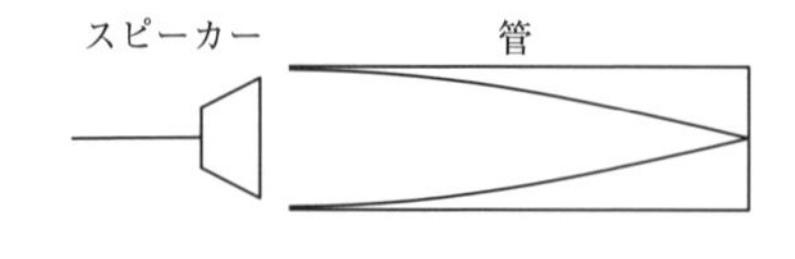

図のように，一方の端を閉じた細長い管の開口端付近にスピーカーを置いて音を出す。音の振動数を徐々に大きくしていくと，ある振動数 f のときにはじめて共鳴した。このとき，管内の気柱には図のような開口端を腹とする定常波ができている。そのときの音の波長を λ とする。さらに振動数を大きくしていくと，ある振動数のとき再び共鳴した。このときの音の振動数 f' と波長 λ' を求めよ。

質問 56　物理

ドップラー効果を考える問題で，音波を反射する壁が登場する場合の考え方がわかりません。どのように考えればよいのでしょうか？

A 回答　反射板を「観測者として音波を受け取り，その音波を新たな音源として送り出す装置」と考えるとスムーズです。

音源が送り出した音波を観測者が聞くとき，音源や観測者が運動する場合は，観測者に聞こえる振動数が変化します。この現象はドップラー効果とよばれます。

ドップラー効果は，右図のように音源とともに移動する観測者が，音源から送り出された反射音を聞くときにも起こります。

音源　反射板

反射音を聞くには，反射板が必要です。今回は，反射板の扱いについて考えてみます。

まずは，反射板が静止している場合です。**静止している反射板で音波が反射するとき，音波の振動数に変化は生じません**。ですので，次の例題のように反射板の存在を意識せずに聞こえる振動数を求めることができます。

例題 1　振動数 f の音波を発する音源が，静止している反射板に向かって，一直線上を一定の速さ v で移動している。反射してくる音波を音源とともに移動する観測者が聞くとき，聞こえる振動数はいくらになるか。音速を V とする。

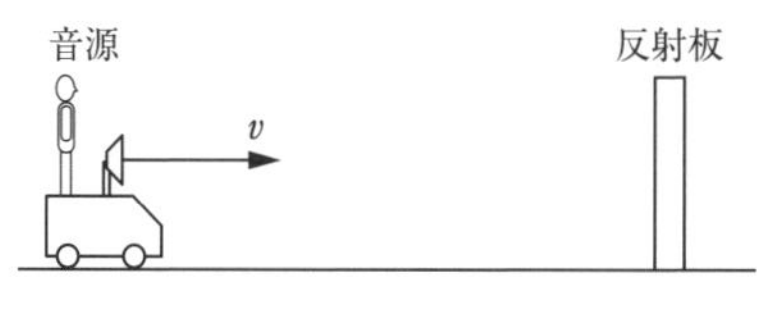

音波が反射板で反射するときに振動数の変化が起こりませんので，この状況は右図の状況と同じように考えられるのです。

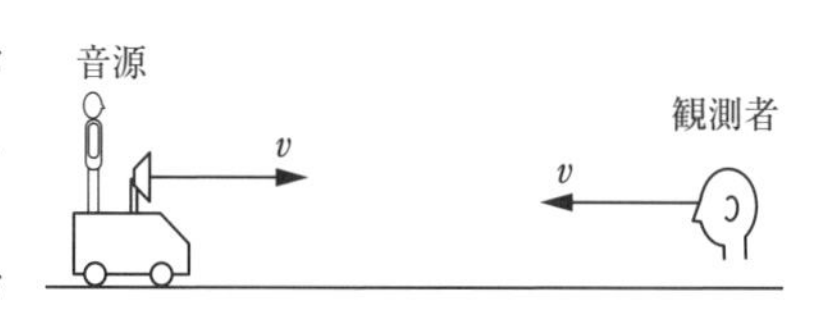

つまり，音源は観測者に向かって速さ v で近づき，観測者も音源に向かって速さ v で近づくときに聞こえる振動数を求めればよいのです。その値 f' は

$$f'=\frac{V+v}{V-v}f$$

と求められます。

それでは，反射板が動く場合はどうなるのでしょうか？この場合は，反射する音波に変化が生じます。その変化を考えなければ，聞こえる振動数を正しく求めることができません。

動く反射板による音波の変化は，「**反射板は観測者として音波を受け取り，その音波を新たな音源として送り出す**」と考えると正しく求めることができます。次ページの例題で考え方を確認しましょう。

例題 2　音のドップラー効果について考える。音源，観測者，反射板はすべて一直線上に位置しているものとし，空気中の音の速さはVとする。

図のように，静止している振動数f_1の音源へ向かって，反射板を速さvで動かした。音源の背後で静止している観測者は，反射板で反射した音を聞いた。その音の振動数はf_2であった。反射板の速さvを表す式を求めよ。

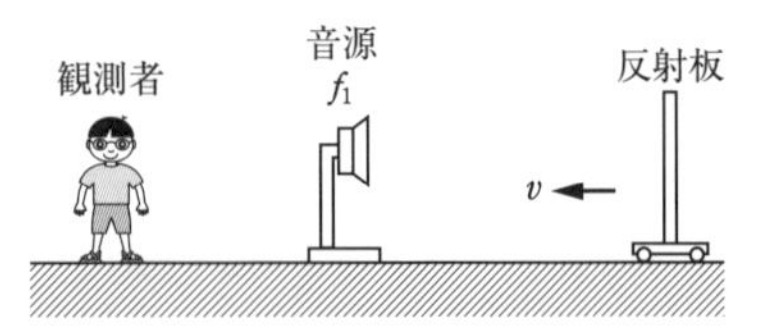

この問題では，動く反射板による音波の反射が起こります。そのときの変化を，「反射板が受け取る振動数」→「反射板が送り出す振動数」の順で考えてみましょう。

まずは受け取る振動数です。音源は静止していて，反射板は**音源に向かって速さvで近づく観測者として音波を受け取る**のです。つまり，反射板が受け取る振動数f'は

$$f'=\frac{V+v}{V}f_1$$

となるのです。

そして，反射板は**この音波を観測者に向かって速さvで近づく新たな音源として送り出す**のです。

「この音波」とは，「振動数f'の音波」という意味です。つまり，この反射板は振動数f'の音波を出しながら観測者に向かって速さvで近づく音源と考えられるのです。よって，反射板が送り出す音波の振動数f''は

$$f''=\frac{V}{V-v}f'=\frac{V+v}{V-v}f_1$$

となるのです。

観測者は静止していますから，これが観測者に聞こえる振動数となります。つまり

$$f_2=f''=\frac{V+v}{V-v}f_1$$

であり，これを解いて

$$v=\frac{f_2-f_1}{f_2+f_1}V$$

と求められます。

質問 57

物理

音源が観測者に対して一直線上にない方向（斜め方向）に運動するとき，音源の速度の分解の仕方を間違ってしまうことがあります。どのように考えればよいのでしょうか？

A 回答 音源の速度を「観測者に向かう方向」と「それに垂直な方向」に分解するのが，正しい考え方です。

例えば右図のように音源が運動するとき，観測者に聞こえる振動数を f' とすると，音速を V として

$$f'=\frac{V}{V-v}f$$

のように求めることはできません。この式が成り立つのは，音源が観測者に向かって一直線上に速さ v で運動する場合です。

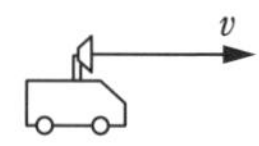

では，図のように音源が観測者に向かって斜め方向に運動する場合，観測者に聞こえる振動数はどのように求められるのでしょう。そのときに必要になるのが，質問にもある**音源の速度を分解する**という考え方なのです。

さて，このときに右図のような間違いをする人が多くいます。図の v' を使って，観測者に聞こえる振動数 f' は

$$f'=\frac{V}{V-v'}f$$

と求められそうですが，図は正しいでしょうか？ v' の大きさはどうでしょうか？

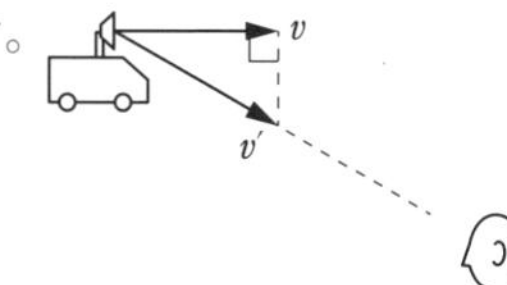

これは，**音源の速度を分解する方向が間違っている**のです。上の速度成分は，音源の速度を右図のように2つの方向に分解したときの1つだと理解できます。しかし，これだと図の青色の速度にも音源と観測者を結ぶ方向の成分が残ってしまい，それも加味しなければならなくなります。

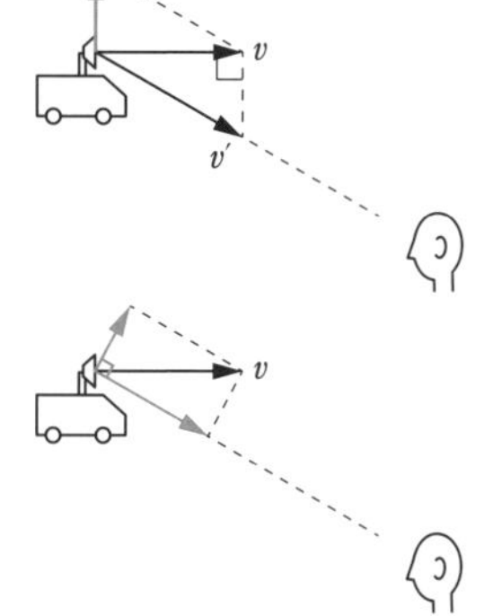

正しくは，音源の速度を「観測者に向かう方向」と**「それに垂直な方向」に分解**すれば，このようなことにはなりません。

つまり，右図が音源の速度の正しい分解の仕方ということです。この方法を用いて，聞こえる振動数を求めてみましょう。

例題 図のように，点Pの位置に静止している観測者の前を，振動数 f_0 の音波を発する音源が，一直線上に音速 V より遅い速さ v で通過していく場合を考える。

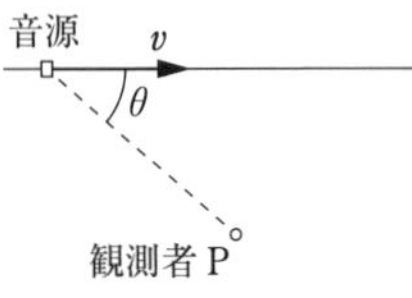

音源と点Pを結ぶ直線と音源の進行方向とのなす角が θ の地点で音源が発した音波を観測者が観測したところ，その振動数は f であった。f を f_0，V，v および θ を用いて表せ。 (岐阜大)

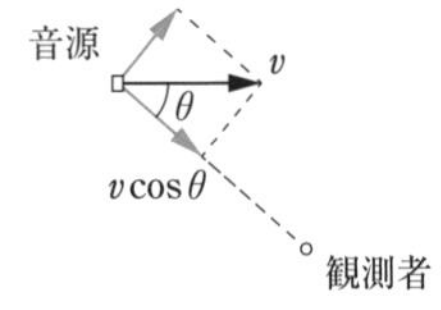

音源の速度を「観測者に向かう方向」と「それに垂直な方向」に分解すると，右図のようになります。

このうち，「観測者に向かう成分」だけを使って観測者に聞こえる振動数を求められます。よって，観測者に聞こえる振動数 f は

$$f=\frac{V}{V-v\cos\theta}f_0$$

と求められます。

〈補足〉

上の例題で $\theta=0°$ のとき，観測者に聞こえる振動数 f は

$$f=\frac{V}{V-v\cos 0°}f_0=\frac{V}{V-v}f_0$$

となります。この値は，音源が観測者に向かって一直線上に運動する場合と一致することがわかります。

また，$\theta=90°$ のときには

$$f=\frac{V}{V-v\cos 90°}f_0=f_0$$

となります。$\theta=90°$ となる瞬間に発した音の振動数は変化せずに聞こえることがわかります。

質問 58 物理

光に関する屈折の法則は，光以外の波に関する屈折の法則と何か違うのでしょうか？

回答 基本的には同じですが，「絶対屈折率」を使います。そして，光に関する屈折の法則は，積の形で使うと便利です。

まずは，（どのような波でも成り立つ）基本の形の屈折の法則を確認しましょう。波が右図のように屈折するとき，下のように屈折の法則を表すことができます。n_{12} は「相対屈折率」とよばれ，分数の形で表されます。

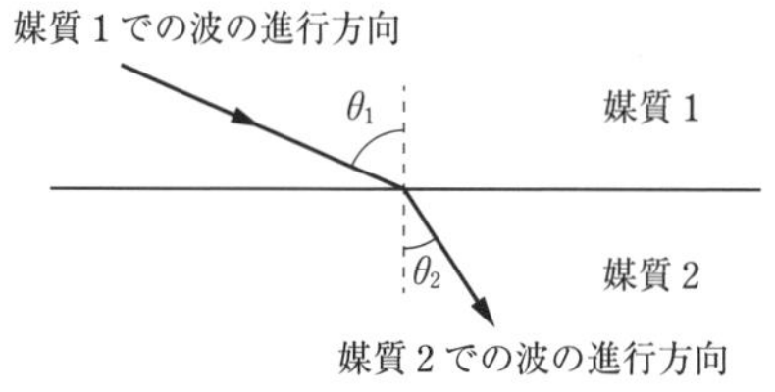

媒質 1 に対する媒質 2 の屈折率： $n_{12}=\dfrac{\sin\theta_1}{\sin\theta_2}=\dfrac{\lambda_1}{\lambda_2}$

（θ_1：入射角，θ_2：屈折角，λ_1：媒質 1 を進む波の波長，λ_2：媒質 2 を進む波の波長）

ところが，光の場合は相対屈折率ではなく「絶対屈折率」（単に「屈折率」ともいう）を使って考えるのが普通です。絶対屈折率とは，真空に対する屈折率のことです。

上の図の波が光であるとして，媒質 1，2 の絶対屈折率をそれぞれ n_1，n_2 とします。このとき

$$n_{12}=\frac{n_2}{n_1}$$

なので，屈折の法則は

$$\frac{n_2}{n_1}=\frac{\sin\theta_1}{\sin\theta_2}=\frac{\lambda_1}{\lambda_2}$$

のように表せることになります。

これが光の場合の屈折の法則の式ですが，屈折率の部分は「分母が 1，分子が 2 」なのに，他の部分は「分子が 1，分母が 2 」となっており非常に間違いやすいのです。

そこで，**光に関する屈折の法則は積（かけ算）の形にするとスッキリします**。光の進行方向について考える場合は

$$n_1\sin\theta_1=n_2\sin\theta_2$$

となり，波長について考える場合は

$$n_1\lambda_1=n_2\lambda_2$$

となります。いずれの場合も **「媒質 1 の値どうしの積＝媒質 2 の値どうしの積」** という形になるため，間違えにくいのです。

それでは，実際の問題で光に関する屈折の法則を使う練習をしてみましょう。

例題 図のように，水平に置かれた透明な板（絶対屈折率 1.9）の上に水（絶対屈折率 1.3）の層がある。この透明な板の下側から，入射角 i でレーザー光源から出た単色光をあてた。ただし，光の進む速さを 3.0×10^8 m/s，空気の絶対屈折率は 1.0 とし，各境界面での反射は考えない。

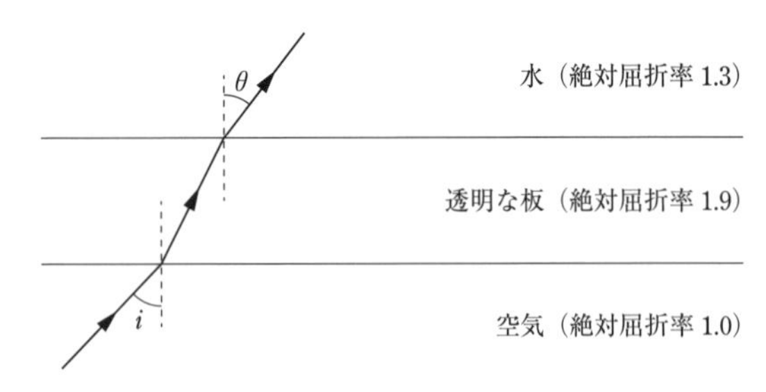

単色光の振動数が 4.5×10^{14} Hz のとき，透明な板の中におけるこの光の波長はおよそいくらか。

まずは，空気中を進む光の波長を λ_1 として求めておきましょう。振動数と伝わる速さがわかっているので

$$\lambda_1 = \frac{3.0 \times 10^8}{4.5 \times 10^{14}} \text{ m}$$

だとわかります。

そして，光が空気中から透明な板の中へ進むと（屈折すると），波長が変化するのです。透明な板の中での波長を λ_2 とすると，屈折の法則は

$$1.0 \times \lambda_1 = 1.9 \times \lambda_2$$

と書け，ここから

$$\lambda_2 = \frac{1.0}{1.9} \times \frac{3.0 \times 10^8}{4.5 \times 10^{14}} \fallingdotseq 3.5 \times 10^{-7} \text{ m}$$

と求められます。

類題にチャレンジ 58

解答 → 別冊 p.43

上の例題において，水面から空気中に出てくる光の進む向きとして最も適当なものを，右図の①～⑤のうちから１つ選べ。

（センター試験）

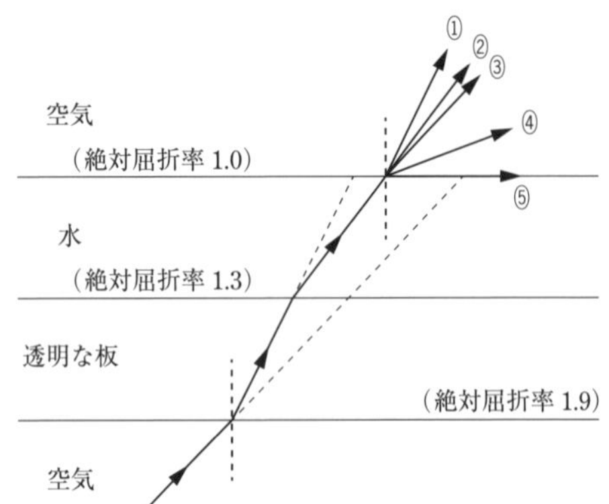

質問 59

物理

2枚のレンズを組みあわせてつくられる像の考え方がわからないのですが，どのように考えればよいのでしょうか？

A 回答 1枚目のレンズによってつくられる像が，2枚目のレンズが像をつくるもと（光源）になると考えることができます。

顕微鏡や望遠鏡では，2枚のレンズを組みあわせて大きな倍率を実現しています。2枚のレンズの組みあわせ問題も頻出ですが，次の順序で考えることができます。

まずは，1枚目（光源に近い側）のレンズによってつくられる像を求める。

⇩

1枚目のレンズがつくる像が光源となり，2枚目（光源から遠い側）のレンズが像をつくる。結果的に観測できるのは，2枚目のレンズがつくる像である。

次の例題で，この手順を確認しましょう。

例題 右図のように，ともに焦点距離が10 cmの凸レンズA，Bと物体を光軸上に置いた。このとき，2枚のレンズによってつくられる像の種類とできる位置を求めよ。

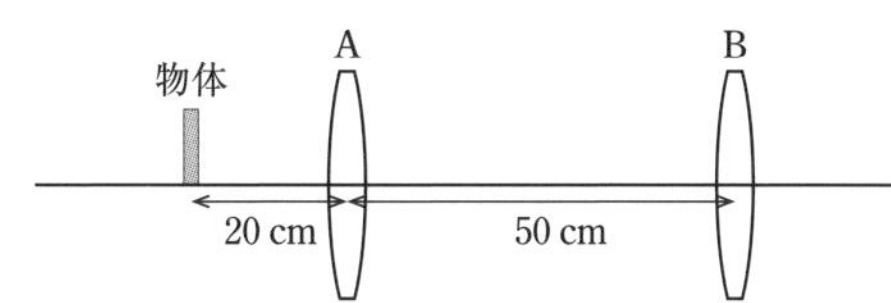

まずは，レンズAによってつくられる像を求めます。レンズAと像との距離を b とすると，レンズの公式から

$$\frac{1}{20}+\frac{1}{b}=\frac{1}{10}$$

が成り立ち，ここから

$$b=20\text{ cm}$$

と求められます。つまり，レンズAによって右図のような位置に実像がつくられるのです。

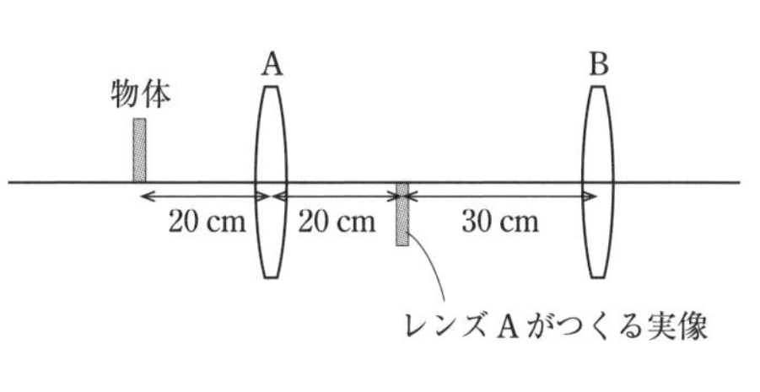

そして，これをもとにしてレンズBがさらに像をつくります。レンズAがつくる実像とレンズBとは30 cm離れているので，レンズBと像との距離を b' とすると，レンズの公式から

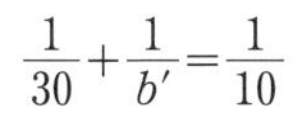

$$\frac{1}{30}+\frac{1}{b'}=\frac{1}{10}$$

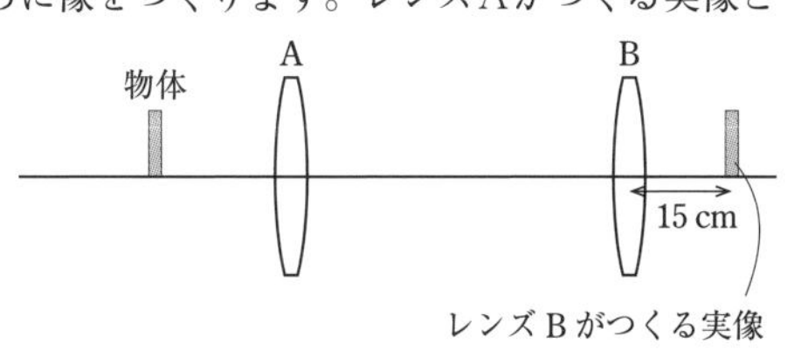

が成り立つことがわかります。ここから，

$$b'=15\,\text{cm}$$

と求められます。つまり，最終的には前ページの図のように**レンズBから物体と反対側に15 cm 離れた位置に実像**がつくられるとわかるのです。

類題にチャレンジ 59

解答 → 別冊 p.44

図は，光軸が同じ2つの薄い凸レンズと小物体からなる光学系である。レンズの光軸上に x 軸をとり，小物体を $x=0\,\text{cm}$ の位置に x 軸に対して垂直に固定し，焦点距離 3 cm の凸レンズAを $x=4\,\text{cm}$ の位置に置く。さらに焦点距離 F〔cm〕の凸レンズBを置き，レンズAによってできる実像をレンズBの右側から虚像として観測することを考える。

x 軸上のレンズBの位置を $x=x_B$〔cm〕とするとき，虚像として観測可能な x_B の範囲を式で表せ。

（法政大）

質問 60 物理

レンズや球面鏡によって，「実像もしくは虚像のどちらがつくられるか」，「倍率が1より大きくなるか小さくなるか」が混乱してしまいます。どのように考えればよいのでしょうか？

A 回答 レンズの公式を正しく使いこなせば，像の種類や倍率を丸暗記しなくても，どのような場合も正しく判断できます。

像をつくるレンズには，凸レンズと凹レンズがあります。また，凸面鏡や凹面鏡も像をつくります。このように，像をつくるものはいろいろあります。

使われるレンズや鏡によって，実像がつくられたり虚像がつくられたりします。また，物体が拡大された像ができるときもあれば，縮小された像ができるときもあります。

さらにやっかいなのは，同じレンズや鏡でも，**物体とレンズ（鏡）との距離によって**「実像もしくは虚像」，「拡大もしくは縮小」と変わることです。

このように，つくられる像は状況によってさまざまに変化します。ですので，それらを「○レンズで距離が□の場合は△像」といったように丸暗記するのは大変です。では，どのようにすればつくられる像を求められるのでしょう。

必要なのは次のレンズの公式ただ1つです。

$$\frac{1}{a}+\frac{1}{b}=\frac{1}{f}$$ （**a：レンズと物体との距離，b：レンズと像との距離，f：レンズの焦点距離**）

これを次のように，**状況に応じて使いわければよい**のです。

・**焦点距離 f について**

凸レンズと凹面鏡：$f>0$ とする（**凸レンズと凹面鏡は，ともに光を一点に集めるはたらきがあるので，$f>0$ だと理解できる**）

凹レンズと凸面鏡：$f<0$ とする（**凹レンズと凸面鏡は，ともに光を広げるはたらきがあるので，$f<0$ だと理解できる**）

・**像ができる位置 b について**

$b>0$ **と求められる場合：**実像，　$b<0$ **と求められる場合：**虚像

例題 凹レンズの性質に関する次の文章中の空欄［ア］～［ウ］に入れる語句の組合せとして最も適当なものを，次ページの①～⑧のうちから1つ選べ。

凹レンズは物体の［ア］をつくる。この像の位置はレンズに対して物体と［イ］側である。また，この像とレンズの距離は物体とレンズの距離より［ウ］。

	ア	イ	ウ		ア	イ	ウ
①	実像	同じ	大きい	⑤	虚像	同じ	大きい
②	実像	同じ	小さい	⑥	虚像	同じ	小さい
③	実像	反対	大きい	⑦	虚像	反対	大きい
④	実像	反対	小さい	⑧	虚像	反対	小さい

これは凹レンズに関する問題です。凹レンズですので，レンズの公式

$$\frac{1}{a}+\frac{1}{b}=\frac{1}{f}$$

の中の焦点距離を $f<0$ とします。レンズと物体との距離 $a>0$ ですので，この式から $b<0$ となることがわかるのです（$f<0$ より 右辺<0 です。よって，左辺<0 でもあるので，そのことから $b<0$ とわかります）。

$b<0$ と求められることは，凹レンズが虚像をつくることを示します。虚像の位置は，レンズに対して物体と同じ側となります。さらに，レンズの公式より

$$|b|=\left|\frac{af}{a-f}\right|=a\times\left|\frac{f}{a-f}\right|<a$$

（$f<0$ なので，$a-f$ の絶対値は f の絶対値より大きいため）

であることがわかります。つまり，虚像は物体よりもレンズに近いところにできるので，正解は⑥です。

類題にチャレンジ 60

解答 → 別冊 p.44

次の文章中の空欄［ア］・［イ］に入れる語句の組合せとして最も適当なものを，下の①～④のうちから1つ選べ。

図のように，Aさんが左右の見通しが悪い交差点の手前に立っている。交差点に設置されたカーブミラーを見ると，方向指示器（ウィンカー）を点滅させながら左から交差点に向かって進んでくる自動車が映っている。この自動車はAさん［ア］方向に曲がると予想される。カーブミラーには広い範囲が映るように［イ］が用いられている。ただし，凸面鏡，凹面鏡とは，反射面がそれぞれ凸面，凹面になっている鏡である。（センター試験）

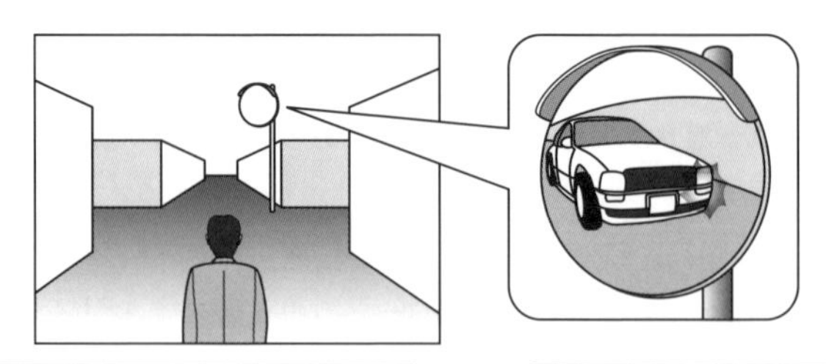

	ア	イ		ア	イ
①	に近づく	凸面鏡	③	から遠ざかる	凸面鏡
②	に近づく	凹面鏡	④	から遠ざかる	凹面鏡

質問
61

物理

波長 λ の光の干渉問題で，光路差 $= m\lambda$ ($m=0, 1, 2, \cdots$) で2つの光が「強めあう」ときと「弱めあう」ときの違いがわかりません。どのように考えればよいのでしょうか？

A 回答 どちらになるかは，光が固定端反射する回数によって決まります。

2つの光の干渉について考える問題では，2つの光の「光路差」を考える必要があります。まずは，光路差がどのように求められるか確認します。「光路差」と「距離の差(経路差)」は違います。光路差は，「光路長(実際の距離×屈折率)の差」のことです(質問62で詳しく解説します)。光の干渉では，2つの光の距離の差をそのまま使うのではなく，光路差を考える必要があるのです。

そして，光路差が光の波長 λ の整数倍となるとき(光路差 $= m\lambda$ ($m=0, 1, 2, \cdots$) となるとき)に2つの光が強めあうことになります。ただし，それは**2つの光がどちらも途中で反射しない場合**です。**2つの光のどちらか(または両方)が反射をする場合は，この関係が成り立つとは限りません**。光路差 $= m\lambda$ ($m=0, 1, 2, \cdots$) のときに2つの光が弱めあうこともあるのです。

光の反射の仕方には，「自由端反射」と「固定端反射」があります。自由端反射するときには，光の位相に変化は生じません。しかし，**固定端反射する場合には光の位相が π だけ変わります**。位相が π 変わるというのは，例えば「山が谷に変わる」，「谷が山に変わる」という感じで，波の位相が反対になることに相当します。

このような2つの反射の仕方の違いがわかると，光の干渉のようすも理解できるようになります。

例1) 2つの自由端反射する光の干渉

どちらの光にも反射するときに変化が生じないため

光路差 $= m\lambda$ ($m=0, 1, 2, \cdots$)

のとき2つの光は**強めあう**

例2) 自由端反射する光と固定端反射する光の干渉

片方だけ反射するときに位相が π 変わるため

光路差 $= m\lambda$ ($m=0, 1, 2, \cdots$)

のとき2つの光は**弱めあう**

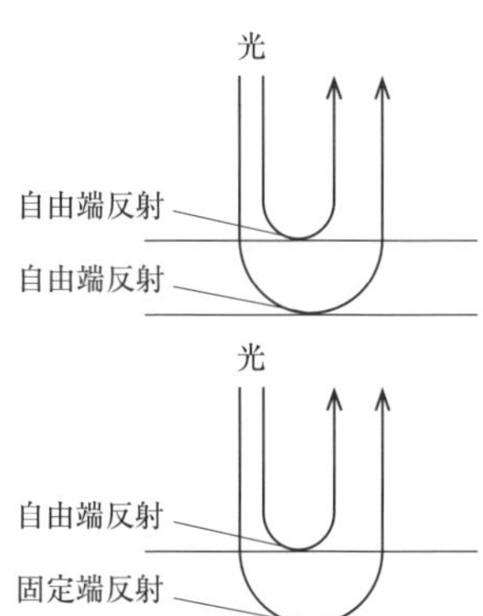

例3） 2つの固定端反射する光の干渉

どちらも反射するときに位相がπ変わるため

光路差$=m\lambda$　$(m=0,\ 1,\ 2,\ \cdots)$

のとき2つの光は**強めあう**

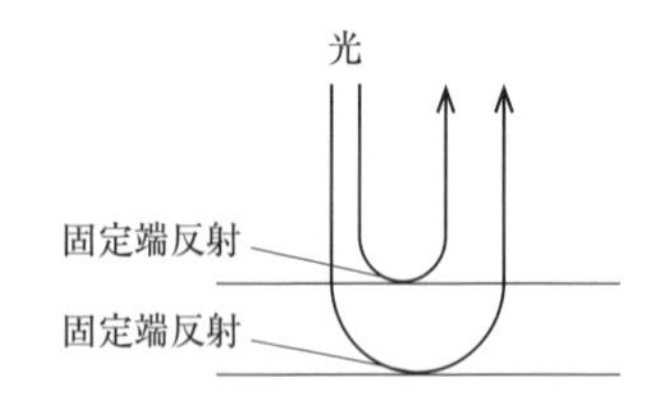

これらの例で具体的に考えると，次のような規則性があることに気づきます。

> **2つの光が固定端反射する回数の和＝偶数（0を含む）　のとき**
>
> **⇒ 光路差$=m\lambda$ $(m=0,\ 1,\ 2,\ \cdots)$ なら，2つの光は強めあう**
>
> **2つの光が固定端反射する回数の和＝奇数　のとき**
>
> **⇒ 光路差$=m\lambda$ $(m=0,\ 1,\ 2,\ \cdots)$ なら，2つの光は弱めあう**

光路差$=m\lambda$ $(m=0,\ 1,\ 2,\ \cdots)$ のときに2つの光が「強めあう」のか「弱めあう」のかは，このようにして決まるのです。

なお，光が反射するとき「自由端反射」するのか「固定端反射」するのかは，媒質の屈折率の関係によって次のように決まります。

> **$n_1>n_2$ のとき：光は自由端反射する**
>
> **$n_1<n_2$ のとき：光は固定端反射する**

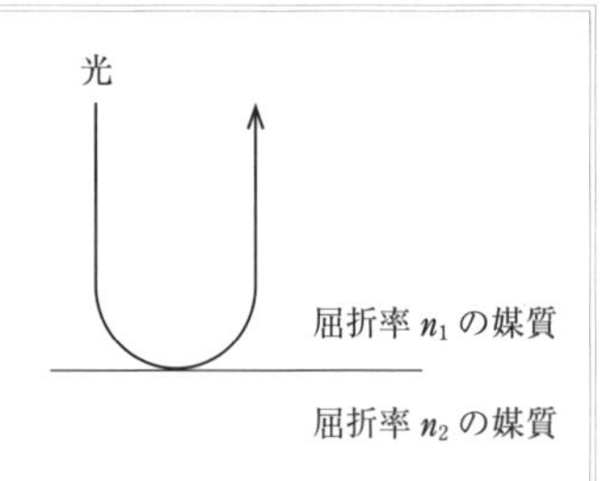

媒質の屈折率の大小関係から，光の反射の仕方が判断できるのです。

例題 平面ガラスの表面に薄膜を貼りつけると，各境界面で反射する光が干渉し色がついて見えることがある。今，図のように均一な厚さdの薄膜（屈折率 $n_1=1.4$）がガラス（屈折率 $n_2=1.5$）に平行に貼りつけられている。空気（屈折率 $n_0=1.0$）の方向からこの薄膜に垂直に光をあてたとき，空気と薄膜の境界面で反射する光と，薄膜を透過しガラスとの境界面で1回反射する光の干渉について考える。

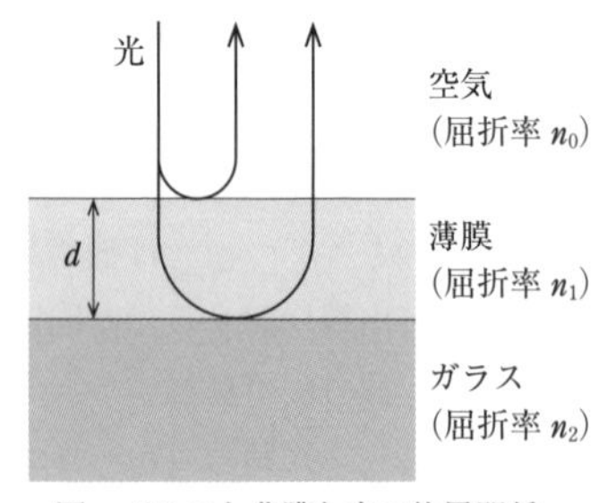

図　ガラスと薄膜と光の位置関係

空気中での光の波長をλとしたとき，空気と薄膜の境界面で反射した光と，薄膜を透過しガラスとの境界面で1回反射した光が強めあう条件と弱めあう条件を，正の整数mを用いて求めよ。　（札幌医科大）

2つの光の干渉を考える問題です。まずは，2つの光の光路差を求める必要があります。

この場合は，薄膜とガラスの境界面で反射する光の方が，進む距離が $2d$ だけ長くなっています。つまり，2つの光の「距離の差」が $2d$ だということです。この距離の差は薄膜の中で生じているので，これに薄膜の屈折率 n_1 をかけた $2n_1d$ が，2つの光の「光路差」ということになります。

光路差を求めたら，2つの光で起こる固定端反射の回数を調べます。今回，$n_0 < n_1 < n_2$ なので，どちらの光も固定端反射します。つまり

2つの光が固定端反射する回数の和＝2＝偶数

です。この場合は光路差

$$2n_1d = m\lambda \quad (m=1,\ 2,\ 3,\ \cdots)$$

で2つの光が強めあうことになります。

逆に光路差

$$2n_1d = \left(m-\frac{1}{2}\right)\lambda \quad (m=1,\ 2,\ 3,\ \cdots)$$

なら2つの光が弱めあうことになるのです。

類題にチャレンジ 61

解答 → 別冊 p.45

図のように，空気中で平面ガラス板Aの一端を平面ガラス板Bの上に置き，Oで接触させた。Oから距離 L の位置に厚さ a の薄いフィルムを挟んで，ガラス板の間にくさび形のすき間をつくり，ガラス板の真上から波長 λ の単色光を入射させた。ただし，空気に対するガラスの屈折率は1.5である。

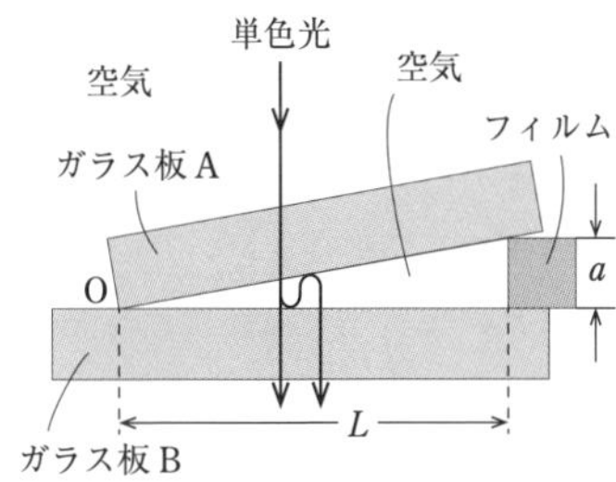

ガラス板の真下から透過光を観測した。図のように，反射せずに透過する光と，2回反射した後透過する光との干渉を考えるとき，真上から見たとき反射光の明線のあった位置には透過光の明線と暗線のどちらが観測されるか。

質問 62 物理

光の干渉を考えるとき，屈折率nの媒質中では「光路長が実際の距離のn倍になる」と説明される場合と「波長が$\frac{1}{n}$倍になる」と説明される場合があり，どちらを考えればよいのかわからなくなってしまいます。どのように考えればよいでしょうか？

A 回答　どちらか一方の考え方を利用します。両方の考え方を同時に利用するのは間違いです。

質問にある2つの考え方は，どちらも正しいものです。そして，**本質的にはまったく同じことを述べている**のです。

真空中での波長がλの光が屈折率nの媒質中に進むと，波長が$\frac{1}{n}$倍になります（$n>1$なので，光の波長が縮むということです)。

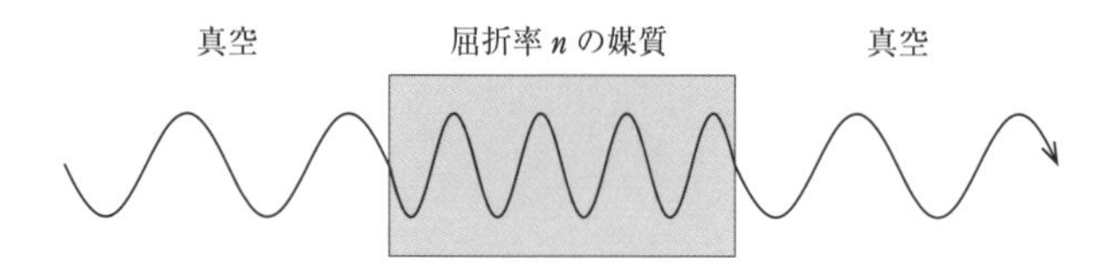

これは**光を見ている人の視点での話**です。私たちには光にこのような変化が起こって見えるのです。しかし，**光の視点からは違った見え方をしている**のです。

「光の視点」というのはわかりにくいですが，自分が光になったつもりで考えたとき，まわりがどのように変化して見えるかというイメージです。

光の視点からは，光自身に変化が起こったのではなくまわりが変化したように見えるのです。つまり，**屈折率nの媒質中では距離がn倍になったように見える**ということなのです。たとえると，(現実にはありませんが) 自分の身長が急に小さくなるような状況です。まわりから見れば単にその人の身長が小さくなっただけなのですが，その人は自分の身長が小さくなったとは思わず，自分のまわりの空間が広くなったと感じるのです。光の視点というのは，ちょうどこのようなものです。

つまり「光路長」というのは，「光の視点から見た距離」といえます。光の視点からは屈折率nの媒質中では距離がn倍になって見えるので，光路長は「実際の距離×屈折率n」と求められるのです。

以上のことが理解できると，屈折率nの媒質中で「光路長が実際の距離のn倍になる」と考えても「波長が$\frac{1}{n}$倍になる」と考えても，実は同じことなのだとわかります。

そして，**2つのことを同時に考えるのも間違い**だとわかります。同じことを2回繰り返すことになるからです。以下の例題で示します。

例題 1　図のように，屈折率がnで厚さdの薄膜に，波長λの光が垂直にあたる。薄膜の表面で反射する光と，薄膜の中を進んで反対側の表面で反射する光が強めあう条件を求めよ。

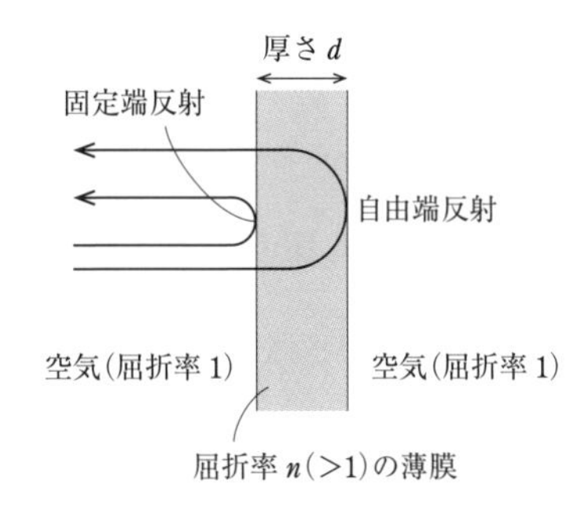

光路差は$2d\times n$であり，薄膜の中で光の波長は$\dfrac{\lambda}{n}$になるから，2つの光が強めあう条件は

$$2dn=\left(m+\frac{1}{2}\right)\frac{\lambda}{n}\quad(m=0,\ 1,\ 2,\ \cdots)$$

とするのは誤りです！正解は末尾の**類題にチャレンジ**の答を見て下さい。

2つの考え方のどちらを用いてもよいのですが，「光路長が実際の距離のn倍になる」という方が汎用性がある考え方です。それは，問題によっては光が進む媒質が途中で変わる状況を考えることもあるからです。媒質が変わっても，それぞれの光路長を求めることはできます。しかし，媒質によって波長が変化することを式で表すのは大変なこともあるのです。

例題 2　図のように，空気中で平面ガラス板Aの一端を平面ガラス板Bの上に置き，Oで接触させた。Oから距離Lの位置に厚さaの薄いフィルムを挟んで，ガラス板の間にくさび形のすき間をつくり，ガラス板の真上から波長λの単色光を入射させた。ただし，空気に対するガラスの屈折率は1.5である。

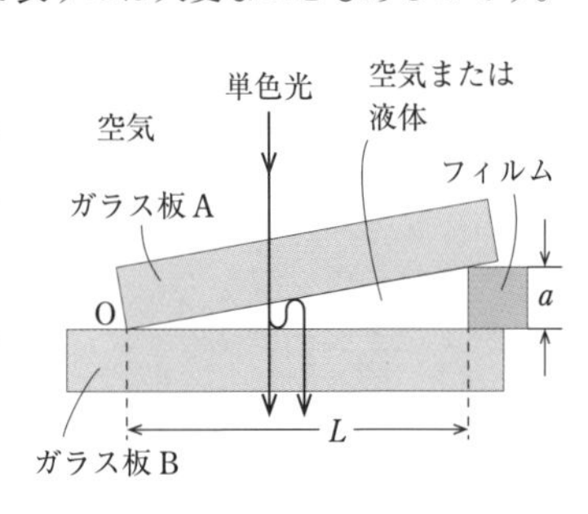

ガラス板の真下から透過光を観測した。図のように，反射せずに透過する光と，2回反射した後透過する光とが干渉し，隣りあう明線の間隔はdであった。

次に，空気に対する屈折率n $(1<n<1.5)$の液体ですき間を満たした。真下から見たとき，隣りあう明線の間隔はいくらか。

屈折率nの媒質中で「光路長が実際の距離のn倍になる」という考え方を使って解いてみましょう。

ガラスの間が空気のとき，隣どうしの明線の間では右図のような関係が成り立っています。

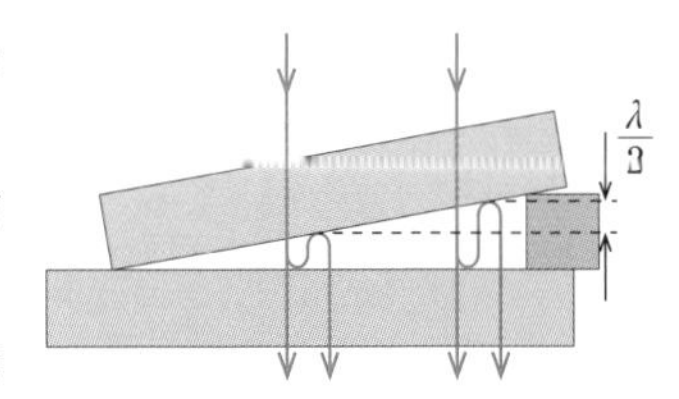

この状態から，ガラス板の間を屈折率nの液体で満た

第3章　波動

すと，光路長がn倍になります。つまり，先ほどの$\dfrac{\lambda}{2}$という距離は$\dfrac{n\lambda}{2}$になるのです。

これでは，隣どうしの明線とはなりません。図の距離が$\dfrac{\lambda}{2}$でなければ，隣どうしの明線にはならないのです。

隣どうしの間隔を$\dfrac{1}{n}$倍にすれば，図の距離は$\dfrac{n\lambda}{2}$から$\dfrac{\lambda}{2}$になります。これは，ガラス板の間を屈折率nの液体で満たすことで隣どうしの明線の間隔が$\dfrac{1}{n}$倍になる。つまり，$\dfrac{d}{n}$になることを示しています。

類題にチャレンジ 62

解答 → 別冊 p.45

図のように，波長λの光が，厚さd，絶対屈折率nのせっけん膜に垂直に入射する。せっけん膜の2つの表面で反射した光が強めあう条件を表す式を求めよ。ただし，空気の絶対屈折率を1とし，必要があれば正の整数m（$m=1$，2，3，…）を用いよ。

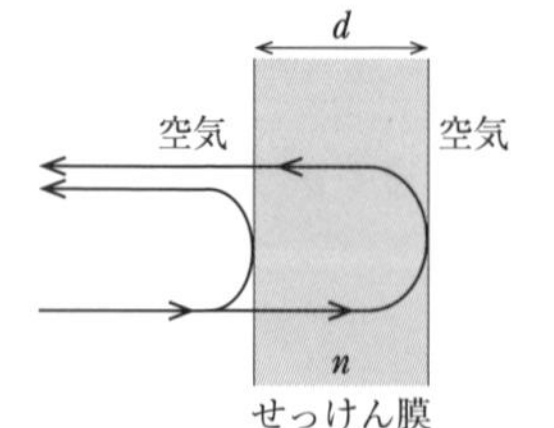

質問
63

物理

ヤングの実験で「単スリットを動かす」，「ガラス板を挿入する」などの操作をすると干渉縞が移動しますが，移動の仕方をどのように求めればよいかわかりません。どのように考えればよいのでしょうか？

A 回答 明線（暗線）は「光路差が一定となるように移動する」と考えて求められます。

ヤングの実験は頻出です。干渉縞の間隔など基本的なことも問われますが，それだけでなく質問にあるような操作を加えたときの変化が問われることが多くあります。

光が最初に通過する単スリットを動かしたり，光の通路の途中にガラス板を挿入したりすると，干渉縞が移動します。どうしてでしょうか？

ヤングの実験ではスクリーン上で

$$2\text{つの光の光路差}=m\lambda \quad (m=0,\ 1,\ 2,\ \cdots)$$

となる位置に明線ができます。また

$$2\text{つの光の光路差}=\left(m+\frac{1}{2}\right)\lambda \quad (m=0,\ 1,\ 2,\ \cdots)$$

となる位置に暗線ができます。

単スリットを動かしたりガラス板を挿入したりすると，**これらの関係が満たされる位置が変わる**のです。そのため，**明線も暗線も移動する（干渉縞が移動する）**ことになるのです。

まずは単スリットを動かす場合について，具体的に考えてみましょう。

例題 1 図1のように，スリット S_0 から出た波長 λ の単色光を，間隔が d の2つのスリット S_1，S_2 にあてて，距離 L だけ離れたスクリーンに生じる光の明暗の縞模様（しまもよう）を観察する。ここで，S_1 と S_2 は S_0 から等距離にあり，スクリーン上の x 軸の原点 O（$x=0$）は S_1，S_2 から等距離の点である。ただし，L は d に比べて十分長いものとする。

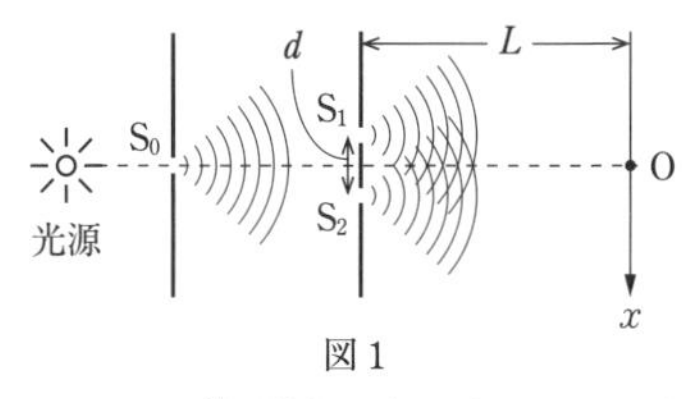

図1

図2のようにスリット S_0 を矢印の向きに動かすと，スクリーン上の明暗の縞模様の位置が移動した。原点 O の位置が暗線となる条件を満たすものを，下の①～④のうちから1つ選べ。ただし，スリット S_0 から S_1，S_2 までの距離をそれぞれ l_1，$l_2\,(>l_1)$ とする。

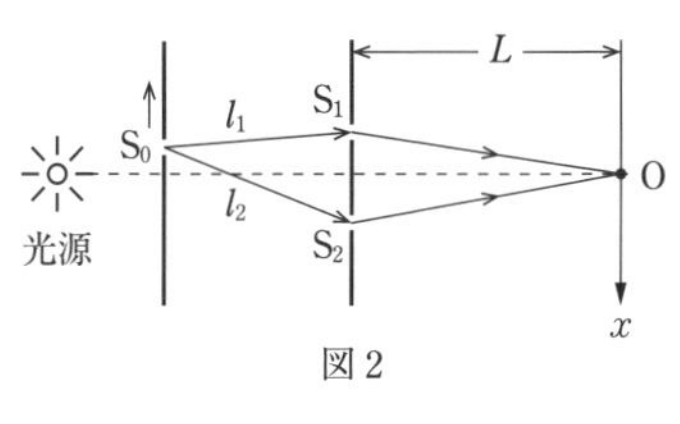

図2

① $l_2-l_1=\lambda$　② $l_2-l_1=\frac{5}{4}\lambda$　③ $l_2-l_1=\frac{3}{2}\lambda$　④ $l_2-l_1=\frac{7}{4}\lambda$

第3章 波動

スリットS_0を動かす前，$S_0 \to S_1 \to O$を通過する光と$S_0 \to S_2 \to O$を通過する光の光路差は0です。そのため，原点Oは明線になっています。

この状態からスリットS_0を動かすと，光が$S_0 \to S_1$および$S_0 \to S_2$まで進む間に光路差が生じます。そのため，原点Oは「2つの光の光路差＝0」を満たさなくなるのです。

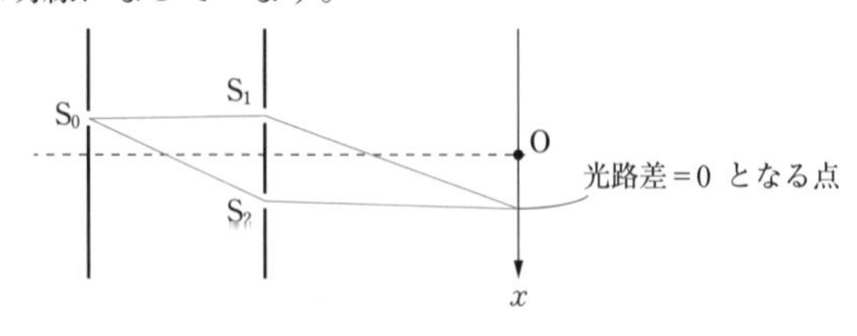

S_0はS_2よりS_1に近いので，「2つの光の光路差＝0」を満たす点は，上図から原点Oよりx軸の正の向きにずれた位置になることがわかります。

このように，スリットS_0を動かすことで明線が移動することがわかります。このことは他の位置にあった明線や暗線についても同様なので，干渉縞全体がx軸の正の向きに移動することになるのです。

そして，干渉縞全体が移動した結果，原点Oが暗線となるのはどのような場合でしょうか？それは，原点Oが

$$2つの光の光路差=\left(m+\frac{1}{2}\right)\lambda \qquad (m=0,\ 1,\ 2,\ \cdots)$$

を満たす場合です。

上の例題1で光がS_1およびS_2から原点Oまで進む間には，光路差は生じません。つまり，原点Oまで進む2つの光の光路差は$S_0 \to S_1$および$S_0 \to S_2$まで進む間だけで生じるl_2-l_1なのです。これが上の関係を満たせば原点Oは暗線となります。選択肢の中で上の関係を満たすのは

$$l_2-l_1=\frac{3}{2}\lambda=\left(1+\frac{1}{2}\right)\lambda$$

だけで，正解は③です。

それでは次に，光の通路の途中にガラス板を挿入する場合を考えてみましょう。

例題 2　図のように，真空中に2つのスリットS_1，S_2を置き，さらにS_1S_2に平行にスクリーンを置く。S_1S_2の垂直二等分線とスクリーンが交わる点をOとする。スリットS_1の手前(スクリーンの反対側)には，屈折率を自由に変えられる長さaの透明な媒質Aが置かれている。

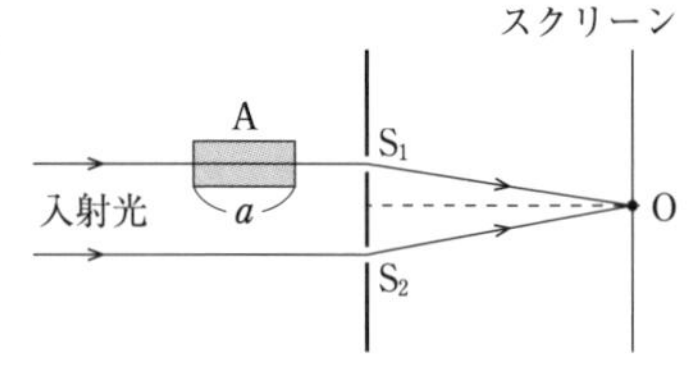

最初，Aの屈折率が1のとき，点Oに明線が観測された。Aの屈折率を増加させたところ，点Oは明暗を繰り返した。Aの屈折率が$n\,(>1)$になったとき，Aによって生じる光路差を求めよ。また，点Oに明線が観測される条件を$m=1,\ 2,\ 3,\ \cdots$を用いて求めよ。

(北海道大)

点Oに明線が観測されるときは

2つの光の光路差$=m\lambda$　($m=0$, 1, 2, …)　…(※)

という関係が満たされています。最初のAの屈折率が1のときは $m=0$ に相当します。

そしてAの屈折率を増加させていくと，点Oで明暗を繰り返します。点Oが明線になるのは，上の式(※)の関係が満たされるときだけです。Aの屈折率が特定の値でないと，上の関係は満たされないことがわかります。

これは，Aの屈折率によってAの光路長が変わるからです。「光路長」とは「光の視点から見た距離」のことであり，「実際の距離×屈折率 n」と求められました(質問62参照)。

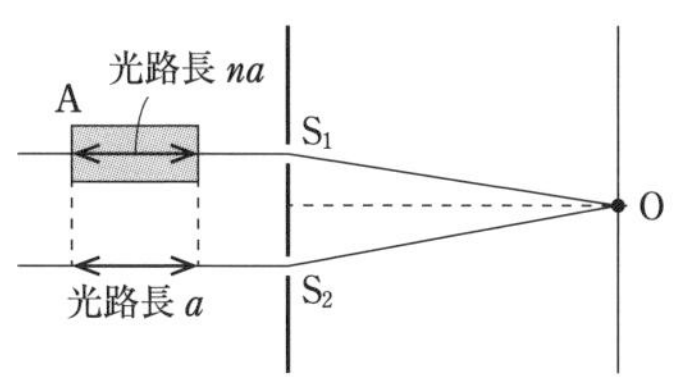

以上のことを踏まえて，まずはAによって生じる光路差を求めてみましょう。真空の屈折率は1ですから，最初にAの屈折率が1のときには，2つの光に光路差は生じていません(だから，点Oは明線になります)。

ここからAの屈折率がnになると，Aを通過する部分の光路長がnaとなります。よって

2つの光の光路差$=na-a=(n-1)a$

となります。

そして点Oに明線ができるための条件は

2つの光の光路差$=(n-1)a=m\lambda$　($m=1$, 2, 3, …)

だとわかります。

質問 64 物理

くさび形空気層による光の干渉と，ニュートンリングができる場合との違いがわかりません。どのように考えればよいのでしょうか？

A 回答 くさび形空気層では等間隔の干渉縞が生じますが，ニュートンリングの間隔は中心から離れるほど狭くなります。

くさび形空気層は，右図のような2枚のガラス板によってつくられます。

これを上から見た場合，矢印の2つの光が干渉して明るく見えたり暗く見えたりします。

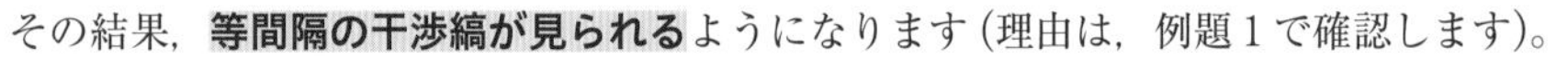
その結果，**等間隔の干渉縞が見られる**ようになります（理由は，例題1で確認します）。

それに対して，右図のようにレンズとガラス板を組みあわせると，同心円状の干渉縞が見られるようになります。これは，「ニュートンリング」とよばれます。

ニュートンリングの特徴は，**円の中心から離れるほど干渉縞**

の間隔が狭くなるということです（理由は，例題2で確認します）。

両者のこのような違いを理解しておくと，問題をスムーズに解けるようになります。

例題 1 長辺の長さ 76 mm のスライドガラス2枚を重ね，右端に厚み 6.0 μm のスペーサーを挟み，ナトリウムランプの単色光（波長 600 nm）で上から照らして見たところ，交互に並んだ明線と暗線の縞が見えた。この現象は，下のガラス板の上面で反射した光線と上のガラス板の下面で反射した光線の干渉によるものである。観測される暗線の間隔と暗線の本数をそれぞれ求めよ。スペーサーの幅は無視できる。また，図に描かれた暗線の本数は答とは直接関係ない。（慶應義塾大）

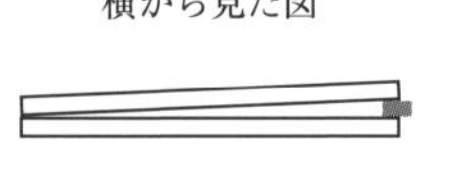
横から見た図

上から見た図

まずは，くさび形空気層による光の干渉です。上から見えるのは，右図のように反射する2つの光による干渉縞です。

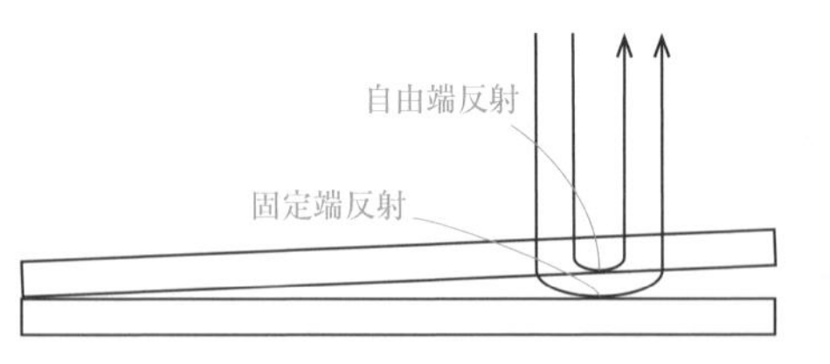

ここから

　　2つの光が固定端反射する回数の和 ＝1＝奇数

であることがわかります。よって光の波長を λ とすると

$$光路差 = m\lambda \quad (m = 0,\ 1,\ 2,\ \cdots)$$

のときには2つの光が弱めあうことになります。

2枚のガラス板の接触点は，$m=0$ に相当する位置です。よって，2枚のガラス板の接触点には暗線が見られることがわかります。

そして，次に暗線が見られるのは $m=1$ の

光路差 $=\lambda$

となる位置，つまり空気層の間隔が $\dfrac{\lambda}{2}$ の位置です。

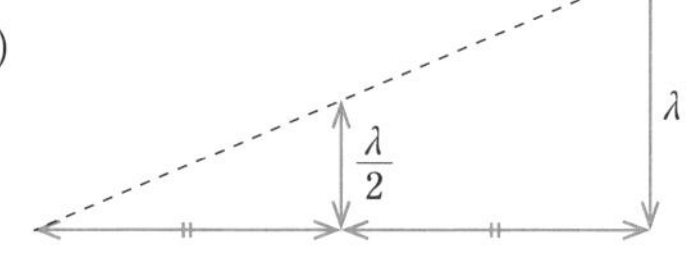

同様に考えていくと，暗線が見られるのは $m=0,\ 1,\ 2,\ 3,\ 4,\ \cdots$ のとき，すなわち

光路差 $=0,\ \lambda,\ 2\lambda,\ 3\lambda,\ 4\lambda,\ \cdots$

のときであり，ここから暗線が生じる位置は

空気層の間隔 $=0,\ \dfrac{\lambda}{2},\ \lambda,\ \dfrac{3}{2}\lambda,\ 2\lambda,\ \cdots$ …(※)

であることがわかります。このことから，**暗線が等間隔で生じる**ことが理解できます。

そして，暗線と暗線の間には明線ができます。**明線もまた等間隔で生じる**のです。

さて，この問題では $\lambda=600\times10^{-9}$ m です。式(※)に代入すると，次の図のような関係がわかります。

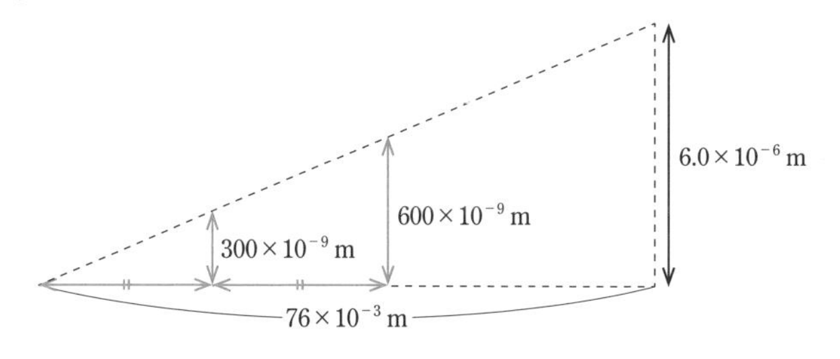

ここから

$$\text{暗線の間隔}=76\times10^{-3}\times\frac{300\times10^{-9}}{6.0\times10^{-6}}=76\times10^{-3}\times\frac{1}{20}=\mathbf{3.8\times10^{-3}\ m}$$

であることがわかり

$$\text{観察される暗線の本数}=\frac{6.0\times10^{-6}}{300\times10^{-9}}=\mathbf{20\ 本}$$

と求められます。

例題 2　図のように，ガラス板の上に曲率半径 R の平凸レンズを凸面を下にして置き，真上から波長 λ の単色光線を入射させる。レンズの上から見ると，レンズとガラス板の接点を中心とする同心円状の縞模様が見られた。ただし，ガラス板と平凸レンズの屈折率は同じであり，空

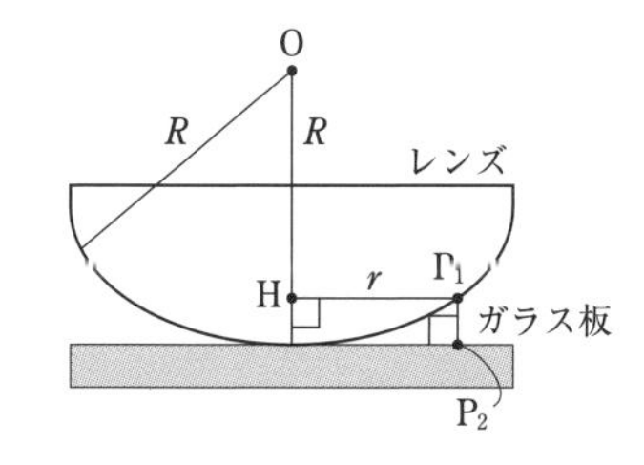

気の屈折率を1とする。また，図のように点H，P_1，P_2を定め，$HP_1=r$ とする。

点P_1に向かって真上から入射し，点P_1で反射した光線と，点P_1を透過して点P_2で反射された後P_1を透過してきた光線が干渉する。P_1P_2がrおよびRに比べて極めて小さいという条件のもとで，これらの光線が干渉により強めあう条件を式で表せ。必要ならば，正の整数m（$=1$，2，3，…）を用いよ。

（東京理科大）

今度はニュートンリングがつくられるようすを考えます。ニュートンリングも2つの光の干渉によってつくられるので，2つの光の光路差を考える必要があります。

図のP_1P_2の長さdは，次のように求められます。

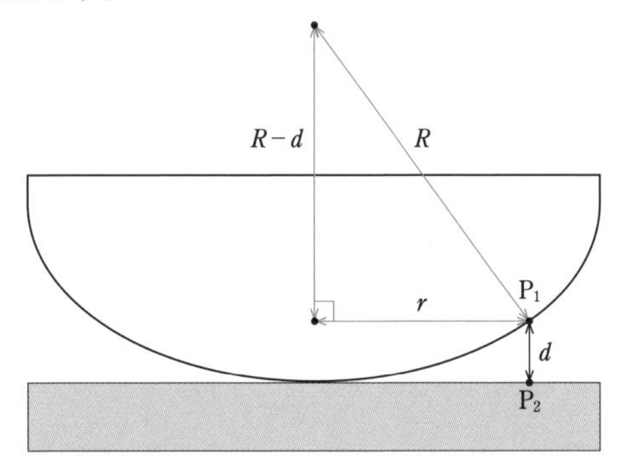

図中の直角三角形について三平方の定理が

$$R^2=(R-d)^2+r^2$$

と書け，$d\ll R$ であることから $x\ll 1$ のとき $(1-x)^n\fallingdotseq 1-nx$ と近似できることを使って

$$(R-d)^2=R^2\left(1-\frac{d}{R}\right)^2\fallingdotseq R^2\left(1-\frac{2d}{R}\right)$$

よって

$$R^2=R^2\left(1-\frac{2d}{R}\right)+r^2$$

より

$$d=\frac{r^2}{2R}$$

と求められます。

よって，干渉する2つの光の光路差は

$$2d=\frac{r^2}{R}$$ **（d：空気層の厚さ，R：平凸レンズの曲率半径，r：中心からの距離）**

であるとわかります。この式は，上のように図形的に考えて求めることができます。しかし，試験中にこれを導出するのは大変ですから，**覚えて使えるようにしておきたい式**です。

それでは2つの光が強めあう条件を考えましょう。レンズの上から見るときには，干渉する2つの光の片方，点P_2で反射する光で1回の固定端反射が起こります。つまり

2つの光が固定端反射する回数の和＝1＝奇数

です。よって

$$光路差=\frac{r^2}{R}=\left(m-\frac{1}{2}\right)\lambda \qquad (m=1,\ 2,\ 3,\ \cdots)$$

のときに2つの光が強めあいます。

さて，この式を満たすrはニュートンリングの明環の半径を表します。式を変形すると

$$r=\sqrt{\left(m-\frac{1}{2}\right)\lambda R}$$

と求められ，ここへ $m=1$，2，3，4，… を代入すると

$$r=\sqrt{\frac{1}{2}\lambda R},\ \sqrt{\frac{3}{2}\lambda R},\ \sqrt{\frac{5}{2}\lambda R},\ \sqrt{\frac{7}{2}\lambda R},\ \cdots$$

となります。mが大きくなるほどrの値の差は小さくなっていくことがわかります。つまり，**ニュートンリングは等間隔ではなく，中心から離れるほど間隔が狭くなっていく**のです。

《参考》

$$\sqrt{\frac{1}{2}} \fallingdotseq 0.7071$$

（差 0.5176）

$$\sqrt{\frac{3}{2}} \fallingdotseq 1.2247$$

（差 0.3564）

$$\sqrt{\frac{5}{2}} \fallingdotseq 1.5811$$

（差 0.2897）

$$\sqrt{\frac{7}{2}} \fallingdotseq 1.8708$$

質問 65

物理

電場の中に導体を置いたときと不導体を置いたときとで，現れる変化に違いはあるのでしょうか？

A 回答 導体の場合は内部の電場が0になりますが，不導体の場合は0にはなりません。

ここからは，電磁気学分野の疑問を解決していきましょう。電磁気学を理解するには，まずは電場(電界)について知る必要があります。「静電気力がはたらく空間」のことを「電場」とよびます。この中へ物体を置いたとき，物体中にどのような変化が現れるのかを考えるのが今回の質問です。

物体には，電気をよく通す「導体」と電気を通さない「不導体」があります。導体が電気を通すのは，内部に自由電子があるからです。導体を電場の中へ置くと，内部の自由電子が電場から力を受けて移動します。その結果，導体の内部では電場がどのように変化するのでしょう？次の例題で確認しましょう。

例題 1 図に示すように，平行な2枚の広い導体板に電圧を加えると，導体板間の電気力線は互いに平行で等間隔になる。ここに導体球を入れると，電気力線はどのように変化するか。導体球の内部とそのまわりでの電気力線を表す図として最も適当なものを，次の①～④のうちから1つ選べ。ただし，図中の矢印をつけた実線は電気力線を表し，矢印の向きは電場の向きを示す。

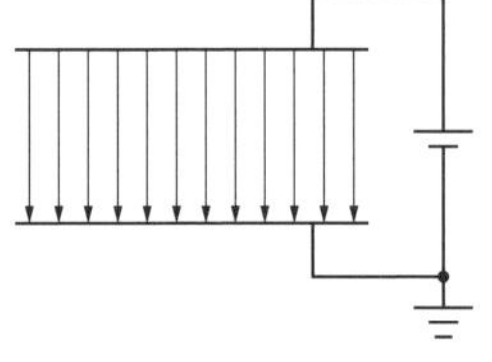

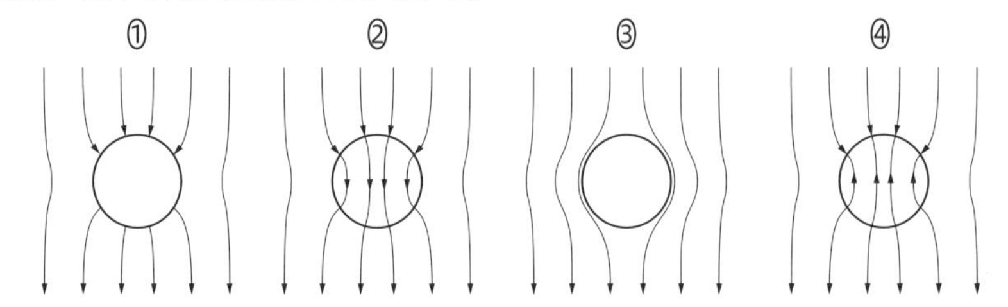

例題の図では，電気力線を使って電場のようすが表されています。電気力線の矢印の向きは電場の向きを表します。**正の電荷が力を受ける向きが電場の向き**です。

自由電子は負の電荷をもつので，電場の向きとは逆向きに力を受けることになります。その結果，導体内での自由電子の分布には右図のような偏りが生じるのです。この現象は静電誘導とよばれます。静電誘導によって，もとの電場を打ち消す向きに電場がつくられます。そのため，**導体内部の電場は 0** となるのです。

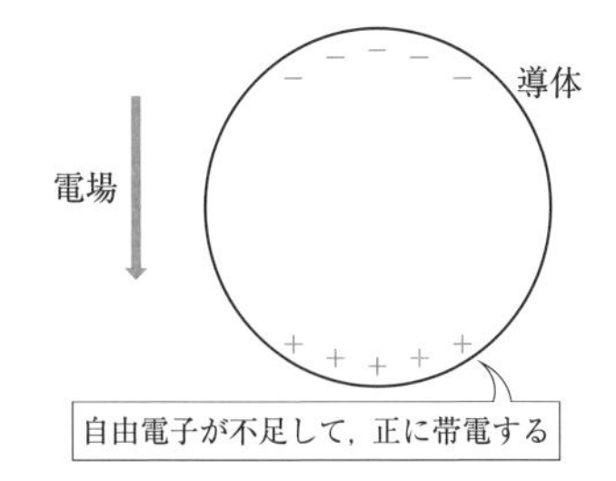

導体内部の電場は，弱められるだけでなく**完全に 0** となります。もしも導体内に電場が残っていたら，自由電子が力を受けてさらに移動することになります。そのようなことが，導体内部の電場が 0 になるまで続くのです。

以上のことに加えて，正の電荷から出て負の電荷に入るという電気力線の性質を理解できていれば，①が正解だとわかります。

それでは，不導体を電場の中に置いた場合はどうなるのでしょうか？

例題 2 図のように，極板間隔 d の平行板コンデンサーに電池を接続し，極板と同じ大きさで，厚さ $\frac{d}{2}$，比誘電率 ε_r の誘電体を入れた。誘電体の上の表面には厚さの無視できる金属膜がついている。この誘電体を入れたコンデンサー内の電気力線はどうなっているか。最も適当なものを，次の①～⑤のうちから1つ選べ。

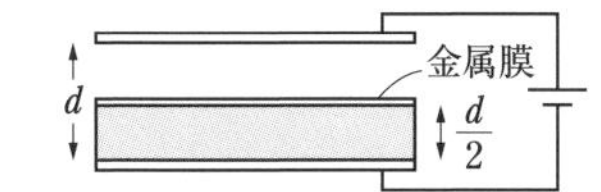

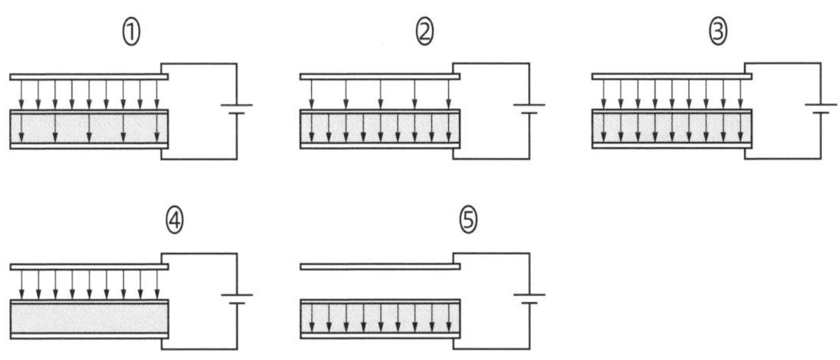

電池と接続したコンデンサーの内部には，一様な電場が生じています。

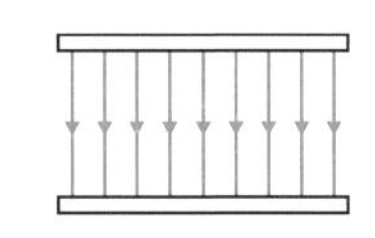

この中へ置かれた不導体の内部では，どのような変化が生じるのでしょうか？

不導体が電気を通さないのは，自由電子をもたないからです。よって，導体の場合のように自由電子が移動することはありません。しかし，不導体の場合もそれを構成する分子が正負の向きを揃えることで，もとの電場が弱められます。

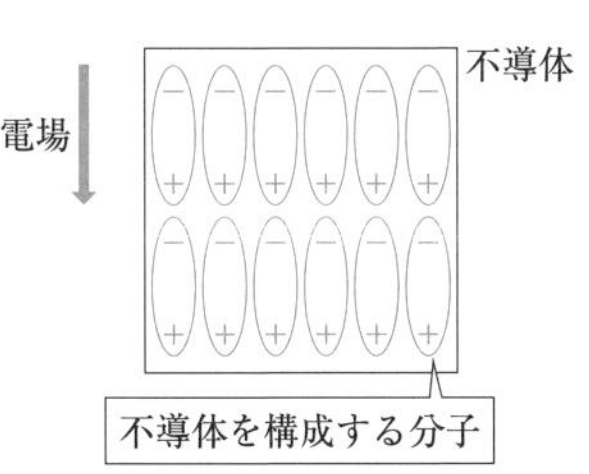

この現象は，誘電分極とよばれます。誘電分極では，**電場が弱められるだけで 0 にはならない**ことに注意が必要です。不導体では，分子の向きをそろえる以外に電場を弱める方法がないため，その効果には限度があるのです。

今回は，不導体の内部で電場が弱められている①が正解です。

類題にチャレンジ 65

解答 → 別冊 p.46

正の電気量 Q をもつ点電荷が原点Oに固定されている。

図のように，内側の半径が $2R$，厚さが R の帯電していない金属球殻で正電荷 Q を完全に囲んだ。金属球殻の中心は原点に一致している。このとき，原点Oからの距離が r の点での電場の強さを E とする。E と r との関係を表すグラフとして最も適当なものを，次の①～④のうちから1つ選べ。

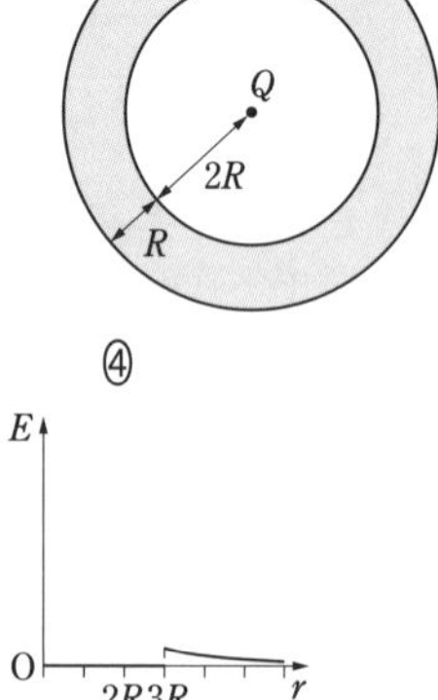

①

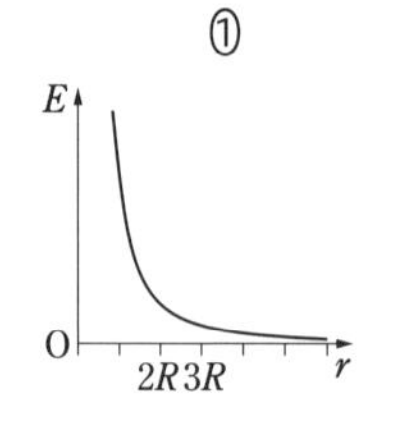

②

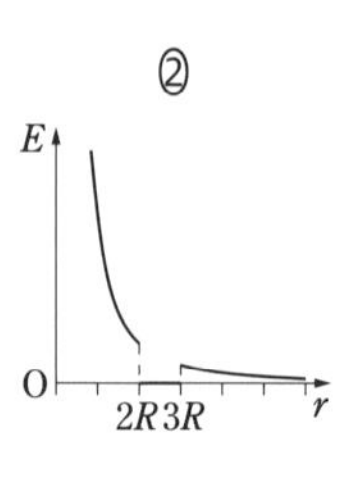

③

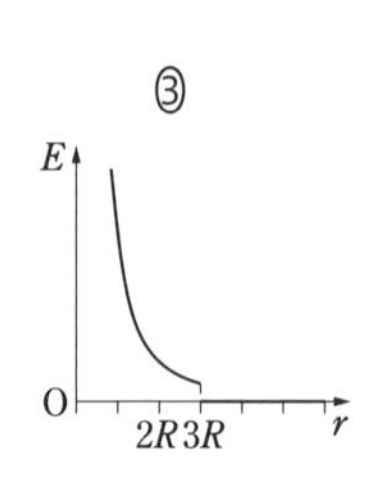

④

E
0
2R3R
r

（センター試験）

質問 66

物理

「電場」「電圧」「電位」「電位差」の違いがわかりません。どのように考えればよいのでしょうか？

A 回答 電荷のまわりの静電気力がおよぶ空間を「電場（電界）」，ある点における静電気力による位置エネルギーを「電位」，その差を「電位差」といい，「電圧」は電位差と同じ意味です。

電磁気学では，質問にあるような似た言葉がいくつも登場します。こういったものを正しく理解できないと，電磁気学の問題をスムーズに解くことはできません。まずは，質問65でも登場した「電場」について確認しましょう。

例題 1 同一平面に置かれた2つの等量の正電荷のまわりの電気力線を表している図はどれか。次の①～④のうちから正しいものを1つ選べ。ただし，電気力線の向きを表す矢印は省略してある。

正の電荷からは，電気力線が発生します。そして，それは負の電荷に入るか無限遠へ向かいます。今回は負の電荷がないため，無限遠へ向かうことになります。よって④が正解です。

電気力線を描くことで，電場のようすを知ることができます。例えば，2つのうち一方が正電荷で，もう一方が負の電荷の場合は③のような電気力線が描かれることになります。

それでは，①や②は何を表しているのでしょう？実は，これらは等電位線を表しているのです（2つがともに正電荷の場合は②，一方が正電荷でもう一方が負電荷の場合は①になります）。この場合，正電荷は「高い山の山頂」，負電荷は「深い谷の底」と考えると等電位線について理解しやすくなります。

高い山である正電荷が現れることで，周囲も高く盛り上がります。そのとき，各点の高さを表すのが「電位」であり，同じ高さの点をつないだものが「等電位線」だと理解できます。例えるなら，電位は標高のようなものであり，等電位線は等高線のようなものです。

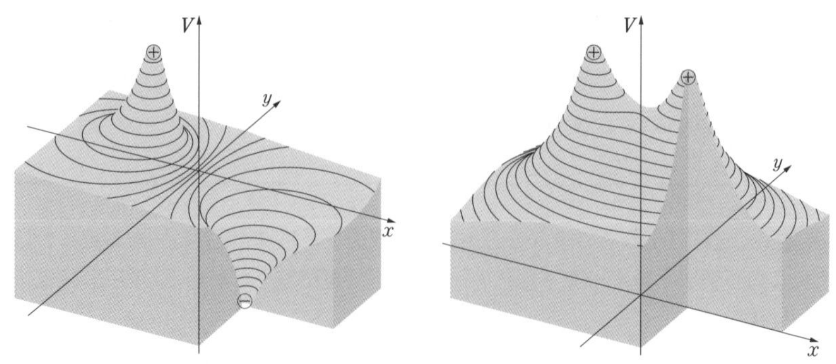

山頂や谷底のまわりには，等高線ができます。等電位線はそれと同じようなものなのです。地図上で密に描かれた等高線は，その場所の標高が急激に変化していることを表します。つまり，等高線が密なところは急な坂道なのです。

この勾配(傾き)にあたるのが「電場の強さ」です。整理すると，**等電位線が密に描かれている場所ほど電場が強い**といえるということです。これは，電場と電位の関係を理解する上で非常に重要なポイントです。このことを使って，次の例題を考えてみましょう。

例題 2　図のように，x 軸上の原点に電気量 Q の正の点電荷を，また，$x=d$ の位置に電気量 $\frac{Q}{4}$ の正の点電荷を固定した。図の x 軸を含む平面内の等電位線として最も適当なものを，次の①～④のうちから1つ選べ。ただし，図中の左の黒丸は電気量 Q の点電荷の位置を示し，右の黒丸は電気量 $\frac{Q}{4}$ の点電荷の位置を示す。

Q　$\frac{Q}{4}$
0　d　x 軸

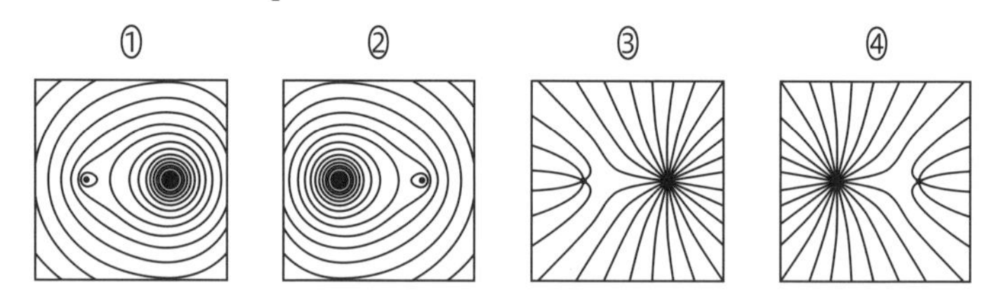

示された2つの正の点電荷は，ともに山頂だと考えることができます。よって，等高線に相当する等電位線は，2つの点電荷を囲むように描かれるはずです。つまり，①か②が正解だということです。

ここで，等電位線が密な場所ほど電場が強いことを思い出しましょう。今回は，左側の方が電荷が大きいため，その付近の方が右側付近に比べて電場が強いはずです。つまり，左側の点電荷の周りの方が等電位線が密になるはずだということです。

以上のことから，②が正解だとわかります。

ここまでで，「電場」と「電位」の関係が整理できました。それでは，「電位差」や「電圧」といった言葉は何を示すのでしょうか？これらは，「電位」の意味がわかればすぐに理解できるのです。

まず,「電位差」とは言葉の通り「電位の差」という意味です。例えば,「AB 間の電位差」は「点Aの電位と点Bの電位の差」を示します。つまり,**電位差というのは 2 つの点の間で定められる値**だということです。そして,「電圧」は「電位差」とまったく同じ意味です。

整理すると,次のようになります。

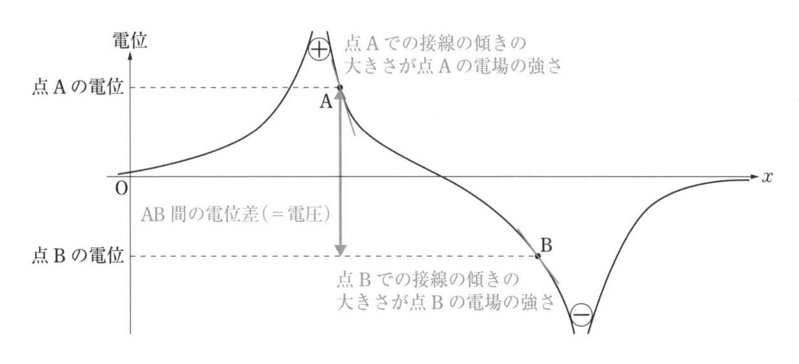

類題にチャレンジ 66

解答 → 別冊 p.46

図で,⊕と⊖は電気量の絶対値が等しい正負の点電荷で,破線は一定の電位差ごとに描かれた等電位線である。別の正電荷をAからFまでの実線に沿って矢印の向きに運ぶとき,外力のする仕事が正で最大の区間はどれか。正しいものを,次の①~⑤のうちから1つ選べ。

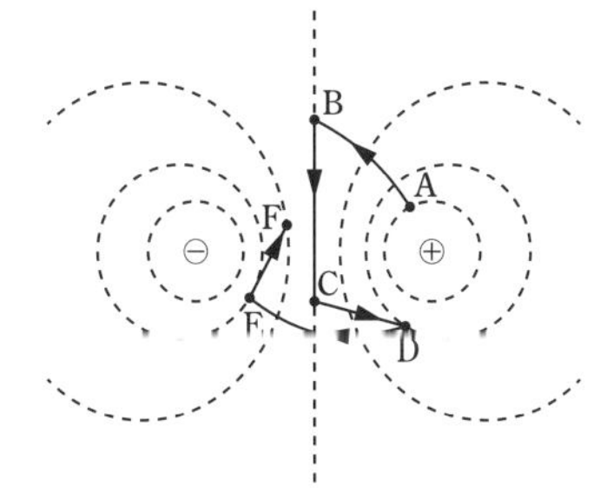

① AB　② BC　③ CD　④ DE
⑤ EF

(センター試験)

質問 67

物理基礎・物理

いったん閉じた箔検電器の箔が，帯電体を離した後に再び開くことがあるのはなぜでしょうか？

A 回答 箔検電器の箔の開閉は，箔検電器全体の電荷の有無ではなく，箔の部分の電荷の有無だけで決まるからです。

箔検電器に関する問題では，箔が「いったん開いてから再び閉じる」，「いったん閉じてから再び開く」といった状況を考えさせる問題が頻出です。こういったパターンの考え方を整理しておきましょう。

箔検電器は，金属板と箔から成り立っています。そして，金属板および箔のそれぞれに電荷を蓄えることができます。

箔検電器で考えるのは，箔の部分が開くか閉じるかということです。**箔が開くか閉じるかは，箔に電荷が蓄えられているかいないかによって決まります**。電荷が蓄えられていれば電荷どうしの反発によって箔は開きますし，電荷が蓄えられていなければ反発がなくなり箔は閉じるのです。**金属板に電荷が蓄えられているかどうかは関係ないのです**。

このことに注意して，具体的な状況を考えてみましょう。

例題 1 図(a)のように箔が閉じている箔検電器がある。正に帯電したガラス棒を金属板に近づけたところ，図(b)のように箔が開いた。ここで，図(c)のように金属板に指を触れたとき，箔はどうなるか。そのときの状態の記述として最も適当なものを，下の①～④のうちから1つ選べ。

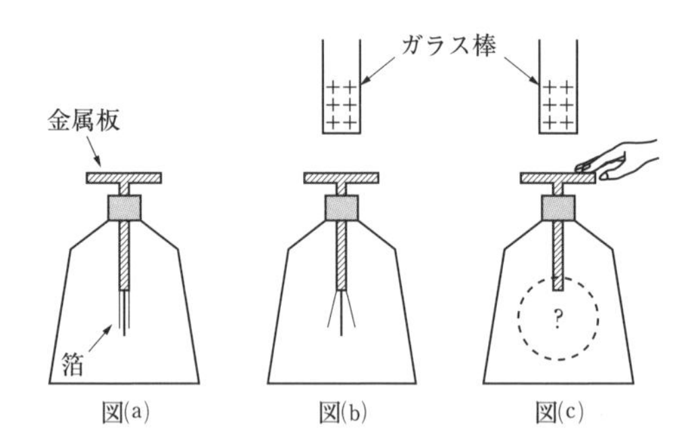

① 箔はさらに開く。　② 箔の開き方は変化しない。
③ 箔は閉じる。　④ 箔は一度閉じてから開く。

最初に，箔検電器の箔は閉じています。これは，箔に電荷が蓄えられていないからです。このとき，金属板にも電荷は蓄えられていません。もしも金属板部分に電荷があれば，電荷どうしの反発によって電荷は箔検電器全体に広がり，箔の電荷は0とはならないはずです。

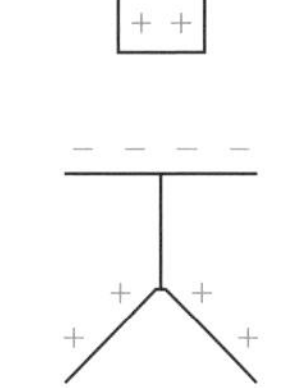

この状態から，正に帯電したガラス棒を金属板に近づけます。箔検電器は導体でできていますから，自由電子をもっています。自由電子は，ガラス棒の正電荷から引力を受けて近づき，金属板に集まります。その結果，金属板は負に帯電し，自由電子が減った箔は正に帯電します。そして，正の電荷どうしが反発するため箔が開くのです。このような状態になった箔検電器の金属板に手を触れるとどうなるか考えるのが，今回の問題です。

金属板に手を触れるのは，アース（接地）とよばれる操作です。本来は大地（地球）と接続して余計な電荷を逃がすことを意味しますが，箔検電器程度の大きさであれば人の身体とつながるだけで同じことが起こるのです。

さて，手を触れることで箔検電器に蓄えられた電荷が人体に逃げていくのですが，このときガラス棒の電荷による**静電気力によって引きつけられている電荷は逃げていけない**ことに注意が必要です。今回は，金属板に蓄えられている負電荷はガラス棒の正電荷によって引きつけられているため，金属板にとどまるのです。

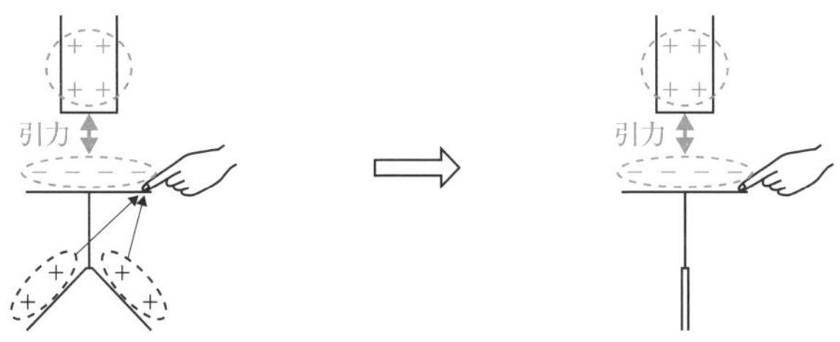

この結果，金属板には負電荷が残りますが箔の電荷はなくなるため，箔は閉じることになります（③が正解）。箔の開閉を考えるのに，**金属板に電荷が残るかどうかは関係ない**ことに注意が必要です。

それでは，この状態から手をはなして，ガラス棒も遠ざけたらどうなるでしょう？それを考えるのが次の例題です。

例題 2 箔検電器がある。箔は最初閉じていたが，正に帯電した棒を上部の金属板に近づけると開いた。この状態で，箔検電器の金属板に指を触れて接地したところ，箔は閉じた。続いて，指を金属板からはなし，次に棒を遠ざけた。箔の状態の変化として正しいものを，次の①～④のうちから１つ選べ。

① 指を金属板からはなす：閉じたまま，棒を遠ざける：閉じたまま
② 指を金属板からはなす：閉じたまま，棒を遠ざける：開く
③ 指を金属板からはなす：開く，棒を遠ざける：閉じる
④ 指を金属板からはなす：開く，棒を遠ざける：開いたまま

まずは，手をはなしたときを考えます。今回，金属板に手を触れることで箔の正電荷が逃げていきました。正電荷が逃げてしまった後なので，手をはなしても箔検電器には何も変化が起こらないのです。つまり，箔は閉じたままです。

では，さらに正に帯電した棒も遠ざけたらどうなるでしょう？棒を遠ざける前，金属板には負電荷が蓄えられています。これは，棒の正電荷から引力を受けているため，箔の側へ広がることはありませんでした。

しかし，棒を遠ざけてしまえば引力がなくなります。そのため，互いに反発する負電荷は箔検電器全体に広がり，箔も負に帯電することになるのです。そして，負電荷どうしの反発によって箔は開くことになります（正解は②）。

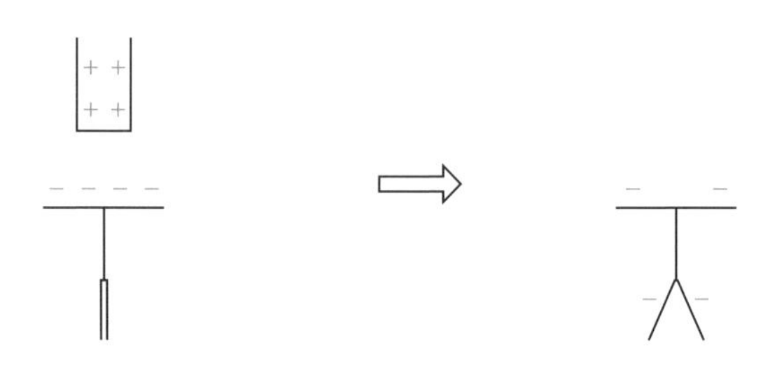

質問 68　物理

コンデンサーに対して，極板間隔を変える，極板間に誘電体を挿入する，といった操作をしたとき，コンデンサーの何がどのように変化するのか混乱します。どのように考えればよいのでしょうか？

A 回答　コンデンサーの変化は，電圧か電荷のどちらかが一定に保たれたまま起こります。これは電源に接続された状態か，電源と切り離されている状態かによって決まりますが，まずは一定に保たれる値を確認することが必要です。

電磁気分野の問題で，コンデンサーは頻出です。ここからは，コンデンサーに関連した疑問を解決していきましょう。

コンデンサーについて考えるときに絶対に欠かせないのが

$Q=CV$　（Q：電荷，C：電気容量，V：電圧）

という式です。コンデンサーには電圧Vに比例して電荷Qが蓄えられることを示しています。そのときの比例定数はコンデンサーによって異なり，電気容量Cとよばれます。

コンデンサーに生じる変化についても，この式をもとにすると考えやすくなります。このとき，普通は式に登場する**QかVのどちらかは変化しない**ので，まずはどちらが変化しないか確認することがポイントです。

それでは，次の例題を通してコンデンサーの変化を考える練習をしてみましょう。

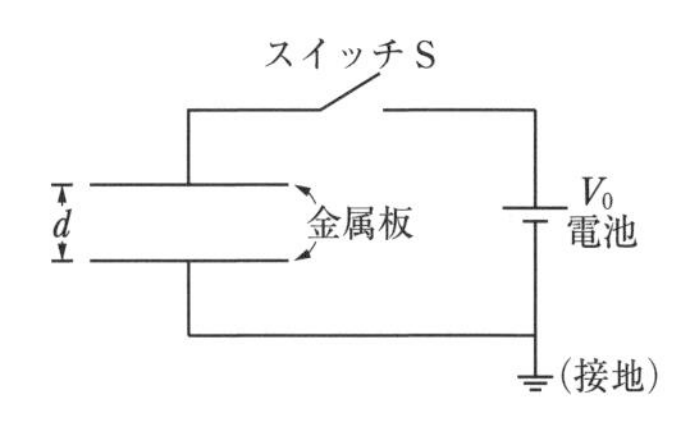

例題 面積の等しい2枚の金属板を距離dだけ離して平行板コンデンサーをつくった。このコンデンサーに起電力V_0の電池とスイッチSを図のようにつないだ。スイッチSを閉じて十分に時間が経ったとき，コンデンサーに蓄えられた電荷をQ_0，静電エネルギーをU_0とする。以下の問いに答えよ。

(1) スイッチSを閉じたまま，コンデンサーの極板間の距離を$2d$に広げた。コンデンサーに蓄えられた電荷はQ_0の何倍になったか。

(2) スイッチSを閉じたまま極板間の距離をdに戻し，十分に時間が経った後，スイッチSを開いた。その後，極板間の距離を$2d$に広げたとき，コンデンサーに蓄えられた静電エネルギーはU_0の何倍になったか。

(3) 再び極板間の距離をdに戻し，スイッチSを閉じて十分に時間が経った後，スイッチSを開いた。その後，極板間に比誘電率2の誘電体をすきまなく入れると極板間の電位差はV_0の何倍になったか。

この問題では，「コンデンサーの極板間隔を変える」「極板間に誘電体を挿入する」といったコンデンサーに対する典型的な操作が登場します。いずれの操作によっても，**コンデンサーの電気容量Cが変化**します。問題を解く前に，電気容量Cの変化の仕方を確かめましょう。コンデンサーの電気容量Cは

$$C=\varepsilon\frac{S}{d}$$ **（ε：極板間の誘電体の誘電率，d：極板間隔，S：極板面積）**

と表すことができます。この式から，電気容量Cが変化するのはε，d，Sのいずれかが変わるときだとわかります。

今回，問(1)と(2)では極板間隔dが2倍になっています。そのとき，電気容量Cは$\frac{1}{2}$倍になります。

また，問(3)では比誘電率が2の誘電体を挿入します。「比誘電率」とは「誘電率εが真空の場合（≒空気の場合）に比べて何倍になるか」を表す値のことです。この場合は誘電率εが2倍になるので，電気容量Cも2倍になります。

以上のように，それぞれの場合の電気容量Cの変化を確かめられました。それでは，電荷Qと電圧Vの変化について考えていきましょう。

通常，コンデンサーは電荷Qか電圧Vのいずれかが一定に保たれたまま変化するといいましたが，そのことは次ページのように整理できます。

コンデンサーが電源（電池）と接続されたままの場合 ⇒ 電圧 V が一定
コンデンサーが電源（電池）と切り離されている場合 ⇒ 電荷 Q が一定

コンデンサーの変化を考えるときには，コンデンサーが電源とつながったままかどうかを確認することが欠かせないことがわかりますね。

問(1)では，コンデンサーが電源とつながったままなので電圧 V_0 が変わりません。そして，電気容量 C が $\frac{1}{2}$ 倍 $\left(\frac{1}{2}C\right)$ になります。これらを踏まえて $Q_0=CV_0$ を使って考えると，

$$Q=\frac{1}{2}C\times V_0$$

となり，求めるコンデンサーの電荷 Q は Q_0 の $\frac{1}{2}$ 倍になります。

では，問(2)の場合はどうでしょう。今度はコンデンサーが電源とつながっていないので，電荷が変わりません。そして，やはり電気容量 C が $\frac{1}{2}$ 倍になります。

問(2)ではコンデンサーの静電エネルギー U を求めます。電荷 Q が変わらない状況なので，U_0 を Q_0 を使って表しておくと便利です。

$$U_0=\frac{{Q_0}^2}{2C}$$

ここから，Q_0 が一定のまま C が $\frac{1}{2}$ 倍になると，

$$U=\frac{{Q_0}^2}{2C\times\frac{1}{2}}=2\times\frac{{Q_0}^2}{2C}$$

となり，求める静電エネルギー U は U_0 の 2 倍になるとわかります。

そして，問(3)です。この場合もコンデンサーが電源とつながっていないので，電荷 Q が変わりません。そして，電気容量 C が 2 倍 $(2C)$ になります。これらを踏まえて $Q_0=CV_0$ を使って考えると，

$$Q_0=2C\times V \quad より \quad V=\frac{1}{2}\times\frac{Q_0}{C}$$

となり，求めるコンデンサーの電圧 V は V_0 の $\frac{1}{2}$ 倍になるとわかります。

質問 69　物理

平行板コンデンサーの極板間に，導体や誘電体を挿入するのに必要な仕事が負の値になるのはなぜでしょうか？

A 回答　極板と導体（もしくは誘電体）の間には引力が生じるからです。

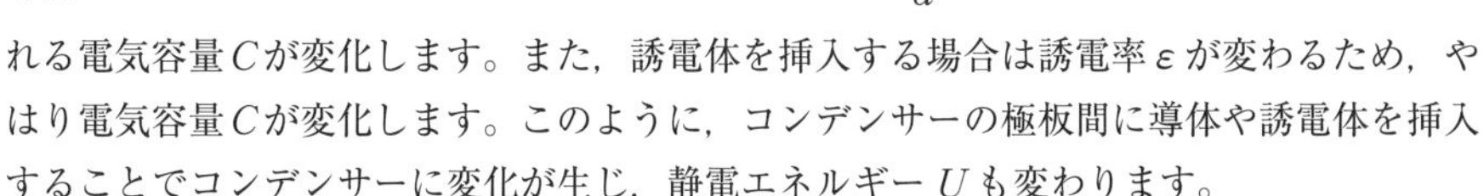

コンデンサーに関して，極板間に導体や誘電体を挿入するのに必要な仕事を考える問題もよく出ます。

面積Sの極板間に導体を挿入すると，極板間隔dが小さくなります。そのため，極板間の誘電率をεとすると，$C=\varepsilon\dfrac{S}{d}$と表される電気容量$C$が変化します。また，誘電体を挿入する場合は誘電率$\varepsilon$が変わるため，やはり電気容量$C$が変化します。このように，コンデンサーの極板間に導体や誘電体を挿入することでコンデンサーに変化が生じ，静電エネルギーUも変わります。

さて，**静電エネルギーUが変化するのは，コンデンサーが何らかの仕事をされるからです**。それは，導体（もしくは誘電体）を挿入するときの仕事に他なりません（コンデンサーが電源とつながっている場合には，電源の仕事も影響します）。この関係を考えることで，極板間に導体や誘電体を挿入するのに必要な仕事を求めることができます。そして，その仕事が負の値になることもわかるのです。

例題を通してそのことを確認し，負の仕事が必要な理由も考察しましょう。

例題 1　極板間隔dの平行板コンデンサーを電池とつなぎ，十分に時間が経過した後，電池と切り離した。このコンデンサーの極板間に，極板と同じ面積Sで厚さが極板間隔の半分の導体をゆっくりと挿入するのに必要な仕事Wを求めよ。導体を挿入する前のコンデンサーの静電エネルギーをU_0とする。

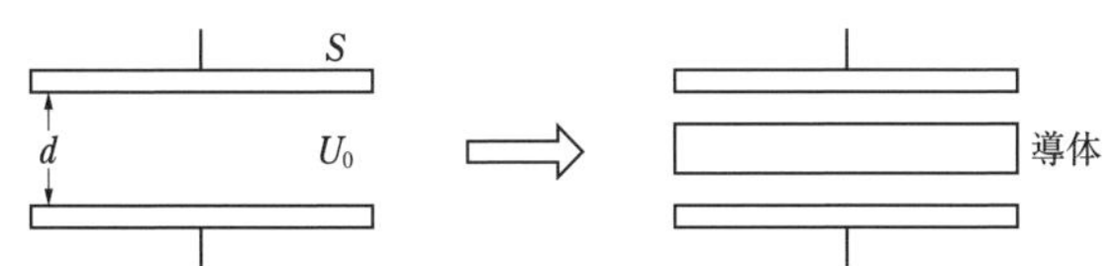

導体を挿入することで，コンデンサーの極板間隔dは$\dfrac{1}{2}$倍になります。そのため，$C=\varepsilon\dfrac{S}{d}$と表される電気容量$C$は2倍になります。また，コンデンサーは電池とつながっていないので電荷Qは一定です。

以上のことから，静電エネルギー$U=\dfrac{Q^2}{2C}$が$\dfrac{1}{2}$倍になることがわかります。

今回，コンデンサーは電源とつながっていないので電源からは仕事をされていません。つまり，コンデンサーの静電エネルギーUを変化させたのは導体を挿入する仕事だけな

のです。このことから，

$$W=\frac{1}{2}U_0-U_0=-\frac{1}{2}U_0$$

と求められます。

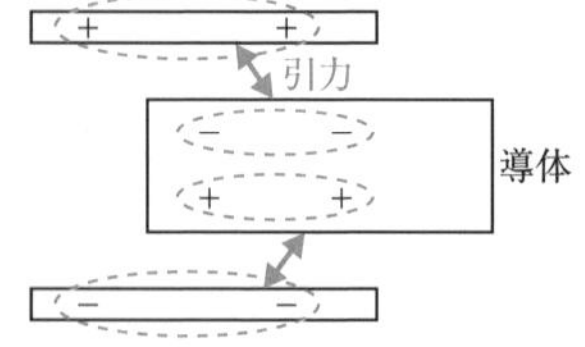

確かに，導体を挿入する仕事は負の値と求まりました。これはどうしてでしょう？それは，コンデンサーの極板間に挿入される導体では静電誘導が起こり，極板と導体の間に引力がはたらくからです。

つまり，導体に引力と逆らう向きに外力を加えなかったら，導体はこの引力によって加速されながら挿入されることになるのです。加速させずゆっくりと挿入するには，導体の動きを妨げる向きに外力を加える必要があるのです。これが，(外力が) 導体を挿入する仕事が負になる理由です。

このことは，誘電体を挿入する場合にも同様です。

例題 2　極板間隔 d，面積 S の平行板コンデンサーを電池とつなぎ，十分に時間が経過した後，電池と切り離した。このコンデンサーの極板間が比誘電率 2 の誘電体で満たされるよう，ゆっくりと挿入するのに必要な仕事 W を求めよ。誘電体を挿入する前のコンデンサーの静電エネルギーを U_0 とする。

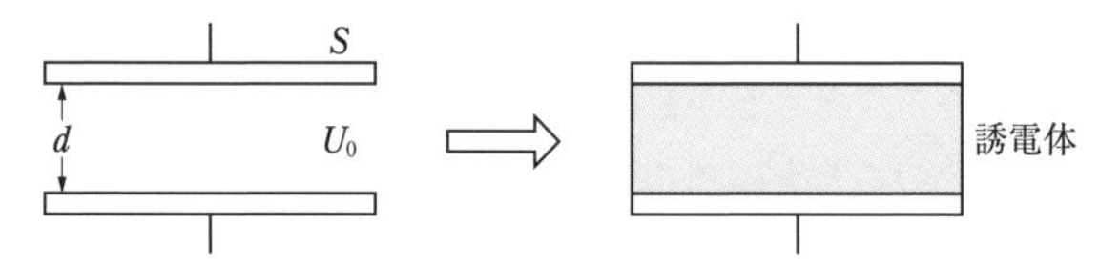

誘電体を挿入することで，誘電率 ε が 2 倍になります。そのため，$C=\varepsilon\dfrac{S}{d}$ と表される電気容量 C は 2 倍になります。また，コンデンサーは電池とつながっていないので電荷 Q は一定です。

以上のことから，静電エネルギー $U=\dfrac{Q^2}{2C}$ が $\dfrac{1}{2}$ 倍になることがわかります。

これは，例題 1 の場合と同じ状況です。よって，同様の考察をすることで

$$W=-\frac{1}{2}U_0$$

と求められます。

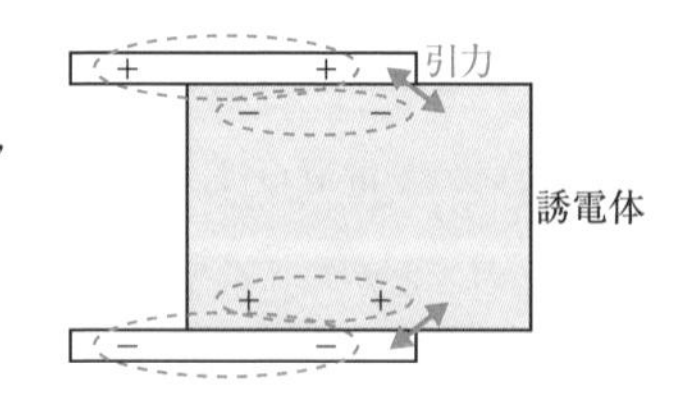

極板間に誘電体を挿入する場合も，負の仕事が必要なのです。それは，誘電体の場合は誘電分極が起こるため，導体の場合と同じように極板との間に引力がはたらくからです。

誘電体の場合も，加速させずにゆっくりと挿入するには負の仕事が必要なのです。

物理

平行板コンデンサーの極板間に誘電体をすきまなく挿入したとき，「電気容量の変化」と「極板間の電場の変化」の仕方にはどのような違いがあるのでしょうか？

A 回答 比誘電率 ε_r の誘電体を極板間にすきまなく挿入すると，電気容量は ε_r 倍になり，極板間の電場の大きさは $\dfrac{1}{\varepsilon_r}$ 倍になります（電荷が一定の場合）。

ここまで，極板間に誘電体を挿入することでコンデンサーに変化が生じることを確認してきました。そのときの変化の仕方は，「比誘電率 ε_r」を使って表されることが多くあります。**比誘電率 ε_r とは，「誘電率 ε が真空の場合に比べて何倍になるか」を表す値**です。混同されがちな「誘電率 ε」と「比誘電率 ε_r」を，区別して理解しておきましょう。

比誘電率 ε_r の意味がわかると，まずはコンデンサーの電気容量 C がどのように変化するかわかります。誘電率 ε が ε_r 倍になるわけですから，$C=\varepsilon\dfrac{S}{d}$ と表される**電気容量 C は ε_r 倍になる**とわかります。

では，このときコンデンサーの極板間の電場 E の大きさはどのように変わるでしょう？コンデンサーの極板間には，電場が生じています。そこへ誘電体を挿入すると，誘電分極が起こるために誘電体内部では電場が弱くなります。

よって，コンデンサーの極板間に比誘電率 ε_r の誘電体を挿入すると，**電場 E は $\dfrac{1}{\varepsilon_r}$ 倍になる（小さくなる）**ことがわかります。ただし，これはコンデンサーの電荷 Q が一定の場合の話です。

例えば，コンデンサーの電圧 V が一定に保たれた状態で比誘電率 ε_r の誘電体を挿入すると，状況が変わります。この場合は，電気容量 C が ε_r 倍になるため蓄えられる電荷 Q が ε_r 倍に大きくなります。そのために極板間の電場 E が ε_r 倍になる影響と，誘電体のために $\dfrac{1}{\varepsilon_r}$ 倍になる影響とが相殺され，電場 E は一定に保たれることになるのです。

コンデンサーの極板間に比誘電率 ε_r の誘電体を挿入すると

- **電気容量 C：** ε_r 倍になる
- **極板間の電場 E：** $\dfrac{1}{\varepsilon_r}$ 倍になる（電荷 Q が一定の場合）
- **極板間の電場 E：** 一定（電圧 V が一定の場合）

以上のことを踏まえて，例題を解いてみましょう。

例題 1　図(a)に示す極板間隔 d の平行板コンデンサーに電圧 V_0 をかけ，十分に時間が経過した後の静電エネルギーを U_0 とする。次に，電圧 V_0 をかけた状態のまま，このコンデンサーに図(b)のように比誘電率 ε_r の誘電体を極板間にすきまなく挿入した。このとき，蓄えられた静電エネルギー U と極板間の電場の大きさ E を求めよ。

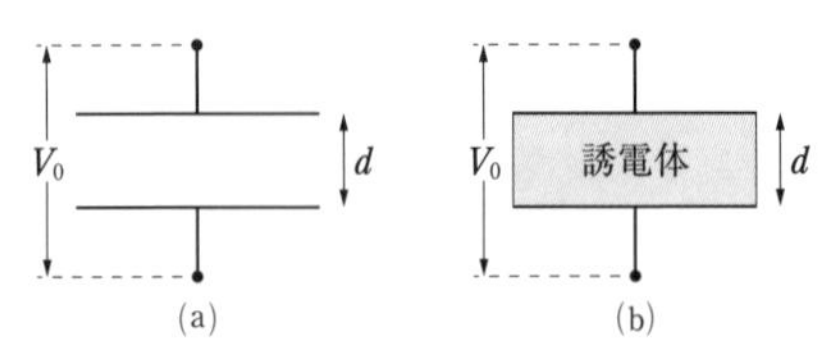

極板間に比誘電率 ε_r の誘電体を挿入することで，コンデンサーの電気容量 C は ε_r 倍になります。よって，静電エネルギー $U=\frac{1}{2}CV^2$ は ε_r 倍になるとわかるので $U=\varepsilon_r U_0$ と求められます。

では，極板間の電場 E の大きさはどうでしょう。今回は，コンデンサーの電圧 V が変化していません。よって，コンデンサーの極板間の電場 $E=\frac{V_0}{d}$ のまま一定に保たれます。

例題 2　図(a)に示す極板間隔 d の平行板コンデンサーに電圧 V_0 をかけ，十分に時間が経過した後の静電エネルギーを U_0 とする。次に，電源を切り離し，このコンデンサーに図(b)のように比誘電率 ε_r の誘電体を極板間にすきまなく挿入した。このとき，蓄えられた静電エネルギー U と極板間の電場の大きさ E を求めよ。

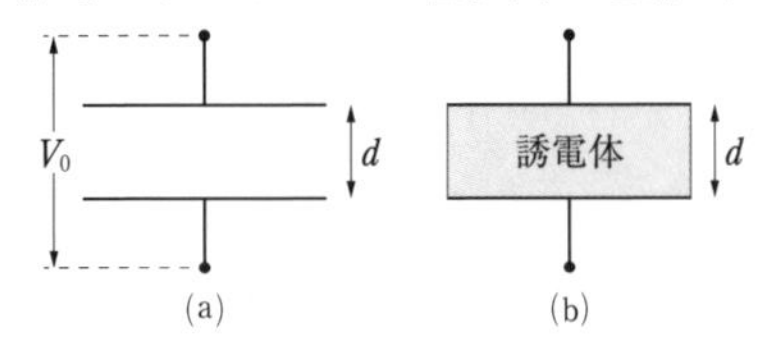

この場合は，電源と切り離されているためコンデンサーの電荷 Q が一定に保たれます。そして，コンデンサーの電気容量 C が ε_r 倍になります。よって，静電エネルギー $U=\frac{Q^2}{2C}$ は $\frac{1}{\varepsilon_r}$ 倍になることがわかるので，$U=\frac{U_0}{\varepsilon_r}$ と求められます。そして，コンデンサーの電荷 Q が変化しないため極板間の電場 E の大きさは $\frac{1}{\varepsilon_r}$ 倍になるので，$E=\frac{V_0}{\varepsilon_r d}$ となります。

質問 71　　物理

コンデンサーの合成容量の求め方はわかりますが，合成容量が何を意味するのかよくわかりません。どのように考えればよいのでしょうか？

A 回答　合成容量は複数のコンデンサーを1つのコンデンサーとみなして，蓄えられる電荷を求めるのに使える値です。

2つ以上のコンデンサーが接続されている回路において，各コンデンサーに蓄えられる電荷を求められるようにしておく必要があります。そのときに役立つのが合成容量という考え方です。

合成容量とは，**2つ以上のコンデンサーを1つのコンデンサーとみなしたときの，その1つのコンデンサーの電気容量**のことです。具体例で確認してみましょう。

例1） 図のように，起電力 V の電池と並列に接続された2つのコンデンサーがある。電気容量をそれぞれ C_1, C_2 として合成容量を求めよ。ただし，2つのコンデンサーははじめ充電されていないものとする。

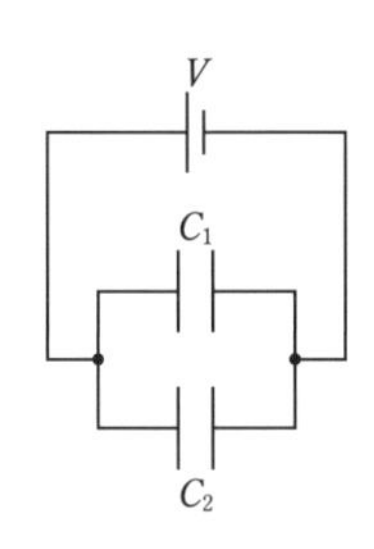

電気容量 C_1 のコンデンサーと C_2 のコンデンサーが並列に接続されています。このとき，2つのコンデンサーの合成容量 C は

$$C = C_1 + C_2$$

と求められます。これは，図の回路の場合に2つのコンデンサーを1つのコンデンサーとみなすと，そこには

$$Q = (C_1 + C_2)V$$

の電荷が蓄えられることを意味します。もちろん，実際にはコンデンサーは2つあり，2つのコンデンサーに蓄えられる電荷の和がこの値になるということです。

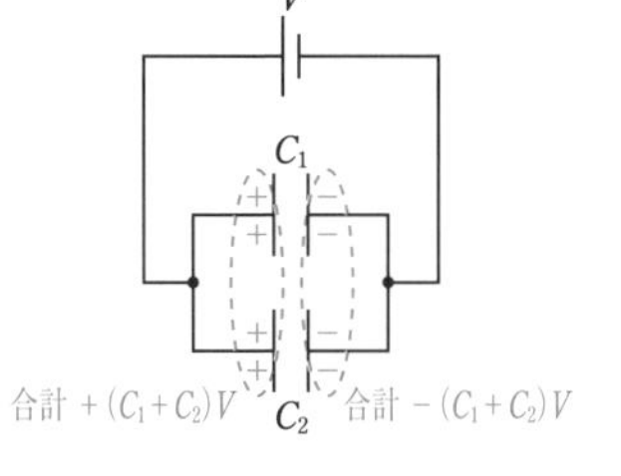

例2） 図のように，起電力 V の電池に直列に接続された2つのコンデンサーがある。電気容量をそれぞれ C_1, C_2 として合成容量を求めよ。ただし，2つのコンデンサーははじめ充電されていないものとする。

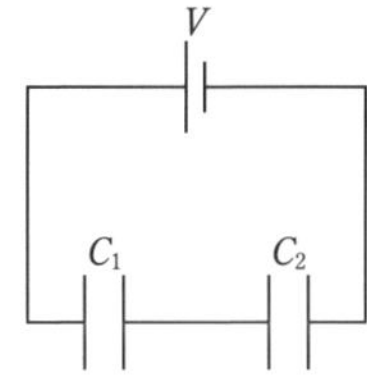

今度は，電気容量 C_1 のコンデンサーと C_2 のコンデンサーが直列に接続されています。このとき，2つのコンデンサーの合成容量 C は

$$\frac{1}{C}=\frac{1}{C_1}+\frac{1}{C_2} \quad より \quad C=\frac{C_1C_2}{C_1+C_2}$$

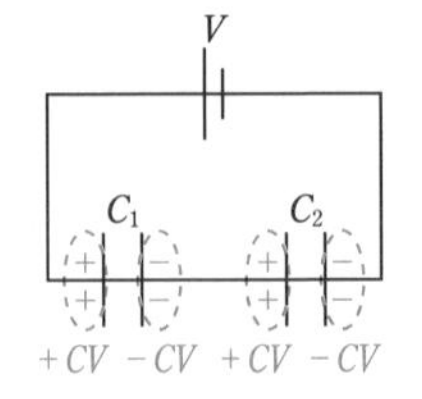

の関係を満たします（この関係は，つねに成り立つとは限りません。次の質問 72 で説明します）。これは，2つのコンデンサーを1つのコンデンサーとみなすと，そこにはこの関係を満たすCを使って

$$Q=CV$$

と表される電荷が蓄えられることを意味します。実際の状況は，右図のようになります。

以上の考え方を使って，例題を解いてみましょう。

例題 図のように，電気容量がそれぞれ 4μF，3μF，1μF のコンデンサー C_1，C_2，C_3 をつなぎ，端子 a，b に 10 V の直流電源をつないだ。このとき，コンデンサー C_1，C_2，C_3 にそれぞれ蓄えられる電気量 Q_1，Q_2，Q_3 の間の関係を表す式，および電気量 Q_1 の値を求めよ。ただし，3つのコンデンサーははじめ充電されていないものとする。

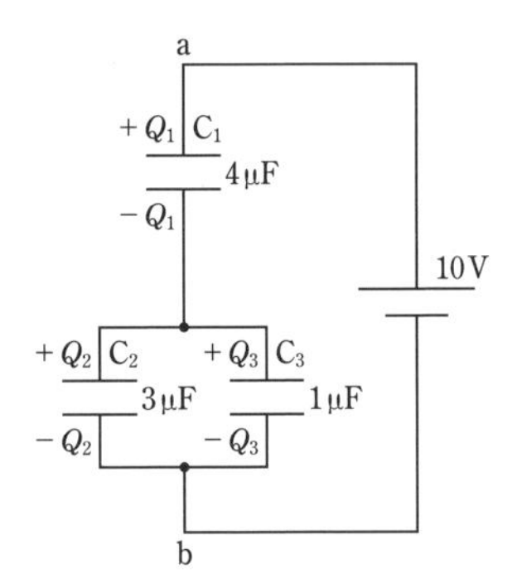

まずは，Q_1，Q_2，Q_3 の間に成り立つ関係を確認しましょう。右図の点線の枠で囲まれた部分は，回路の他の部分と接触されず孤立しています。このように孤立した部分には電荷が流れ込んでくることがありませんし，ここから電荷が流れ出ていくこともありません。そのため，**電荷の和が一定に保たれる**のです。

点線の枠で囲まれた部分の電荷の和は $-Q_1+Q_2+Q_3$ です。電源を接続する前には，3つのコンデンサーはいずれも電荷が0でした。よって，電源を接続した後にも

$$-Q_1+Q_2+Q_3=0$$

の関係が成り立つのです。

それでは，合成容量の考え方を使って Q_1 の値を求めてみましょう。今回は3つのコンデンサーが接続されていますが，3つを一気に合成して考える必要はありません。まずは並列に接続されている C_2 と C_3 の合成容量を求めるのがよいでしょう。2つの合成容量は

$$3+1=4\mu F$$

と求められます。つまり，この回路は右図の回路と同じものと考えられるというわけです。

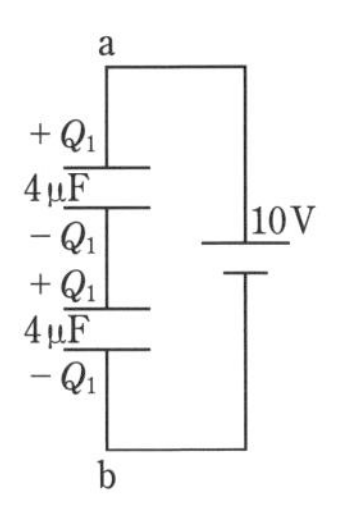

このように，合成容量の考え方を使うことで，3つのコンデンサーが接続されている回路を2つのコンデンサーが直列に接続された回路とみなせるようになりました。そして，さらに合成容量の考え方を使うと，直列に接続された2つのコンデンサーは

$$\frac{1}{C}=\frac{1}{4}+\frac{1}{4}$$

の関係より，$C=2\mu\mathrm{F}$ の1つのコンデンサーだとみなせるようになるのです。

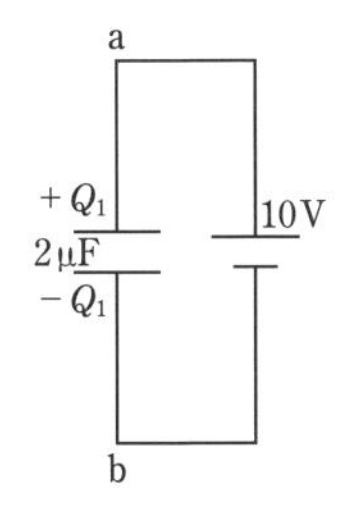

よって，ここに蓄えられる電荷 Q_1 の大きさは

$$2\mu\mathrm{F}\times10\ \mathrm{V}=20\mu\mathrm{C}\ (=2.0\times10^{-5}\ \mathrm{C})$$

だとわかります。

質問72　物理

直列に接続されたコンデンサーの合成容量の式は，いつでも使ってよいのでしょうか？

A 回答　直列接続の合成容量の式は，各コンデンサーに蓄えられた電荷が等しいときにだけ使うことができます。

質問71では，コンデンサーが並列に接続された場合と直列に接続された場合の合成容量を求める式を説明しました。このうち，**並列接続の式はいつでも使うことができます**。しかし，**直列接続の式は使ってよい場合が限られている**のです。

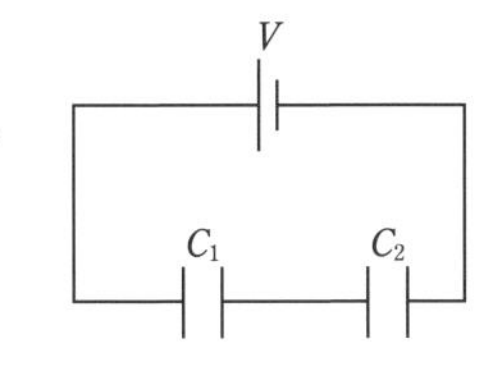

電気容量 C_1 のコンデンサーと C_2 のコンデンサーが直列に接続されているとき，合成容量 C は

$$\frac{1}{C}=\frac{1}{C_1}+\frac{1}{C_2}$$

から求められると説明しました。このことは，**2つのコンデンサーに蓄えられた電荷が等しい場合にだけ成り立つ**のです。例えば，電源と接続する前に片方のコンデンサーだけが充電されている場合などには使うことができない式なのです。

例題 1　図の回路で，最初，スイッチSは開いており，それぞれのコンデンサーの極板に電荷は蓄えられていなかった。コンデンサーC_1，C_2，C_3は，電気容量がCの同じ平行板コンデンサーである。Eは起電力V_0の電池である。

　スイッチSを閉じて，十分に時間が経過したとき，コンデンサーC_1の極板間の電圧を求めよ。

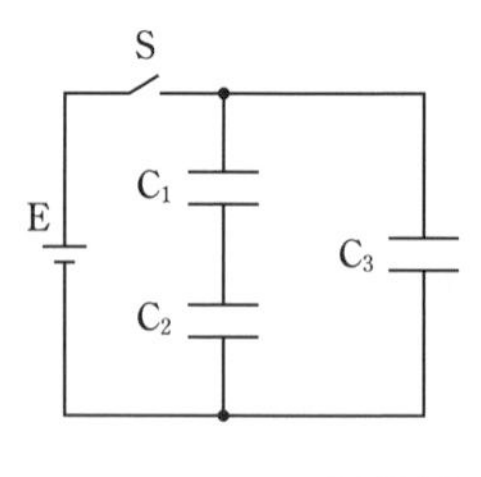

（長崎大）

　2つのコンデンサーC_1とC_2は，電池と接続する前にはともに電荷が0です。その状態から電池と接続したとき，2つのコンデンサーには同じ大きさの電荷が蓄えられることになります。

　右図の点線の枠で囲まれた部分の電荷の和が0に保たれるため，2つのコンデンサーの電荷は等しくなります。よって，合成容量を求める式が使えるとわかります。

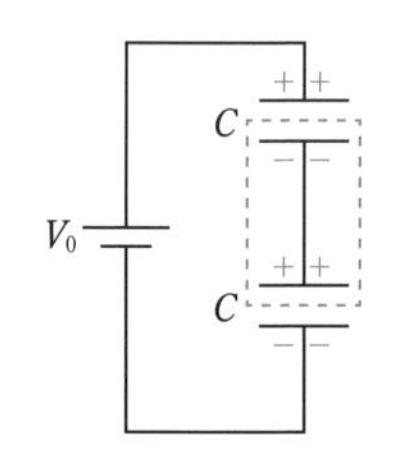

　このように，最初に接続されているコンデンサーの電荷がすべて0になっている状況は，直列接続の合成容量の式が使える典型的なパターンといえます。

　今回は，2つの電気容量がともにCなので，C_1とC_2の合成容量をC'とすると

$$\frac{1}{C'}=\frac{1}{C}+\frac{1}{C}$$

が成り立ち，これを解いて

$$C'=\frac{C}{2}$$

と求められます。これを使って，C_1とC_2に蓄えられる電荷Qは

$$Q=\frac{C}{2}V_0$$

だとわかり，C_1の電圧は

$$\frac{\frac{CV_0}{2}}{C}=\frac{1}{2}V_0$$

と求められます。ちなみに，電池と並列に接続されているC_3にかかる電圧はV_0で，CV_0の電荷が蓄えられます。

例題 2　図のように，円筒形の導体を中心軸を含む平面で4つの等しい形状の導体P，Q，R，Sに切り離し，それぞれの間に大きな誘電率をもつ薄い誘電体をはさんだ。導体P，S間に電池をつなぎ，十分に時間が経過した後の導体Q，R間の電圧は電池の電圧の何倍か。電池を接続する前にすべての電荷を放電させた。

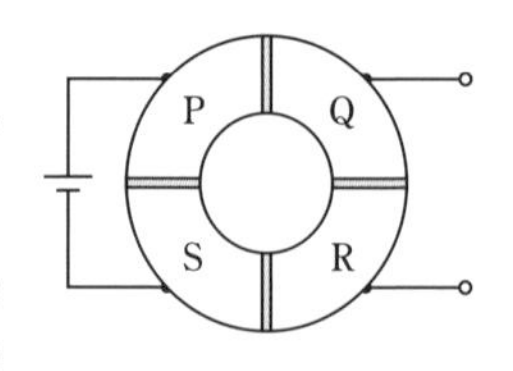

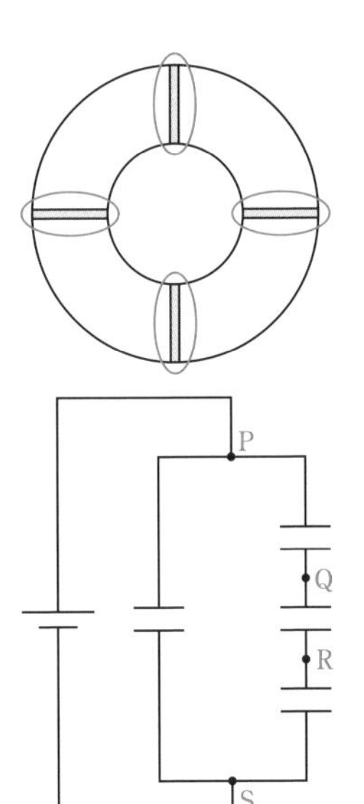

この問題は，まずは図に示された回路がどのようにコンデンサーが接続された回路であるか見抜くところからスタートする必要があります。

右図の青丸で囲まれた誘電体を2つの導体で挟んだ部分が1つのコンデンサーであることから，回路には4つのコンデンサーがあることがわかります。それぞれのコンデンサーは導体部分でつながっていますが，これは導線でつながっているのと同じことですから，問題の図の回路は右図のように同じ電気容量のコンデンサーが接続されたものとみなせます。

図のP→Q→R→Sの部分では，電気容量が等しい3つのコンデンサーが直列に接続されています。各コンデンサーの電気容量をCとすると，合成容量C'は

$$\frac{1}{C'}=\frac{1}{C}+\frac{1}{C}+\frac{1}{C}$$

を満たします。最初に各コンデンサーの電荷が0になっているため，この関係が成り立ちます。

ここから

$$C'=\frac{C}{3}$$

と求められ，これを使って各コンデンサーに蓄えられる電荷Qは，電池の電圧をV_0として

$$Q=\frac{C}{3}V_0$$

だとわかります。よって，QR間のコンデンサーの電圧は

$$\frac{\frac{CV_0}{3}}{C}=\frac{1}{3}V_0$$

と求められ，電池の電圧の$\frac{1}{3}$倍とわかります。

第4章 電磁気

質問 73　物理

蓄えられた電荷が等しくないコンデンサーどうしを直列に接続する場合は，どのように考えればよいのでしょうか？

A 回答　直列接続の合成容量の式は使えません。このような場合は，電圧の関係と電荷の関係を考えて解く必要があります。

直列に接続されたコンデンサーの合成容量を求める式は，各コンデンサーに蓄えられた電荷が等しい場合にだけ使うことができるのでした(質問72参照)。では，蓄えられた電荷が異なるコンデンサーどうしが直列に接続されている場合は，どのように考えたらよいのでしょう。

複数のコンデンサーが登場する回路の問題は，**電圧の関係と電荷の関係を式にして解く**のが基本です。例題を通して，この考え方を詳しく説明したいと思います。

例題　図のように，電気容量Cの2個のコンデンサーに抵抗とスイッチを導線で接続し，スイッチを開いたまま一方のコンデンサーには電荷Q，他方のコンデンサーには$3Q$の電荷を蓄えた。スイッチを閉じ，十分な時間が経つと電流が流れなくなった。この間に抵抗で発生したジュール熱を求めよ。

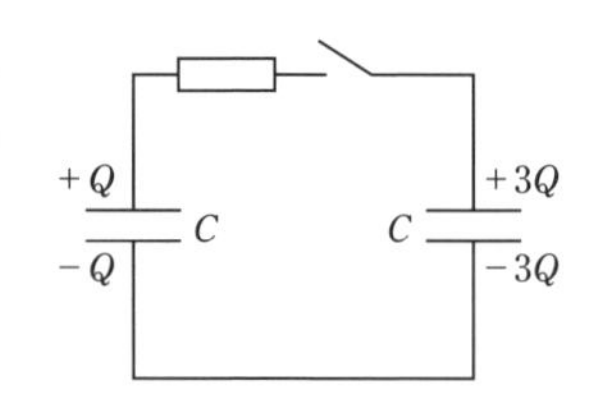

抵抗で熱が発生するのは，抵抗に電流が流れるときです。2つのコンデンサーの間で電荷の移動が起これば，抵抗に電流が流れることになります。この状況では，スイッチを閉じた後に電荷の移動は起こるのでしょうか？

スイッチを閉じる前，2つのコンデンサーの電圧はそれぞれ右図のようになっています。電位差が生じているので，電圧の高い方から低い方へ，スイッチを閉じた後に抵抗に電流が流れることがわかります。

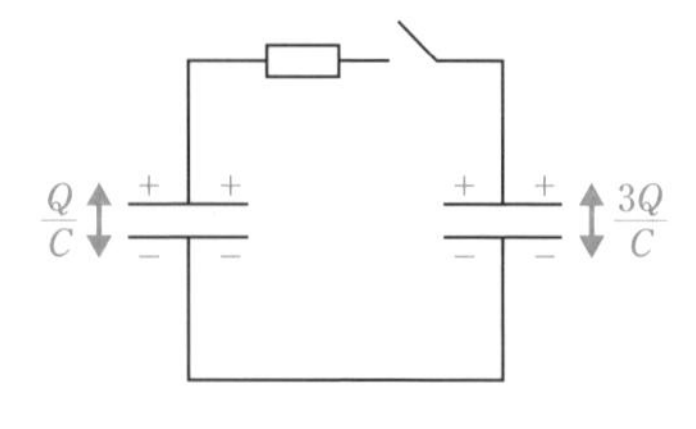

抵抗を流れる電流は，時間の経過とともに小さくなります。そして，やがて0となります。それは，2つのコンデンサーの電圧が等しくなるときであり，キルヒホッフの第2法則で考えると2つのコンデンサーの電圧降下の和が0となるときです。2つのコンデンサーの電圧降下の和が0で，抵抗の電圧降下が0ならば，回路1周の電圧降下の和が0となるからです。

このとき，左側のコンデンサーの電荷を Q_1，右側のコンデンサーの電荷を Q_2 とすると，それぞれの電圧は右図のようになります。

2つの電圧降下の和が0となることから

$$\frac{Q_1}{C}-\frac{Q_2}{C}=0 \qquad \cdots①$$

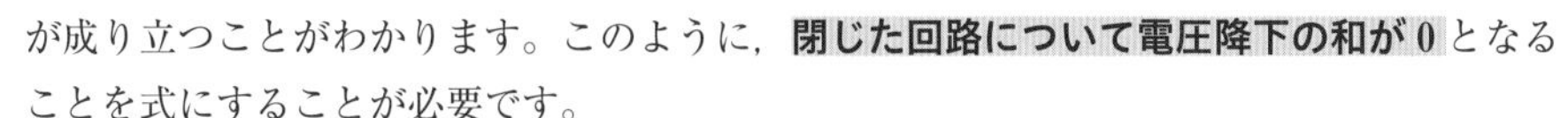

が成り立つことがわかります。このように，**閉じた回路について電圧降下の和が0**となることを式にすることが必要です。

これに加えて，電荷の関係も式で表す必要があります。電荷の関係とは，質問71でも登場した「**回路の他の部分と接続されずに孤立した部分の電荷の和は一定に保たれる**」ことを意味します。

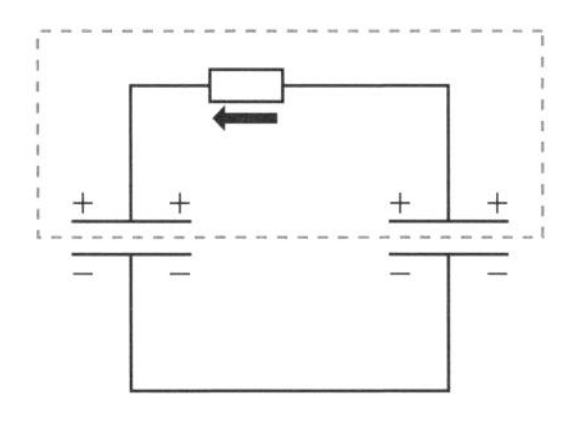

今回は，右図の点線の枠で囲まれた部分で電荷の和が保存されることを式にできます。

$$\underbrace{Q+3Q}_{\text{スイッチを閉じる前}} = \underbrace{Q_1+Q_2}_{\text{スイッチを閉じて電流が0になったとき}} \qquad \cdots②$$

以上が，電圧の関係と電荷の関係を式で表す考え方です。①と②から，

$$Q_1=Q_2=2Q$$

と求められます。これらの値から，コンデンサーの静電エネルギーが次のように変化することがわかります。

《2つのコンデンサーの静電エネルギーの和》

スイッチを閉じる前：$\dfrac{Q^2}{2C}+\dfrac{(3Q)^2}{2C}$

スイッチを閉じて電流が0になったとき：$\dfrac{(2Q)^2}{2C}+\dfrac{(2Q)^2}{2C}$

つまり，コンデンサーの静電エネルギーの和は

$$\frac{Q^2}{2C}+\frac{(3Q)^2}{2C}-\left\{\frac{(2Q)^2}{2C}+\frac{(2Q)^2}{2C}\right\}=\frac{Q^2}{C}$$

だけ減少したのです。コンデンサーの静電エネルギーの和は，抵抗で発生するジュール熱の分だけ減少します。よって，抵抗では $\dfrac{Q^2}{C}$ のジュール熱が発生したとわかります。

質問 74 物理

回路の中の断線している部分には，電流は流れないのではないでしょうか？

A 回答 断線している部分にコンデンサーがある場合は，コンデンサーの充電が完了するまでは電流が流れます。

電気回路の中に断線している場所があったら，普通そこには電流は流れません。しかし，断線しているところにコンデンサーがある場合，電流がまったく流れないということにはなりません。**コンデンサーの充電が続く間は，電流が流れる**のです。

では，コンデンサーの充電はいつまで続くのでしょうか？例題を通して，コンデンサーに流れる電流の求め方を理解しましょう。

例題 内部抵抗の無視できる起電力 V_0 の電池Eに，抵抗値がそれぞれ R_1，R_2 の抵抗 R_1，R_2，電気容量 C のコンデンサーC，スイッチSを図のように接続した。コンデンサーに蓄えられている電気量は0であった。次の問いに答えよ。

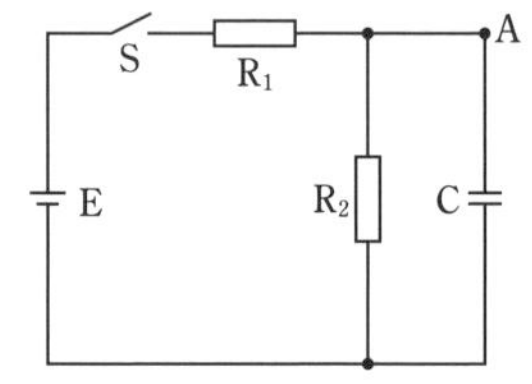

(1) スイッチSを閉じた瞬間に，図の点Aを流れる電流の大きさはいくらか。

(2) 点Aを流れる電流が0となるまでの間に，点Aを通過した電荷の総量はいくらか。

回路において，抵抗 R_2 とコンデンサーCは並列に接続されています。スイッチを閉じると回路に電流が流れることになりますが，並列な部分をどのように流れていくのでしょう？スイッチを閉じた直後には，コンデンサーに電荷は蓄えられていません。**回路中において，電荷が蓄えられていないコンデンサーは 抵抗＝0 の導線だとみなすことができます**。つまり，スイッチを閉じた直後には回路は右上図のようになっていると考えられるということです。

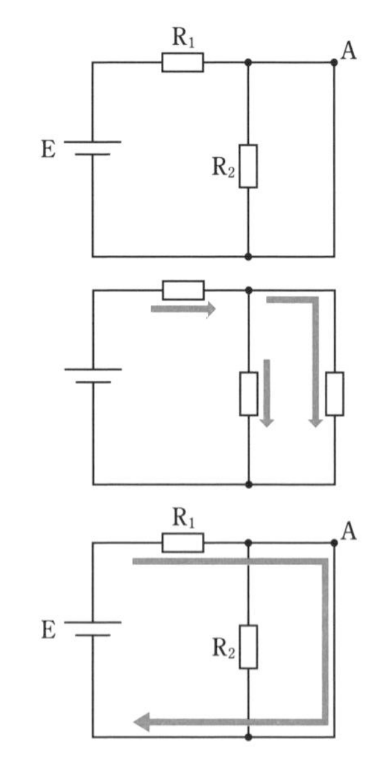

また，通常は並列回路を電流は2つに分かれて流れていきます。しかし，並列回路の片側の抵抗が0の場合，電流はすべて抵抗が0の側に流れます。わざわざ抵抗がある方を選ぶことをしないのです。

よって，スイッチを閉じた直後には右図のように電流が流れ，その大きさは $\frac{V_0}{R_1}$ ((1)の答) となります。

このように，スイッチを閉じた直後にはコンデンサーに勢いよく電流が流れていきます。その後，コンデンサーに流れる電流は徐々に小さくなり，やがて0となります。この時がコンデンサーの充電完了です。コンデンサーの充電が完了した状態は，どのように考えればよいのでしょうか。

コンデンサーに電流が流れないわけですから，抵抗 $\mathrm{R_1}$ を流れる電流はすべて抵抗 $\mathrm{R_2}$ へ流れることになります。

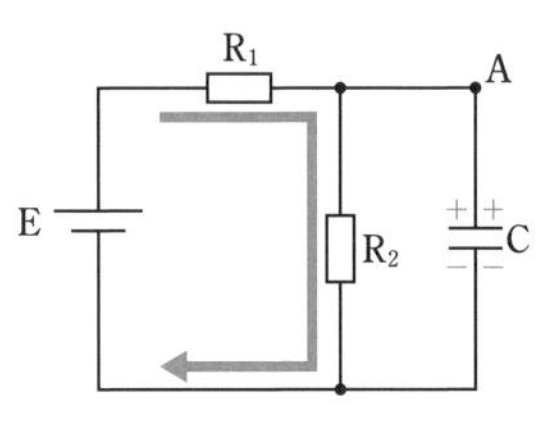

このとき，コンデンサーにはどれだけの電気量が蓄えられているのでしょうか。ポイントは，コンデンサーは抵抗 $\mathrm{R_2}$ と並列に接続されているということです。

抵抗 $\mathrm{R_2}$ には，大きさ $\dfrac{V_0}{R_1+R_2}$ の電流が流れています。よって，抵抗 $\mathrm{R_2}$ の電圧は $\dfrac{R_2V_0}{R_1+R_2}$ となっていることがわかります。

また，これと並列なコンデンサーCの電圧も $\dfrac{R_2V_0}{R_1+R_2}$ となり，ここから，充電が完了したコンデンサーCに蓄えられている電気量は $\dfrac{CR_2V_0}{R_1+R_2}$ だとわかります。

このように，充電が完了したコンデンサーについては，並列に接続された部分をヒントに電圧や電荷を求められることが多くあることを知っておくとよいでしょう。

スイッチを閉じてから充電が完了するまでにコンデンサーに流れ込む電荷は，すべて点Aを通過します。よって，(2)の答えは $\dfrac{CR_2V_0}{R_1+R_2}$ です。

類題にチャレンジ 74

解答 → 別冊 p.47

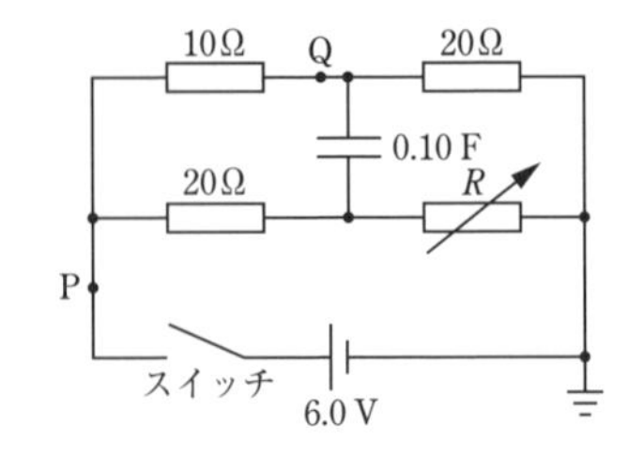

図のように，抵抗値が 10 Ω と 20 Ω の抵抗，抵抗値Rを自由に変えられる可変抵抗，電気容量が 0.10 F のコンデンサー，スイッチおよび電圧が 6.0 V の直流電源からなる回路がある。最初，スイッチは開いており，コンデンサーは充電されていないとする。

問1　次の文章中の空欄 [1] に入れる選択肢として最も適当なものを，下の①～④のうちから1つ選べ。

可変抵抗の抵抗値を $R=10\,\Omega$ に設定する。スイッチを閉じた瞬間はコンデンサーに電荷は蓄えられていないので，コンデンサーの両端の電位差は 0 V である。スイッチを閉じた瞬間の回路は [1] と同じ回路とみなせる。

[1] の解答群

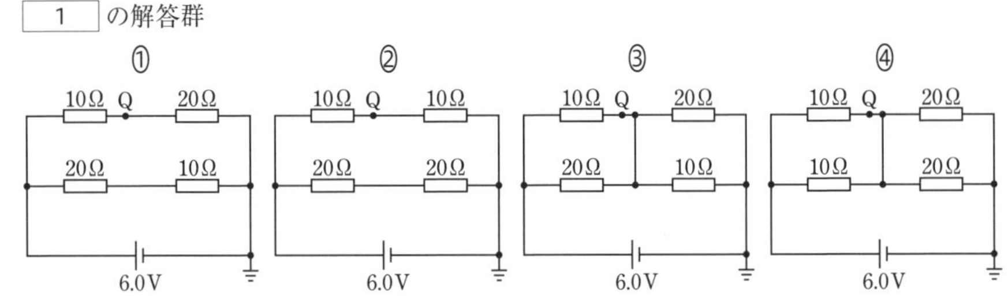

問2　次の文章中の空欄 [2] に入れる数値として最も適当なものを，下の①～⓪のうちから1つ選べ。

可変抵抗の抵抗値は $R=10\,\Omega$ にしたまま，スイッチを閉じて十分に時間が経過すると，コンデンサーに流れ込む電流は 0 となる。このとき，図の点Pを流れる電流の大きさは [2] A であった。

① 0.10　② 0.20　③ 0.30　④ 0.40　⑤ 0.50
⑥ 0.60　⑦ 0.70　⑧ 0.80　⑨ 0.90　⓪ 0

（共通テスト）

質問 75 物理

スイッチの切り換えでコンデンサーの電荷が変化を繰り返す場合，最終的にどのような値になるのでしょうか？

A 回答 スイッチの切り換え操作を繰り返すたびに電荷の変化量が小さくなり，最終的には電荷が変化しなくなります。

複数のコンデンサーが接続された電気回路では，スイッチの開閉にともなってコンデンサーの電荷が変化することがあります。そのような状況で，スイッチの切り換え操作を無限回繰り返したときにコンデンサーの電荷がどのような値になるか問われることがよくあります。スイッチ操作が数回であれば，1回ごと変化を考えればよさそうです。しかし，無限に考え続けることはできません。

このような場合に有効なのが，**「スイッチの切り換え操作を無限に繰り返すことでコンデンサーの電荷は一定値に収束する」**という考え方です。本当にそうなるのか，具体的な状況で考えてみましょう。

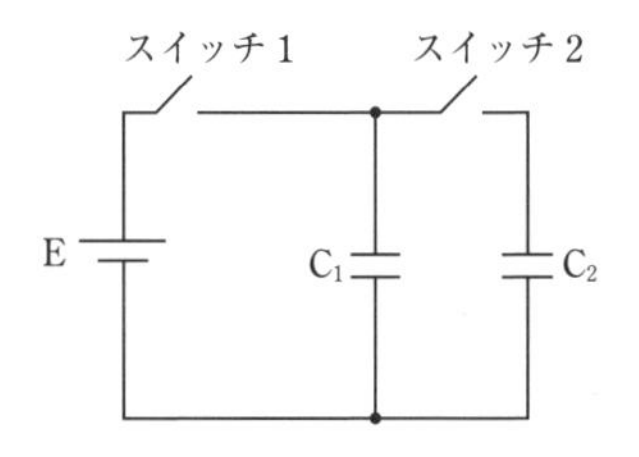

例題 電圧 V の電池E，電気容量が C_1 のコンデンサー C_1 と C_2 のコンデンサー C_2，スイッチ1と2を図のように接続する。最初，2つのスイッチは開いており，2つのコンデンサーに電荷は蓄えられていない。最初にスイッチ1を閉じ，次にスイッチ1を開いてからスイッチ2を閉じる。そして，スイッチ2を開いてから，スイッチ1を閉じ，同じことを繰り返す。このような操作を無限回繰り返すと，コンデンサー C_1 および C_2 の電荷はそれぞれいくらになるか。スイッチの切り換えは十分に時間が経過した後に行うものとする。

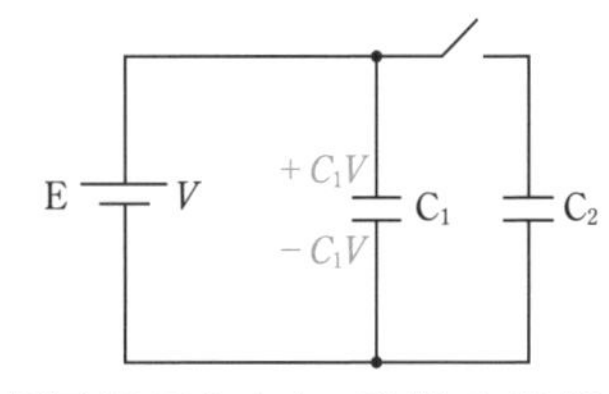

スイッチの切り換え操作をすることで各コンデンサーの電荷がどのように変化するのか，具体的に考えてみましょう。そうすることで，**コンデンサーの電荷の変化が徐々に小さくなり，やがて変化しなくなる**ようすを理解できます。

最初にスイッチ1を閉じると，コンデンサー C_1 にかかる電圧が V となり，電荷 C_1V が蓄えられます。

第4章 電磁気

続いて，スイッチ1を開いてからスイッチ2を閉じると，2つのコンデンサーの電圧が等しくなるように，コンデンサーC_1からコンデンサーC_2へ電荷の一部が移動します。移動した電荷をqとすると，コンデンサーC_1の電荷はC_1V-qとなり，2つのコンデンサーの電圧が等しいことから

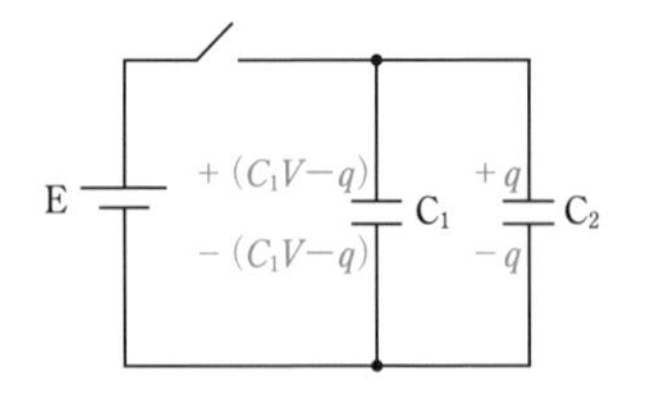

$$\frac{C_1V-q}{C_1}=\frac{q}{C_2}$$

が成り立ち，これを解いて

$$q=\frac{C_1C_2}{C_1+C_2}V$$

と求められます。1回目の操作では，コンデンサーC_1からコンデンサーC_2へこれだけの電荷が移動するのです。

それでは，2回目はどうでしょう？

まず，スイッチ2を開いてからスイッチ1を閉じると，コンデンサーC_1には再びC_1Vの電荷が蓄えられます。

そして，スイッチ1を開いてからスイッチ2を閉じると，やはり電荷の一部が移動するのです。移動する電荷をq'とすると，コンデンサーC_1の電荷はC_1V-q'，コンデンサーC_2の電荷は$q+q'$となるので，2つのコンデンサーの電圧が等しいことから

$$\frac{C_1V-q'}{C_1}=\frac{q+q'}{C_2}$$

が成り立ち，$q=\dfrac{C_1C_2}{C_1+C_2}V$ を代入してこれを解くと

$$q'=\frac{C_1{C_2}^2}{(C_1+C_2)^2}V=\frac{C_2}{C_1+C_2}q$$

と，1回目よりも電荷の移動量が小さくなることが求められます。

このように考察することで，スイッチの切り換え操作を繰り返すたびに電荷の移動量が小さくなることがわかります。

《注》 3回目以降も同様に計算できますが，スイッチ1を閉じるたびにコンデンサーC_1には電荷C_1Vが蓄えられ，スイッチ2を閉じるたびにコンデンサーC_2の電荷が増えていくことから，コンデンサーC_1からC_2へ移動できる電荷が減っていくようすを理解できると思います。

さて，電荷の移動量は徐々に小さくなるのですから，やがては0になる（スイッチ操作をしても電荷が移動しなくなる）のです。

スイッチ1を閉じたときには，コンデンサーC_1の電圧は必ずVになるのでした。そし

て，スイッチ2を閉じても電荷が移動しないのは，電荷が移動せずとも2つのコンデンサーの電圧が等しくなっているときです。つまり，スイッチ操作を無限に繰り返したときには，どちらのコンデンサーの電圧も V のまま変化しなくなるということなのです。

よって，無限に操作を繰り返したときに蓄えられている電荷はコンデンサー C_1 が C_1V，コンデンサー C_2 が C_2V だとわかります。

類題にチャレンジ 75

解答→別冊 p.47

電圧 V の電池E，電気容量がすべて C のコンデンサー C_1，C_2，C_3，スイッチ1と2を図のように接続する。はじめ，2つのスイッチは開いており，3つのコンデンサーに電荷は蓄えられていない。最初にスイッチ1を閉じ，次にスイッチ1を開いてからスイッチ2を閉じる。そして，スイッチ2を開いてからスイッチ1を閉じ，同じことを繰り返す。このような操作を無限に繰り返すと，各コンデンサーの電荷はそれぞれいくらになるか。スイッチの切り換えは十分に時間が経過した後に行うものとする。

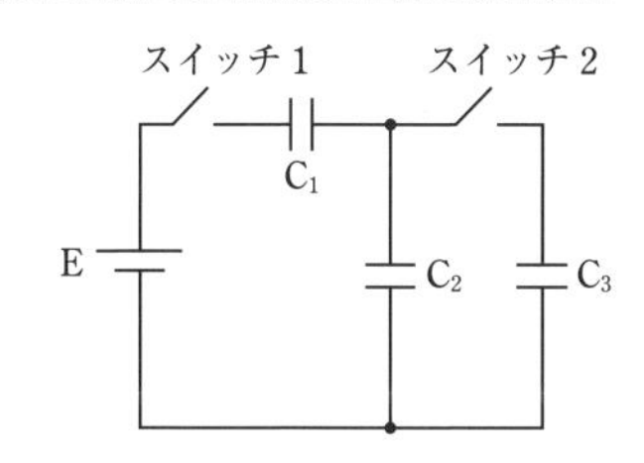

質問 76

物理

コンデンサーを含む直流回路でエネルギーの変化を考える場合，考えなければならない要素は何でしょうか？

A 回答　「電源がする仕事」，「外力がコンデンサーにする仕事」，「コンデンサーの静電エネルギーの変化」，「抵抗で発生するジュール熱」の4つの要素を考える必要があります。

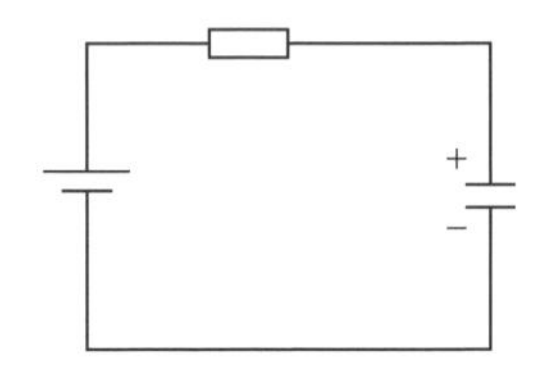

コンデンサーが電気回路に組み込まれているとき，コンデンサーの静電エネルギーが変化することがあります。例えば，電荷0のコンデンサーを電源とつないで充電すれば，コンデンサーの静電エネルギーは増加します。では，何がコンデンサーの静電エネルギーを生み出したのでしょう？

回路に電源がなければ，コンデンサーが充電されることはありません。つまり，「電源が電荷を送り出す仕事」によってコンデンサーに静電エネルギーが蓄えられたとわかります。

ただし，**電源による仕事は100％コンデンサーの静電エネルギーになるわけではありません**。通常，回路には抵抗が組み込まれています。コンデンサーが充電されるときには，電流が抵抗を流れることになります。そのとき，ジュール熱が発生します。**ジュール熱を生み出すのも電源による仕事なのです**。

つまり，この場合は

電源の仕事＝コンデンサーの静電エネルギーの変化＋抵抗で発生するジュール熱

という関係が成り立つということです。このときには，「電源がする仕事」，「コンデンサーの静電エネルギーの変化」，「抵抗で発生するジュール熱」の3つの要素をもとにエネルギーの関係を考える必要があるということです。

そして，状況によってはもう1つの要素も考える必要があります。「外力がコンデンサーにする仕事」です。**コンデンサーの極板間隔を変えたり，極板間に導体や誘電体を挿入したり抜き出したりするときには，外力が仕事をする必要があります**。

以上の4つの要素を考慮することに注意して，次の例題を解いてみましょう。

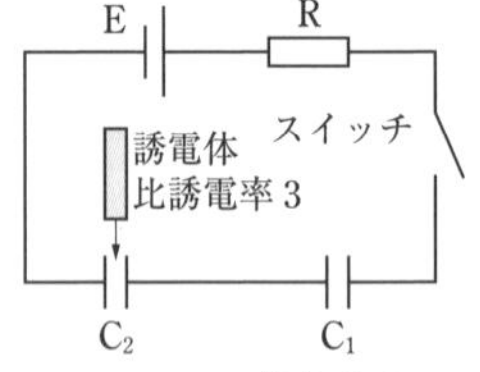

例題　図のように，電気容量Cの2つのコンデンサーC_1とC_2を直列に接続し，これに起電力Vの電池E，抵抗値Rの抵抗R，およびスイッチをつないだ回路を考える。はじめ，スイッチは開いており，コンデンサーは帯電していない。以下の問いに答えよ。

(1)　スイッチを閉じて十分に時間が経った。コンデンサーC_1，C_2に蓄えられるエネルギーの和E_1を求めよ。

(2) (1)において，電池がした仕事 W を求めよ。また，このとき抵抗Rで消費されたエネルギー J を求めよ。

次に，スイッチを開き，その後，コンデンサー C_2 に比誘電率 3 の誘電体を挿入した。

(3) コンデンサー C_1 とコンデンサー C_2 に蓄えられるエネルギーの和 E_2 を求めよ。

(4) エネルギー E_1 と E_2 の差は何によって生じたか答えよ。 (お茶の水女子大)

ここでは，質問 71 で説明した合成容量を利用して求めてみましょう。2 つのコンデンサーの電気容量はともに C なので，合成容量を C' とすると

$$\frac{1}{C'}=\frac{1}{C}+\frac{1}{C}$$

が成り立ち，これを解いて

$$C'=\frac{1}{2}C$$

と求められます。よって，各コンデンサーに蓄えられる電荷 Q は

$$Q=\frac{1}{2}CV$$

だとわかります。この値を使って，各コンデンサーの静電エネルギーは

$$\frac{Q^2}{2C}=\frac{1}{8}CV^2$$

となり，2 つの和 E_1 は

$$E_1=\frac{1}{8}CV^2\times 2=\frac{1}{4}CV^2 \quad ((1)の答)$$

と求められます。

2 つのコンデンサーにこれだけの静電エネルギーが蓄えられたわけですが，その間に電池はどれだけの仕事をしたでしょう。電源 (電池) のする仕事は，電源が送り出す電荷 $\varDelta Q$ と電源の電圧 V を使って $\varDelta Q\times V$ と求めることができます。今回，電池はコンデンサーに蓄えられた電荷 $\frac{1}{2}CV$ を送り出したので，電池がした仕事 W は

$$W=\frac{1}{2}CV\times V=\frac{1}{2}CV^2 \quad ((2)の答)$$

だとわかります。

さて，電池は $\frac{1}{2}CV^2$ の仕事をしたのに，2 つのコンデンサーには $\frac{1}{4}CV^2$ しか静電エネルギーが蓄えられていないことがわかりました。どうして，電池がした仕事の分だけコンデンサーにエネルギーが蓄えられないのでしょう。それは，抵抗に電流が流れることでジュール熱が発生するからでした。

これらの関係から，抵抗で消費されたエネルギー (発生したジュール熱) J は

第4章 電磁気

$$J=\frac{1}{2}CV^2-\frac{1}{4}CV^2=\frac{1}{4}CV^2 \quad \text{((2)の答)}$$

と求められます。

それでは，続いてスイッチを開いてからコンデンサー C_2 に誘電体を挿入したときの変化を考えましょう。比誘電率 3 の誘電体を挿入することで，コンデンサー C_2 の電気容量は 3 倍に（$3C$ に）なります。このとき，コンデンサー C_2 は電池と接続されていないため，電荷は $\frac{1}{2}CV$ のまま変化しません。

よって，コンデンサー C_2 の静電エネルギーは

$$\frac{\left(\frac{1}{2}CV\right)^2}{2\times 3C}=\frac{1}{24}CV^2$$

となるのです。

コンデンサー C_1 には何も操作を加えませんし，電池と接続されず電荷も変化しないため，エネルギーは $\frac{1}{8}CV^2$ のまま変わりません。よって，2 つのコンデンサーの静電エネルギーの和 E_2 は

$$E_2=\frac{1}{24}CV^2+\frac{1}{8}CV^2=\frac{1}{6}CV^2 \quad \text{((3)の答)}$$

と求められるのです。

さて，2 つのコンデンサーの静電エネルギーの和は

$$E_2-E_1=\frac{1}{6}CV^2-\frac{1}{4}CV^2<0$$

だけ変化したことがわかりました。コンデンサーの静電エネルギーは，減少したのです。このとき，2 つのコンデンサーは電池と切り離されているので，電池の仕事は影響していません。電流が流れないのですから，もちろん抵抗でジュール熱が発生したわけでもありません。ということは，残る要素である（誘電体を挿入する）**外力がコンデンサーにする仕事**がコンデンサーの静電エネルギーを変化させたことがわかります。

外力がコンデンサーにする仕事は，必ず負の値となります（質問 69 参照）。そのため，コンデンサーの静電エネルギーが減少したのです。

類題にチャレンジ 76

解答 → 別冊 p.48

図のように，電気容量 C の 2 つのコンデンサー C_1 と C_2 を直列に接続し，これに起電力 V の電池E，およびスイッチをつないだ回路を考える。はじめ，スイッチは開いており，コンデンサーは帯電していない。

E
スイッチ
誘電体
比誘電率 3
C_2
C_1

スイッチを閉じて十分に時間が経った後，スイッチを閉じた状態でコンデンサー C_2 に比誘電率 3 の誘電体を挿入した。誘導体を挿入する際に外力のした仕事はいくらか。

直流回路で電流の向きがわからないとき，電流の向きをどのように決めて計算すればよいかわからず困ってしまいます。どうすればよいのでしょうか？

A 回答 仮にどちらかの向きに決めて計算します。そうして求められた値の正負によって，正しい向きを判断できます。

電源が1つしか含まれないような左下図のような回路であれば，電流の向きがわからないということはありません。

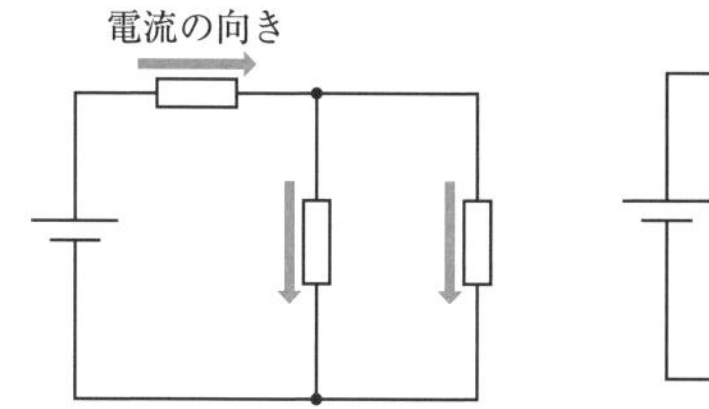

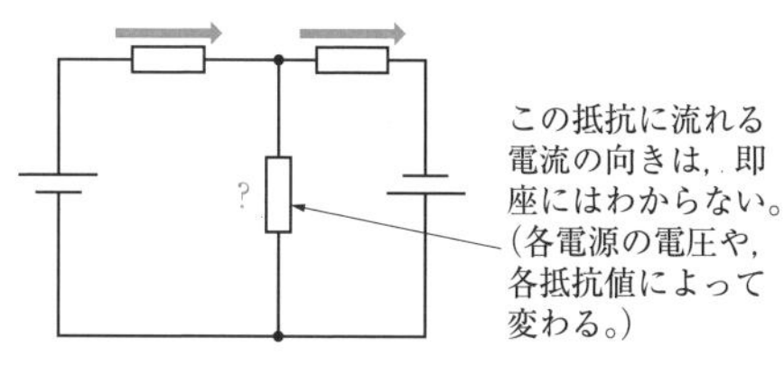

しかし，電源が2つ含まれる右上図のような場合，電流の向きがすぐには判断できないことがあります。

それでも，電流の向きや大きさを求める必要があります。そのようなときには，**とりあえず仮に電流の向きを決めて式を書けばよい**のです。

「向きがわからないのに，適当に決めてしまって大丈夫ですか？」と思われるかもしれませんが，大丈夫です。次のように正しい向きを判断できるからです。

- **電流が正の値として求められた場合**
  ⇒ **実際の電流の向き＝仮に設定した向き**
- **電流が負の値として求められた場合**
  ⇒ **実際の電流の向き＝仮に設定したのと逆向き**

例題で，この方法の使い方を確認してみましょう。

例題1 図のような直流回路を考える。電池の内部抵抗は無視できるものとして，抵抗Rに流れる電流の向きと大きさを求めよ。

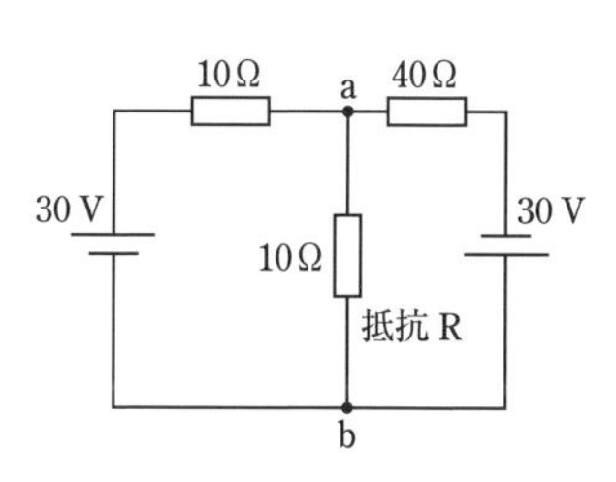

第4章 電磁気

抵抗Rに流れる電流の向きは，すぐにはわかりません。そこで，仮に右図のように向きと大きさを決めて考えてみましょう。

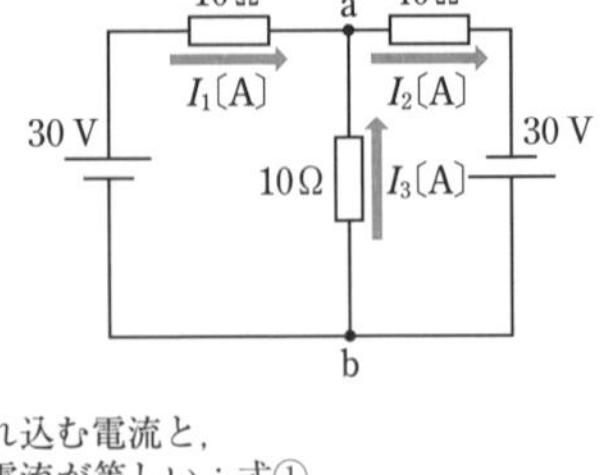

キルヒホッフの第1法則と第2法則を表す式を書きます。右下図のように閉回路を考えると，

$I_1+I_3=I_2$ ……①

$30=10I_1-10I_3$ ……②

$30=10I_3+40I_2$ ……③

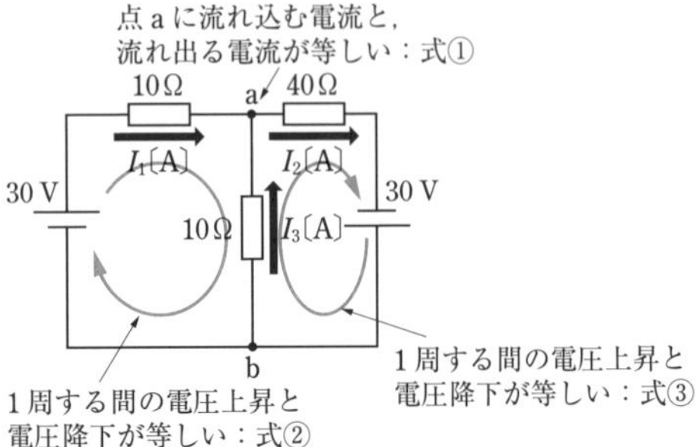

上の式①～③を連立して解くことで，$I_3=-1.0$ A と求められます。

さて，このように**I_3が負の値として求められたことは，仮に設定したI_3の向きが実際とは逆向きだったことを示しています**。よって，実際には抵抗Rには**a→bの向きに1.0 A**の電流が流れるとわかるのです。

ところで，今回の「向きがわからない場合，仮の向きを決める」という考え方は，他の分野の問題でも活用できます。力学分野から，代表的な例を紹介します。

例題 2　一直線上を速さ1.0 m/sで運動する質量2.0 kgの球Bに，Bと同じ向きに速さ6.0 m/sで運動する質量1.0 kgの球Aが衝突した。衝突後，Bは衝突前と同じ向きに速さ3.0 m/sで運動した。衝突後のAの速さと運動の向きを求めよ。

衝突後のAが最初と同じ向きに運動するか逆向きに運動するか，即座に判断するのは難しい状況です。このようなときも，仮に運動の向きを決めてしまいます。いまは，最初と同じ向きにしてみましょう。そして，図の右向きを正として運動量保存則を表す式を書きます。

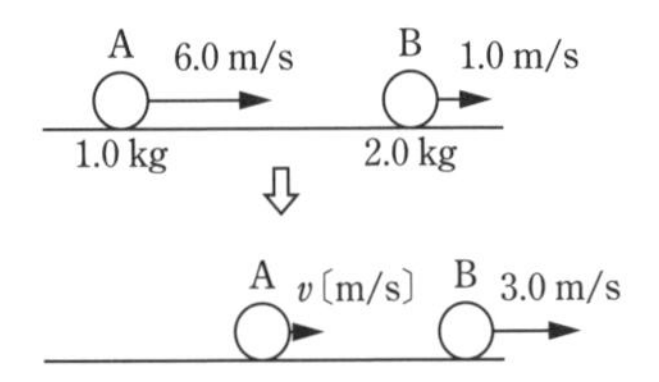

$$1.0\times6.0+2.0\times1.0=1.0\times v+2.0\times3.0$$

これを解いて，$v=2.0$ m/s と求められます。今回は，vが正の値として求められました。**vが正の値として求められたことは，仮に設定したvの向きが（たまたま）実際の向きだったことを示しています**。よって，衝突後のAは**衝突前と同じ向きに速さ2.0 m/s**で運動するとわかるのです。

類題にチャレンジ 77

解答 → 別冊 p.49

抵抗値が1Ωと2Ωの抵抗と，電圧7Vの電池を使って図のような直流回路を組んだ。

点BC間の1Ωの抵抗に流れる電流の向きと大きさを求めよ。

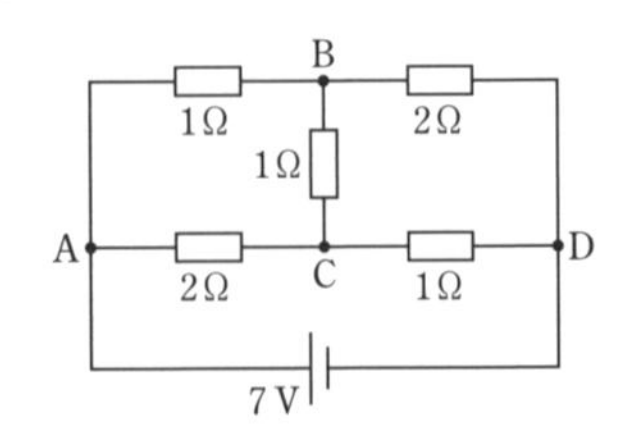

質問 78

物理

直流回路中で，導線が断線していないところでも電流が流れなくなることがあります。それは，どのようなときでしょうか？

A 回答 両端の電位差が 0 になると，その導線には電流が流れなくなります。

電気回路の問題では，一部の導線に電流が流れなくなる状況がよく登場します。導線がつながっていれば電流が流れそうですが，必ず流れるわけではないのです。

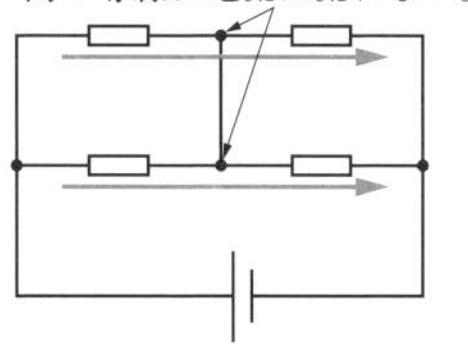

電流が流れるためには，電圧が必要です。「電圧」は「電位差」と同じ意味であり，ある 2 点の電位の差を，その間の電圧というのでした（質問 66 参照）。

つまり，回路中の一部の導線についてその**両端の電位が等しい場合，その間の電圧は 0** ということなのです。そして，そのようなときにはその導線に電流が流れないのです。

それでは，導線の両端の電位が等しくなるのはどのような場合か，具体例を通してその見つけ方を確認しましょう。

例題 1 図のように，抵抗値 r の抵抗を接続し，電圧 E を ac 間にかけたとき，電流計には I_1 の電流が流れた。I_1 の値を求めよ。電源および電流計の内部抵抗は無視できるものとする。

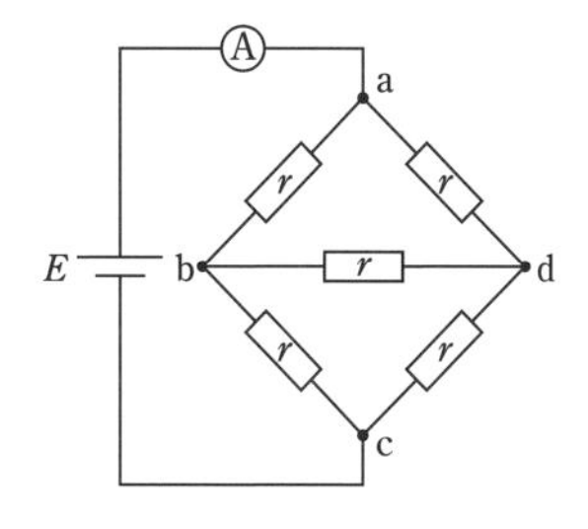

問題の回路では，a→b→c の部分と a→d→c の部分が同じ抵抗値で対称になっています。そのため，a→b→c と a→d→c には同じ大きさの電流が流れることになります（その値を I とします）。

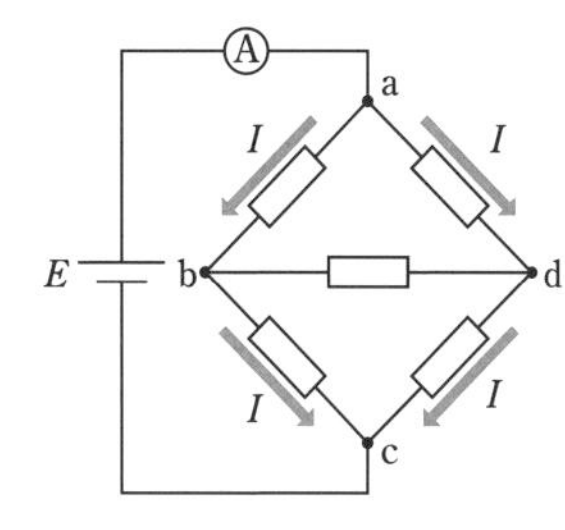

このとき，ab 間および ad 間の電圧はともに rI です。これは，点 b と点 d のどちらも点 a より電位が rI だけ低いことを意味します。よって，点 b と点 d は等電位であるとわかるのです。

このとき，bd 間は両端の電位が等しいということになります。よって，bd 間には電流が流れないのです。

以上のことから，電流 I は枝分かれせず a→b→c（および a→d→c）を流れるので，ac 間の電圧は $2rI$ だとわかります。これが電源の電圧 E と等しいことから，

$$2rI = E$$

より，$I=\dfrac{E}{2r}$ と求められます。電流計には a → b → c を流れる電流 I と a → d → c を流れる電流 I の両方が流れるので，

$$I_1=\frac{E}{2r}\times 2=\frac{E}{r}$$

と求められます。

例題 2　図に示すように，細長い一様な抵抗線 AB に，移動できる接点Cを設ける。A，B に電圧が一定の直流電源をつなぎ，B，C には起電力 E の電池と検流計およびスイッチをつないだ。BC 間がある距離になったとき，スイッチを閉じても検流計の針は振れなかった。このとき，BC 間の電圧を求めよ。

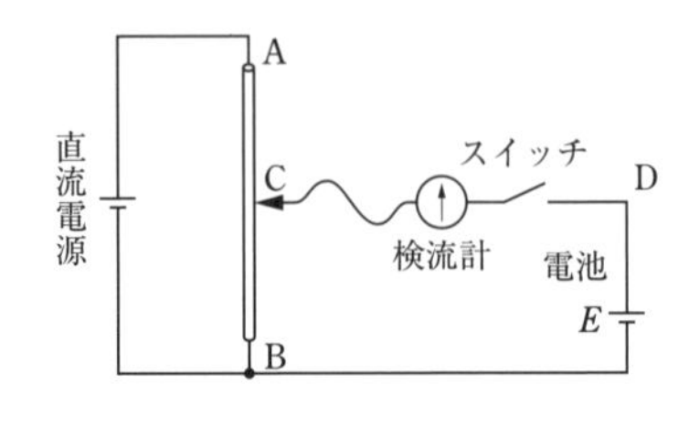

この問題では，スイッチをつないでも検流計に電流が流れない状況を考えます。導線がつながっているにも関わらず CD 間に電流が流れないわけですから，その**両端の電位が等しい**はずです。つまり，点Cと点Dは等電位なのです。

検流計に電流が流れないとき，点Dの電位は，点Bより E だけ高くなっています。ということは，点Cもまた点Bより電位が E だけ高くなっているはずなのです。つまり，BC 間の電圧は E だということです。

類題にチャレンジ 78

解答 → 別冊 p.50

図のように，抵抗値 R_1，R_2，R_3 の抵抗器，抵抗値が長さに比例する全長 l の抵抗線，検流計 G，起電力 E の電池が接続された電気回路がある。検流計Gは接点Aで抵抗線に接しており，抵抗線の端点Oからもう一方の端点Pまでスライドできるものとする。また，検流計Gを流れる電流の大きさを I_g とする。R_1，R_2，R_3 はいずれも 0 でないとして，電池および検流計の内部抵抗は無視できるものとし，以下の問いに答えよ。

(1)　$I_g=0$ となるときの点Bの電位を求めよ。

(2)　$I_g=0$ となるときの端点Oから接点Aまでの距離を求めよ。

（香川大）

質問 79　物理

直流回路中に非直線抵抗が含まれる場合，どのように式を立てればよいのでしょうか？

A 回答　非直線抵抗（抵抗値が流れる電流によって変化する抵抗）の電流を I，電圧を V とおけば，キルヒホッフの法則を式で表せるようになります。

抵抗値が一定の抵抗の場合は，電流と電圧のどちらかを文字でおけば，もう一方はそれを使って表すことができます。例えば，10 Ω の抵抗に流れる電流を I とすれば，電圧は $10I$ と表せます。

ところが，回路中に抵抗値が定まっていないものが登場することがあります。電球やダイオードです。これらの抵抗値は，電流や電圧によって変化するのです。

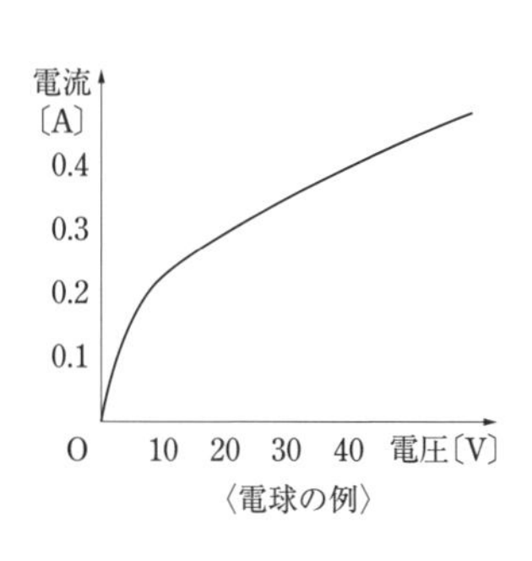

〈電球の例〉

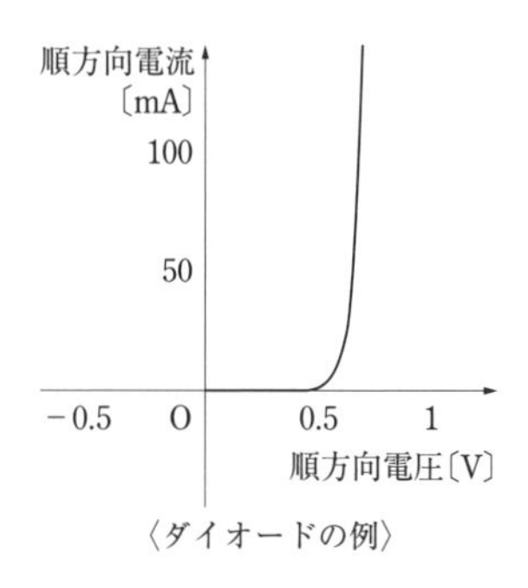

〈ダイオードの例〉

これらは，電流や電圧の値がわかれば抵抗値を知ることができます。しかし，普通は電流や電圧が不明な状態で出題されますので，抵抗値をすぐに知ることはできません。

それでは，電球やダイオードが含まれる回路について，どのように考えたらよいのでしょうか？**電球やダイオードが登場したら，その電流を I，電圧を V とおく**のがベストな解法です。そうすることで，I と V の関係式を求めることができるからです。

I と V の関係式を求めたら，それをグラフにして電球やダイオードの I-V グラフ（電流 I と電圧 V の関係を表すグラフ）の中へ書き込むのです。そして，書き込んだグラフと与えられている**グラフの交点**から，実際の電流 I と電圧 V を知ることができるのです。電球やダイオードは，求めた関係式と与えられているグラフのどちらの関係も満たすはずだからです。

電球やダイオードが含まれる回路の問題は，この手順で必ず解くことができます。例題を通して，この解法の使い方を確認しましょう。

例題 図1のように，抵抗Rまたは豆電球Mを電源Eにつなぎ，その両端の電圧 V〔V〕と電流 I〔mA〕を測定したところ，図2に示す結果が得られた。

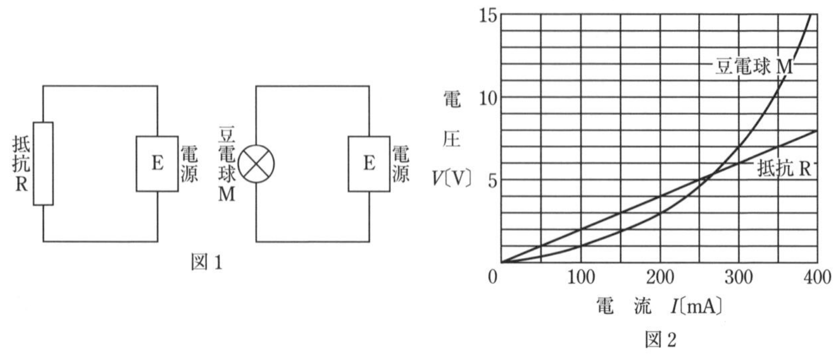

図1

図2

(1) Rの抵抗値を求めよ。

(2) 図3のように，RとMを(a)直列または(b)並列につなぎ，電源Eの電圧を7Vとした。電流計Aを流れる電流の値を，それぞれ求めよ。ただし，電流計の内部抵抗は無視できるものとする。

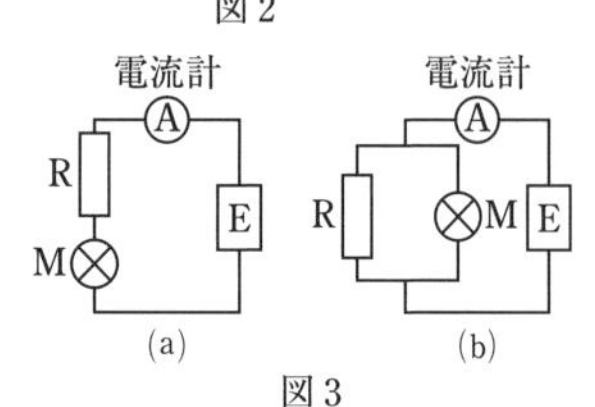

図3

図2を見ると，抵抗Rでは電流 I と電圧 V が比例関係にあることがわかります。これは，抵抗Rの抵抗値が一定で変化しないからです。

抵抗Rの抵抗値は，$\dfrac{電圧\ V}{電流\ I}$ から求められます。例えば電圧が1Vのときに電流が50 mA＝0.050 A であることから，

$$抵抗値=\frac{1}{0.050}=20\ \Omega$$ ((1)の答)

と求められます。

それに対して，豆電球Mでは電流 I と電圧 V が比例していません。抵抗値が変化するからです。このとき，電流 I が大きくなるほど $抵抗値=\dfrac{電圧\ V}{電流\ I}$ が大きくなっています。これは，流れる電流 I が大きくなるほど豆電球の温度が上がるためです。

《参考》 豆電球の中には，フィラメントとよばれる金属線が入っています。ここに電流が流れると熱くなり，光を発するようになるのです。このとき，フィラメントの温度が高くなるほど中の原子は激しく熱運動するようになります。そうすると電子の流れがいっそう妨げられるようになり，電流が流れにくくなる(抵抗値が大きくなる)のです。

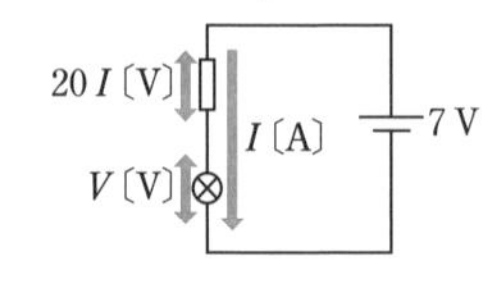

次に問(2)です。まずは(a)を考えましょう。豆電球が登場したら，その電流を I〔A〕，電圧を V〔V〕とおけばよいのでした。このとき，豆電球と直列に接続されている抵抗Rに流れる電流も I〔A〕となります。そして，抵抗値が20 Ωである抵抗Rの電圧は $20I$〔V〕となるのです。

このとき，この回路についてキルヒホッフの第２法則を

$$7=20I+V$$

と表すことができます。これをグラフにして図２の中へ書き込むと，右図のようになります。直線を描くにあたり，$7=20I+V$ を $V=7-20I$ とし，傾きが -20 で縦軸の切片が７のグラフとして描くことができます。あるいは，$I=0$ A のときに $V=7$ V，$V=0$ V のときに $I=0.35$ A（$=350$ mA）であることから（0，7）と（350，0）の２点を通る直線であると考えて描くこともできます。

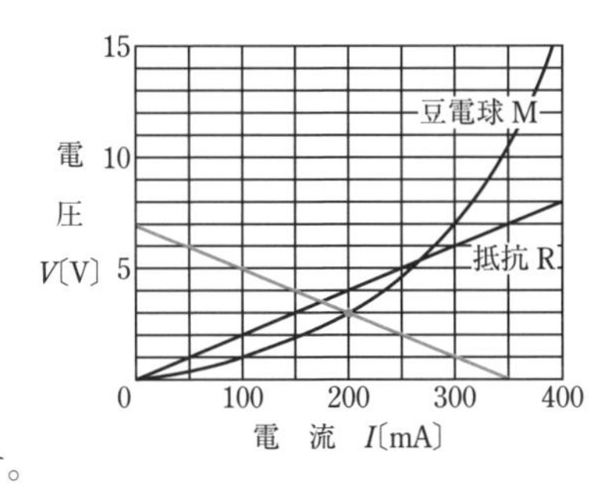

描き込んだグラフと与えられている豆電球Ｍのグラフの交点を読み取ると，豆電球Ｍに流れる電流は 200 mA であるとわかります。電流計と豆電球は直列につながれているので，電流計にも **200 mA** の電流が流れます。

続いて(b)です。こちらについては，抵抗Ｒと豆電球Ｍはともに７Ｖの電源Ｅと並列に接続されています。そのため，どちらも電圧が７Ｖであるとわかります。

よって，図２から電圧が７Ｖのときの電流値をそれぞれ読み取ると，抵抗Ｒには 350 mA，豆電球Ｍには 300 mA の電流が流れることがわかります。

電流計には２つの電流が合流して流れることになるので，電流計に流れる電流は

$$350+300=650 \text{ mA}$$

となります。

類題にチャレンジ 79

解答 → 別冊 p.51

電圧 V と電流 I の関係が図１のような２つの電球Ａ，Ｂがある。

問１　図２のように，電球Ａと 100 Ω の抵抗を電圧 $E=100$ V の電源に接続すると，回路に流れる電流は何Ａか。最も適当な数値を，次の①〜⑥のうちから１つ選べ。

①　0.40　　②　0.50　　③　0.60　　④　0.70
⑤　0.80　　⑥　1.00

問２　図３のように，２つの電球Ａ，Ｂを電圧 60 Ｖの電源に接続したとき，回路に流れる電流は何Ａか。最も適当な数値を，次の①〜⑥のうちから１つ選べ。

①　0.20　　②　0.40　　③　0.50
④　0.60　　⑤　0.75　　⑥　1.25　　（センター試験）

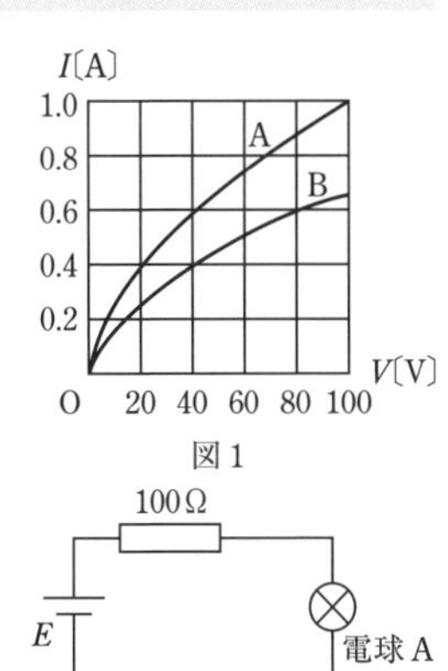

図１

図２

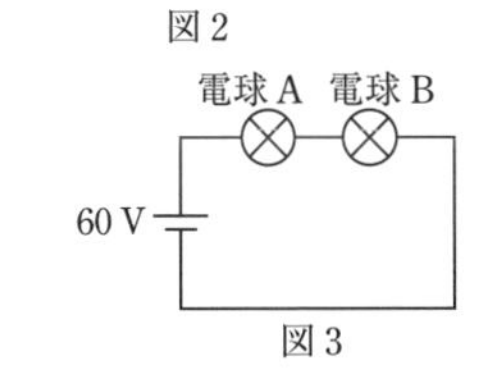

図３

質問 80 物理

磁場中で導体棒を動かすときに生じる誘導起電力の大きさは，動かす向きによってどのように変わるのでしょうか？

A 回答 導体棒に生じる誘導起電力の大きさは，導体棒の速度の「磁場を横切る成分」の大きさによって決まります。

ここからは，電磁誘導にまつわる疑問を解決していきましょう。

導体棒が磁場の中を動くとき，導体棒には電圧が生じます。電磁誘導によって生じる電圧なので「誘導起電力」とよばれます。

導体棒に生じる誘導起電力の大きさ V は，導体棒の速さ v，磁束密度の大きさが B の磁場，導体棒の長さ l といった値によって決まりますが，**導体棒の動く向きや動き方によっても変わる**のです。以下，パターンごとに整理して説明します。

例題 1　鉛直上向きの一様な磁束密度 B の磁場中で，水平に置かれた 2 本のレール上で長さ l の導体棒をレールに沿って速さ v で動かす。このとき導体棒に生じる誘導起電力の大きさを求めよ。

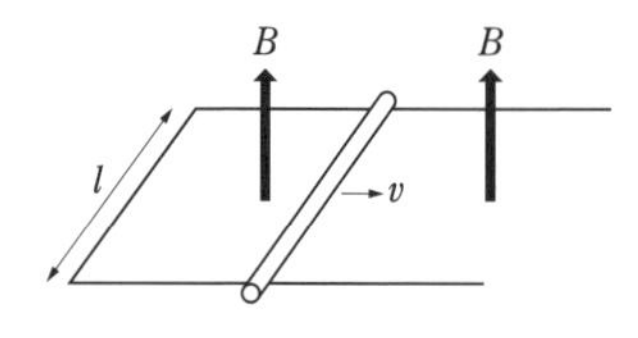

この場合，導体棒に生じる誘導起電力の大きさは vBl となります。導体棒に生じる誘導起電力の大きさを表す基本的な式ですが，これはこの状況のように**導体棒が磁場を垂直に横切る場合にのみ使える式**なのです。

次のように，導体棒が磁場を斜めに横切る場合はこのままでは誘導起電力を表しません。

例題 2　鉛直上向きの一様な磁束密度 B の磁場中で，水平面に対して角度 θ だけ傾いている 2 本のレールに沿って長さ l の導体棒を速さ v で動かす。このとき導体棒に生じる誘導起電力の大きさを求めよ。

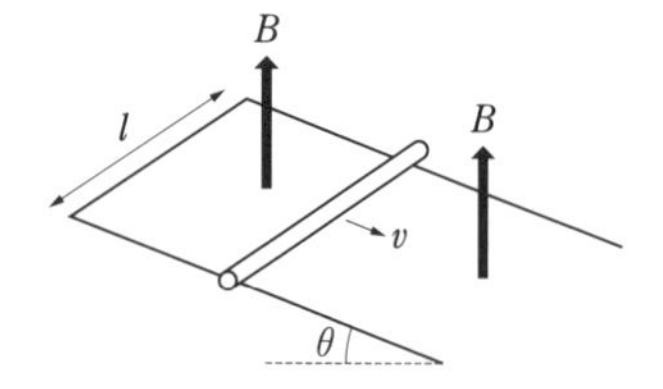

この場合は，導体棒に生じる誘導起電力の大きさは vBl とはなりません。導体棒が磁場を垂直に横切らないからです。

導体棒が磁場を斜めに横切る場合，**導体棒の速度を「磁場を横切る成分」と「磁場に平行な成分」に分解して考える**必要があります。

そして，**誘導起電力は「磁場を横切る成分」だけを使って求められる**のです。この場合は速度の磁場を横切る成分

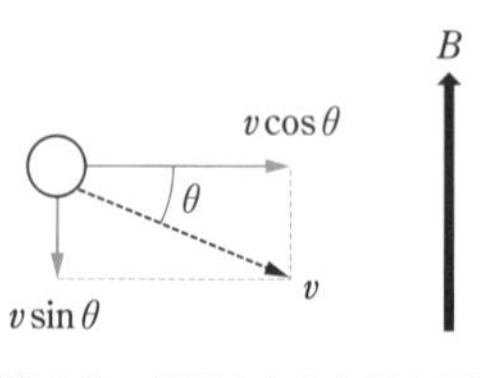

〈導体棒の断面方向から見た図〉

の大きさは $v\cos\theta$ なので，導体棒に生じる誘導起電力の大きさは $v\cos\theta\times Bl=\boldsymbol{vBl\cos\theta}$ と求められます。

以上のことがわかると，次のような場合についても正しく判断できるようになります。

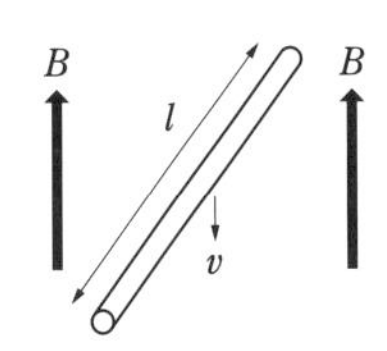

例題 3　鉛直上向きの一様な磁束密度 B の磁場中で，長さ l の導体棒を鉛直下向きに落下させる。このとき導体棒に生じる誘導起電力の大きさを求めよ。

この場合，導体棒は磁場に平行に運動することになります。つまり，導体棒は磁場を横切らないのです（速度の「磁場を横切る成分」が0）。**このような場合には，導体棒に誘導起電力は生じません**。誘導起電力は，あくまでも導体棒が磁場を横切ることによって生じるのです。

よって，導体棒に生じる誘導起電力の大きさは **0** と求められます。

それでは，最後に導体棒がちょっと変わった動き方をする場合を考えてみましょう。

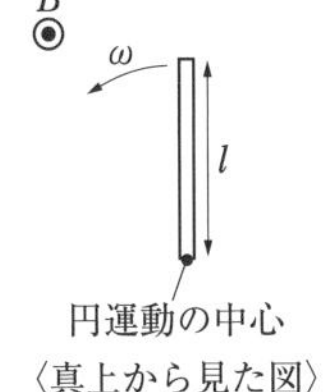

例題 4　鉛直上向きの一様な磁束密度 B の磁場中で，水平な平面上において，長さ l の導体棒を一端を中心として角速度 ω で等速円運動させた。このとき導体棒に生じる誘導起電力の大きさを求めよ。

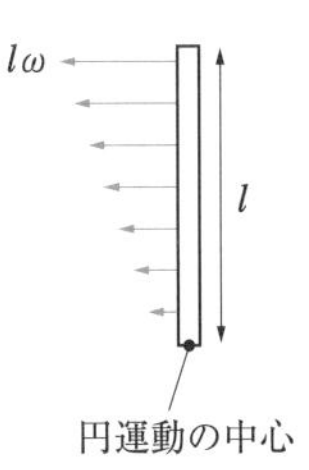

この場合は，導体棒全体が同じ速さで運動するわけではありません。円運動の中心から遠ざかるにつれて一様に速さが大きくなり，中心と逆側の端では速さが $l\omega$ となっています。

このことから，導体棒が磁場を横切る速さの平均が $\dfrac{l\omega}{2}$ であることがわかります。

よって，導体棒に生じる誘導起電力の大きさは，この値を使って

$$\frac{l\omega}{2}Bl=\boldsymbol{\frac{Bl^2\omega}{2}}$$

と求められます。

物理

誘導起電力が生じると必ず電流が流れると思います。正しいでしょうか？

回答　閉じた回路が存在しなければ，誘導起電力が生じても電流は流れません。

これは，電磁誘導に関して多くの人が誤解する点です。たとえ導体棒に誘導起電力が生じても，電流が流れないこともあります。このことは，**導体棒に誘導起電力が生じる現象は導体棒が電池になるのと同じこと**だとわかれば理解できます。

電池があっても，閉じた回路に接続されなければ電流が流れることはありません。導体棒に誘導起電力が生じる場合も，導体棒が閉じた回路につながっていなければ電流が流れることはないのです。

次の例題で，電流が流れる場合と流れない場合の違いを確認しましょう。

例題　図のように，磁束密度Bの一様な磁場が鉛直上向きにかけられており，2本の細い棒abc，defが同一水平面内に間隔lで平行に置かれている。それぞれの棒のab，deの部分は絶縁体，bc，efの部分は電気抵抗の無視できる導体であり，cf間は抵抗値Rの抵抗で連結されている。また，長さlの金属棒PQがこれらの棒上に接して，棒に垂直に置かれており，PQにつけられた糸を引くことによりなめらかに動かすことができる。ただし，PQの電気抵抗は無視できるものとする。

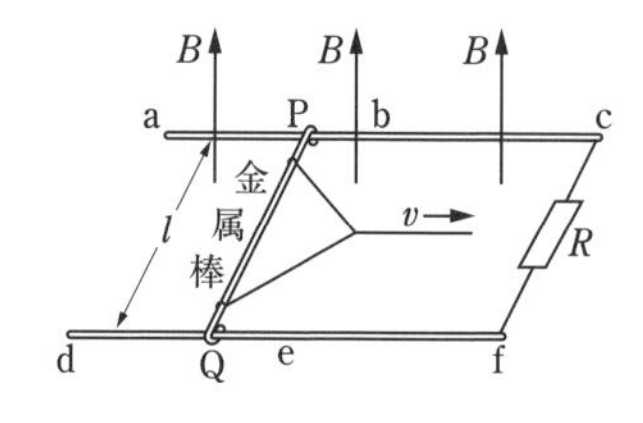

(1)　金属棒がab，deの部分の上にあり，図の右向きに一定の速さvで動いているとき，金属棒内に発生する誘導起電力の大きさV，金属棒を動かし続けるために必要な力の大きさFをそれぞれ求めよ。

(2)　金属棒がbc，efの部分に移動してきたとき，問(1)と同じ一定の速さvを保って金属棒を動かし続けるために必要な力の大きさF'を求めよ。

(1)　長さlの金属棒が磁束密度Bの磁場を垂直に速さvで横切るので，金属棒には$V = vBl$の誘導起電力が生じます。このことは，金属棒が絶縁体に接していても導体に接していても，変わりません。

金属棒の位置によって変わるのは，電流が流れるかどうかです。金属棒が絶縁体に接している間は，金属棒が**閉じた回路につながっていない**ことになります。よって，金属棒には**誘導起電力は生じても電流は流れない**のです。そのため金属棒は磁場から力を受けず，一定の速さで動かすのに力は不要($F = 0$)となります。

(2)　金属棒がbc，efの部分に移動すれば，導体だけでできた閉じた回路につながります。

このときには回路全体に大きさ $\frac{vBl}{R}$ の電流が流れます。この電流は当然金属棒にも流れるので，金属棒は磁場から大きさ $\frac{vBl}{R}Bl=\frac{vB^2l^2}{R}$ の力を受けることになります。金属棒を一定の速さで動かし続けるには，これとつりあう大きさ $F'=\frac{vB^2l^2}{R}$ の力を加える必要があるのです。

質問 82 物理

導体棒 AB に誘導起電力が生じて，A→Bの向きに誘導電流が流れるとき，Aの方が電位が高くなっているのでしょうか？

A 回答 導体棒が電池になったと考えられるので，Bの方が高電位であると理解できます。

これも，電磁誘導に関してよくある誤解です。質問は，次のような状況についてのものです。

例題 図のような鉛直上向きの一様な磁場中で，水平に置かれた導線でできたレール上を導体棒 AB を矢印の向きに動かす。このとき，AとBではどちらの方が電位が高くなるか。

図のとき，導体棒 AB には誘導起電力が生じ，A→B→C→Dの向きに誘導電流が流れます。

このようすを見ると，Aの方がBよりも電位が高いように思えます。しかし，そうではありません。

導体棒に誘導起電力が生じることは，導体棒が電池になるのと同じことでした（質問 81 参照）。今回も導体棒 AB が電池になることで，回路に誘導電流が流れるのです。

回路に図のような向きに誘導電流が流れることから，導体棒 AB は＋−が右図のような電池になっていることがわかります。

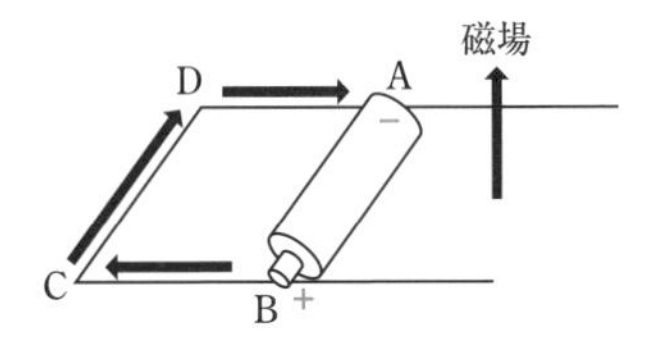

電池では，＋側（正極）の方が電位が高く，−側（負極）の方が電位が低くなっています。このことから，Bの方が高電位であることがわかるのです。

誘導起電力が生じる導体棒の電位の高低は，導体棒が電池になったと考えると間違えずに判断できます。

質問 83

物理

一様な磁場中を横切る正方形コイルに生じる誘導起電力は，どのように求めればよいのでしょうか？

A 回答　コイルを4本の導体棒に分けて考えるとスムーズです。

磁場中を動くコイルには，誘導起電力が生じることがあります。例えば，下図のような場合です。

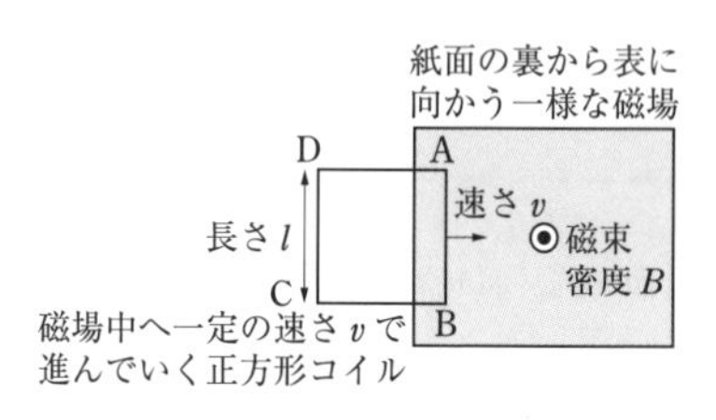

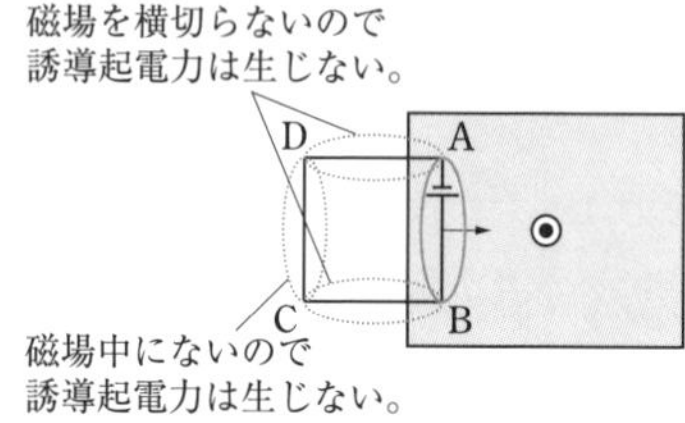

このときにコイルに生じる誘導起電力の大きさは，**コイルを4本の導体棒AB，BC，CD，DAに分けて考える**とスムーズに求められます。図の状況では4本の導体棒のうち，誘導起電力が生じるのは1本だけだとわかります。その1本に生じる誘導起電力の大きさ vBl が，コイル全体に生じる誘導起電力の大きさとなるのです。

このような考え方をすると，右図のようにコイル全体が磁場中に入っているときにはAB間，CD間の2つの誘導起電力の和は0となり，誘導電流が生じないことも理解できます。

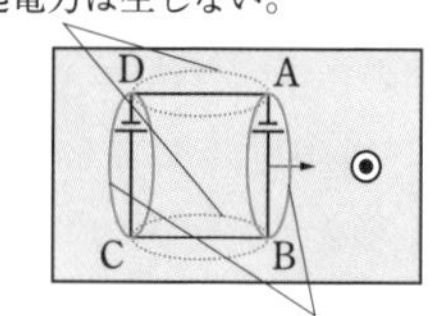

コイルを導体棒に分ける考え方は，コイルがどのような磁場の中を運動する場合にも通用するのです。例題を通して，そのことを確かめてみましょう。

例題　図のように，検流計をつないだ正方形コイルを，領域Ⅰから領域Ⅲまで右向きに一定の速さで動かした。領域Ⅰ，Ⅱ，Ⅲには，紙面に垂直に裏から表に向かって磁場がかかっており，それぞれの領域で一様である。領域Ⅰと領域Ⅲの磁場の大きさは同じであり，領域Ⅱの磁場の大きさは領域Ⅰ，Ⅲに比べて2倍大きい。コイルに流れる電流を時間の関数として表したグラフとして最も適当なものを，下の①～④のうちから1つ選べ。ただし，図の実線の矢印で示さ

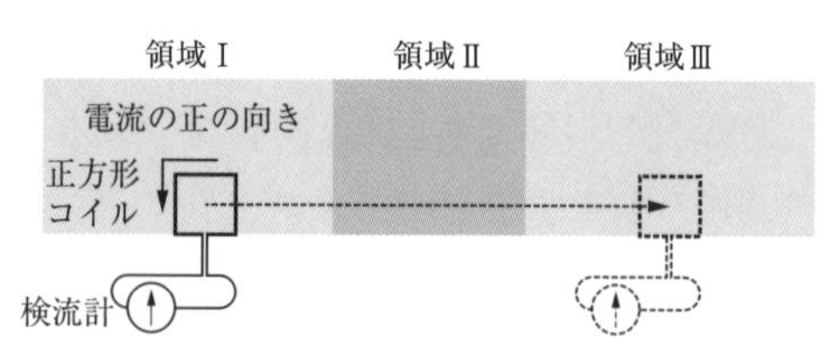

れる向きを，電流の正の向きとする。

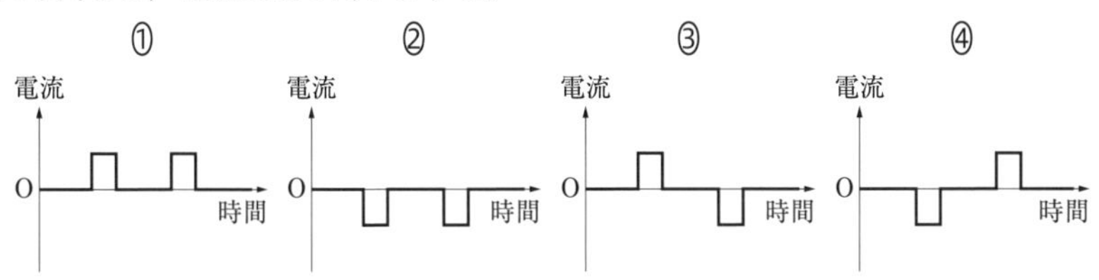

磁場が領域ごとで異なりますが，正方形コイルを4本の導体棒に分けて考えれば誘導起電力の大きさを求められます。

問題の状況を「正方形コイル全体が領域Ⅰの中にあるとき(a)」，「領域ⅠとⅡにまたがっているとき(b)」，「全体が領域Ⅱの中にあるとき(c)」，「領域ⅡとⅢにまたがっているとき(d)」，「全体が領域Ⅲの中にあるとき(e)」のそれぞれに分けて考えてみましょう（いずれの場合も，磁場を横切らない導体棒の部分には誘導起電力が生じません）。

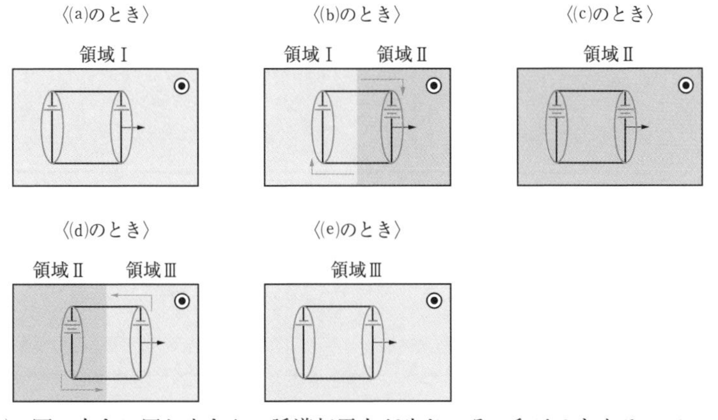

(a) 図の向きに同じ大きさの誘導起電力が生じ，その和は0となるので，コイルに電流は流れません。

(b) 領域Ⅰ側の導体棒の誘導起電力＜領域Ⅱ側の導体棒の誘導起電力となるので，図の矢印の向きに誘導電流が流れます。

(c) 図の向きに同じ大きさの誘導起電力が生じ，その和は0となるので，コイルに電流は流れません。

(d) 領域Ⅱ側の導体棒の誘導起電力＞領域Ⅲ側の導体棒の誘導起電力となるので，図の矢印の向きに誘導電流が流れます。

(e) 図の向きに同じ大きさの誘導起電力が生じ，その和は0となるので，コイルに電流は流れません。

以上の考察から，コイルには④のように時間変化する電流が流れることがわかります。

それでは，次ページの類題で一様でない磁場中の正方形コイルの運動にチャレンジしてみてください。

類題にチャレンジ 83

解答 → 別冊 p.52

次の文章を読み，設問に対する答を記せ。

図に示すように，真空中で固定された無限に長く細い直線導線中を，大きさ I_1 の直流電流が矢印の向きに流れている。また，その右側に一辺の長さが l の正方形コイル abcd が，直線導線と同じ平面上で辺 ab が直線導線と平行になるように置かれている。このとき，直線導線と辺 ab の距離は r であり，真空の透磁率を μ_0，円周率を π とする。

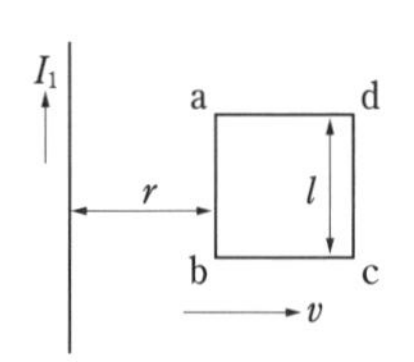

問 1　この正方形コイルを，同一平面上で b から c の向きに一定の速さ v で遠ざける。辺 ab が，直線導線から距離 r' $(r'>r)$ だけ離れた位置にきたとき，この移動によって正方形コイルに生じる電流の大きさ I_2 を求めよ。ただし，正方形コイル abcd の電気抵抗は R とする。

問 2　また，このとき回路内に流れる電流 I_2 の向きは(イ) a → b → c → d → a，または(ロ) a → d → c → b → a のいずれであるか，(イ)または(ロ)の記号で示せ。（宮崎大）

質問 84　物理

直流回路のスイッチを入れてもコイルに電流が流れなかったり，回路のスイッチを切ってもコイルに電流が流れ続けたりするのはなぜでしょうか？

A 回答　コイルに生じる自己誘導のためです。

回路中に含まれるコイルは，たとえ抵抗値が 0 でも導線と同じように考えることはできません。**コイルには自己誘導による誘導起電力が生じる**からです。

自己誘導とは，**コイルに流れる電流を一定に保とうとするはたらき**のことです。例えば，次のような回路でスイッチを入れれば，回路にはスイッチを入れた直後から電流が流れます。

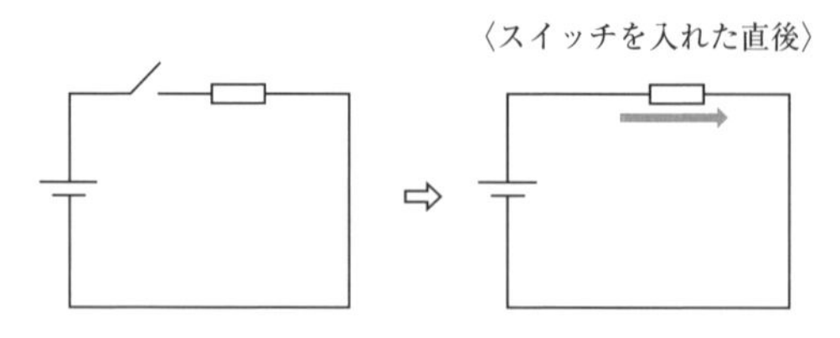

しかし，次ページの図のようにコイルが含まれると，スイッチを入れた直後には電流は流れません。時間経過とともに流れる電流が少しずつ大きくなっていくのです。

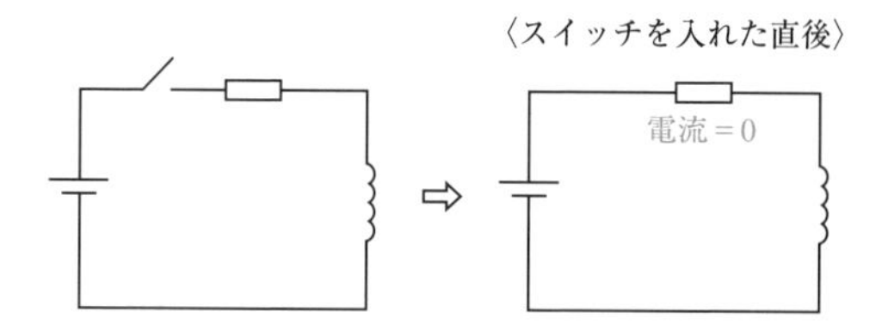

スイッチを切る場合も同様です。電流が流れている次の回路でスイッチを切れば，その直後には流れる電流が0となります。

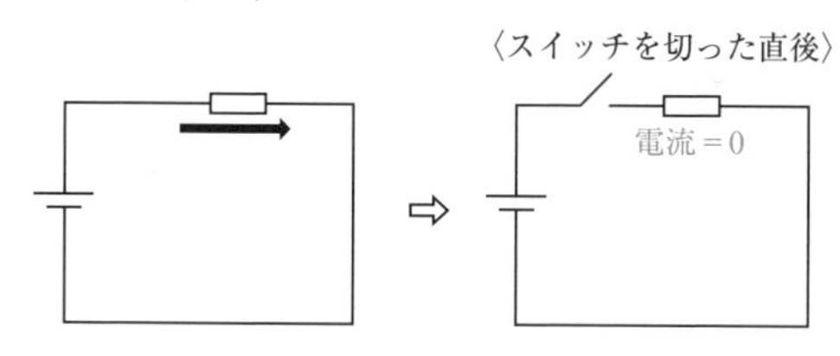

ところが，コイルが含まれるとそうはならないのです。スイッチを切った直後には，それまでと同じ大きさの電流が流れているのです。そして，その後に少しずつ電流が小さくなっていくのです。

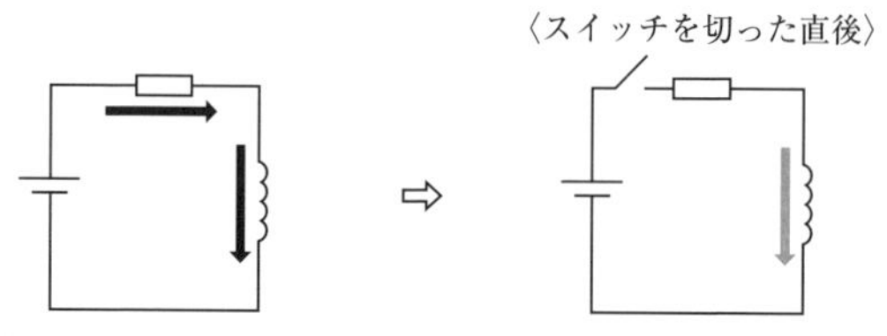

以上のようなコイルのはたらきは，次のように整理できます。

スイッチ操作直後のコイルの電流＝スイッチ操作直前のコイルの電流

このことさえ知っていれば，コイルが登場する回路の問題は決して怖くありません。

例題 電圧Eの電池，抵抗値Rの抵抗，コイル，スイッチを右図のように接続する。スイッチを入れた直後とスイッチを入れてから十分に時間が経ったときについて，回路に流れる電流の大きさと，コイルに生じる誘導起電力の大きさを求めよ。

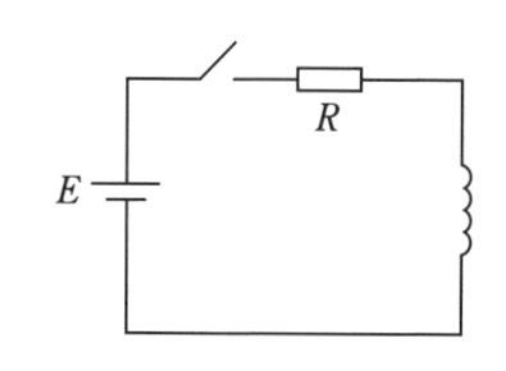

まずは，スイッチを入れた直後について考えます。スイッチを入れた直後にコイルに流れる電流は，スイッチを入れる直前にコイルに流れていた電流と等しくなります。スイッチを入れていないときにはコイルに流れる電流は0ですから，スイッチを入れた直後も0となります。

このとき，コイルと直列につながっている抵抗にも電流が流れません。そのため，抵抗にかかる電圧は0です。

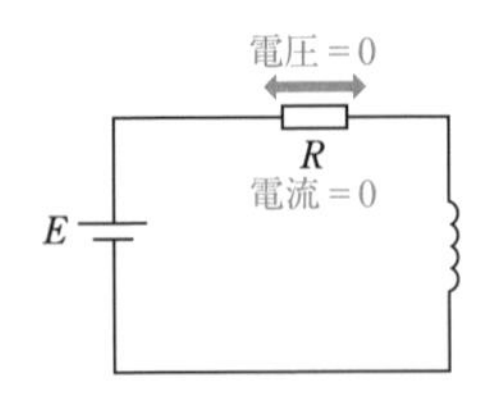

このことから，コイルの電圧は電池の電圧Eと等しくなっていることがわかります。これは，スイッチを入れた直後にコイルに生じる誘導起電力の大きさを示しています。

続いて，スイッチを入れてから十分に時間が経ったときを考えます。スイッチを入れた後，回路に流れる電流は徐々に大きくなっていきます。そして，やがて一定となります。電流が一定となった状態では，コイルに誘導起電力は生じません。つまり，コイルに生じる誘導起電力の大きさは0となるのです。

よって，このときには抵抗にかかる電圧が電池の電圧Eと等しくなります。抵抗に流れる電流は$\dfrac{E}{R}$で，これが回路全体に流れることになります。

類題にチャレンジ 84

解答 → 別冊 p.53

次の文章を読み，以下の問いに答えよ。

起電力V_0〔V〕の電池，抵抗値r〔Ω〕，R〔Ω〕の2個の抵抗，自己インダクタンスL〔H〕のコイルをスイッチS_1，S_2を介して，図のように接続した。スイッチを開閉して，コイルを流れる電流と電圧を調べた。

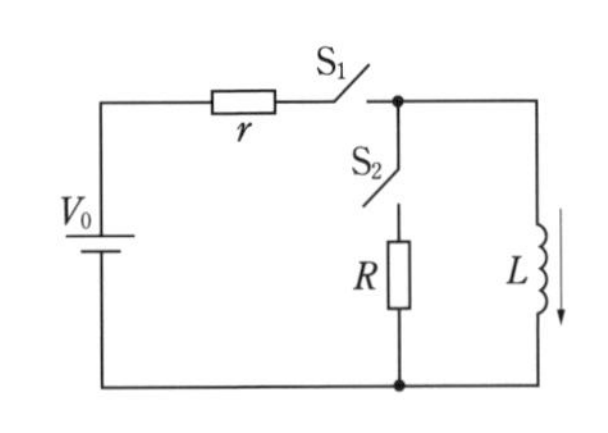

コイルを流れる電流については，図に示した矢印の向きを正とする。

問1　S_2を閉じてから，S_1を閉じた。その直後にコイルを流れる電流I_1〔A〕と，そのときのコイル両端の電圧の大きさV_1〔V〕を求めよ。

問2　十分に時間が経過すると，抵抗値rの抵抗を流れる電流は安定した。その電流値I_2〔A〕を求めよ。

問3　安定した後，S_1を開いた。その直後にコイルを流れる電流I_3〔A〕と，そのときのコイル両端の電圧の大きさV_3〔V〕を求めよ。

（岐阜大）

質問 85

物理

「周波数」と「角周波数」，「振動数」と「角振動数」，「回転数」と「角速度」といった用語の意味を，どのように整理して理解すればよいのでしょうか？

A 回答 分野によって使う用語が違いますが，単位が等しいものは同じ意味です。単位が〔Hz〕のものと〔rad/s〕のものに分けて整理できます。

ここから，交流回路に関するいくつかの疑問を解決していきます。まずは，交流の「周波数」と「角周波数」の意味の確認です。

2つの用語の意味を理解するだけならそれほど難しいことではありませんが，物理ではこれと似たような用語が登場するのでやっかいです。力学分野の円運動を考えるときには，「回転数」や「角速度」といった用語が登場します。同じく力学分野の単振動では，「振動数」と「角振動数」を使います。また，波動分野でも「振動数」を使って考えます。

実は，これらの中には似ているだけでなく意味が等しいものがあるのです。ここでは，分野を超えて用語の意味を整理しましょう。

いくつもの用語が登場しましたが，それらの単位は〔Hz〕か〔rad/s〕のどちらかしかありません。

単位が〔Hz〕のもの：「周波数」「振動数」「回転数」
単位が〔rad/s〕のもの：「角周波数」「角振動数」「角速度」

そして，**単位が等しいものは同じ意味**だと思って間違いありません。用語の意味は，単位によって理解できるからです。

それでは，2つの単位の意味を確認しましょう。

まずは〔Hz〕です。**〔Hz〕は〔回/s〕という意味**です。つまり，「**1s あたりの回数**」ということです。

これを円運動にあてはめたのが「回転数」で，「1s あたり何回回転するか」を表します。単振動や波動にあてはめれば，「振動数」です。こちらは，「1s あたり何回振動するか」ということになります。そして，交流では「周波数」です。周波数は「電流が1s あたり何回振動するか」ということになります。

このように，単位が〔Hz〕のものはすべて「1s あたりの回数」を表すと理解できればそれで十分です。1つずつの用語の違いまで考える必要はないのです。

《参考》「振動数」と「周波数」は，どちらも frequency という同じ言葉がもとになって生まれたものです。日本に近代科学が輸入されたときに，学問分野によって frequency を「振動数」と翻訳されることもあれば，「周波数」と翻訳されることもあったのです。もしも frequency が1つの言葉に統一して翻訳されていたら，混乱もなかったのでし

第4章 電磁気

ょう。

次に，〔rad/s〕について確認します。**〔rad〕は角度を表す単位です。よって，〔rad/s〕は「1 s あたり何 rad 回転するか」を表す**のです。

ただし，単振動や波の振動，交流での電流の振動は回転に置き換えたものです。こういった場合には，**「1 回の振動」を「1 回の回転（$=2\pi$〔rad〕の回転）」**として〔rad/s〕を使います。例えば，「角振動数が 4π〔rad/s〕の単振動」は「1 s あたり $\frac{4\pi}{2\pi}=2$ 回振動する単振動」ということになります。

以上のことがわかると，単位が f〔Hz〕のものと ω〔rad/s〕のものとの関係も見えてきます。1 回の回転や振動を 2π〔rad〕とするのですから，

単位が〔rad/s〕のもの$=2\pi\times$単位が〔Hz〕のもの　$(\omega=2\pi f)$

という関係が成り立つのです。

例題　角振動数 ω が 10π〔rad/s〕の単振動の振動数 f は何〔Hz〕か。

ω と f の間には，$\omega=2\pi f$ の関係があります。ここから，

$$f=\frac{\omega}{2\pi}=\frac{10\pi}{2\pi}=5\text{ Hz}$$

と求められます。

類題にチャレンジ 85

解答 → 別冊 p.55

周波数 f が 50 Hz の交流の角周波数 ω は何〔rad/s〕か。円周率を π とする。

質問
86

物理

交流回路中の抵抗・コイル・コンデンサーを流れる電流は，オームの法則から $\dfrac{\text{電圧}}{\text{抵抗（リアクタンス）}}$ のように求めてよいのでしょうか？

A 回答 リアクタンスは最大値（実効値）どうしの関係を考えるときにだけ使うので，正しく求めるには，電流と電圧の位相のずれを考慮する必要があります。

右図の直流回路では，オームの法則により抵抗に流れる 電流$=\dfrac{\text{電圧}}{\text{抵抗}}$ となります。

R
電流 $\dfrac{V}{R}$
V

ところが，交流回路ではこのように求められるとは限りません。**電流と電圧の位相がずれることがあるから**です。

交流回路には，抵抗だけでなくコイルやコンデンサーも登場します。交流ではこれらすべてに電流が流れます。そのとき，電流と電圧の位相は次のような関係になります。

- **抵抗**　　　　：**電流と電圧の位相は等しくなる**
- **コイル**　　　：**電流の位相が電圧の位相より $\dfrac{\pi}{2}$ 遅れる**
- **コンデンサー**：**電流の位相が電圧の位相より $\dfrac{\pi}{2}$ 進む**

交流回路では，電流も電圧も振動します。このとき，1回の振動を 2π〔rad〕とするのでした（質問 85 参照）。この 2π〔rad〕のように，角度に相当するものを「位相」といいます。

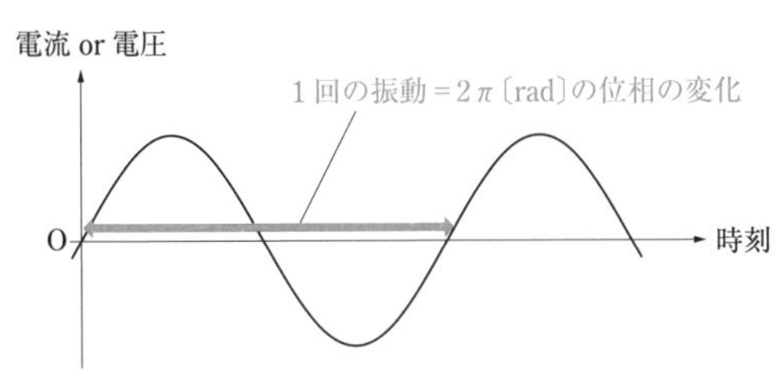

ここから，「**$\dfrac{\pi}{2}$〔rad〕の位相のずれ**」というのは「**振動 $\dfrac{1}{4}$ 回分のずれ**」であることがわかります。

以上のことを踏まえると，交流回路中の抵抗・コイル・コンデンサーに流れる電流について次のように整理できます。

第4章 電磁気

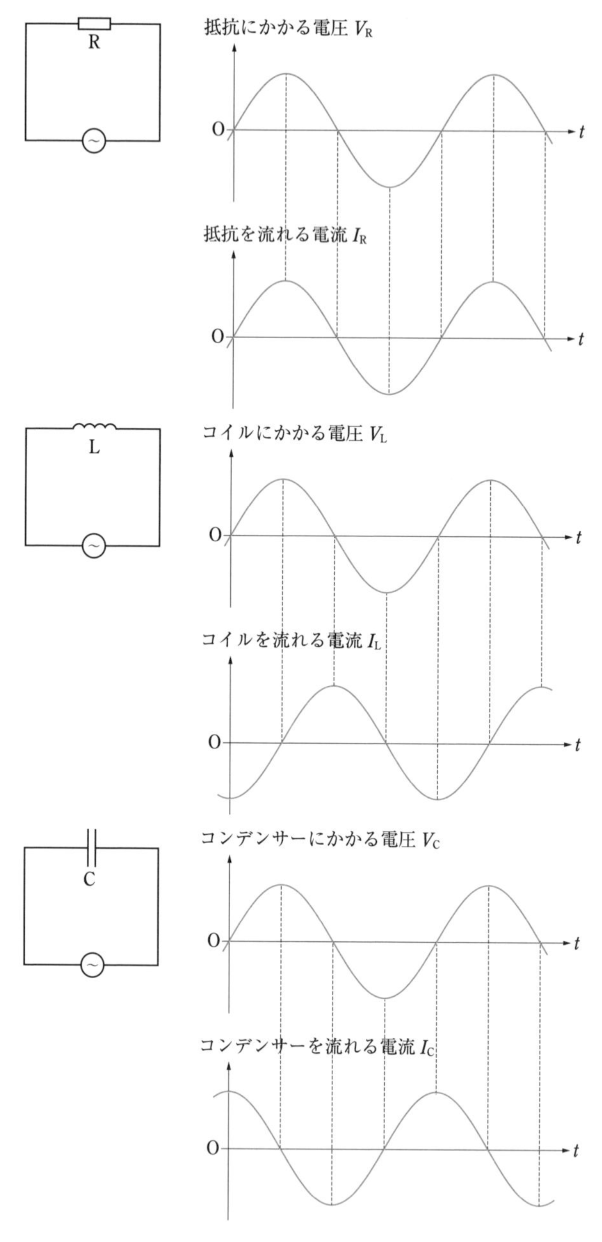

交流回路中でのこのような電流と電圧の関係がわかると，単純に $電流=\dfrac{電圧}{抵抗}$ のようには求められないとわかります。コイルやコンデンサーにおいては，「電圧が 0 になる瞬間に最大の電流が流れている」「電圧が最大となる瞬間に電流が 0 となる」といったことが起こっているからです。

例題 電圧の最大値が V_0 で角周波数が ω の交流電源，抵抗値 R の抵抗，自己インダクタンス L のコイル，電気容量 C のコンデンサーを準備し，次の(a)〜(c)のように接続する。(a)〜(c)において，交流電源の電圧が V_0 となる瞬間と交流電源の電圧が 0 となる瞬間のそれぞれについて，回路に流れる電流の大きさを求めよ。

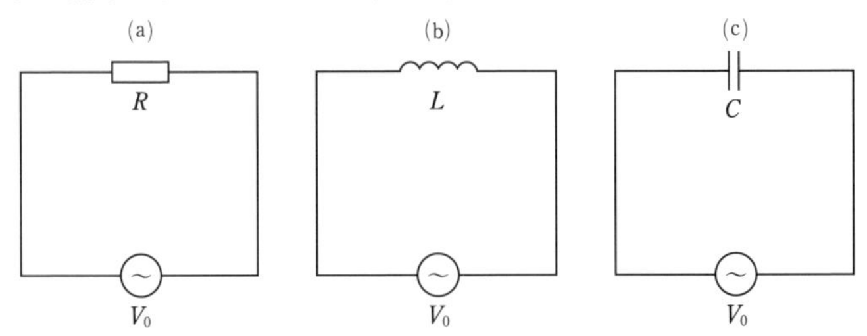

3つの回路のいずれの場合も，抵抗・コイル・コンデンサーにかかる電圧は電源電圧と等しくなります。

まずは，(a)を考えます。抵抗に流れる電流の位相は電圧と一致します。今回は電源電圧の位相と一致することになります。よって，電源電圧が最大値 V_0 となる瞬間に抵抗の電流も最大となり，その値は $\dfrac{V_0}{R}$ です。また，電源電圧が 0 となる瞬間には抵抗の電流も 0 となります。

次に(b)です。コイルに流れる電流の位相は電圧の位相より $\dfrac{\pi}{2}$ 遅れるのでした。今回は，電源電圧の位相より $\dfrac{\pi}{2}$ 遅れることになります。よって，電源電圧が最大値 V_0 となる瞬間にコイルの電流は 0 となります。また，電源電圧が 0 となる瞬間にコイルの電流が最大となります。コイルのリアクタンス（≒抵抗値）は ωL なので，流れる電流の最大値は $\dfrac{V_0}{\omega L}$ となります。

最後に(c)です。コンデンサーに流れる電流の位相は電圧の位相より $\dfrac{\pi}{2}$ 進むのでした。今回は，電源電圧の位相より $\dfrac{\pi}{2}$ 進むことになります。よって，電源電圧が最大値 V_0 となる瞬間にコンデンサーの電流は 0 となります。また，電源電圧が 0 となる瞬間にコンデンサーの電流が最大となります。コンデンサーのリアクタンスは $\dfrac{1}{\omega C}$ なので，流れる電流の最大値は

$$\frac{V_0}{\dfrac{1}{\omega C}}=\omega C V_0$$

となります。

質問 87

物理

どのようにしたら，位相がずれている交流回路の電流や電圧を足しあわせることができるのでしょうか？

A 回答 交流回路の電流や電圧を「回転するベクトルの正射影」と考えると，スムーズに足しあわせることができます。

交流回路では，電流と電圧の位相がずれることがありました(質問 86 参照)。このため，交流回路の電流や電圧の足しあわせでは，位相が一致しないものどうしの足し算が必要になります。位相が一致しないものどうしの足し算とは，例えば右図のような位相がずれている電圧 V_1 と V_2 の 2 つの波の重ねあわせです。

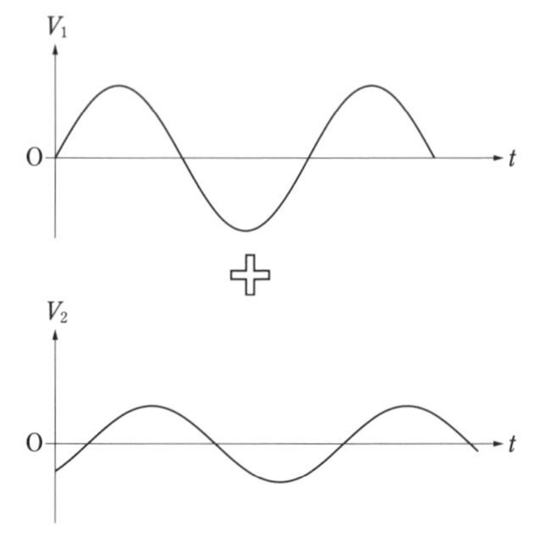

どのようにしたら，このような足し算をスムーズに行うことができるでしょうか。1つの方法は，これらの波を三角関数を使った式で表し，三角関数の公式を活用して足しあわせるというものです。しかし，それはなかなか大変です。特に数式の活用がそれほど得意でない人にとっては，難しいことも多いでしょう。

そこで，より簡潔に求める方法を紹介します。**交流回路の電流や電圧を「回転するベクトルの正射影」と考える**方法です。

例えば，先ほど示した電圧 V_1 は，次のような回転するベクトルの正射影だと考えられます。

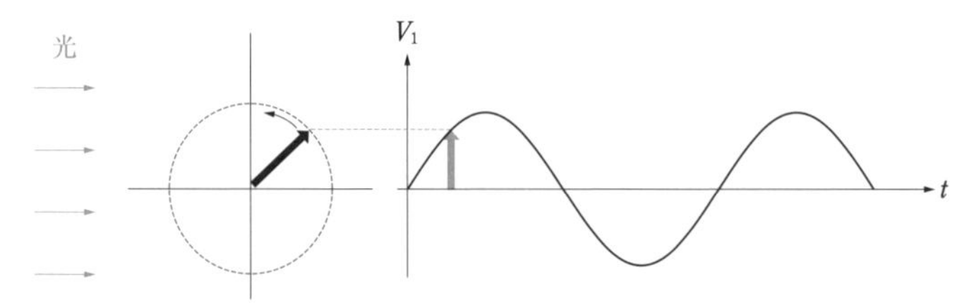

このようなとらえ方をすると，交流回路の電流や電圧の足し算は**「回転するベクトルの正射影どうしの足し算」**だと理解できます。

そして，回転するベクトルを正射影にしてから足しあわせることはなかなか難しいのでした。ではどうしたらよいかというと，回転するベクトルどうしを足しあわせてから正射影にするのです。ベクトルの段階で足しあわせてから正射影にしても，正射影にしてから足しあわせても同じものになります。そうであるなら，より簡単な方法を利用しようというわけです。正射影にしたものどうしの足し算は大変ですが，ベクトルどうしの足し算はさほど難しくはないのです。

このことを，例題を通して確認してみましょう。

例題 右図のように，抵抗値Rの抵抗Rと電気容量CのコンデンサーCが，時刻tにおける電圧$V=V_0\sin\omega t$の交流電源に接続されている回路がある。このとき，回路に流れる電流の最大値を求めよ。

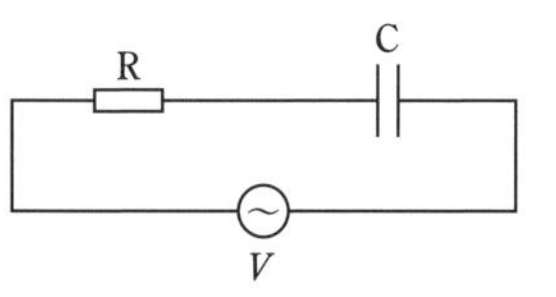

抵抗とコンデンサーは直列に接続されています。そのため，等しい電流が流れます。

共通の電流に対して，抵抗では電圧の位相が一致していますが，コンデンサーでは電圧の位相が$\dfrac{\pi}{2}$だけ遅れています。

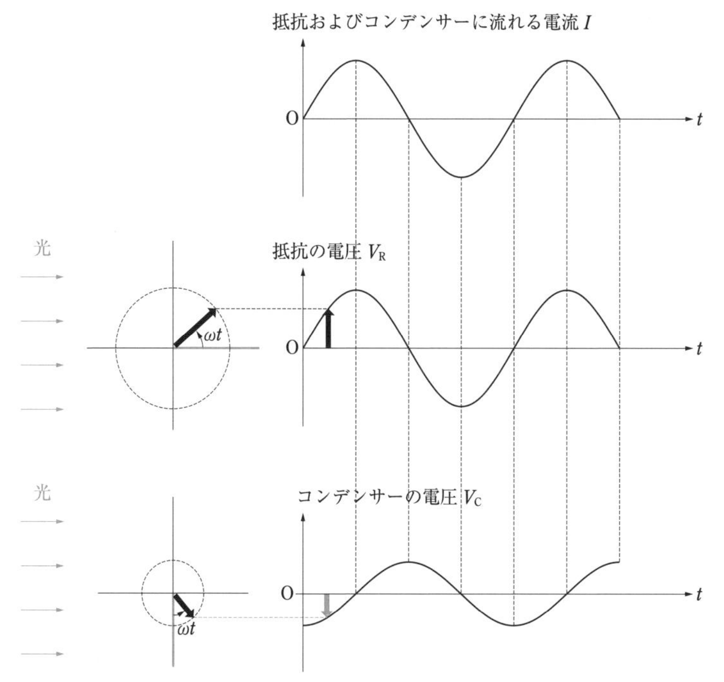

これらの電圧を，それぞれ回転するベクトルの正射影と考えます。

抵抗Rとコンデンサー Cの電圧の和は，電源電圧と等しくなります。つまり，$V=V_R+V_C$ です。これは「2つのベクトルの正射影の和」ですが，「2つのベクトルの和の正射影」と考えればスムーズに求められるのでした。

それぞれのベクトルの長さは，各電圧の最大値を表します。流れる電流の最大値をI_0とすると，抵抗の電圧の最大値はRI_0となります。また，コンデンサーではリアクタンスが$\dfrac{1}{\omega C}$なので，電圧の最大値は$\dfrac{I_0}{\omega C}$となります。

第4章 電磁気

以上のことから，2つのベクトルは次図のように表せることがわかります。

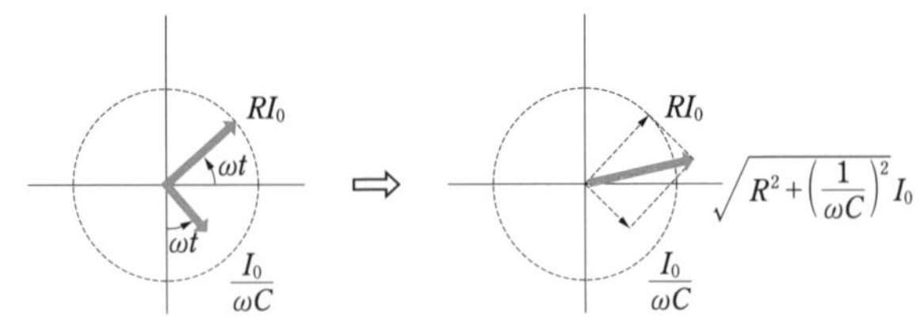

電源電圧 V は2つのベクトルの和の正射影なので，その最大値 $V_0=\sqrt{R^2+\left(\frac{1}{\omega C}\right)^2}I_0$ であることがわかります。

ここから，回路に流れる電流の最大値 $I_0=\frac{V_0}{\sqrt{R^2+\left(\frac{1}{\omega C}\right)^2}}$ と求められます。

類題にチャレンジ 87

解答 → 別冊 p.54

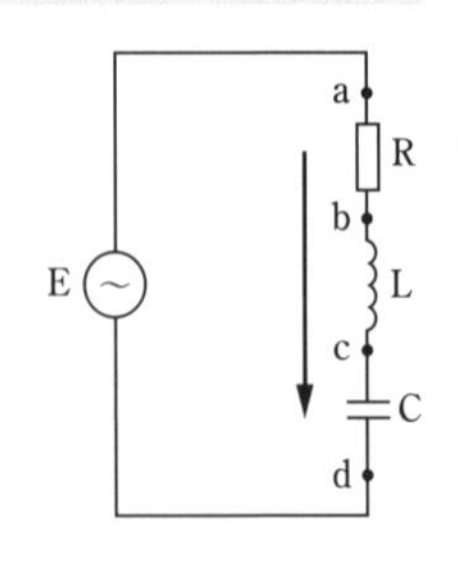

図のように，抵抗値Rの抵抗R，自己インダクタンスLのコイルL，電気容量CのコンデンサーCが交流電源Eに接続されている。この交流電源は出力の角周波数，電流の振幅あるいは電圧の振幅を自由に設定でき，時刻 t における矢印の向きの電流の瞬時値が式 $I_0\sin\omega t$ で与えられるとする。ここで，I_0 は電流の振幅，ω は角周波数である。

bd 間の電圧がつねに 0 になるのは ω がいくらのときか。(福岡大)

質問 88　物理

交流回路で共振が起こるとき，流れる電流が最大になる場合と最小になる場合の違いは何でしょうか？

A 回答　RLC 直列回路の共振では流れる電流が最大となり，RLC 並列回路の共振では流れる電流が最小になります。

交流回路では，電源の周波数を変えることで流れる電流の大きさが変化します。そして，周波数が特定の値（固有周波数，共振周波数）になると，共振が起こります。共振するときの回路の状況は，直列回路と並列回路で異なります。

> 直列回路の共振＝流れる電流が最大になること
> 並列回路の共振＝流れる電流が最小になること

それぞれ，どのような仕組みで共振が起こるか確認しましょう。

例題 1　右図のように，抵抗値 R の抵抗R，自己インダクタンス L のコイルL，電気容量 C のコンデンサーCを直列に接続した交流回路を考える。交流電源Eからは，時刻 t における電流の瞬時値が式 $I_0 \sin\omega t$ となる電流が流れている。交流電源Eの電圧の最大値を一定にしながら角周波数 ω を変化させるとき，回路に流れる電流が最大となる角周波数 ω_0 を求めよ。

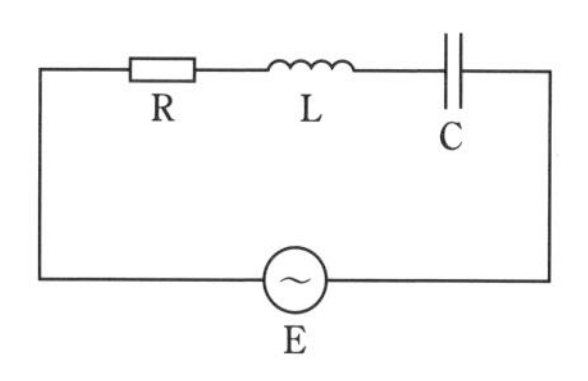

ポイントは，**直列回路なので，流れる電流は等しい**（電流の振幅は I_0）ことです。また，RLC の電圧の位相は電流に対して次ページの図のようにずれています。

それぞれのベクトルの長さは，各電圧の最大値を表します。その値は，抵抗では RI_0，コイルでは ωLI_0，コンデンサーでは $\dfrac{I_0}{\omega C}$ となります。そして 3 つの電圧の和は，電源電圧に等しくなります。3 つの電圧の和は「3 つのベクトルの和の正射影」と求められます。

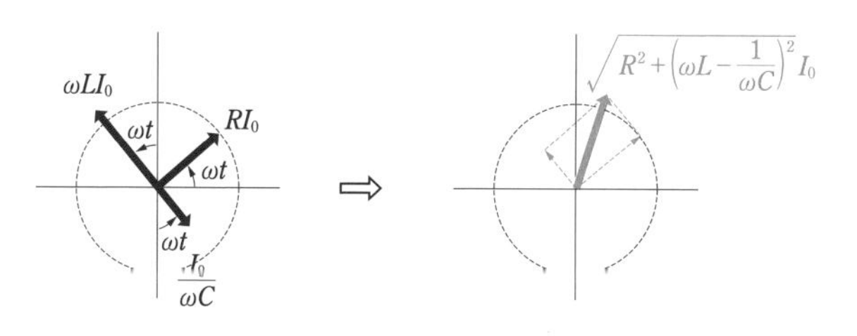

上の図から 3 つのベクトルを足しあわせたものの長さは $\sqrt{R^2+\left(\omega L-\dfrac{1}{\omega C}\right)^2}I_0$ である

第4章　電磁気

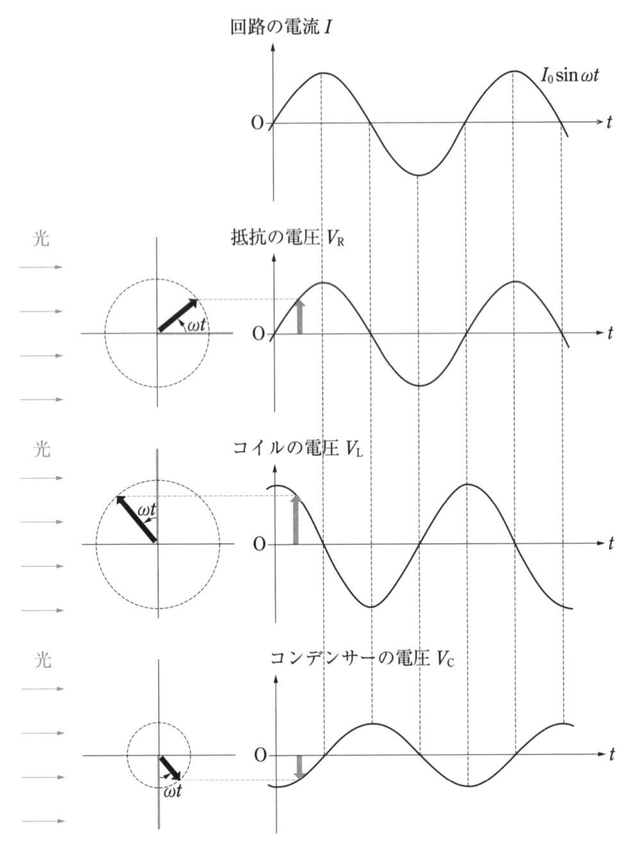

ことがわかります。つまり，電源電圧の最大値を V_0 とすると，

$$\sqrt{R^2+\left(\omega L-\frac{1}{\omega C}\right)^2}I_0=V_0$$

が成り立つということです。ここから，$\sqrt{R^2+\left(\omega L-\frac{1}{\omega C}\right)^2}$ が最小となるときに回路に流れる電流の振幅 I_0 が最大となることがわかります。$\sqrt{R^2+\left(\omega L-\frac{1}{\omega C}\right)^2}$ が最小となるのは，

$$\omega L-\frac{1}{\omega C}=0$$

のときです。ここから，$\omega=\frac{1}{\sqrt{LC}}$ $(=\omega_0)$ のときに回路に流れる電流が最大になる（共振が起こる）とわかります。

例題 2　右図のように，抵抗値Rの抵抗R，自己インダクタンスLのコイルL，電気容量CのコンデンサーCを並列に接続した交流回路を考える。交流電源Eからは，時刻tにおける電圧の瞬時値が式$V_0\sin\omega t$となる電圧がかかっている。交流電源Eの電圧の最大値を一定にしながら角周波数ωを変化させるとき，電源に流れる電流が最小となる角周波数ω_0を求めよ。

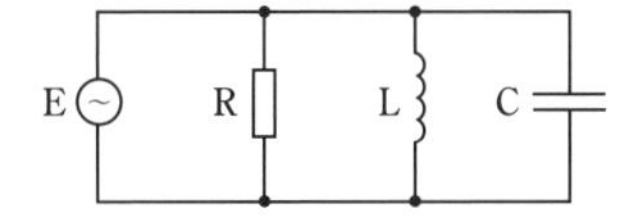

次は並列回路です。ポイントは，**並列回路なので，抵抗・コイル・コンデンサーの電圧が等しい**（電圧の振幅はV_0）ことです。

また，RLCの電流の位相は電圧に対して下図のようにずれています。

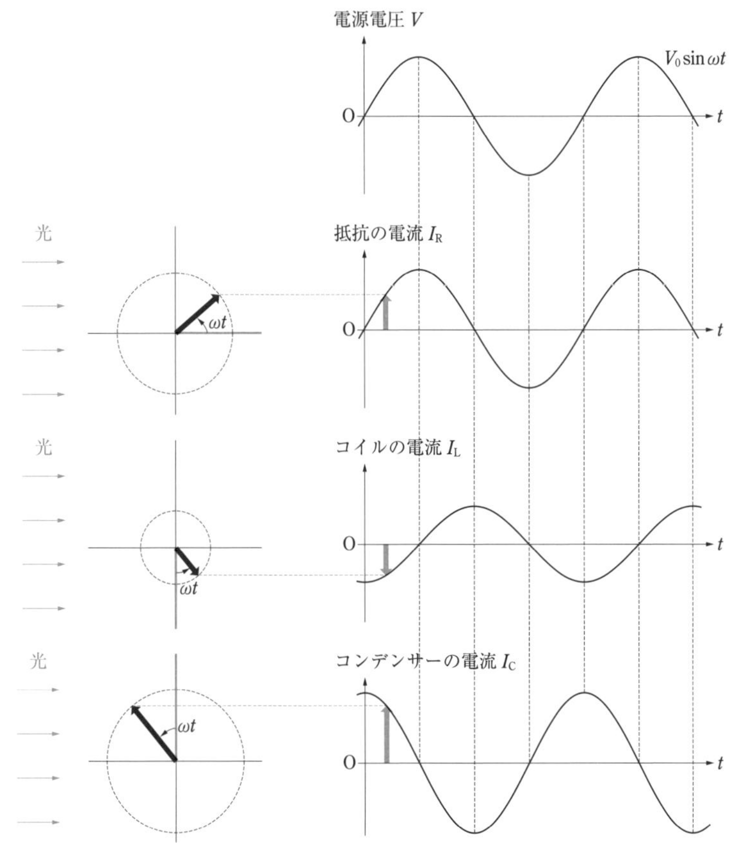

それぞれのベクトルの長さは，各電流の最大値を表します。その値は，抵抗では$\dfrac{V_0}{R}$，コイルでは$\dfrac{V_0}{\omega L}$，コンデンサーでは$\dfrac{V_0}{\dfrac{1}{\omega C}}=\omega CV_0$となります。

そして，3つの電流の和が電源に流れます。3つの電流の和は「3つのベクトルの和の正射影」と求められます。

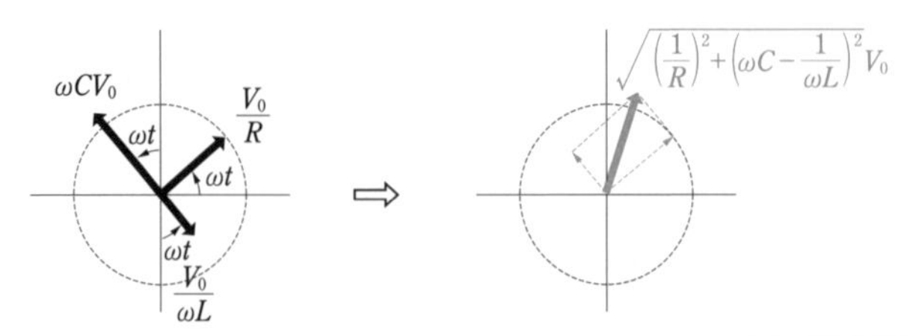

上の図から3つのベクトルを足しあわせたものの長さは $\sqrt{\left(\frac{1}{R}\right)^2+\left(\omega C-\frac{1}{\omega L}\right)^2}V_0$ であることがわかり，これが電源に流れる電流です。よって，$\sqrt{\left(\frac{1}{R}\right)^2+\left(\omega C-\frac{1}{\omega L}\right)^2}$ が最小となるときに電源に流れる電流は最小となる（共振が起こる）ことがわかり，それは

$$\omega C-\frac{1}{\omega L}=0$$

すなわち $\omega=\frac{1}{\sqrt{LC}}$ $(=\omega_0)$ のときであるとわかります。

質問 89 物理

光電効果では，グラフがいくつか登場して混乱してしまいます。どのように区別したらよいのでしょうか？

A 回答 光電効果によって「飛び出す電子のエネルギー」を表すものと，「流れる電流の強さ」を表すものに整理することができます。

ここからは，原子物理の分野に関する疑問を解決していきます。目に見えない小さな世界のことを考えるのが，原子物理です。

まずは，光電効果に関する疑問です。光は波動ですが，同時に粒子でもあるという不思議な性質をもっています。光電効果は，光が粒子であることの証拠となる現象です。

光電効果では，次のようなグラフが登場して，違いがわからなくなることも多いと思います。ここでは，光電効果の特徴を確認しながらこれらのグラフについて整理していきましょう。

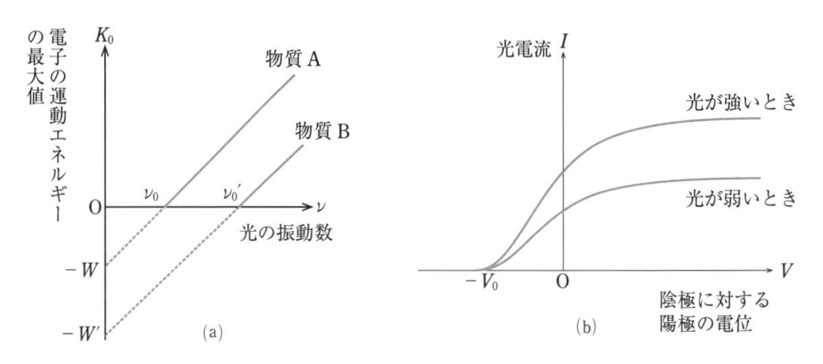

光電効果とは，物質に光をあてるとそこから電子が飛び出す現象のことです。このとき，次のような特徴があります。

特徴①：光電効果が起こるかどうかは，照射する光の振動数だけで決まる。
照射する光の強さは関係しない。

> **照射する光の振動数 ν < 限界振動数 ν_0 ⇒ 光電効果が起こらない**
> **照射する光の振動数 $\nu \geqq$ 限界振動数 ν_0 ⇒ 光電効果が起こる**

特徴②：照射する光の振動数 ν が大きいほど，飛び出す電子の運動エネルギーの最大値 K_0 が大きくなる。

特徴③：照射する光の振動数 ν が一定なら，照射する光が強いほど多くの電子が飛び出す。

第5章 原子

どうしてこのような特徴があるのか，その理由を順に確認しましょう。

まずは特徴①です。光は，光子という粒子の集まりです。光子1個は大きさ $h\nu$（h：プランク定数，ν：光の振動数）のエネルギーをもっています。これが物質にあたると，物質中の電子が光子1個からエネルギーを受け取り，物質から飛び出すのです。

このとき，物質中の電子が飛び出すのに必要な最低限のエネルギー値が決まっています。これを仕事関数 W といいます。電子は仕事関数 W 以上のエネルギーを光子から受け取らなければ，物質を飛び出すことができないのです。すなわち，電子が飛び出す条件は

$$\boldsymbol{h\nu \geqq W} \quad \cdots\cdots(※)$$

となります。照射する光の振動数 ν がこれを満たさなければ，どんなに強い光を照射しても光電効果は起こりません。特徴①の理由はこのように理解できます。

電子が受け取ったエネルギー $h\nu$ のうち仕事関数 W の分は，物質を飛び出すのに使われてしまいます。そして，残りの $h\nu - W$ が電子の運動エネルギーとなるのです。ただし，他にエネルギーロスが生じる場合もあるので，これは飛び出す電子の運動エネルギーの最大値 K_0 となります。つまり，

$$\boldsymbol{K_0 = h\nu - W}$$

です。ここから特徴②が生まれる理由がわかります。

光子のエネルギーが式（※）の条件を満たすとき，強い光を照射するほどたくさんの電子が飛び出します。強い光とは，光子の数が多い光を意味します。照射される光子が多ければ，それを受け取って飛び出す電子の数も多くなるのです。このように特徴③の理由も理解できます。

以上のように光電効果の特徴を理解できれば，それぞれのグラフが何を示しているのか理解しやすくなります。

まずは，飛び出す電子の運動エネルギーの最大値 K_0 を表すグラフです。$K_0 = h\nu - W$ の関係をそのままグラフに表すと，左下図のようになるはずです。しかし，$K_0 < 0$ となることはあり得ません。ですので，正しくは右下図のようになります。

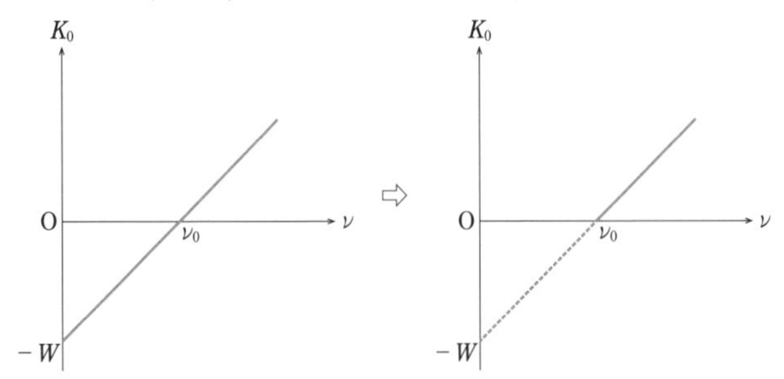

グラフ中の**ν_0 を超える振動数の光を照射しなければ光電効果が起こらない**ことが示されています。ν_0 は限界振動数とよばれ，$h\nu_0 - W = 0$ より

$$\nu_0 = \frac{W}{h}$$

と求められます。

また，グラフの縦軸の切片は，仕事関数 W を使って $-W$ となります。

K_0 を表すグラフは，以上のように理解できます。そして，これを異なる物質で比較するものも登場しますが，**物質が違っても，$K_0=h\nu-W$ で表されるグラフの傾きは h で変わりません**。しかし，**仕事関数 W の値は物質によって異なるため，縦軸の切片が異なる**のです。そのことを表したのが，冒頭のグラフ(a)です。

そして，もう1つのグラフ(b)は右図のような実験装置で光電流（光電効果によって流れる電流）I を測定した結果を表すものです。

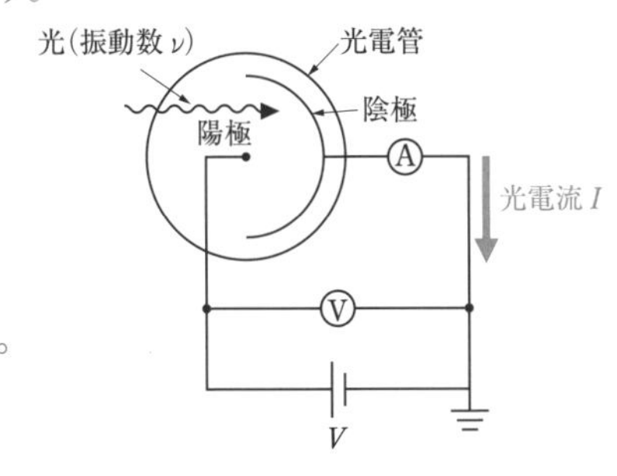

図の装置で，光を照射された陰極で光電効果が起こります。飛び出した電子が陽極にたどり着くことで，回路全体に電流が流れることになります。

図のように電源の電圧が正であるときには，陰極を飛び出した電子が陽極にたどり着けなくなることはありません。しかし，負の電圧を加えると電子は減速する向きに力を受けるので，電圧の大きさによっては陽極にたどり着けなくなります。そうすると，**回路に電流は流れなくなる**のです。陽極の電位が $-V_0$ のときを境目にこのようなことが起こるとき，V_0 を阻止電圧といいます。

このとき，光の強さを変えても飛び出す電子の運動エネルギーの最大値 K_0 は変わりません。そのため，**阻止電圧は光の強さに無関係で一定**となります。ただし，**光を強くするほどたくさんの電子が飛び出すようになるので，流れる電流 I が大きくなる**のです。

類題にチャレンジ 89

解答 → 別冊 p.55

光電効果に関する次の問いに答えよ。

問1　次の文章中の空欄 ア ～ ウ に入れる語句および式の組合せとして最も適当なものを，下の①～⑧のうちから1つ選べ。

光電効果は，金属などに光をあてると瞬時に電子がその表面から飛び出してくる現象であり，光の ア によって説明される。金属に振動数 ν の光をあてたとき，金属内の電子が1個の光子を吸収すると，電子は $E=$ イ のエネルギーを得る。金属の仕事関数が W であるとき，金属から飛び出した直後の電子の運動エネルギーの最大値は ウ である。ただし，プランク定数を h とする。

	ア	イ	ウ		ア	イ	ウ
①	波動性	$h\nu$	$E+W$	⑤	粒子性	$h\nu$	$E+W$
②	波動性	$h\nu$	$E-W$	⑥	粒子性	$h\nu$	$E-W$
③	波動性	$\frac{h}{\nu}$	$E+W$	⑦	粒子性	$\frac{h}{\nu}$	$E+W$
④	波動性	$\frac{h}{\nu}$	$E-W$	⑧	粒子性	$\frac{h}{\nu}$	$E-W$

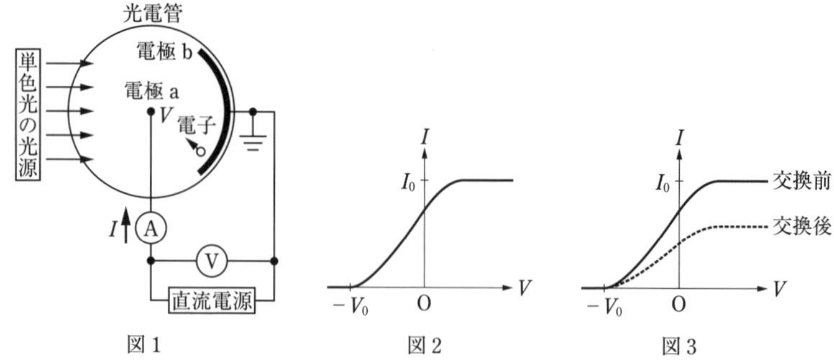

図 1　　図 2　　図 3

問 2　図 1 のような装置で光電効果を調べる。電極 b は接地されており，直流電源の電圧を変えることにより電極 a の電位 V を変えることができる。単色光を光電管にあて，V と光電流 I の関係を調べたところ，図 2 のグラフが得られた。このとき，光電効果によって電極 b から飛び出した直後の電子の速さの最大値を表す式として最も適当なものを，次の ①～⑧ のうちから 1 つ選べ。ただし，電気素量を e，電子の質量を m とし，電極 a での光電効果は無視できるものとする。

① $\dfrac{eI_0}{2m}$　② $\dfrac{2eI_0}{m}$　③ $\sqrt{\dfrac{eI_0}{2m}}$　④ $\sqrt{\dfrac{2eI_0}{m}}$

⑤ $\dfrac{eV_0}{2m}$　⑥ $\dfrac{2eV_0}{m}$　⑦ $\sqrt{\dfrac{eV_0}{2m}}$　⑧ $\sqrt{\dfrac{2eV_0}{m}}$

問 3　次の文章中の空欄 [エ]・[オ] に入れる語句の組合せとして最も適当なものを，下の ①～⑨ のうちから 1 つ選べ。

図 1 の装置の光源を，単色光を発する別の光源に交換し，V と I の関係を調べたところ，図 3 の破線の結果が得られた。図 3 の実線は交換前の V と I の関係を示している。このグラフから次のことがわかる。交換後の光の振動数は，[エ]。また，単位時間あたりに電極 b に入射する光子の数は，[オ]。

	エ	オ
①	交換前より小さい	交換前より少ない
②	交換前より小さい	交換前と等しい
③	交換前より小さい	交換前より多い
④	交換前と等しい	交換前より少ない
⑤	交換前と等しい	交換前と等しい
⑥	交換前と等しい	交換前より多い
⑦	交換前より大きい	交換前より少ない
⑧	交換前より大きい	交換前と等しい
⑨	交換前より大きい	交換前より多い

(センター試験)

物理

光子や電子の性質を表す式がいくつかあり，混乱してしまいます。どのように整理して理解すればよいのでしょうか？

A 回答 求める必要があるのは「光子1個のエネルギー」「光子1個の運動量」「(電子などの)物質波の波長」の3つです。この3つを表す式を使えるようにしましょう。

光電効果から，波である光は「光子」という粒子の集まりでもあることがわかりました。

そして，これとは逆に電子などの粒子は波の性質ももつことが明らかになりました。回折や干渉といった波に特有な現象を示すことが，その証拠です。この波は「物質波」とよばれています。

同じものが波でもあり粒子でもあるといわれて，混乱するかもしれません。しかし，必要な式は多くないので大丈夫です。使えるようにすべき式は，次の3つです。

光子1個のエネルギー：$E=h\nu$ **(**h**：プランク定数，**ν**：光の振動数)** ……①

光子1個の運動量：$p=\dfrac{h}{\lambda}$ **(**λ**：光の波長)** ……②

物質波の波長：$\lambda=\dfrac{h}{p}$ **(**p**：粒子の運動量)** ……③

特に，②と③は同じ式です。光子の運動量と物質波の波長は，セットで理解できるのです。

以上のように必要な式を整理できたところで，実際の例題で活用してみましょう。

例題1 X線は，波動性とともに粒子性をもつ。粒子性を示す一例としてコンプトン効果(コンプトン散乱)があげられる。右図に示すように，波長λの入射X線の光子が，静止した電子と衝突し，散乱されることを考えよう。散乱X線の波長がλ'のとき，その光子の運動量とエネルギーを求めよ。また，入射X線のエネルギーの一部が電子に与えられるため，波長λ'は波長λと比べてどのように変化するか。ただし，光の速さをc，プランク定数をhとする。

まずは，散乱後の光子1個の運動量を求めます。波長がλ'であることから，光子1個の運動量は$\dfrac{h}{\lambda'}$と求められます。

そして，光子1個のエネルギーは光(X線)の振動数νを使って$h\nu$と表せます。ここで，νは光の速さcと波長λ'を使って

$$\nu=\frac{c}{\lambda'}$$

と求められるので，光子1個のエネルギー $h\nu=\frac{hc}{\lambda'}$ だとわかります。

電子に衝突したX線のエネルギーは減少します。つまり，$\frac{hc}{\lambda'}$ は電子に衝突する前の光子のエネルギー $\frac{hc}{\lambda}$ より小さくなるのです。ここで，光の速さ c とプランク定数 h は一定で変化しません。変化するのはX線の波長だけです。$\frac{hc}{\lambda'}$ が $\frac{hc}{\lambda}$ より小さいことから，波長 λ' は λ より**長くなっている**ことがわかります。

例題 2 質量 m，速さ v の電子が示す物質波の波長 λ を，m，v とプランク定数 h を用いて求めよ。

また，右図のような実験装置で，フィラメントから速さ0で放出された質量 m，電荷 $-e\,(e>0)$ の電子が電圧 V によって加速されたとき，加速後の電子の速さ v' と，この電子の物質波の波長 λ' を m，e，V，h を用いて求めよ。

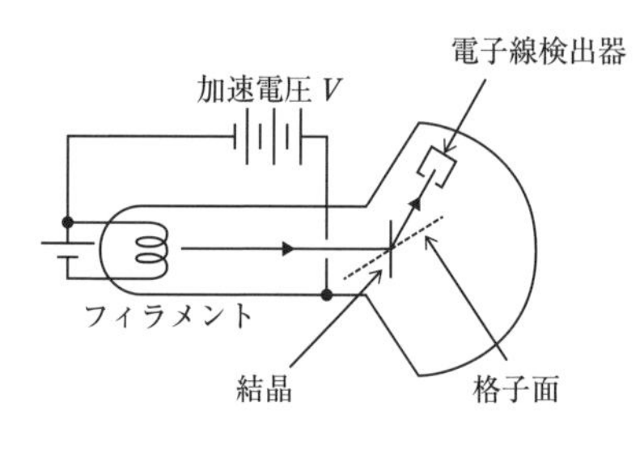

(秋田大)

物質波の波長 λ は，プランク定数 h と粒子の運動量 p を使って $\lambda=\frac{h}{p}$ と表されます。ここで，電子の運動量 $p=mv$ を使って $\lambda=\frac{h}{mv}$ と求められます。

電子が電圧 V によって加速されるとき，eV の仕事をされます。電子はこれだけの運動エネルギーを得ることから，

$$\frac{1}{2}mv'^2=eV$$

より，電子の速さ v' は

$$v'=\sqrt{\frac{2eV}{m}}$$

となることがわかります。これを用いて，物質波の波長 λ' は

$$\lambda'=\frac{h}{mv'}=\frac{h}{\sqrt{2emV}}$$

と求められます。

物理

ボーアの水素原子モデルでは複雑な式がたくさん登場して，理解できません。ポイントを教えてもらえないでしょうか？

回答 ボーアのモデルのポイントは「量子条件」と「振動数条件」の2つだけです。

最後に，原子の構造に関する疑問を解決しましょう。

ラザフォードの実験により，原子の中心には正電荷をもつ原子核があり，その大きさは原子の10000分の1ほどしかないことが明らかになりました。そして，負電荷をもつ電子はその周りをまわっていると考えられました。つまり，正電荷をもつ原子核からの引力が向心力となり，電子は円運動するということです。

ただし，このような考え方ではうまく説明できないことが2つありました。

1つは，電荷をもつ電子が円運動すると電磁波を発するはずだということです。電磁波を発しながらエネルギーを失う電子は，原子核にまで落ち込んでしまうはずです。これでは，原子が安定して存在できないことになってしまいます。

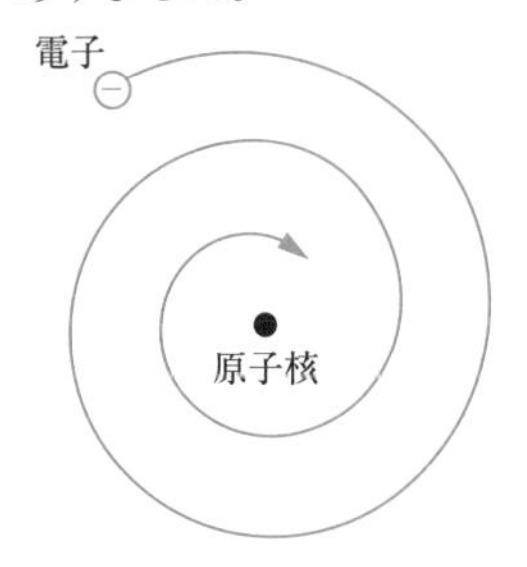

もう1つは，原子からは特定の波長の光しか放出されないことです。右図のように電子が原子核に落ち込んでいくとき，電子のエネルギーは連続的に小さくなっていくので，放出される光の波長も連続的に変化するはずです。しかし，実際にはそうはならないのです。

こういった2つの難点を解決したのが，ボーアの水素原子モデルなのです。ボーアのアイディアは，どのようなものだったのでしょう。

ボーアの水素原子モデルに関して，教科書や参考書では大変複雑な式が多く登場します。それらを理解するには，ボーアのアイディアのポイントを理解する必要があります。実は，ボーアの水素原子モデルのポイントは2つだけなのです。2つのポイントを押さえることで，ボーアの水素原子モデルをスッキリと理解できるようになります。

1つ目のポイントは「**量子条件**」といわれる考え方です。これは「**電子は特定の軌道にしか存在できない**」というものです。電子はどのような半径の円軌道でもまわれるのでなく，決まった半径の軌道しかまわれないということです。どうしてでしょうか？

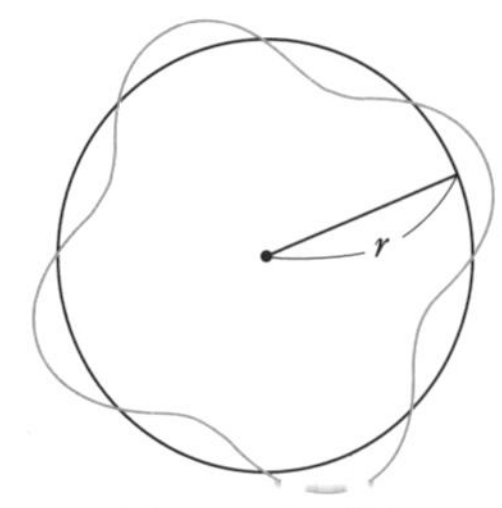

(a) $2\pi r = 4\lambda$ の場合

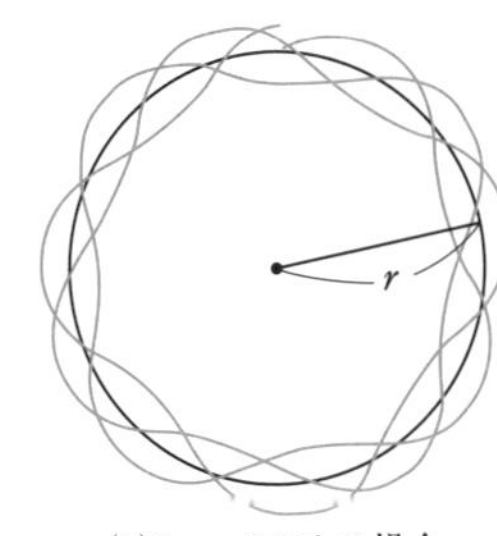

(b) $2\pi r = 3.75\lambda$ の場合

第5章 原子

電子は粒子ですが，波の性質ももつのでした（質問 90 参照）。これを物質波といい，その波長 $\lambda=\dfrac{h}{p}$（h：プランク定数，p：電子の運動量）です。

電子が円軌道をまわることは，円軌道にこのような波長をもった波が発生するのと同じことです。そのとき，円軌道の長さが波長の整数倍であれば周回するいくつもの波が重ねあわさっても波は弱めあいません。

半径 r の円軌道の長さは $2\pi r$ なので，

$$2\pi r=n\cdot\frac{h}{p}\quad(n=1,\ 2,\ 3,\ \cdots)$$

を満たす半径 r の円軌道にだけ電子は存在できることになります。これが，量子条件です。電子は特定の軌道にしか存在できず，原子核に落ち込むことがないというわけです。

もう 1 つのポイントは「**振動数条件**」といわれます。これは，原子が光を吸収したり光を放出したりする仕組みを説明するものです。ボーアは，「**原子が光を吸収したり放出したりするのは，電子が異なる軌道へ移動するときである**」と考えました。電子がよりエネルギーが高い軌道へ移るときには光を吸収し，よりエネルギーが低い軌道へ移るときには光を放出するということです。

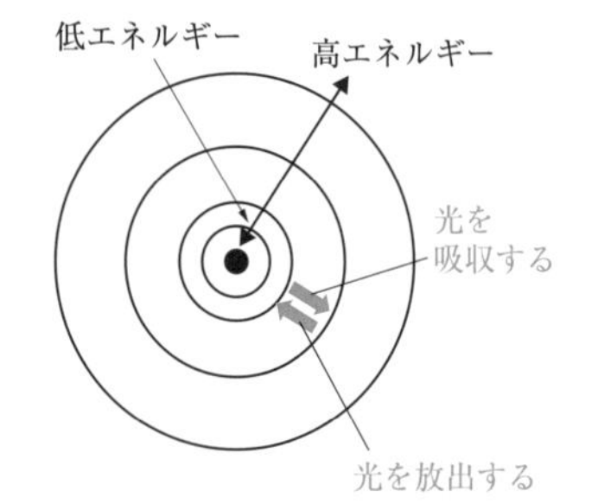

電子は，光子 1 個を吸収または放出します。電子は特定の軌道にしか存在できないため，異なる軌道へ移るときに吸収・放出するエネルギーは特定の値となります。つまり，吸収・放出する光子 1 個のエネルギーが特定の値となるため，**特定の波長の光しか吸収・放出しない**のです。

ボーアの水素原子モデルのポイントは，この 2 つしかありません。

例題 原子核の発見と原子の構造の解明に関する次の問いに答えよ。

(1) 次の文章中の空欄 (ア) ・ (イ) に入る適切な語句を答えよ。

電子が原子核のまわりを円運動していると考えるラザフォードの原子模型では，電子が電磁波を放射して徐々に (ア) を失い，電子の軌道半径が時間とともに小さくなってしまうという問題があった。ボーアはこの問題を解決するために「原子中の電子は，ある条件を満足する円軌道上のみで運動している」という仮説を導入した。このとき，電子はある決まったエネルギーをもち電磁波を放射しない。この状態を定常状態という。

さらに，「電子がある定常状態から別のエネルギーをもつ定常状態に移るとき，その差のエネルギーをもつ 1 個の (イ) が放出または吸収される」という仮説も導入し，水素原子のスペクトルの説明に成功した。

(2) 定常状態は，ド・ブロイによって提唱された物質波の考えを用いることにより，波動としての電子が原子核を中心とする円軌道上にあたかも定常波をつくっている状態だと解釈されるようになった。このとき，量子数 n（$n=1$,

2, 3, …) の定常状態における円軌道の半径 r, 電子の質量 m, 電子の速さ v, プランク定数 h の間に成り立つ関係式を求めよ。

(1) 原子核の周りを円運動する電子は, 電磁波を放出しながら**エネルギー** ((ア)の答) を失うはずです。しかし, 実際にはそうはなりません。このことを解決したのがボーアの量子条件でした。問題文で最初に説明されているのは, 量子条件です。

続いて登場するのが振動数条件です。「水素原子のスペクトル」というのは, 水素原子が吸収・放出する光を波長ごとに分けたものです。水素原子が特定の波長の光だけを吸収・放出する理由を説明したのが, 振動数条件です。電子が異なる軌道へ移動するときに**光子** ((イ)の答) 1個を吸収または放出するというのが, 振動数条件でした。

(2) 量子条件から $n=1, 2, 3, \cdots$ として

$$2\pi r = n \cdot \frac{h}{p} \quad (h : \text{プランク定数}, \ p : \text{電子の運動量})$$

を満たす半径 r の円軌道にだけ電子は存在できることがわかりました。今回は電子の運動量 $p=mv$ なので, $2\pi r = n \cdot \dfrac{h}{mv}$ となります。

類題にチャレンジ 91

解答 → 別冊 p.56

X線発生装置を用いて発生させたX線の強度と波長の関係 (スペクトル) を調べたところ, 図1のようなスペクトルが得られた。

次の文章中の空欄 (ア) ・ (イ) に入る適切な語句と式を答えよ。

図1に観測される鋭いピーク部分のX線を (ア) とよぶ。この (ア) は次のような仕組みで発生する。

はじめに, 図2(a)のように高電圧で加速された電子が陽極の金属原子と衝突して, エネルギー準位 E_0 をもつ内側の軌道の電子がたたき出される。次に, 図2(b)のようにエネルギー準位 E_1 をもつ外側の軌道にある電子が内側の空いた軌道へ落ち込み, X線が放出される。放出されるX線のエネルギーは $E_X=$ (イ) となる。このX線の放出現象は, ボーアによって説明された水素原子からの光の放出と同じ現象である。

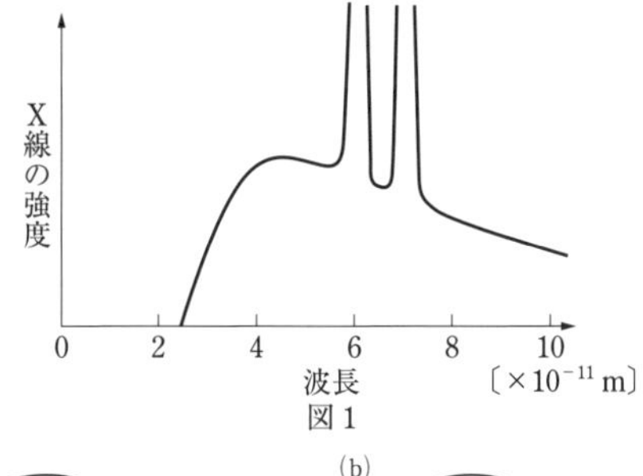

図1

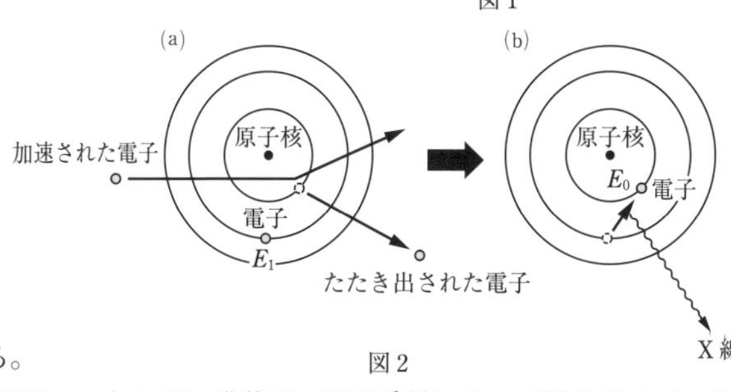

図2

原子核のまわりを運動する電子のエネルギー準位は, 原子番号によって異なるので, E_X は元素ごとに違う値になる。

第5章 原子

『y-x グラフと y-t グラフの違いを理解する模型』

右ページの型を切り取って模型をつくってみましょう！

２つのパーツを互いに奥まで差し込みます。これが，波の発生が始まる瞬間です。この状態から，ゆっくりと互いを引き出していきます。引き出すにつれ，上側のグラフ(y-x グラフ)の形が変化していきます。これは，時間経過にともなって波形が変化するようすを表します。y-x グラフの形は，時刻によって変わることがわかります。

このとき，原点Oの変位 y が時間経過にともなって変化します。そのようすを記録しているのが，下側のグラフ(y-t グラフ)です。y-t グラフは，ある１つの点(この場合は原点O)について描かれるものだとわかります。

（型を切り取ったら 1～4 の手順で製作して下さい）

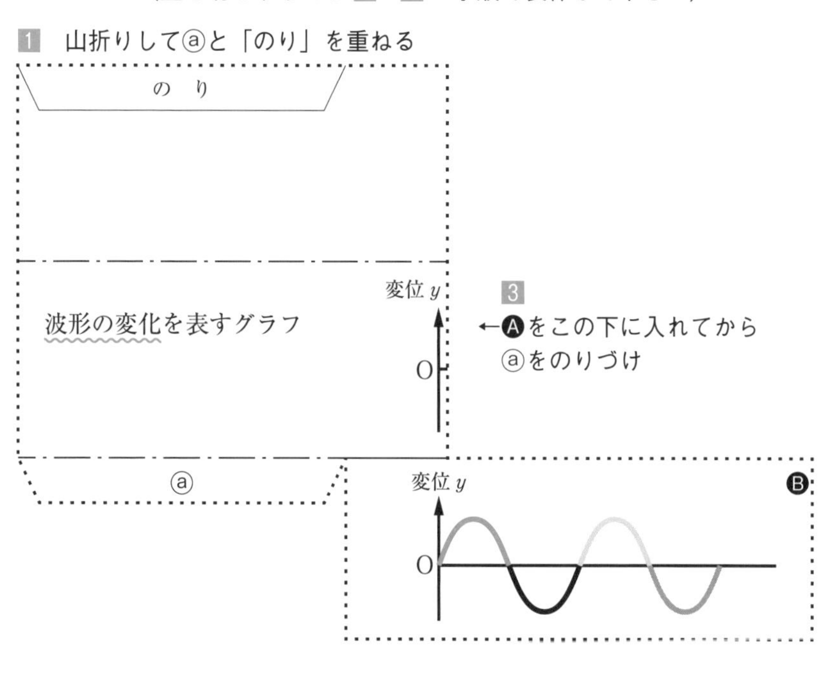

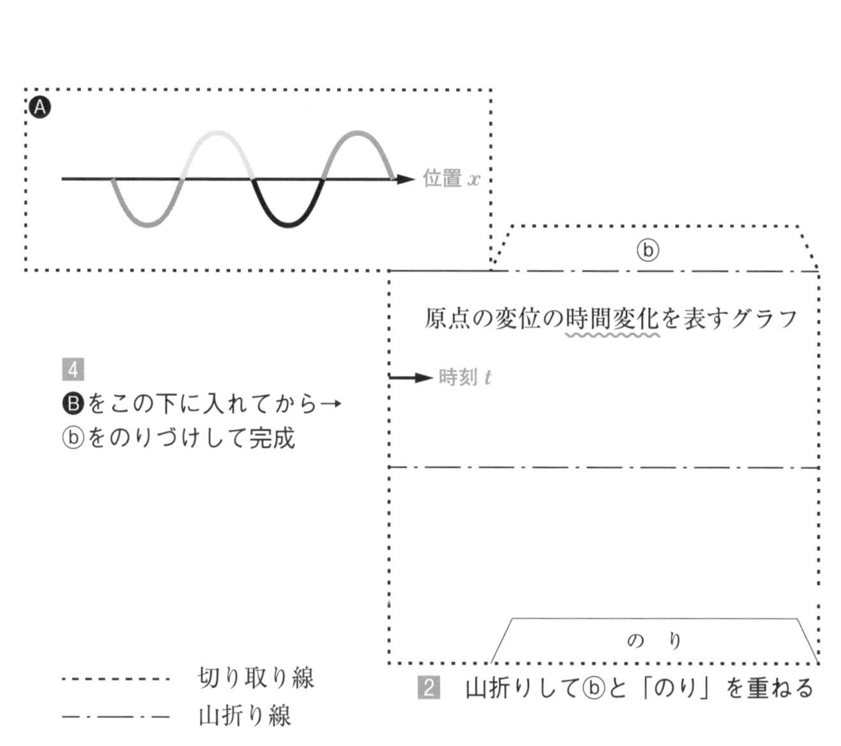

大学入試

わかっていそうで，わかっていない

物理の質問91

［物理基礎・物理］

別冊

［類題にチャレンジ］解答・解説

旺文社

大学入試

わかっていそうで，わかっていない

物理の質問91

［物理基礎・物理］

別冊

［類題にチャレンジ］解答・解説

旺文社

類題にチャレンジ 01

問題 →本冊 p.12

問1 ① 問2 ④

解説 問1 まずは登場するグラフの種類を確認します。今回は，v-t グラフです。よって，その傾きは物体の加速度 a を示します。

v-t グラフの傾きが，

0 ～ 1 s：2 m/s²， 1 ～ 3 s：0 m/s²， 3 ～ 5 s：－1 m/s²

であることから，正しい a-t グラフ（時刻 t とともに加速度 a がどのように変化するかを表す）は①であるとわかります。

問2 今度は，与えられた v-t グラフを手がかりに，正しい x-t グラフを求めます。この場合は，x-t グラフの傾きが速度 v を示すことを思い出す必要があります。

今回，物体の速度 v は

0 ～ 1 s：徐々に大きくなる， 1 ～ 3 s：一定である， 3 ～ 5 s：徐々に小さくなる

となっています。このことから，x-t グラフの傾きも

0 ～ 1 s：徐々に大きくなる， 1 ～ 3 s：一定である， 3 ～ 5 s：徐々に小さくなる

のように変化しているはずです。このことと合致するのは，④です。

《注》 図②もこの条件を満たしていますが，正解ではありません。時刻 3 s 以降の傾きが負になっているからです。時刻 3 ～ 5 s において，物体の速度 v は徐々に小さくなってはいきますが，正の値のままです。よって，x-t グラフの傾きも時刻 3 ～ 5 s において正の値であるはずです。

類題にチャレンジ 02

問題 →本冊 p.14

1 (1) 4.5×10^3 m，(2) 3.3×10^3 m

2 時刻 T ～ $2T$ の間の移動距離：$3H$，
時刻 $2T$ ～ $3T$ の間の移動距離：$5H$

解説 **1** (1) 問題の v-t グラフを見ると，$t=110$ s のとき $v=0$ m/s となっていますので，これがB駅を通り過ぎていったん停止した時刻だとわかります。

この問では移動距離を考えればよいので，v-t グラフと横軸（t 軸）で囲まれた部分の面積は，t 軸上側の台形の面積より，

$$\{(70\ \mathrm{s}-30\ \mathrm{s})+(110\ \mathrm{s}-0\ \mathrm{s})\}\times60\ \mathrm{m/s}\times\frac{1}{2}=4.5\times10^3\ \mathrm{m}$$

となります。

(2) 同様に t 軸下側の台形の面積は，再び動き出してB駅に到着するまでの移動距離を表します。よって，この部分の面積は

$$\{(170\ \mathrm{s}-140\ \mathrm{s})+(180\ \mathrm{s}-130\ \mathrm{s})\}\times30\ \mathrm{m/s}\times\frac{1}{2}=1.2\times10^3\ \mathrm{m}$$

この問ではA駅とB駅の間の距離，すなわち変位を考えればよいので，

$$4.5\times10^3\ \mathrm{m}-1.2\times10^3\ \mathrm{m}=3.3\times10^3\ \mathrm{m}$$

が求める答となります。

2 公式を使って求めるとなかなか面倒な問題ですが，v-t グラフを使うと簡単に求められます。

物体は自由落下（加速度一定）するので，v-t グラフの傾きは一定となります。

グラフと横軸で囲まれた面積が物体の移動距離（落下距離）を表しますので，時刻 0 ～ T，T ～ $2T$，$2T$ ～ $3T$ の間の移動距離はそれぞれ右図の青色部分のようになります。

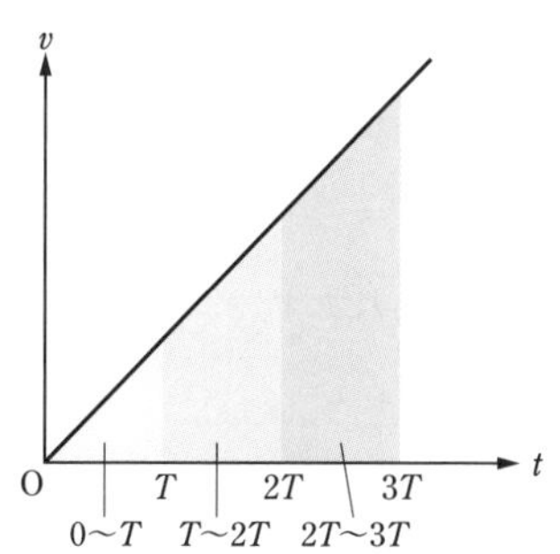

図で，0 ～ T，0 ～ $2T$，0 ～ $3T$ における v-t グラフと t 軸で囲まれる三角形の面積比は

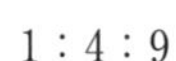

1：4：9

より，青色部分の面積の比は左から

1：(4−1)：(9−4)＝1：3：5

であることがわかります。つまり，時刻 0 ～ T，T ～ $2T$，$2T$ ～ $3T$ の間の移動距離は，1：3：5 という関係にあるのです。

よって，時刻 0 ～ T の間の移動距離が H であることから

時刻 T ～ $2T$ の間の移動距離＝$3H$

時刻 $2T$ ～ $3T$ の間の移動距離＝$5H$

と求められます。

問題 →本冊 p.16

問 1 ②　問 2 ②

解説　問 1　力学的エネルギー保存則を使って，点Bで飛び出す瞬間の物体の速さ v_0 を求められます。水平面を高さの基準にとるとき，物体は点Aで重力による位置エネルギー mgh をもっていますが，点Bではこれが運動エネルギー $\frac{1}{2}mv_0{}^2$ になることから

$$mgh=\frac{1}{2}mv_0{}^2 \quad より \quad v_0=\sqrt{2gh} \quad (正解は②)$$

と求められます。

問 2　続いて点Bを飛び出した後の放物運動を考えます。このとき，物体の速度を水平方向と鉛直方向に分解して考える必要があるのでした。

点Bを飛び出した後，物体の速度の水平成分は $v_0\cos\theta$ のまま変化しません。変化するのは速度の鉛直成分であり，最高点ではこれが 0 となります。

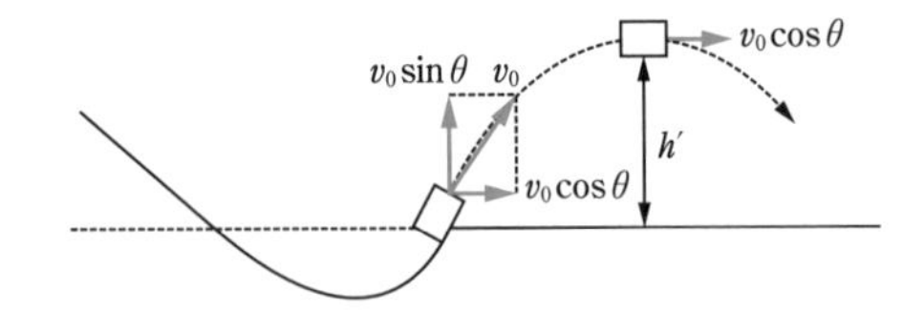

よって，最高点の高さを h' とすると力学的エネルギー保存則は

$$\frac{1}{2}mv_0{}^2=\frac{1}{2}m(v_0\cos\theta)^2+mgh'$$

と書け，これを解いて

$$h'=\frac{v_0{}^2(1-\cos^2\theta)}{2g}=\frac{v_0{}^2\sin^2\theta}{2g} \quad (正解は②)$$

と求められます。

類題にチャレンジ 04

問題 →本冊 p.18

1 ⑤　2 ③

解説 1 おもりが運動する方向に力がはたらくと考えるのは，間違いです。

おもりに接しているのは，糸だけです。よって，おもりが受ける力は「重力」と「糸の張力」の2つだとわかります(正解は⑤)。

2 宇宙船は大気のない惑星の上空を等速直線運動しています。宇宙船には接するものがありません。大気がないので空気抵抗も考える必要がなく，宇宙船が受ける力は惑星からの重力だけだと考えられます。

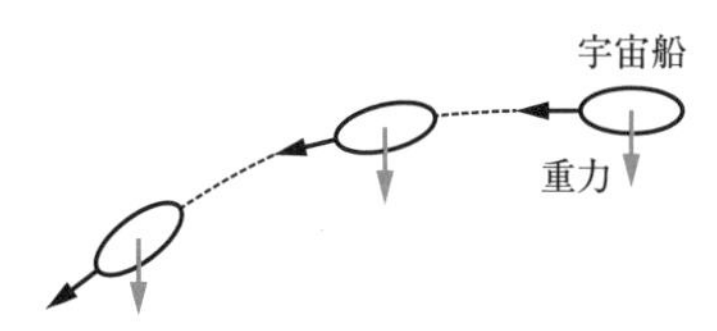

しかし，宇宙船が重力だけを受けたら重力の向き(鉛直下向き)に速度が変化します。それでは等速直線運動になりません。

宇宙船が水平左向きに等速直線運動を続けるには，宇宙船にはたらく鉛直方向の力がつりあっている必要があります(慣性の法則)。そのために宇宙船は燃焼ガスを鉛直下向きに噴射するのです(正解は③)。

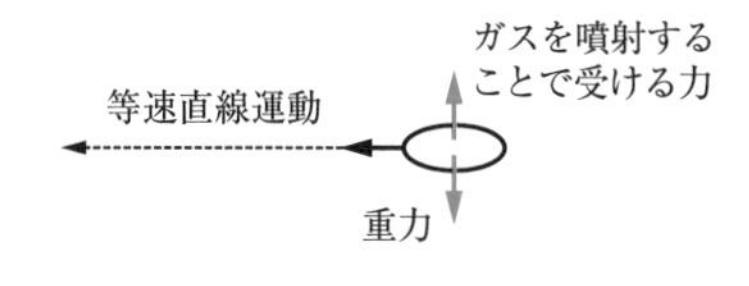

そうすることで，宇宙船は鉛直上向きに重力とつりあう力を受けるようになるのです。

類題にチャレンジ 05

問題→本冊 p.20

[1] x_1：⑥，x_2：⑤　　[2] $\dfrac{mg}{2k}$

解説　[1] この場合も，物体は接するばねからのみ弾性力を受けることがポイントとなります。

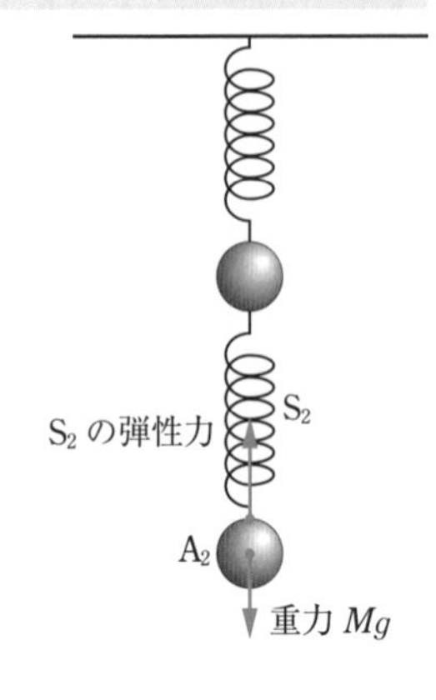

まずは，おもり A_2 について考えてみましょう。接するのはばね S_2 だけなので，右図のような力がはたらきます。

S_2 の自然の長さからの伸び x_2 を用いると，S_2 の弾性力の大きさは kx_2 と表せるので，A_2 についての力のつりあいは，

$$kx_2 = Mg$$

と表せます。ここから，S_2 の伸びは

$$x_2 = \frac{Mg}{k} \quad (⑤)$$

と求められます。

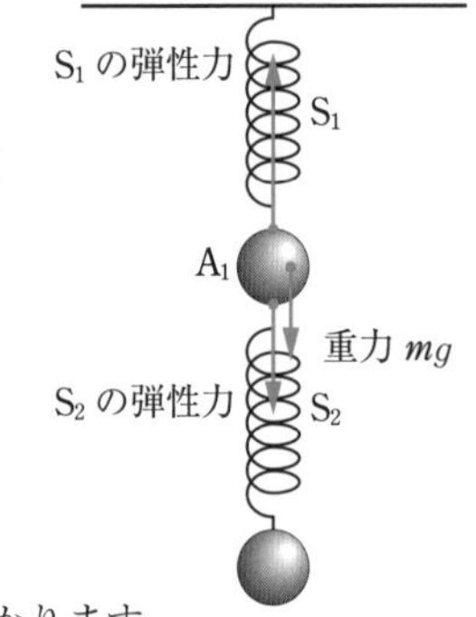

次に，おもり A_1 について考えてみましょう。A_1 はばね S_1，ばね S_2 の両方と接しているので，両方から弾性力を受けます。

S_1 の自然の長さからの伸び x_1 を用いると，S_1 の弾性力の大きさは kx_1 と表せるので，A_1 についての力のつりあいは，

$$kx_1 = kx_2 + mg$$

と表せます。ここから，ばね S_1 の伸びは，

$$x_1 = x_2 + \frac{mg}{k} = \frac{(m+M)g}{k} \quad (⑥)$$

と求められます。このように，2 本のばねの間に物体を挟むことで，2 本のばねの伸びに違いが生まれるようになることがわかります。

[2] 今度は，2 本のばねを並列につなげた状況を考えてみましょう。

この場合は，物体は 2 本のばねと接しています。そのため，両方のばねから弾性力を受けることになります。

2 本のばねの伸び l は等しく，弾性力の大きさはともに kl と表せます。よって，力のつりあい

$$kl + kl = mg$$

が成り立つことがわかり，これを解いて

$$l = \frac{mg}{2k}$$

と求められます。

この値は，2 本のばねを直列につないだ例題の場合のちょうど半分です。同じばね定数をもつ複数のばねを使って物体をつるすとき，ばねを直列につないでもばね 1 本あたりの伸びは変わりませんが，並列につなげば 1 本あたりの伸びが小さくなることが理解できます。

類題にチャレンジ 08

問題 →本冊 p.25

$\dfrac{2mMg}{M+m}$〔N〕

解説 この場合も物体は静止を続けず加速度運動するので，物体について力のつりあいが成り立ちません。つまり，糸の張力の大きさは物体にはたらく重力の大きさとは異なるのです。

運動する物体が2つ登場するので，それぞれについて運動方程式を書くことで糸の張力の大きさも求められます。この問題も例題の場合と同じく

> **2つの物体に生じる加速度の大きさは等しい**
> **糸の張力の大きさは両端で等しい**

ことがポイントとなります。

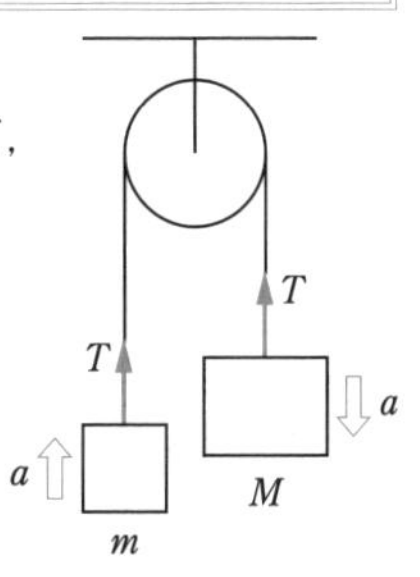

よって，各物体の運動方程式は，各物体の運動する方向を正として，

質量 M の物体の運動方程式：$Ma = Mg - T$

質量 m の物体の運動方程式：$ma = T - mg$

と書け，2式から a を消去して

糸の張力の大きさ $T = \dfrac{2mMg}{M+m}$〔N〕

と求められます。

類題にチャレンジ 09

問題 →本冊 p.27

(1) $\dfrac{F}{M+m}$　　(2) $\dfrac{mF}{M+m}$

解説 (1) まずは，物体に生じる加速度を求めましょう。物体と板は一体となって動いていますので，1つの物体と考えてしまうとラクです。

「板＋物体」(質量 $M+m$) は，大きさ F の力を受けて加速します。生じる加速度の大きさを a とすると，運動方程式が

$(M+m)a=F$　　と書け，これを解いて　　$a=\dfrac{F}{M+m}$

と求められます。

(2) 次に，物体だけについて考えます。物体にこの加速度 a が生じるのは，板から静止摩擦力を受けるからです。

ここで，物体は板と一体となって動いていくことから「物体には最大摩擦力がはたらく」と考え，その大きさを

最大摩擦力の大きさ$=\mu N=\mu mg$　(N：物体が板から受ける垂直抗力の大きさ)

と求めるのは間違いです！

物体が板から受ける静止摩擦力の大きさは，運動方程式を書いて求められます。物体に生じる加速度の大きさ a はわかっていますから，

運動方程式：$ma=f$　(f：物体が受ける静止摩擦力の大きさ)

と書け，ここへ上で求めた a の値を代入して整理すると

$$f=\frac{mF}{M+m}$$

と求められます。

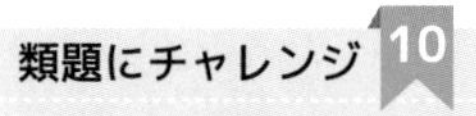

問題 →本冊 p.29

(1) $\dfrac{F-\mu' mg}{M}$　(2) $\mu' g$

解説　まずは，AとBが受ける力を確認しましょう。

Aは，Bよりも遅れて動いていきます。つまり，接触面に対して左向きに動くことになるので，右向きに動摩擦力を受けることになります。

動摩擦力ですから，その大きさは動摩擦係数μ'を使って$\mu' mg$と求められます(AがBから受ける垂直抗力の大きさは，Aにはたらく重力の大きさmgと等しいため)。

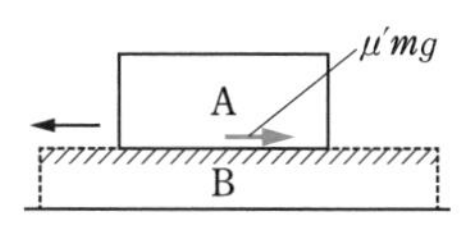

続いてBです。Bには水平右向きに大きさFの力が加わるため，Aの下面に対して右向きに動くことになります。よって，左向きに動摩擦力を受けます。

その大きさは，Aが受ける動摩擦力の大きさと等しく$\mu' mg$です。そのことは，作用・反作用の法則から即座に求められます。

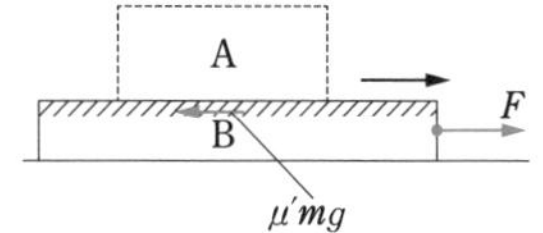

以上のことから，AとBについてそれぞれ次のように運動方程式を書くことができます(台に対するAの加速度の大きさをa_A，Bの加速度の大きさをa_Bとします)。

A：$ma_A=\mu' mg$
B：$Ma_B=F-\mu' mg$　より　$a_A=\mu' g$，$a_B=\dfrac{F-\mu' mg}{M}$

と求められます。

《注》　Aの運動方程式を $ma_A=F+\mu' mg$ のように書いてしまう(Fを加える)のも，よくある間違いです。たしかに，力FがはたらくからこそAは動くわけですが，力Fは直接Aにはたらくわけではありません。力Fがはたらくのは，あくまでもBなのです。運動方程式は，その物体に直接はたらく力だけを用いて書くことに注意が必要です。

類題にチャレンジ 12

問題 →本冊 p.33

台ばかりの目盛り：$\frac{1}{2}\rho Vg$ だけ増加する

ばねばかりの目盛り：$\frac{1}{2}\rho Vg$ だけ減少する

解説 今度は，体積 V の物体が受ける浮力の大きさは ρVg とはなりません。水中に沈んだ部分の体積は $\frac{1}{2}V$ なので，これを使って浮力の大きさは

$$\rho \cdot \frac{1}{2}V \cdot g = \frac{1}{2}\rho Vg$$

となるのです。

よって，ばねばかりの目盛りは $\frac{1}{2}\rho Vg$ **だけ減少する**ことがわかります。

そして，水はこれと同じ大きさの力を下向きに受けることになります。浮力の反作用です。よって，台ばかりの目盛りは $\frac{1}{2}\rho Vg$ **だけ増加する**ことがわかるのです。

類題にチャレンジ 14

問題 →本冊 p.36

$\rho_0 L^2 xg$〔N〕

解説 最初に物体が浮かんでいるとき，物体にはたらく力はつりあっています。その状態からさらに x〔m〕だけ沈めることで，液体中に沈んだ部分の体積が L^2x〔m^3〕だけ増加します。よって，浮力が $\rho_0 L^2 xg$〔N〕だけ増えることになるのです。

指で，これと同じ大きさ $\rho_0 L^2 xg$〔N〕の力を加えれば，力のつりあいが保たれて物体は静止するのです。

《注》 この問題も，物体の「下面が液体から上向きに押される力」と「上面が大気から下向きに押される力」をそれぞれ求めて考察してみましょう。

最初に物体が浮かんでいるとき，

　　下面が液体から上向きに押される力

　　＝重力＋上面が大気から下向きに押される力

という関係が成り立っています。

この状態からさらに x〔m〕だけ沈めると，下面が x〔m〕深くなります。x〔m〕深くなることで，液体の圧力が $\rho_0 xg$〔Pa〕だけ大きくなるのです。

したがって，下面が液体から上向きに押される力の大きさが $\rho_0 xg \times L^2$〔N〕だけ増えます。それでも物体が静止を続けるには，同じ大きさ $\rho_0 L^2 xg$〔N〕の力を下向きに加えればよいことがわかります。

類題にチャレンジ 15

問題 →本冊 p.38

問1　$2mg$　　問2　$\dfrac{l+2x}{2l\tan\theta}mg$　　問3　$\dfrac{l+2x}{2l\tan\theta}mg$　　問4　$\dfrac{3}{8\tan\theta}$

解説　問1～3　まずは，各問の棒にはたらく力を右図で確認しましょう。

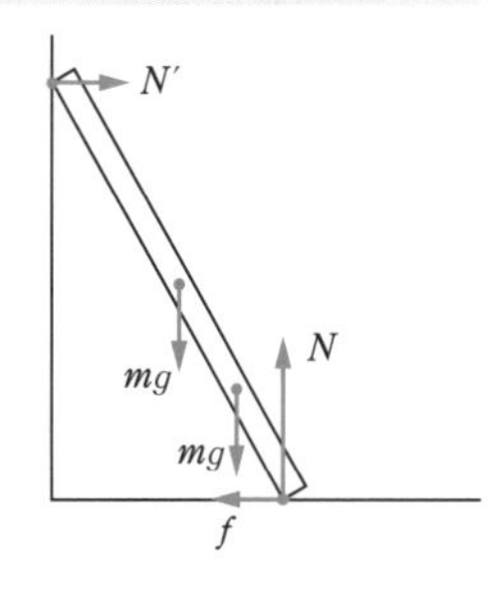

棒にはたらく力を確認したら，「力のつりあい」と「力のモーメントのつりあい」の式を書きます。

まずは，「力のつりあい」の式です。力は水平方向と鉛直方向にしかはたらいていないので，この2方向で書きます。

水平方向：$N'=f$　……①

鉛直方向：$mg+mg=N$　……②

そして，「力のモーメントのつりあい」の式を書きます。今回は，棒の下端に2つの力がはたらいており，これが最も多くの力がはたらく点になっています。ですので，下端の点Aを回転軸として力のモーメントのつりあいの式を書くと一番ラクに式が書けます。

$$mg\times\frac{l}{2}\cos\theta+mgx\cos\theta=N'l\sin\theta\quad\cdots\cdots③$$

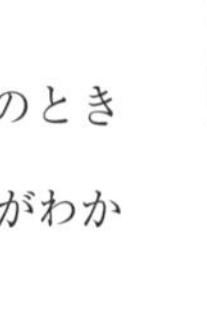

以上の式①～③を解くと

$$N=2mg,\qquad f=N'=\frac{l+2x}{2l\tan\theta}mg\quad\cdots\cdots④$$

と求められます。

問4　$x=\dfrac{l}{4}$ となった瞬間，棒がすべり出します。このときに，床からはたらく摩擦力 f が最大摩擦力に達することがわかります。式④で

$x=\dfrac{l}{4}$ とすると，床からはたらく摩擦力は，

$$f=\frac{l+2\cdot\frac{l}{4}}{2l\tan\theta}mg=\frac{3}{4\tan\theta}mg$$

であり，これが最大摩擦力 $\mu N=2\mu mg$ となることから

$$\frac{3}{4\tan\theta}mg=2\mu mg\qquad これを解いて\qquad \mu=\frac{3}{8\tan\theta}$$

と求められます。

類題にチャレンジ 16

問題 →本冊 p.42

問１　$mg-F\sin\theta$　問２　$\dfrac{mg}{2(\sin\theta+\cos\theta)}$　問３　$\dfrac{\pi}{4}$　問４　$\mu>\dfrac{1}{3}$

解説　問１　物体に加える力を大きくしていくと，水平面からの垂直抗力の作用点が徐々に下辺の右側へ移動していきます。そして，傾く直前には垂直抗力の作用点は右端の点Aとなります。

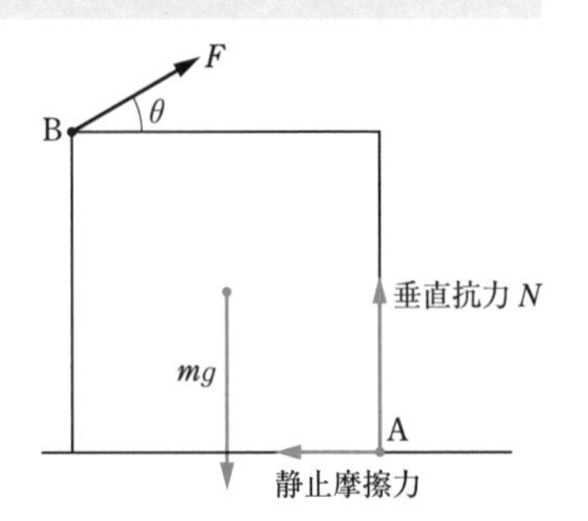

このときの垂直抗力の大きさをNとすると，鉛直方向の力のつりあい

$$F\sin\theta+N=mg$$

より，

$$N=mg-F\sin\theta$$

と求められます。

問２　傾く直前の点Aのまわりの力のモーメントのつりあいは

$$F(\sin\theta+\cos\theta)\times a=mg\times\frac{a}{2}$$

と書け，これを解いて

$$F=\frac{mg}{2(\sin\theta+\cos\theta)}$$

と求められます。

問３　三角関数の公式

$$\sin\theta+\cos\theta=\sqrt{2}\sin\left(\theta+\frac{\pi}{4}\right)$$

を使って，

$$F=\frac{mg}{2\sqrt{2}\sin\left(\theta+\frac{\pi}{4}\right)}$$

と変形できることから，$\theta=\dfrac{\pi}{4}$ $(=\theta_m)$ のときにFは最小となることがわかります。

問４　$\theta=\dfrac{\pi}{4}$ の方向に力を加えるとき，

$$F=\frac{mg}{2\sqrt{2}\sin\left(\frac{\pi}{4}+\frac{\pi}{4}\right)}=\frac{mg}{2\sqrt{2}}$$

を超える大きさの力を加えると，物体は傾き始めます。また，物体にはたらく最大摩擦力の大きさは

$$\mu N=\mu\left(mg-F\sin\frac{\pi}{4}\right)=\mu\left(mg-\frac{F}{\sqrt{2}}\right)$$

であることから，

$$F\cos\frac{\pi}{4}=\mu\left(mg-\frac{F}{\sqrt{2}}\right)$$

すなわち

$$F=\frac{\sqrt{2}\,\mu mg}{1+\mu}$$

を超える大きさの力を加えると，物体は水平面上をすべり始めることがわかります。物体が水平面上をすべることなく傾き始めるには

$$\frac{mg}{2\sqrt{2}}<\frac{\sqrt{2}\,\mu mg}{1+\mu}$$

であればよく，これを解いて

$$\mu>\frac{1}{3}$$

と求められます。

類題にチャレンジ 18

問題 →本冊 p.46

①

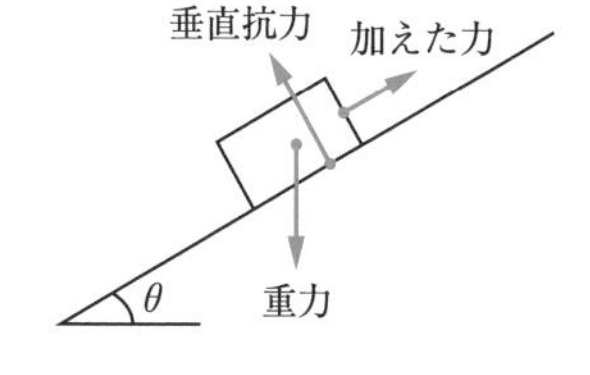

解説　まずは物体にはたらく力を確認します (右図)。

3つの力うち，非保存力は垂直抗力と加えた力ですが，垂直抗力は物体の移動方向に垂直な向きにはたらくので，仕事は0です。

よって，物体の力学的エネルギーは加えた力がした仕事の分だけ変化するのです。このことを式で表すと

加えた力のした仕事＝物体の力学的エネルギーの変化＝$mgh-0=mgh$　(①)

となります (物体は「ゆっくり」動くので，運動エネルギーは0のまま変化しないと考えられます)。

このように，力学的エネルギーの変化を考えるとあっさり解けてしまう問題でした。

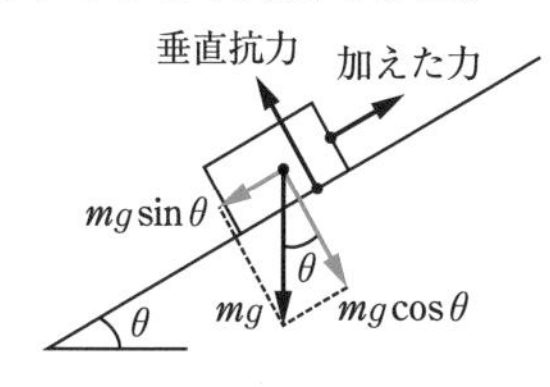

《別解》　この問題は，「物体がゆっくり動く」＝「力のつりあいが成り立つ」ことから右図のように加えた力の大きさを求めて，仕事を計算しても解けます。しかし，力学的エネルギーに着目する方がラクに解けることがわかると思います。

大きさ $mg\sin\theta$ の力を加えれば「力のつりあい」が成り立ちます。また，物体の移動距離は $\dfrac{h}{\sin\theta}$ です。

よって

$$\text{小物体に加えた力のした仕事}=mg\sin\theta\times\frac{h}{\sin\theta}=mgh$$

とわかります。

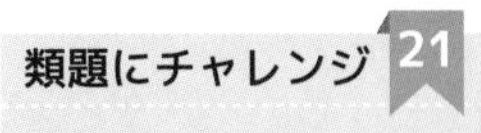

問題 →本冊 p.51

6.0 m/s

解説　反発係数が1の衝突のことを「弾性衝突」といいます。この状況で反発係数を求め，それが1になることを考えればよさそうです。

まずは衝突前の2球A，Bの相対速度の大きさを確認します。A，Bどちらから相手を見ても5.0 m/sで近づいてくるように見えます。つまり，相対速度の大きさは5.0 m/sです。

衝突後はどうでしょう。衝突後のBの速さをv〔m/s〕として考えます。この値は1.0 m/sよりも大きいはずです。よって，A，Bどちらから相手を見ても，$(v-1.0)$〔m/s〕の速さで遠ざかっていくように見えることがわかります。

以上のことから，この場合の反発係数が$\dfrac{v-1.0}{5.0}$と表されることがわかります。これが1であることから

$$\frac{v-1.0}{5.0}=1 \qquad \text{より} \qquad v=6.0\ \mathrm{m/s}$$

と求められます。

類題にチャレンジ 22

問題 →本冊 p.53

1 (1) (ア) Ft (イ) $\dfrac{Ft}{m_A}$ (ウ) 水平左 (2) (エ) $\dfrac{Ft}{m_B}$

2 A：3.0 m/s，B：5.0 m/s

解説 1 (1) まずは物体Aについて考えます。これは物体Aという1つの物体に着目して考えるということです。つまり，「運動量の変化と力積の関係」を使う必要があります。

物体Aは，左向きに大きさ Ft〔N·s〕の力積を受けます。そして，その分だけ運動量が変化します。

力積を受ける前の物体Aは静止していて，運動量は0です。その状態から左向きに大きさ Ft〔N·s〕の力積を受けることで，その分だけ運動量が変化するのです。変化した後の物体Aの速さを v_A〔m/s〕としてこの関係を式にすると

$$\underbrace{m_Av_A-0}_{\text{運動量の変化}} = \underbrace{Ft}_{\text{受けた力積}} \quad \text{より} \quad v_A=\frac{Ft}{m_A}\ \text{〔m/s〕}$$

と求められます。もちろん，運動する向きは**水平左**向きです。

(2) 今度は「人＋板B」について考えます。この場合もやはり「人＋板B」をまとめて1つの物体と考えればよいので，「運動量の変化と力積の関係」が使えます。

「人＋板B」は，物体Aに大きさ F〔N〕の力を加えます。そのため，その反作用として「人＋板B」も大きさ F〔N〕の力を受けるのです。そして，力を受ける時間は物体Aを押したのと同じ t〔s〕間です。よって，「人＋板B」は右向きに大きさ Ft〔N·s〕の力積を受けるとわかるのです。

よって，力積を受けた後の「人＋板B」の速さを v_B〔m/s〕とすると

$$\underbrace{m_Bv_B-0}_{\text{運動量の変化}} = \underbrace{Ft}_{\text{受けた力積}}$$

という関係が成り立ちます。ここから

$$v_B=\frac{Ft}{m_B}\ \text{〔m/s〕}$$

と求められます。

《別解》 (2)は運動量保存則を使って解くこともできます。

はじめ一体となっていた物体Aと物体「人＋板B」は，力をおよぼしあって分裂したと考えられます。この2物体全体に着目して考えると，運動量保存則が成り立ちます。

右向きを正として運動量保存則を表すと

$$\underbrace{0}_{\text{分裂前の運動量の和}} = \underbrace{-m_Av_A+m_Bv_B}_{\text{分裂後の運動量の和}}$$

となります。ここへ $v_A=\dfrac{Ft}{m_A}$ を代入して整理すると

$$v_B=\frac{Ft}{m_B}\ \text{[m/s]}$$

と求められます。

2 今度は，小球AとBの間でおよぼしあう力積がわからない状況です。ですので，AまたはBの1つだけに着目して「運動量の変化と力積の関係」を使うのは難しそうです。

そのような場合は，AとBの全体について考えればよいのです。AとBは衝突するので，「運動量保存則」が成り立ちます。

衝突前のA，Bの進行方向を正として，衝突後のA，Bの速度をそれぞれ v_A〔m/s〕，v_B〔m/s〕とします。

すると，運動量保存則は次のように表せます。

$$\underbrace{4.0\times5.0+2.0\times1.0}_{\text{衝突前の運動量の和}} = \underbrace{4.0\times v_A+2.0\times v_B}_{\text{衝突後の運動量の和}}$$

ここから v_A，v_B の値を求めればよいのですが，式が1つだけでは2つの未知数を求めることができません。そこでもう1つ，何か式を書く必要があります。

問題で反発係数が0.50だと示されていますので，反発係数を式にしてみましょう。

質問21で学んだことを思い出すと，この場合の反発係数は $\frac{v_B-v_A}{5.0-1.0}$ と求められます。

これが0.50なので

$$\frac{v_B-v_A}{5.0-1.0}=0.50$$

が成り立ちます。

以上の2式を連立して解けば

$$v_A=3.0\ \text{m/s},\qquad v_B=5.0\ \text{m/s}$$

と求められます。

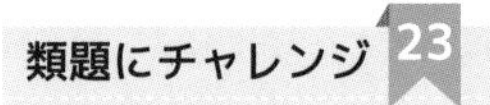

問題 →本冊 p.55

[1] (1) $\dfrac{mv_0}{M}$ (2) $\dfrac{m}{M}$ (3) 解説参照

[2] ①，⑥

[3] ①

解説 [1] (1) AとBの衝突において運動量保存則が成り立ちます。衝突直後のBの速さが v より，運動量保存則

$$\underbrace{mv_0}_{\text{衝突前の運動量の和}} = \underbrace{Mv}_{\text{衝突後の運動量の和}} \quad より \quad v=\frac{mv_0}{M}$$

と求められます。

(2) 反発係数は $\dfrac{衝突後の相対速度の大きさ}{衝突前の相対速度の大きさ}$ と求められます。

衝突前のAとBの相対速度の大きさは v_0，衝突後のAとBの相対速度の大きさは $\dfrac{mv_0}{M}$ なので

$$反発係数 e=\frac{\dfrac{mv_0}{M}}{v_0}=\frac{m}{M}$$

と求められます。

(3) 衝突直後のBの運動エネルギー K は

$$K=\frac{1}{2}M\left(\frac{mv_0}{M}\right)^2$$

です。これを，衝突直前のAの運動エネルギー $K_0=\dfrac{1}{2}mv_0{}^2$ を使って表すと

$$K=\frac{1}{2}M\left(\frac{mv_0}{M}\right)^2=\frac{1}{2}mv_0{}^2\times\frac{m}{M}=K_0\times e$$

つまり，K は K_0 の e 倍となります。

《参考》 この結果からどのようなことがわかるでしょう。

衝突前に運動エネルギーをもっているのはAだけ，衝突後はBだけが運動エネルギーをもっています。つまり，AとBの運動エネルギーの和は K_0 から $K_0\times e$ へ変化するのです。ここから，$e=1$（弾性衝突）であれば運動エネルギーの和が保存され，$e<1$（非弾性衝突）だと保存されないことがわかります。今回，物体の高さは変わらず重力による位置エネルギーは変化しませんので，運動エネルギーの和が保存されることは力学的エネルギーが保存されるのと同じことです。

力学的エネルギー保存則は，弾性衝突では成り立つけれども非弾性衝突では成り立たないことがわかるのです。

2 小物体が台上の点Qに達したとき，小物体と台は分裂したわけではありません。しかし，スタートの状態から小物体と台が互いに力をおよぼしあってともに速度を得る状況は，分裂と同じだと理解できます。

分裂ですので，まずは運動量保存則が成り立ちます。今回，v と V はともに速度であることに注意すると，運動量保存則は

$$\underbrace{0}_{\text{分裂前の運動量の和}} = \underbrace{mv + MV}_{\text{分裂後の運動量の和}}$$

と表されることがわかります。

《注》 v や V が物体の速さを表す場合は，速度に直すときに

> **正の向きと同じ向きなら**：速度は v または V
> **正の向きと逆向きなら**：速度は $-v$ または $-V$

というように，符号に注意する必要があります。

しかし，今回は v も V も速度そのものなので，符号（向き）を気にする必要がないのです。

さらに，今回は火薬を使わない分裂ですので，力学的エネルギー保存則が成り立ちます。最初に小物体がもっていた重力による位置エネルギーが運動エネルギーに変わったことから，力学的エネルギー保存則は

$$\underbrace{mgh}_{\text{分裂前の力学的エネルギーの和}} = \underbrace{\frac{1}{2}mv^2 + \frac{1}{2}MV^2}_{\text{分裂後の力学的エネルギーの和}}$$

と表されることがわかります（正解は①と⑥）。

3 Bさんがボールを捕球して一体となることは，反発係数が0の衝突だといえます。つまり，非弾性衝突です。

非弾性衝突が起こるとき，力学的エネルギーは減少するのでした。よって，$E_2 < E_1$ であることがわかり，

$$\Delta E = E_2 - E_1 < 0$$

と求められます（正解は①）。

類題にチャレンジ 24

問題 →本冊 p.58

③

解説 選択肢では速度のベクトル図が描かれています。これを，運動量のベクトル図にして考えてみましょう。

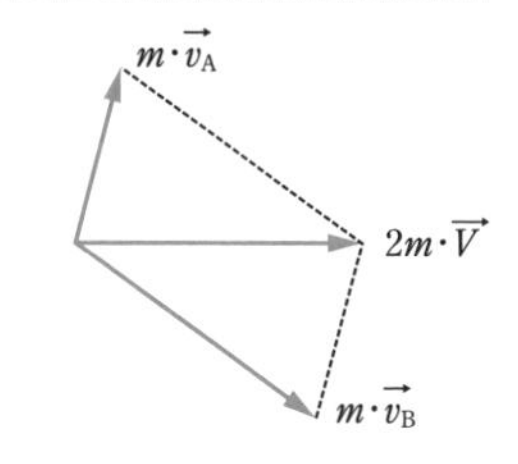

分裂前の質量 $2m$ の粒子の運動量は $2m\cdot\overrightarrow{V}$ のように表されます。

分裂後の A，B の速度の向きはわかりませんが，分裂では運動量保存則が成り立つことから右図の関係を満たすことがわかります。それぞれの長さを $\dfrac{1}{m}$ 倍すると右図下のように速度ベクトルの関係がわかるようになります。

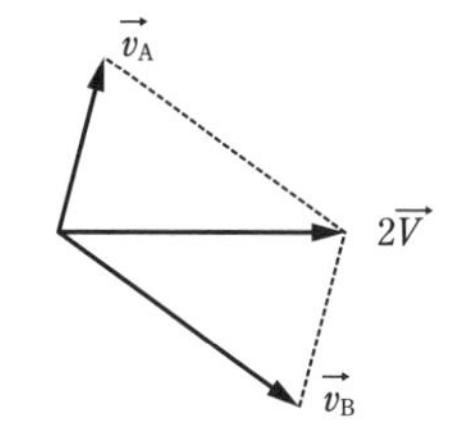

この問題の正解は右図の関係を満たす，**$\overrightarrow{v_A}$ と $\overrightarrow{v_B}$ の和が $\overrightarrow{V}$ の 2 倍**になる③であるとわかります。

問題 →本冊 p.64

1 ④　2 $\frac{1}{\sqrt{3}}g$

解説　1 この問題も，台車に乗っている人の視点で考えると見通しがよくなります。

台車に乗っている人には，おもりや水そうの中の水には右図の向きに慣性力がはたらいて見えます。

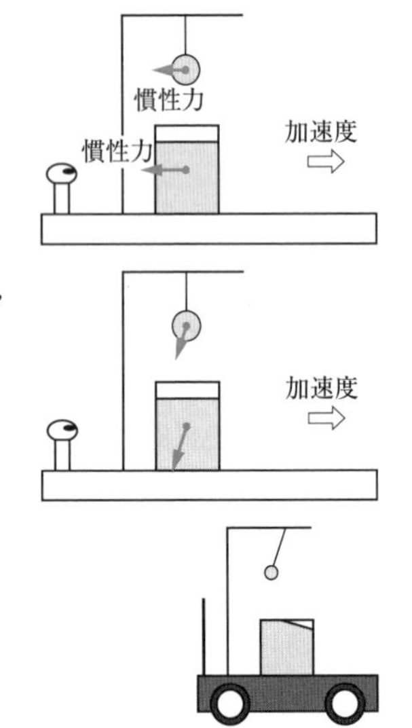

そして，これに加えて重力もはたらいています。その結果，右図のような向きに慣性力と重力の合力を受けることになるのです。

おもりも水もこのような向きに力を受けるので，右下図のような状態になるとわかります(正解は④)。

2 この問題は，小球と台の運動をそれぞれ別に考えて解くこともできます。つまり，地上で静止している人の視点で考えるということです。まずはその場合の解法を確認しましょう。

小球の初速度の鉛直成分は，上向きに大きさ $v_0\sin\theta$ です。そして，同じ高さに戻ってくるときには，速度の鉛直成分は鉛直下向きに大きさ $v_0\sin\theta$ となっているはずです。よって，小球を投げ上げてから再び台上に戻るまでの時間を t とすると，

$$-v_0\sin\theta=v_0\sin\theta-gt \quad より \quad t=\frac{2v_0\sin\theta}{g}$$

であるとわかります。

この間，小球は水平方向には等速直線運動します。その速さは，初速度の水平成分の大きさ $v_0\cos\theta$ で一定です。よって，小球を投げ上げてから台上に戻るまでの小球の水平方向への移動距離を l とすると，

$$l=v_0\cos\theta\times\frac{2v_0\sin\theta}{g}=\frac{2v_0^2\sin\theta\cos\theta}{g}$$

と求められます。

続いて，この間の台の移動距離を求めましょう。台は初速度 0 で，大きさ a の加速度で等加速度直線運動します。よって，時間 $\frac{2v_0\sin\theta}{g}$ での移動距離は $\frac{1}{2}a\left(\frac{2v_0\sin\theta}{g}\right)^2$ です。

小球が原点Oに戻ってくるには，これが小球の水平方向への移動距離 l と等しければよ

いので

$$\frac{1}{2}a\left(\frac{2v_0\sin\theta}{g}\right)^2=\frac{2{v_0}^2\sin\theta\cos\theta}{g}$$

となる必要があります。これを解いて，求める条件は

$$a=\frac{g\cos\theta}{\sin\theta}=\frac{g}{\tan\theta}$$

だとわかります。$\theta=60°$ とすると，この値は

$$\frac{g}{\tan 60°}=\frac{1}{\sqrt{3}}g$$

と求められます。

《別解》 地上で静止している人の視点で考えると，なかなか大変な問題でした。しかし，台に乗っている人の視点で考えればあっさりと解けてしまいます。

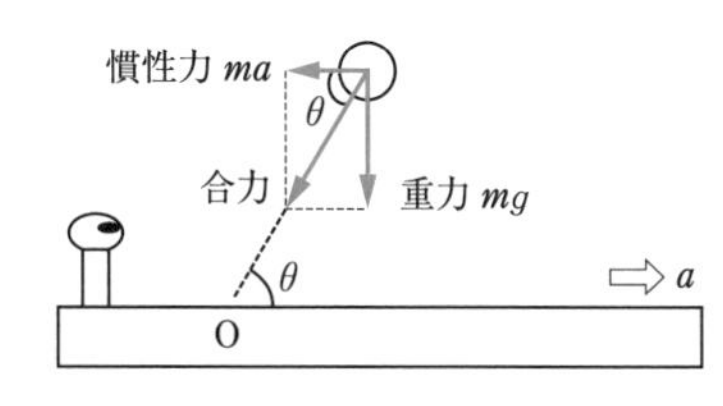

台に乗っている人から見ると，小球には右図のような慣性力がはたらいています (小球の質量を m としています)。

もちろん，これに加えて重力 mg もはたらき，その合力が上の図のような向きになれば，小球は直線上を往復して，発射地点へ戻ってくることになるのです。

図から，

$$\tan\theta=\frac{mg}{ma}=\frac{g}{a}$$

であればよいとわかり，ここへ $\theta=60°$ を代入して整理すると

$$a=\frac{1}{\sqrt{3}}g$$

と求められるのです。

類題にチャレンジ 27

問題 →本冊 p.66

⑥

解説　小球が円運動する状況について考える問題です。ですので，まずは小球にはたらく力を確認し，そのうちの円軌道の中心向きの成分を求めるという手順が必要になります。

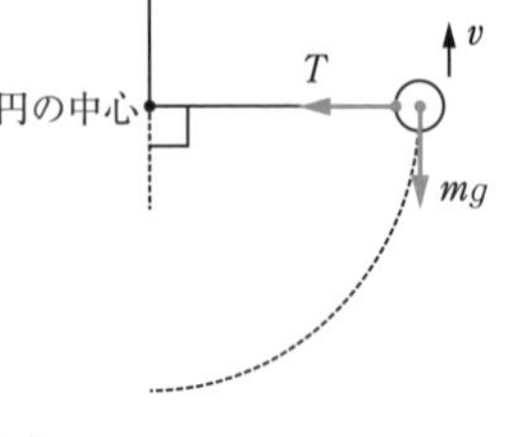

$\beta=90°$ となったとき，糸の張力の大きさを T とすると，小球には右図のような力がはたらきます。

この中で円軌道の中心に向いているのは T だけです。よって，糸の張力が向心力としてはたらいていることがわかります。

この円軌道の半径は $l-a$ なので，小球の速さを v とすると向心力の大きさは $m\dfrac{v^2}{l-a}$ と表されます。これが糸の張力の大きさ T となるのです。

ここで，v^2 の値が必要になります。これは，力学的エネルギー保存則より求められます。小球が点Pで運動を始めてから，小球の力学的エネルギーは保存されています。よって

$$\underbrace{mga}_{\text{点Pのときの力学的エネルギー}} = \underbrace{\frac{1}{2}mv^2}_{\beta=90^\circ\text{ のときの力学的エネルギー}}$$

より

$$v^2=2ga$$

と求められます。これを向心力の大きさを表す式へ代入して，

$$T=m\frac{v^2}{l-a}=\frac{2amg}{l-a}\quad (⑥)$$

であることがわかります。

類題にチャレンジ 28

問題 →本冊 p.68

③

解説 小物体が点Pを通過するということは，それまで小物体は円筒面から離れないということです。そのための条件は

点Pで小物体が円筒面から受ける垂直抗力の大きさ $N \geqq 0$

と表すことができます。小物体が円筒面に沿って上昇するにつれて垂直抗力は小さくなっていくので，これが成り立つならば小物体は円筒面から離れず点Pに達することができるのです。

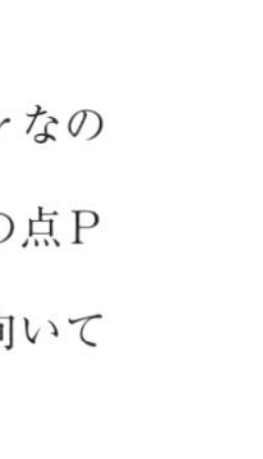

点Pでの小物体の運動を考えると，円軌道の半径は r なので，向心力の大きさは $m\dfrac{{v_P}^2}{r}$ となります（v_P：小物体の点Pでの速さ）。重力と垂直抗力はともに円軌道の中心に向いているので，この和が向心力となっています。すなわち

$$mg + N = m\frac{{v_P}^2}{r}$$

です。そして，$N \geqq 0$ ならよいので

$$N = m\frac{{v_P}^2}{r} - mg \geqq 0 \quad \cdots\cdots ①$$

であればよいとわかります。

ただし，今回は v_P の値がわかっていませんので，力学的エネルギー保存則を使って求める必要があります。床面上を基準面とすると，

$$\underbrace{\frac{1}{2}mv^2}_{\text{床面上での力学的エネルギー}} = \underbrace{mg \cdot 2r + \frac{1}{2}m{v_P}^2}_{\text{点Pでの力学的エネルギー}}$$

より

$${v_P}^2 = v^2 - 4gr$$

と求められ，これを①へ代入して整理すると，

$$v \geqq \sqrt{5gr} \quad (③)$$

が求める条件だとわかります。

問題 →本冊 p.71

⑦

解説　これも２つの視点から考えてみましょう。

まずは地上で静止している人の視点です。この人には，小物体には右図のような力がはたらいて見えます（遠心力は見えません）。

２つのうち，重力には円軌道の中心向きの成分はありません。円軌道の中心向きの成分をもつのは垂直抗力だけで，その中心向きの成分の大きさは $N\cos\theta$ だとわかります。これが向心力となっていることから

$$N\cos\theta = m\frac{{v_0}^2}{a} \qquad \text{より} \qquad a = \frac{m{v_0}^2}{N\cos\theta} \quad \cdots\cdots ①$$

と求められます。

答えを得るにはさらに N の値も必要です。これは，小物体にはたらく力の鉛直成分がつりあっていることから求められます。小物体が等速円運動する場合，はたらく力は向心力のみとなるからです。

力の鉛直成分のつりあいは

$$N\sin\theta = mg \qquad \text{と表され，ここから} \qquad N = \frac{mg}{\sin\theta}$$

と求められます。これを①式へ代入して

$$a = \frac{{v_0}^2\tan\theta}{g} \quad (⑦)$$

と求められます。

《別解》　それでは，これを小物体と一緒に円運動する人の視点で考えたらどうなるでしょう。その場合は，小物体には右図のような力がはたらいて見えます（遠心力が見えます）。

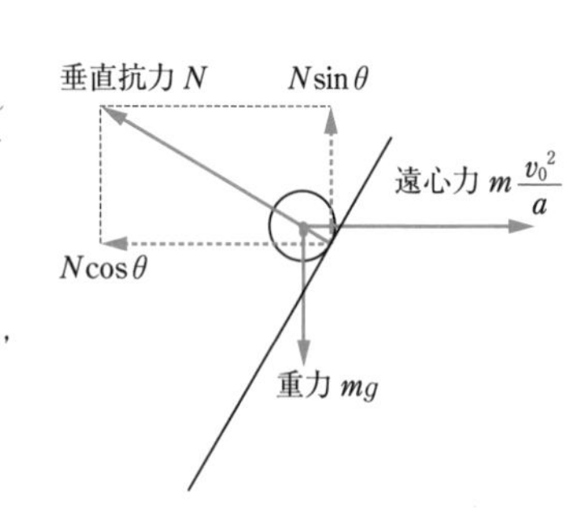

そして，小物体は静止して見えます。つまり，力のつりあいが成り立つのです。式で表すと，

水平方向：$N\cos\theta = m\dfrac{{v_0}^2}{a}$

鉛直方向：$N\sin\theta = mg$

となります。これら２式は，見た目上は地上で静止している人の視点で考えたときに登場した２式とまったく同じです（ただし，意味は異なります）。

ですので，同じように a の値を求めることができます。

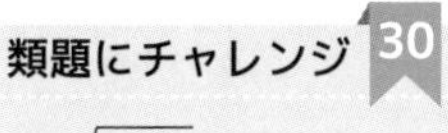

問題 →本冊 p.73

$2\pi\sqrt{\dfrac{M}{\rho Sg}}$

解説 この場合も，物体は単振動をします。ばねが登場しないので気づきにくいのですが，物体にはたらく力を調べることでそのことがわかります。

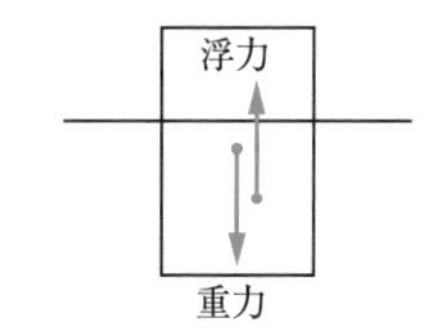

物体が静止するとき，右図のような力のつりあいが成り立っています。

しかし，この位置から物体が上下にずれると力のつりあいは成り立たなくなります。

つりあいの位置より物体が x だけ深く沈むと，物体の水中に沈む体積が Sx だけ増えます。そのため，浮力が $\rho \cdot Sx \cdot g$ だけ大きくなるのです。

逆に，つりあいの位置より x だけ上の位置に物体が出ると，物体の水中に沈む体積は Sx だけ減ります。そのため，浮力が $\rho \cdot Sx \cdot g$ だけ小さくなるのです。

つりあいの位置では物体にはたらく力の合力は0です。よって，つりあいの位置からずれたときに物体にはたらく力の合力は浮力の変化分となります。その向きと大きさが，次のようになることがわかるのです。

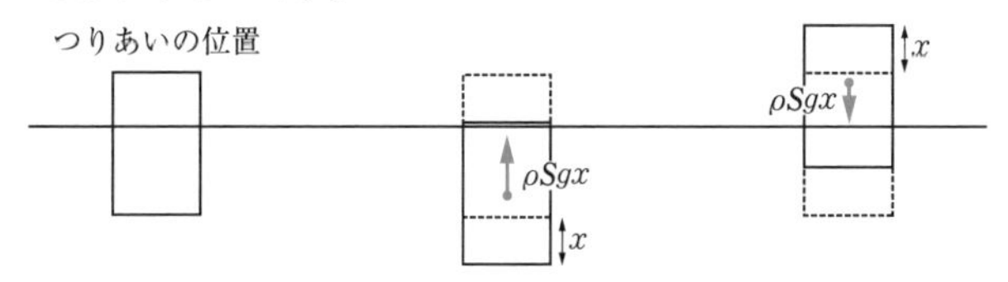

図から，物体にはたらく合力は

向き　：ある一点（力のつりあいの位置）に向かう
大きさ：その点からの距離に比例する

という2つの特徴をもっていることがわかります。つまり，物体にはたらく力は「復元力」なのです。そのことから，物体が単振動することがわかります。

よって，求める時間は単振動の周期であるとわかります。今回は，物体にはたらく復元力の比例定数は ρSg なので，単振動の周期は $2\pi\sqrt{\dfrac{M}{\rho Sg}}$ と求められます。

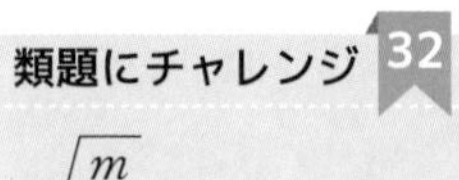

類題にチャレンジ 32

問題 →本冊 p.77

$\pi\sqrt{\dfrac{m}{k}}$

解説　まずは，物体にはたらく力を確認します。垂直抗力の大きさをNとして，ばねの自然の長さからの伸びがxの瞬間，物体には右図のような力がはたらいています。

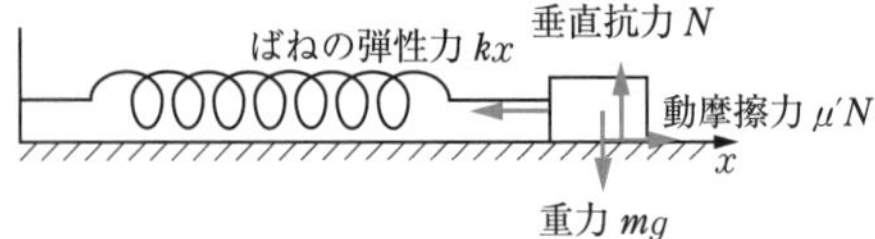

このうち，重力と垂直抗力はつりあっています。よって，

$$N = mg$$

です。これを代入して，動摩擦力の大きさは

$$\mu' N = \mu' mg$$

と求められます。よって，小物体にはたらくx軸方向の力をFとすると，

$$F = \mu' mg - kx = -k\left(x - \frac{\mu' mg}{k}\right)$$

と表されます。この式は，$x = \dfrac{\mu' mg}{k}$ の位置が振動の中心になることを表しています。そして，それと同時に復元力の比例定数がkであることも表しているのです。

つまり，この場合の単振動の周期も $2\pi\sqrt{\dfrac{m}{k}}$ となるのです。このことは，ばね振り子では摩擦があっても周期が変わらないことを示しています。変わるのは振動の中心だけなのです。

小物体を静かにはなした瞬間，小物体の速さは0です。つまり，単振動が端点からスタートします。そして，ばねが最も縮む瞬間にも，小物体の速さは0となります。それは反対側の端点にたどり着いた瞬間です。

よって，求める時間は周期の半分であり，$\pi\sqrt{\dfrac{m}{k}}$ となります。

類題にチャレンジ 34

問題→本冊 p.82

③

解説　先に万有引力による位置エネルギーを考えると解きやすくなります。

問題文に,「万有引力による位置エネルギーは,無限遠で0とする」とあります。位置エネルギーが0となる位置のことを「基準」といいますので,この問題でも無限遠を基準としていることがわかります。

その場合,万有引力による位置エネルギーは $-G\frac{Mm}{r}$ と表せるのでした。そのため,「必ず負の値になる」,「rが小さくなるほど小さくなる」という特徴がありました。2つの特徴に合致するのは(d)だとわかります。

これがわかると,運動エネルギーも求められます。

まず,運動エネルギーが負の値になることはないので,(a)か(b)のどちらかです。そして,万有引力だけを受けて運動している惑星では,力学的エネルギー保存則が成り立ちます(質問35で詳しく説明します)。つまり,運動エネルギーと万有引力による位置エネルギーの和が一定に保たれるということです。この条件を満たすのは(a)だとわかります(正解は③)。

類題にチャレンジ 38

問題 →本冊 p.94

②

解説　今回は，710 g の水と 42 g の氷の両方について，変化のようすを考えます。

まずは 710 g の水です。こちらは，最終的に 0°C の水になりました。つまり，状態変化はせず温度低下だけが起こったわけです。

最初の水の温度を t〔°C〕とすると，温度変化は $(t-0)$〔°C〕$=(t-0)$〔K〕となるので，

$$710\text{ g の水が放出した熱量}=710\text{ g}\times4.2\text{J/(g·K)}\times(t-0)\text{〔K〕}$$

であるとわかります。

次に，氷について考えます。こちらは，次の 2 段階で変化します。

$$-10^\circ\text{C の氷} \overset{①}{\Longrightarrow} 0^\circ\text{C の氷} \overset{②}{\Longrightarrow} 0^\circ\text{C の水}$$

まず①のときに氷は

$$42\text{ g}\times2.1\text{ J/(g·K)}\times\{0-(-10)\}\text{ K}$$

の熱を吸収します。そして②のときには

$$42\text{ g}\times334\text{ J/g}$$

の熱を吸収します。つまり，氷はトータルで

$$(42\times2.1\times10+42\times334)\text{ J}$$

の熱を吸収したのです。

710 g の水が放出した熱量と氷が吸収した熱量が等しいことから

$$710\times4.2\times(t-0)=42\times2.1\times10+42\times334$$

であるとわかり，これを解いて

$$t=5^\circ\text{C}$$

と求められます（正解は②）。

類題にチャレンジ 39

問題 →本冊 p.98

問１　(1) $\dfrac{2L}{v_x}$　(2) $\dfrac{v_x t}{2L}$　(3) $\dfrac{m v_x^{\,2}}{L}$　(4) $\dfrac{N_A m\overline{v^2}}{3L}$　(5) $\dfrac{N_A m\overline{v^2}}{3L^3}$

問２　$\dfrac{1}{2}m\overline{v^2}=\dfrac{3RT}{2N_A}$

解説　最初は，例題と同じように考えられます。気体分子運動論の流れは変わりませんから，一度しっかりと理解しておけば怖くなくなります。

問１　分子が壁Ｓに衝突してから再び壁Ｓに衝突するまでに，x 軸に沿って距離 $2L$ だけ運動します。その間，速度の x 成分の大きさは v_x で一定なので，かかる時間は $\dfrac{2L}{v_x}$ ((1)の答) となります。

時間		衝突
$\dfrac{2L}{v_x}$	→	1回
t	→	$\dfrac{t}{\frac{2L}{v_x}}$ 回

よって，時間 t の間に分子は壁Ｓに

$$\frac{t}{\frac{2L}{v_x}}=\frac{v_x t}{2L}\quad ((2)の答)$$

回衝突することになります。

分子が壁に衝突するたびに，壁は分子から $2mv_x$ の力積を受けます。よって，時間 t の間に壁が分子から受ける力積は

$$2mv_x\times\frac{v_x t}{2L}=\frac{m v_x^{\,2} t}{L}$$

となります。

ここで，時間 t を 1 s とする (単位時間とする) のがポイントでした。そうすることで

壁が分子から単位時間に受ける力積＝壁が分子から受ける力×1 s

となり

$$壁が分子から受ける力=\frac{m v_x^{\,2}\times 1}{L}=\frac{m v_x^{\,2}}{L}\quad ((3)の答)$$

と求められるのです。

これを平均値 $\dfrac{m\overline{v_x^{\,2}}}{L}$ で考え，$\overline{v_x^{\,2}}=\dfrac{1}{3}\overline{v^2}$ を代入すると

$$\frac{m\overline{v_x^{\,2}}}{L}=\frac{m\overline{v^2}}{3L}$$

となります。これは１個の分子が壁におよぼす力を表します。今回，気体は１モル (アボガドロ定数 N_A 個) あるので，気体全体が壁に及ぼす力の大きさは

$$F=\frac{N_A m\overline{v^2}}{3L}\quad ((4)の答)$$

と求められます。

そして，これを壁の面積で割って

$$気体の圧力\ p=\frac{N_A m\overline{v^2}}{3L}\div L^2=\frac{N_A m\overline{v^2}}{3L^3}\quad ((5)の答)$$

と求められます。

問2　気体の体積を V とすると $V=L^3$ より，

$$p=\frac{N_A m\overline{v^2}}{3V}$$

と表せます。ここから分子1個の平均運動エネルギー $\frac{1}{2}m\overline{v^2}$ は

$$\frac{1}{2}m\overline{v^2}=\frac{3pV}{2N_A}$$

と求められます。

理想気体の状態方程式　$pV=RT$（今回は $n=1$ モル）を使うと

$$\frac{1}{2}m\overline{v^2}=\frac{3RT}{2N_A}\quad\text{（問2の答）}$$

と求められます。$\frac{R}{N_A}$ はボルツマン定数なので，これはボルツマン定数 k_B を使った表記 $\frac{3}{2}k_BT$ と合致することがわかります。つまり，たとえ途中過程でつまずいても，問2は即答できるようにしておくべきなのです。

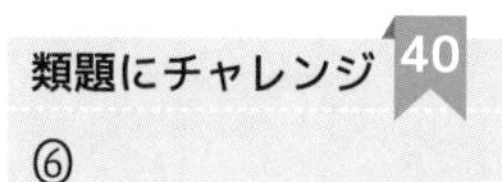

問題 →本冊 p.100

⑥

解説　これも，「$\frac{pV}{T}$＝一定」が成り立つことを使って解くことができます。A → B, B → C，C → D，D → A の各過程について考えてみましょう。

まずは A → B です。このとき，気体の体積 V は一定のまま圧力 p が 2 倍になっています。それでも $\frac{pV}{T}$ が一定に保たれるには絶対温度 T も 2 倍になる必要があります。

次に B → C です。今度は p が一定のまま V が 3 倍になっています。$\frac{pV}{T}$ が一定に保たれるには，T も 3 倍になる必要があります。

今度は C → D です。V が一定のまま p が $\frac{1}{2}$ 倍になりますから，$\frac{pV}{T}$ が一定に保たれるには T も $\frac{1}{2}$ 倍になる必要があります。

最後に D → A です。p が一定のまま V が $\frac{1}{3}$ 倍になりますから，$\frac{pV}{T}$ が一定に保たれるには T も $\frac{1}{3}$ 倍になる必要があります。

以上の条件を満たすのは⑥であり，これが正解だとわかります。

類題にチャレンジ 41

問題 →本冊 p.102

⑧

解説　これも熱力学第 1 法則を正しく使って求めてみましょう。

熱力学第 1 法則を「$Q=\Delta U+W$」の形で使う場合は，W は「気体が外部へする仕事」となります。この場合，気体は外部へ P_0SL の仕事をするので $W=P_0SL$ です。

そして内部エネルギーの増加量 $\Delta U=U_2-U_1$ です。これらを使って熱力学第 1 法則は

$$Q=\Delta U+W=U_2-U_1+P_0SL \quad (⑧)$$

と求められます。

《別解》「$\Delta U=Q+W$」の形でも解いてみましょう。今度は W が「気体が外部からされる仕事」となることに注意が必要です。実際には気体は外部へ P_0SL の仕事をするので，気体がされる仕事 $W=-P_0SL$ です。

気体の内部エネルギーの増加量 $\Delta U=U_2-U_1$ は変わりません。これらを使うと

$$U_2-U_1=Q+(-P_0SL)$$

となります。ここから

$$Q=U_2-U_1+P_0SL$$

と求められます。

類題にチャレンジ 42

問題 →本冊 p.105

(1) $Q_{SA}=W_{SA}$　(2) $\frac{3}{2}(p_0V_0-p_1V_1)$

解説 (1) まずは等温変化について考えます。この場合は，$\Delta U=0$ であるため熱力学第1法則は

$$Q=W$$

となります。すなわち，気体が吸収する熱量 Q と気体が外部へする仕事 W とが等しくなるのです。この問題では $Q_{SA}=W_{SA}$ となります。

(2) 次に断熱変化を考えます。今度は $Q=0$ であるため，熱力学第1法則は

$$0=\Delta U+W$$

となります。ここから

気体が外部へした仕事 $W_{SA}=-\Delta U$

と求められます。ここで，単原子分子理想気体の内部エネルギー U は

$$U=\frac{3}{2}nRT \quad (n：物質量,\quad R：気体定数,\quad T：絶対温度)$$

と表されます。これを使って内部エネルギーの増加量 ΔU を求めればよいのですが，今回は n や R の値が与えられていません。そのような場合には，状態方程式 $pV=nRT$ を使って

$$U=\frac{3}{2}nRT=\frac{3}{2}pV$$

と変形します。この式から，S→B の変化において気体の内部エネルギーは $\frac{3}{2}p_0V_0$ から $\frac{3}{2}p_1V_1$ へ変化したことがわかります。よって，内部エネルギーの増加量 ΔU は

$$\Delta U=\frac{3}{2}p_1V_1-\frac{3}{2}p_0V_0=\frac{3}{2}(p_1V_1-p_0V_0)$$

と求められます。そして，これを使って

気体が外部へした仕事 $W_{SB}=-\Delta U=\frac{3}{2}(p_0V_0-p_1V_1)$

と求められるのです。

類題にチャレンジ 43

問題 →本冊 p.109

A → B：$\frac{3}{2}RT_0$，　B → C：$\frac{3}{2}RT_0$，　C → A：$-\frac{5}{2}RT_0$

解説　まずは状態方程式を書いて状態 A，B，C での温度をそれぞれ求めておきましょう。

Aのとき：$p_0V_0=1\cdot RT_0$

Bのとき：$2p_0V_0=1\cdot RT_B$　（T_B：B のときの温度）

Cのとき：$p_0\cdot 2V_0=1\cdot RT_C$　（T_C：C のときの温度）

ここから

$$T_B=\frac{2p_0V_0}{R}=2T_0,\quad T_C=\frac{2p_0V_0}{R}=2T_0$$

と求められます。

それでは変化の過程を 1 つずつ考えていきましょう。

A → B は定積変化です。よって，気体が吸収する熱量Qは，定積モル比熱を C_V とすると，

$$Q=nC_V\Delta T=1\cdot C_V\Delta T$$

と求められます。ここで，この気体は単原子分子理想気体であることから，$C_V=\frac{3}{2}R$ です。そして

$$\Delta T=T_B-T_0=T_0$$

です。これらを代入して

$$Q=C_V\Delta T=\frac{3}{2}RT_0$$

と求められます。

B → C は「定積変化」，「定圧変化」，「等温変化」，「断熱変化」のいずれにもあてはまらない変化です。このような場合にQを求めるには，ΔU と W を求めてから熱力学第 1 法則を使うしかありません。

まずは，気体の内部エネルギーの増加量 ΔU です。ΔU は，気体がどのような変化をする場合でも

$$\Delta U=nC_V\Delta T$$

と求められます。そして

$$\Delta T=T_C-T_B=0\quad より\quad \Delta U=nC_V\Delta T=0$$

だとわかります。また，気体が外部へする仕事 W は，この場合は p-V グラフの面積から求められます。

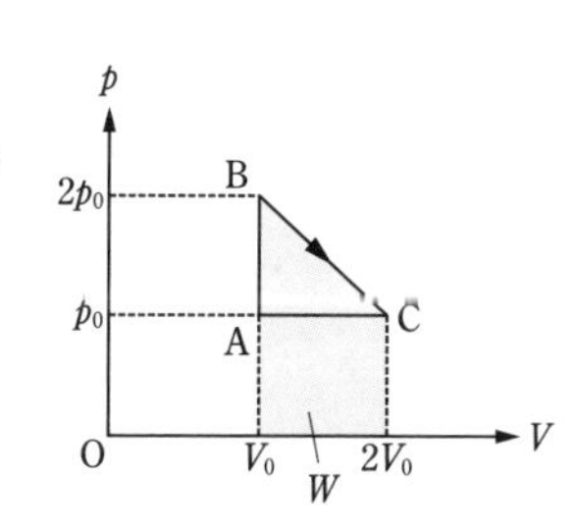

右図の青色部分の面積から

$$W=\frac{3}{2}p_0V_0=\frac{3}{2}RT_0$$

と求められます。以上のことから，気体が吸収する熱量Qは

$$Q=\varDelta U+W=0+\frac{3}{2}RT_0=\frac{3}{2}RT_0$$

と求められます。

C → A は定圧変化です。定圧変化では，気体が吸収する熱量Qは，定圧モル比熱をC_pとすると，

$$Q=nC_p\varDelta T=1\cdot C_p\varDelta T$$

と求められます。C_pはマイヤーの式より

$$C_p=C_V+R=\frac{3}{2}R+R=\frac{5}{2}R$$

と求められます。また

$$\varDelta T=T_0-T_C=-T_0$$

です。これらを代入して

$$Q=C_p\varDelta T=-\frac{5}{2}RT_0$$

と求められます。これは$\frac{5}{2}RT_0$の熱を放出したことを示しています。

問題 →本冊 p.112

$\frac{5}{8}kl^2$

解説　ここでも気体の圧力 p が変化しながらの状態変化が起こります。この場合も，p-V グラフを描くことで気体がする仕事 W を求めることができます。

ばねが自然の長さから x だけ縮んでいるとき，ピストンにはたらく力のつりあいは気体の圧力を p として

$$pS = kx \quad \cdots\cdots①$$

と表すことができます。また，気体の体積を V とすると，

$$V = Sx \quad \cdots\cdots②$$

です。よって式①と②から x を消去して

$$p = \frac{k}{S^2}V$$

であることがわかります。つまり p と V は比例しながら変化するのです。

そして，最初の状態 $(x=l)$ では式①と②より，

$$p = \frac{kl}{S}, \qquad V = Sl$$

同様に変化した後の状態 $\left(x=\frac{3}{2}l\right)$ では，圧力を p'，体積を V' とすると，

$$p' = \frac{3kl}{2S}, \qquad V' = \frac{3}{2}Sl$$

であることから，今回の変化を p-V グラフに表すと右図のようになることがわかります。

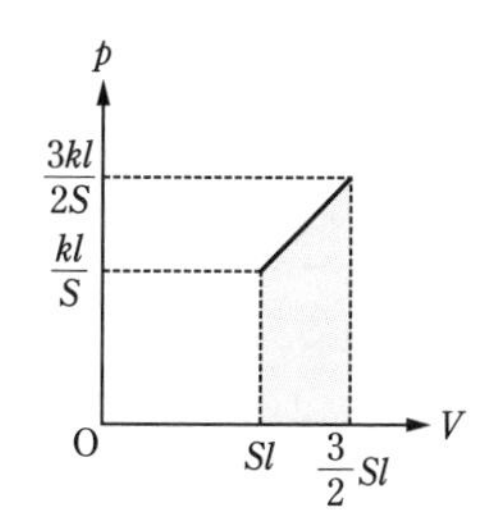

このように p-V グラフを描くと，気体がした仕事 W は図の青色部分の台形面積となるので，

$$W = \frac{\left(\frac{kl}{S} + \frac{3kl}{2S}\right)\left(\frac{3}{2}Sl - Sl\right)}{2} = \frac{5}{8}kl^2$$

と求められます。

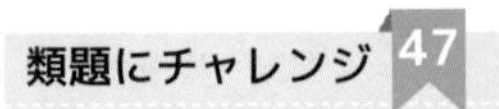

類題にチャレンジ 47

問題 →本冊 p.119

(1) A → B：$3p_1V_1$，B → C：$15p_1V_1$，C → D：$-9p_1V_1$，D → A：$-5p_1V_1$

(2) $4p_1V_1$ (3) $\frac{2}{9}$

解説 (1) 4つの過程からなる熱サイクルについて考える問題です。まずは，各過程での「気体の内部エネルギーの増加量 ΔU」と「外部へする仕事 W」をそれぞれ求めましょう。

	ΔU（※1）	W（※2）
A→B	$\frac{3}{2}\cdot 3p_1V_1-\frac{3}{2}p_1V_1=3p_1V_1$	0
B→C	$\frac{3}{2}\cdot 3p_1\cdot 3V_1-\frac{3}{2}\cdot 3p_1V_1=9p_1V_1$	$3p_1(3V_1-V_1)=6p_1V_1$
C→D	$\frac{3}{2}p_1\cdot 3V_1-\frac{3}{2}\cdot 3p_1\cdot 3V_1=-9p_1V_1$	0
D→A	$\frac{3}{2}p_1V_1-\frac{3}{2}p_1\cdot 3V_1=-3p_1V_1$	$p_1(V_1-3V_1)=-2p_1V_1$

※1 単原子分子理想気体の定積モル比熱 $C_V=\frac{3}{2}R$ なので

$$気体の内部エネルギー\ U=nC_VT=\frac{3}{2}nRT$$

と求められます。これを状態方程式$pV=nRT$を使って変形すれば

$$U=\frac{3}{2}nRT=\frac{3}{2}pV$$

となります。

※2 定積変化では，$W=0$ となります。また，定圧変化では $W=p\Delta V$ と求められます。

上の結果から，各過程について熱力学第1法則 $Q=\Delta U+W$ を使うと，次のように気体が吸収する熱量Qを求められます。

	Q	ΔU	W
A→B	$3p_1V_1$	$3p_1V_1$	0
B→C	$15p_1V_1$	$9p_1V_1$	$6p_1V_1$
C→D	$-9p_1V_1$	$-9p_1V_1$	0
D→A	$-5p_1V_1$	$-3p_1V_1$	$-2p_1V_1$

ここから，気体はA→BとB→Cの過程では熱を吸収しますが，C→DとD→Aの過程では熱を放出することがわかります。

(2) 気体がした正味の仕事は

気体がした仕事－気体がされた仕事$=6p_1V_1-2p_1V_1=4p_1V_1$

と求められます。

(3) 以上のことから，この熱機関の熱効率は

$$\frac{W}{Q}=\frac{4p_1V_1}{3p_1V_1+15p_1V_1}=\frac{2}{9}$$

と求められます。

類題にチャレンジ 48

問題 →本冊 p.121

$$\frac{\rho_0 V}{\rho_0 V-M}T_0$$

解説 熱気球内の気体の温度を T とすると，例題と同様に考えて熱気球内の気体の密度は $\frac{T_0}{T}\rho_0$ であるとわかります。

熱気球にはたらく重力は，熱気球本体の質量 M と内部の気体の質量 $\frac{T_0}{T}\rho_0\cdot V$ を使って

$$\left(M+\frac{T_0}{T}\rho_0 V\right)g$$

と求められます。

また，熱気球にはたらく浮力の大きさは，まわりの大気の密度 ρ_0 を使って

$$\rho_0 Vg$$

と求められます。

熱気球が浮上するには「熱気球にはたらく浮力の大きさ＞熱気球にはたらく重力の大きさ」であればよく，この条件が

$$\rho_0 Vg>\left(M+\frac{T_0}{T}\rho_0 V\right)g$$

と表せることから，これを解いて求める条件は

$$T>\frac{\rho_0 V}{\rho_0 V-M}T_0$$

だとわかります。

類題にチャレンジ 50

問題 →本冊 p.126

③

解説　この問題も 2 種類のグラフの区別が必要です。

時刻 $t=0$ s の少し後の波形

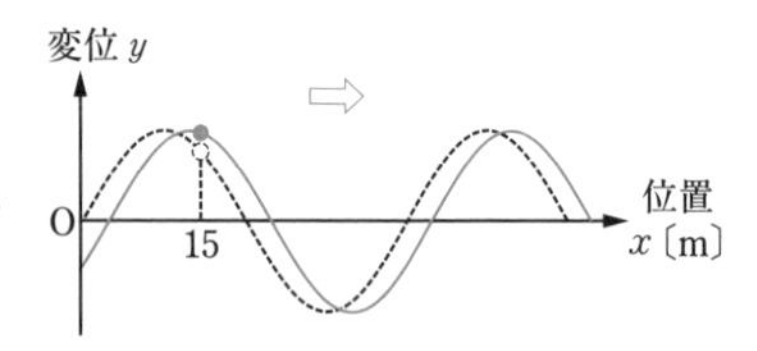

問題文のグラフは横軸が「位置 x」のものです。そして，求めるのは横軸が「時刻 t」のグラフです。

波は，x 軸の正の向きに進みます。そのことから，位置 $x=15$ m の振動は $y>0$ から始まることがわかるのです。

よって，正解は①と③のどちらかだとわかります。

そして，①と③から正しいものを選ぶには，グラフについてもう 1 つポイントを理解しておく必要があります。

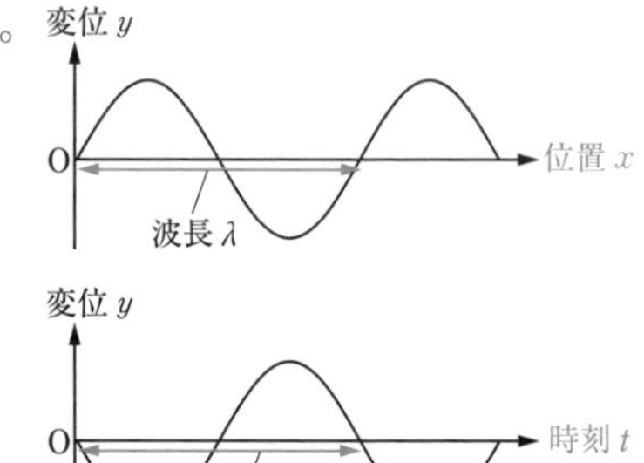

つまり，横軸が「時刻 t」のグラフを正しく求めるには，周期 T が必要なことがわかります。

与えられた横軸が「位置 x」のグラフから，波長 $\lambda=40$ m だとわかります。さらに波の伝わる速さ $v=20$ m/s なので

$v=f\lambda=\dfrac{\lambda}{T}$　（f：波の振動数）　より　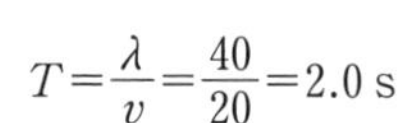 $T=\dfrac{\lambda}{v}=\dfrac{40}{20}=2.0$ s

以上のことから，③が正解だとわかります。

類題にチャレンジ 51

問題→本冊 p.130

$\frac{A_0}{2}\sin 2\pi\left(ft+\frac{x}{\lambda}\right)$

解説　まずは，右向きに進む正弦波の変位 y_1 について確認します。右向きに進む正弦波の原点の変位 y は

$$y=\frac{A_0}{2}\sin\frac{2\pi}{T}t$$

と表されます。ここで，波の周期 T と振動数 f の間には

$$f=\frac{1}{T}$$

の関係が成り立つことから，

$$y=\frac{A_0}{2}\sin 2\pi ft$$

と表すこともできるのです。

そして，原点から位置 x へ変位が伝わるのにかかる時間は $\frac{x}{v}$ ですが，波の伝わる速さ $v=f\lambda$ なので，時刻 t における位置 x の変位 y_1 は

$$y_1=\frac{A_0}{2}\sin 2\pi f\left(t-\frac{x}{v}\right)=\frac{A_0}{2}\sin 2\pi\left(ft-\frac{fx}{f\lambda}\right)=\frac{A_0}{2}\sin 2\pi\left(ft-\frac{x}{\lambda}\right)$$

となります。

では，左向きに進む正弦波の変位 y_2 はどうなるでしょうか？こちらも，原点の変位 y は

$$y=\frac{A_0}{2}\sin\frac{2\pi}{T}t$$

で変わりません。違いは，原点から位置 x へ変位が伝わるのでなく，位置 x から原点へ変位が伝わることです（$x>0$ の場合）。伝わるのにかかる時間は $\frac{x}{v}$ なので，位置 x の変位は原点の変位よりも時間が $\frac{x}{v}$ だけ進んだものになります。よって，時刻 t における位置 x の変位 y_2 は

$$y_2=\frac{A_0}{2}\sin 2\pi f\left(t+\frac{x}{v}\right)=\frac{A_0}{2}\sin 2\pi\left(ft+\frac{fx}{f\lambda}\right)=\frac{A_0}{2}\sin 2\pi\left(ft+\frac{x}{\lambda}\right)$$

となります。

第3章　波動

問題 →本冊 p.132

0, $\frac{\lambda}{2}$, λ

解説　これは，入射波と反射波の重ねあわせによって生じる定常波を考える問題です。

定常波を考えるとき，どこか１つの腹または節の位置がわかると，すべての腹および節の位置がわかるようになります。それは，定常波の波長はもとになる２つの波の波長と等しいからです。

例えば，下図のようにある点が定常波の「節」になるとわかった場合，図のように腹と節が並ぶ定常波ができるとわかります。

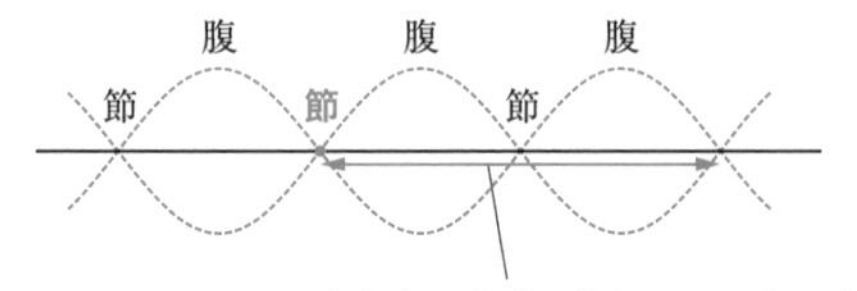

定常波の波長＝もとになる波の波長

そこで，この問題でも，どこか１つの「腹」または「節」を探してみましょう。

ここで，入射波と反射波の重ねあわせを考えるときには反射する位置（壁）がポイントとなります。壁での反射の仕方には，「自由端反射」と「固定端反射」があります。そして，自由に振動できる自由端は，定常波の腹になります。一方，振動することができない固定端は定常波の節になるのです。

今回は壁で固定端反射が起こりますから，壁の位置には定常波の節ができることがわかります。よって，定常波は次のように描くことができます。

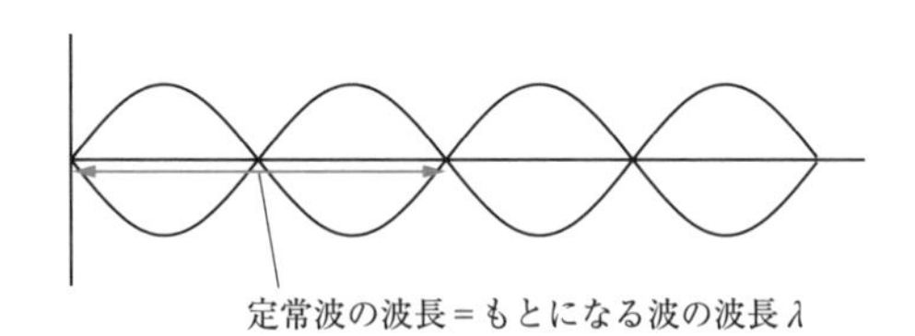

定常波の波長＝もとになる波の波長 λ

よって，壁に近い方から，定常波の節は $x=0$, $\frac{\lambda}{2}$, λ の位置にできることがわかります。

類題にチャレンジ 53

問題→本冊 p.134

問1 ⑥　問2 ②

解説　問1　これも，波の屈折について考える問題です。まずは問題の誘導に従って考えてみましょう。最初に，境界面上の一点について考えます。単位時間にここへ到達する波とここから出ていく波を考えます。

波が「単位時間に進む距離」が波の「速さ」です。よって，境界面上の一点には単位時間に長さ v_1 の波が到達し，長さ v_2 の波が出ていくことがわかります。

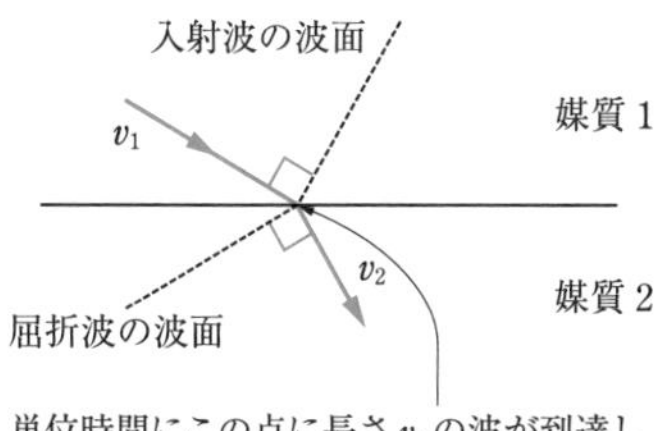

ここで，入射波の波長(＝波1個分の長さ)は λ_1 なので，長さ v_1 の中には $\frac{v_1}{\lambda_1}$ 個の波が含まれることがわかります。よって，単位時間に境界面上の一点に到達する山の数は $\frac{v_1}{\lambda_1}$ 個となります。同じように，屈折波では長さ v_2 の中に $\frac{v_2}{\lambda_2}$ 個の波が含まれ，単位時間に境界面上の一点から $\frac{v_2}{\lambda_2}$ 個の山が出ていくことがわかります。

2つが等しことから

$$\frac{v_1}{\lambda_1}=\frac{v_2}{\lambda_2}$$

という関係が求められます(正解は⑥)。

問2　そして，境界面上での山の間隔が2つの媒質で共通であることを考えます。

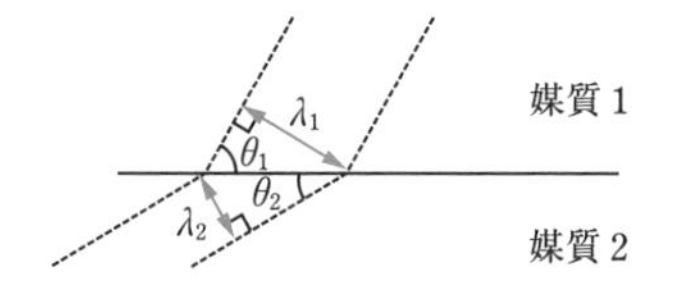

右図から，間隔 d は $\frac{\lambda_1}{\sin\theta_1}$ とも $\frac{\lambda_2}{\sin\theta_2}$ とも表せることがわかり，両者が等しいことから

$$\frac{\lambda_1}{\sin\theta_1}=\frac{\lambda_2}{\sin\theta_2}$$

という関係が成り立つことが求められます(正解は②)。

《参考》　問題の θ_1, θ_2 はそれぞれ入射角と屈折角を示しています。

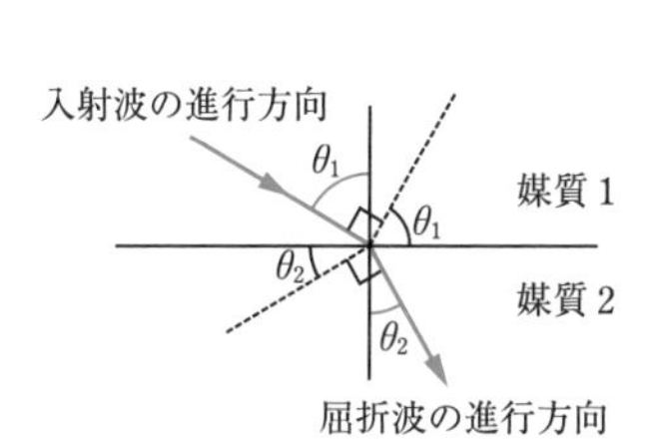

よって，屈折の法則

$$\frac{\sin\theta_2}{\sin\theta_1}=\frac{\lambda_2}{\lambda_1}=\frac{v_2}{v_1}$$

が成り立ちます。

この式を変形すれば 問1，2で求めた答と同じ式を得られます。つまりこの問題は，たとえ問題で示された道筋で考えるのが難しくても，屈折の法則を正しく書ければ解けるということなのです。

第3章　波動

類題にチャレンジ 55

問題 →本冊 p.140

$f'=3f, \quad \lambda'=\frac{1}{3}\lambda$

解説　今度は気柱の共鳴を考えます。管内に定常波をつくるのは音波ですが，音波の伝わる速さ V は気温が変わらなければ一定です。問題では気温について述べられていませんが，述べられていない場合には気温は一定で変化しないと考えて大丈夫です。

その上で，振動数 f を大きくしていきます。つまり

$$\underbrace{V}_{\text{一定}} = \underbrace{f}_{\text{大きくなる}} \lambda$$

のような状況です。ここから，波の波長 λ が小さくなっていくことがわかります。

問題文の図の状況から波長 λ が小さくなっていき，再び定常波ができるのは右図のようなときです。

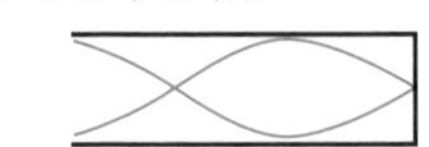

図から，定常波の波長は最初の $\frac{1}{3}$ 倍となっている $\left(\frac{1}{3}\lambda \text{ になる}\right)$ ことがわかります。

そして

$$\underbrace{V}_{\text{一定}} = f \underbrace{\lambda}_{\times\frac{1}{3}}$$

より，振動数は最初の 3 倍になっている（$3f$ になっている）こともわかるのです。

類題にチャレンジ 58

問題 →本冊 p.146

③

解説　光が何回も屈折するようすを考える問題です。このような場合は，屈折するごとに屈折の法則を考える必要があります。

もしも屈折の法則を分数の形で表したらどうなるか，やってみましょう。右図のように角 θ をそれぞれ与えると，

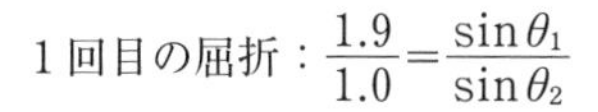

1 回目の屈折：$\dfrac{1.9}{1.0}=\dfrac{\sin\theta_1}{\sin\theta_2}$

2 回目の屈折：$\dfrac{1.3}{1.9}=\dfrac{\sin\theta_2}{\sin\theta_3}$

3 回目の屈折：$\dfrac{1.0}{1.3}=\dfrac{\sin\theta_3}{\sin\theta_4}$

求めたいのは θ_4 です。3 つの式をすべてかけあわせて

$$\frac{1.9}{1.0}\times\frac{1.3}{1.9}\times\frac{1.0}{1.3}=\frac{\sin\theta_1}{\sin\theta_2}\times\frac{\sin\theta_2}{\sin\theta_3}\times\frac{\sin\theta_3}{\sin\theta_4}$$

より

$$\sin\theta_4=\sin\theta_1$$

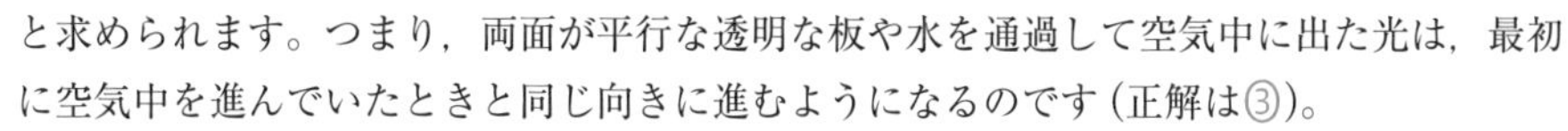

と求められます。つまり，両面が平行な透明な板や水を通過して空気中に出た光は，最初に空気中を進んでいたときと同じ向きに進むようになるのです（正解は③）。

《別解》　屈折の法則を積の形で表して考えるとどうなるでしょう。

1 回目の屈折：$1.0\times\sin\theta_1=1.9\times\sin\theta_2$

2 回目の屈折：$1.9\times\sin\theta_2=1.3\times\sin\theta_3$

3 回目の屈折：$1.3\times\sin\theta_3=1.0\times\sin\theta_4$

今度は

$$1.0\times\sin\theta_1=1.9\times\sin\theta_2=1.3\times\sin\theta_3=1.0\times\sin\theta_4$$

のようにつながり

$$\sin\theta_4=\sin\theta_1$$

であることが即座にわかります。

この類題は，光に関する屈折の法則を積の形で使うのが便利であるとわかる例です。

類題にチャレンジ 59

問題 →本冊 p.148

$16 < x_B < F+16$

解説　この場合も，まずはレンズAによってつくられる像を求めましょう。レンズの公式から

$$\frac{1}{4}+\frac{1}{b}=\frac{1}{3}\qquad (b：レンズAと像との距離)$$

が成り立ち，ここから $b=12\,\mathrm{cm}$ と求められます。

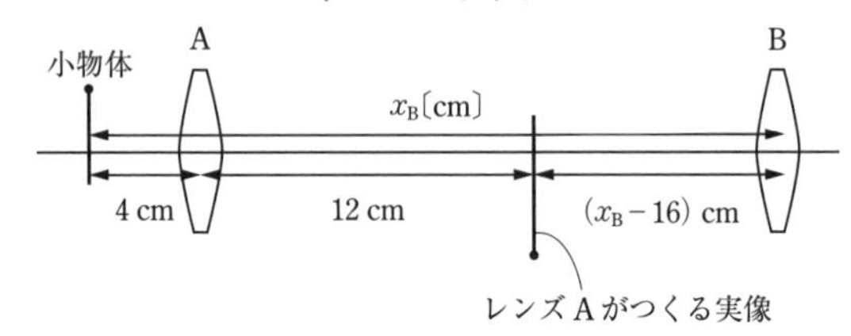

そして，次にレンズBがつくる像を考えます。このとき，レンズAがつくる像がレンズBに対して焦点より内側にあれば，レンズBはこれをもとに虚像をつくることになります。すなわち

$$0 < x_B - 16 < F$$

であればよいということです。整理して，求める条件は

$$16 < x_B < F+16$$

だとわかります。

類題にチャレンジ 60

問題 →本冊 p.150

①

解説　カーブミラーでは，広い範囲を映せるように光を広げるはたらきがある**凸面鏡**が使われています。凸面鏡ですので，レンズの公式

$$\frac{1}{a}+\frac{1}{b}=\frac{1}{f}$$

の中の焦点距離を $f<0$ とします。レンズと物体との距離 $a>0$ ですので，この式から

$$b<0$$

となることがわかるのです。

ここから，鏡の中に見える像は虚像であることがわかります。つまり右図のように虚像ができていることがわかり，自動車はAさんに**近づく**方向に曲がると予想できます(正解は①)。

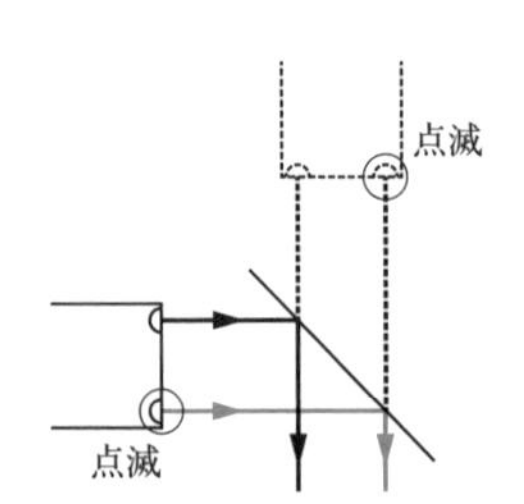

類題にチャレンジ 61

問題 →本冊 p.153

暗線

解説　ガラス板の真上から見た場合，右図のような2つの光が干渉した結果を観察することになります。このとき，ガラスの屈折率＞空気の屈折率なので，2つの光はそれぞれ図のような反射をします。

つまり，真上から見た場合は

2つの光が固定端反射する回数の和＝1＝奇数

になるということです。

それでは，ガラス板の真下から見た場合はどうなるでしょう。この場合は，右図のような2つの光が干渉した結果を観察することになります。

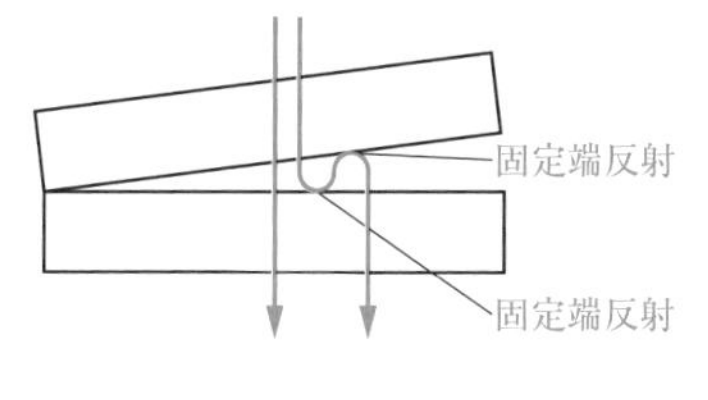

このときの2つの光の光路差は，ガラス板を真上から見た場合の光路差と変わりません。

しかし，

2つの光が固定端反射する回数の和＝2＝偶数

となります。そのため，真上から見た場合と「強めあう」「弱めあう」条件が逆になります。

よって，真上から見たときに明線のあった位置には，真下から見ると**暗線**が見えるようになることがわかります。

類題にチャレンジ 62

問題 →本冊 p.156

$2nd=\left(m-\frac{1}{2}\right)\lambda$

解説　この問題では，屈折率 n の媒質中で光路長が n 倍になることに加え，光の反射による変化にも注意が必要です。

まずは2つの光の光路差を求めましょう。距離の差は $2d$ ですが，距離の差は屈折率 n の媒質中で生じているので，光路差は $2nd$ となります。

そして，

せっけん膜の屈折率 n＞空気の屈折率 1

なので，2つの光はそれぞれ右図のように反射します。

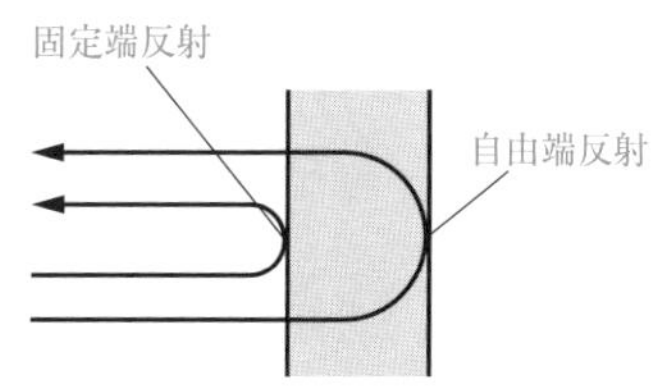

つまり

2つの光が固定端反射する回数の和＝1＝奇数

になるということです。以上のことから

$$2nd=\left(m-\frac{1}{2}\right)\lambda \quad (m=1,\ 2,\ 3,\ \cdots\cdots)$$

であれば2つの光が強めあうことがわかります。

類題にチャレンジ 65

問題 →本冊 p.166

②

解説　金属球殻がないとき，点電荷Qのまわりには右図のような電気力線で表される電場が生じています。

点電荷Qから遠ざかるほど，電場の強さは小さくなっていきます。ここへ導体である金属球殻を置くと，金属球殻の中の電場は0となります。このとき，電場が0となるのは金属球殻の中だけであり，金属球殻の内外の電場は残ることに注意が必要です。

以上のことから，②が正解だとわかります。

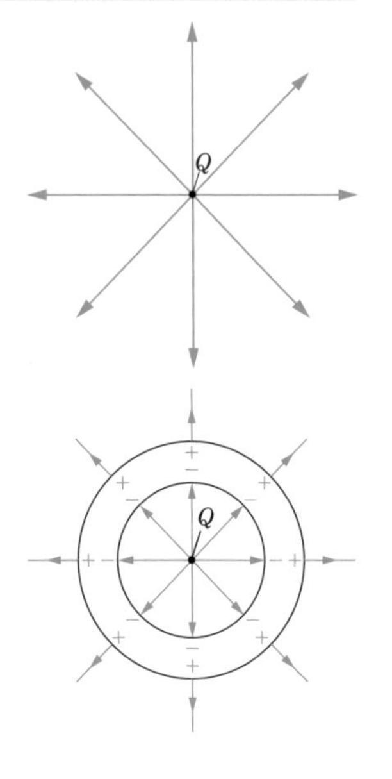

類題にチャレンジ 66

問題 →本冊 p.169

③

解説　問題文の図で，正の点電荷は山頂，負の点電荷は谷底だと考えると，正の点電荷に近いほど電位が高いことがわかります。正電荷を運ぶのに正の仕事が必要なのは，電位が低い位置から高い位置へ運ぶときです。つまり，より正の点電荷の近くへ運ぶときだということです。

そのとき，大きな電位差に逆らって運ぶときほど大きな仕事が必要です。このことは，大きな高低差に逆らってものを運ぶのと同じように理解できます。

以上のことから，外力のする仕事が正で最大となるのは③のときだとわかります。

類題にチャレンジ 74

問題 →本冊 p.188

問 1　③　　問 2　④

解説　問 1　スイッチを入れた直後，「電荷が蓄えられていないコンデンサー」が「抵抗=0 の導線」とみなせることがわかれば，正解は③と即座に求められます。

問 2　充電が完了したコンデンサーには電流が流れません。電流が流れないのですから，コンデンサーの部分は導線がつながっていないのと同じです。

このとき，並列の部分にはそれぞれ右図の大きさの電流が流れるので，点Pには

$$0.20+0.20=0.40\text{ A}\quad(④)$$

の電流が流れることがわかります。

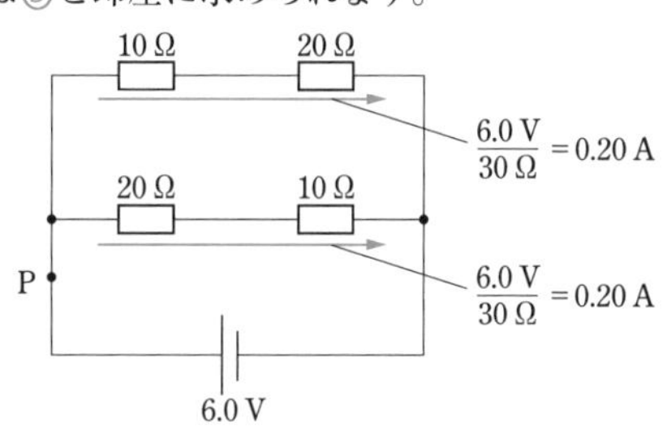

類題にチャレンジ 75

問題 →本冊 p.191

$C_1：\frac{2}{3}CV$　$C_2：\frac{1}{3}CV$　$C_3：\frac{1}{3}CV$

解説　この場合も，スイッチ操作を繰り返すことでコンデンサー間での電荷の移動量が徐々に小さくなり，やがて電荷が移動しなくなります。

そのときのコンデンサー C_1 の電荷を q_1，コンデンサー C_2 の電荷を q_2 としましょう。このとき，右図の点線の枠で囲まれた部分の電荷の和が 0 に保たれることから，コンデンサー C_3 の電荷は q_1-q_2 と表すことができます。

スイッチ操作を無限に繰り返した後では，スイッチ 1 を閉じたときに電荷が移動しないことから，

$$V=\frac{q_1}{C}+\frac{q_2}{C}\quad\cdots\cdots①$$

であることがわかり，スイッチ 2 を閉じたときも電荷が移動しないことから，

$$\frac{q_2}{C}=\frac{q_1-q_2}{C}\quad\cdots\cdots②$$

であることもわかります。式①，②より，各コンデンサーの電荷は次のように求められます。

コンデンサー C_1：$q_1=\frac{2}{3}CV$，　　コンデンサー C_2：$q_2=\frac{1}{3}CV$

コンデンサー C_3：$q_1-q_2=\frac{1}{3}CV$

問題 →本冊 p.194

$-\frac{1}{8}CV^2$

解説　今度は，コンデンサーが電池と接続されたままなので，コンデンサーの電荷が変化することに注意が必要です。

誘導体を挿入する前の2つのコンデンサーの合成容量を C' とすると，

$$\frac{1}{C'}=\frac{1}{C}+\frac{1}{C} \text{ より } C'=\frac{1}{2}C$$

と求められます。よって各コンデンサーに蓄えられる電荷を Q' とすると，

$$Q'=\frac{1}{2}CV$$

だとわかります。この値を使って，2つのコンデンサーの静電エネルギーの和は

$$\frac{Q'^2}{2C}\times 2=\frac{1}{4}CV^2$$

と求められます。

次に，誘電体を挿入した後の2つのコンデンサーの合成容量を C'' とすると，

$$\frac{1}{C''}=\frac{1}{3C}+\frac{1}{C} \quad \text{から} \quad C''=\frac{3}{4}C$$

と求められます。よって，各コンデンサーに蓄えられる電荷を Q'' とすると，

$$Q''=\frac{3}{4}CV$$

だとわかります。この値を使って，2つのコンデンサーの静電エネルギーの和は

$$\frac{Q''^2}{2\cdot 3C}+\frac{Q''^2}{2C}=\frac{2Q''^2}{3C}=\frac{3}{8}CV^2$$

と求められます。よって，誘導体を挿入する前後で，コンデンサーの静電エネルギーの和は

$$\frac{3}{8}CV^2-\frac{1}{4}CV^2=\frac{1}{8}CV^2$$

だけ増加したのです。この間，電池は

$$Q''-Q'=\frac{3}{4}CV-\frac{1}{2}CV=\frac{1}{4}CV$$

の電荷を送り出したので，電池がした仕事 W'' は

$$W''=\frac{1}{4}CV\cdot V=\frac{1}{4}CV^2$$

となります。

ここで，電池は $\frac{1}{4}CV^2$ の仕事をしたのに，コンデンサーの静電エネルギーの和は $\frac{1}{8}CV^2\left(<\frac{1}{4}CV^2\right)$ しか増加していません。それは，誘電体を挿入する外力が負の仕事を

したからです。その値を W_F とすると

$$\frac{1}{4}CV^2+W_F=\frac{1}{8}CV^2$$

という関係が成り立ちます。ここから,

$$W_F=-\frac{1}{8}CV^2$$

と求められます。

類題にチャレンジ 77

問題 →本冊 p.196

BからCの向きに1A

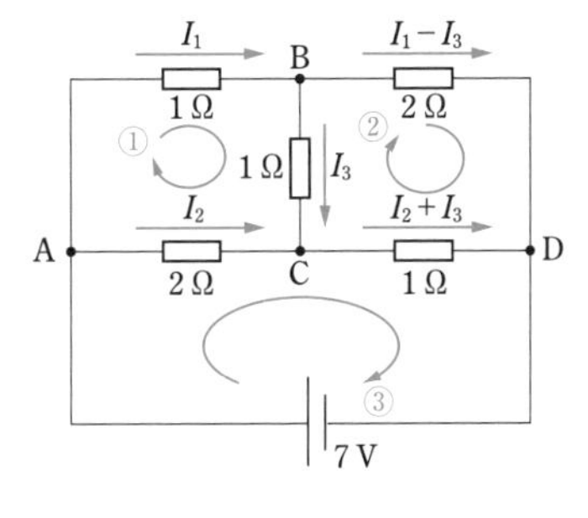

解説　BC 間に流れる電流の向きはすぐにはわかりませんので，仮に右図のように決めてみましょう。

そして，右図の閉回路①，②，③に対してキルヒホッフの第 2 法則を表す式を書きます。

$I_1+I_3-2I_2=0$　……①

$2(I_1-I_3)-(I_2+I_3)-I_3=0$　……②

$7=2I_2+(I_2+I_3)$　……③

上の式①～③を連立して解くことで，$I_3=1$ A と求められます。

さて，今回は I_3 が正の値として求められたので，仮に設定した向きが実際の向きだったとわかります。よって，BC 間には**BからCの向きに1A**の電流が流れると求められます。

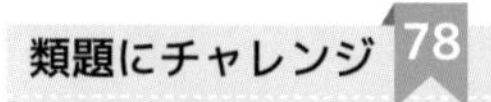

類題にチャレンジ 78

問題→本冊 p.198

(1) $\dfrac{R_2E}{R_1+R_2}$　(2) $\dfrac{R_1l}{R_1+R_2}$

解説　(1) $I_g=0$ となるとき，C→Bを流れる電流とB→Dを流れる電流の大きさは等しくなります。その値を I_1 とすると，CB間の電圧は R_1I_1，BD間の電圧は R_2I_1 です。そして，

$$E=R_1I_1+R_2I_1$$

より

$$I_1=\frac{E}{R_1+R_2}$$

と求められ，点Bの電位は

$$R_2I_1=\frac{R_2E}{R_1+R_2}$$

だとわかります。

(2) $I_g=0$ のときに抵抗線を流れる電流を i，OからAまでの距離を x，抵抗線の全抵抗を r とすると，OA間の電圧は

$$\frac{xr}{l}i$$

AP間の電圧は

$$\frac{(l-x)r}{l}i$$

となります。そして，$I_g=0$ であることから

$$R_1I_1=\frac{xr}{l}i$$

$$R_2I_1=\frac{(l-x)r}{l}i$$

であることがわかり，2式から I_1 と i を消去して

$$x=\frac{R_1l}{R_1+R_2}$$

と求められます。

類題にチャレンジ 79

問題→本冊 p.201

問1 ③　問2 ②

解説　問1　電球Aに流れる電流を I，かかる電圧を V とすれば，キルヒホッフの第2法則より，

$$100 = 100I + V \quad \cdots\cdots①$$

となります。この式①と，電球Aの特性曲線を同時に満たす必要があります。式①のグラフを問題文の図1に描き込むと，右の図のようになります。その交点が，電球Aに流れる電流と電圧になるので，回路に流れる電流は **0.60 A（③）** と求められます。

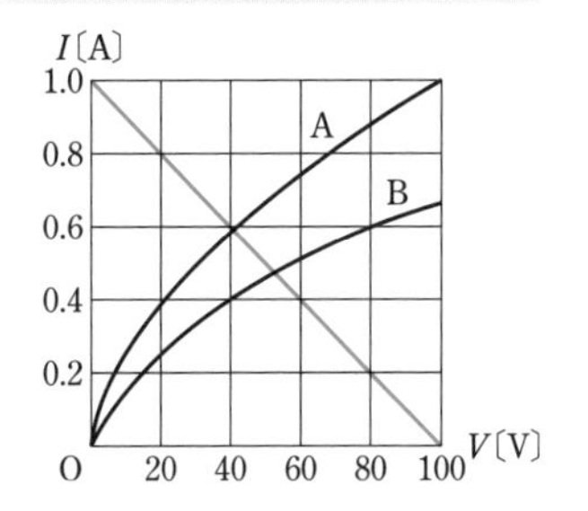

問2　問題文の図3のように，電球Aと電球Bを直列に接続すると，同じ値の電流が流れます。同じ電流における電球Aの電圧 V_A と，電球Bの電圧 V_B を加えると，電球Aと電球Bを合成した特性曲線が右図のように描けます。その特性曲線で電圧が 60 V のときの電流の値を読み取ればよいので，図3のときに回路に流れる電流は **0.40 A（②）** であることがわかります。

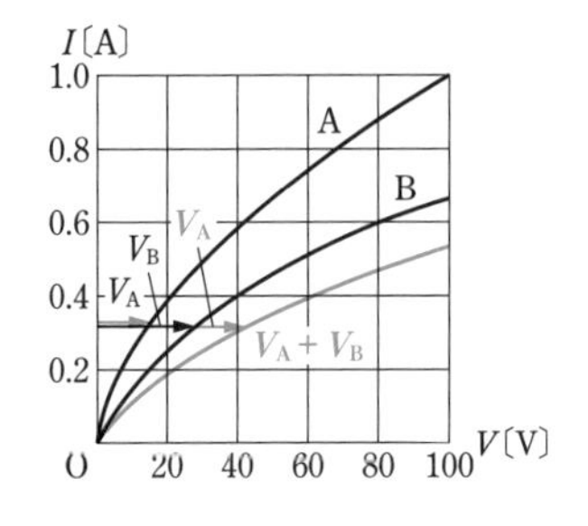

第4章 電磁気

類題にチャレンジ 83

問題 →本冊 p.208

問 1 $\dfrac{\mu_0 I_1 l^2 v}{2\pi r'(r'+l)R}$　問 2 (ロ)

解説　問 1，2　直線電流がつくる磁場は，流れる電流からの距離によって変化するので，磁場は一様ではありません。コイルは一様でない磁場中を動くことになりますが，やはりコイルを 4 本の導体棒に分けて考えればスムーズに誘導起電力の大きさを求められます。

導体棒 ab は，直線電流から r' だけ離れたところにあります。直線電流がこの位置につくる磁束密度の大きさは $\dfrac{\mu_0 I_1}{2\pi r'}$ です。長さ l の導体棒 ab はここを速さ v で横切るため，大きさ

$$V_{\mathrm{ab}} = v\frac{\mu_0 I_1}{2\pi r'}l$$

の誘導起電力が生じます。

導体棒 cd についても同じように考えられます。導体棒 cd は直線電流から $r'+l$ だけ離れたところにあり，直線電流がこの位置につくる磁束密度の大きさは $\dfrac{\mu_0 I_1}{2\pi(r'+l)}$ です。長さ l の導体棒 cd はここを速さ v で横切るため，大きさ

$$V_{\mathrm{cd}} = v\frac{\mu_0 I_1}{2\pi(r'+l)}l$$

の誘導起電力が生じます。

そして，導体棒 ad と bc は磁場を横切らないため，ここには誘導起電力は生じません。

以上のことから，$V_{\mathrm{ab}} > V_{\mathrm{cd}}$ より正方形コイルには a → d → c → b → a の向きに大きさ

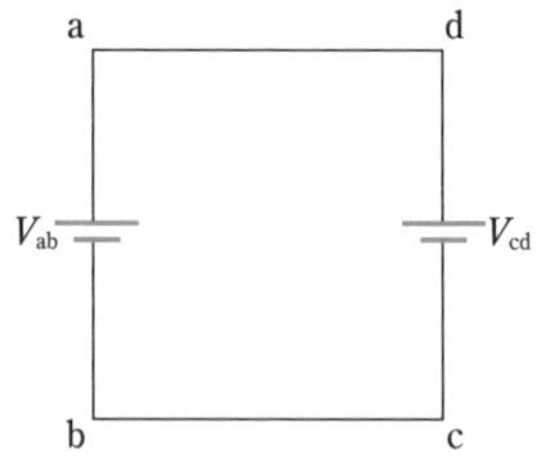

$$V_{\mathrm{ab}} - V_{\mathrm{cd}} = v\frac{\mu_0 I_1}{2\pi r'}l - v\frac{\mu_0 I_1}{2\pi(r'+l)}l = \frac{\mu_0 I_1 l^2 v}{2\pi r'(r'+l)}$$

の誘導起電力が生じることがわかります。

したがって，a → d → c → b → a (ロ) の向きに大きさ

$$I_2 = \frac{\mu_0 I_1 l^2 v}{2\pi r'(r'+l)R}$$

の誘導電流が流れるのです。

類題にチャレンジ 84

問題 →本冊 p.210

問1　$I_1=0\ \mathrm{A}$, $V_1=\dfrac{RV_0}{R+r}$〔V〕　問2　$\dfrac{V_0}{r}$〔A〕

問3　$I_3=\dfrac{V_0}{r}$〔A〕, $V_3=\dfrac{RV_0}{r}$〔V〕

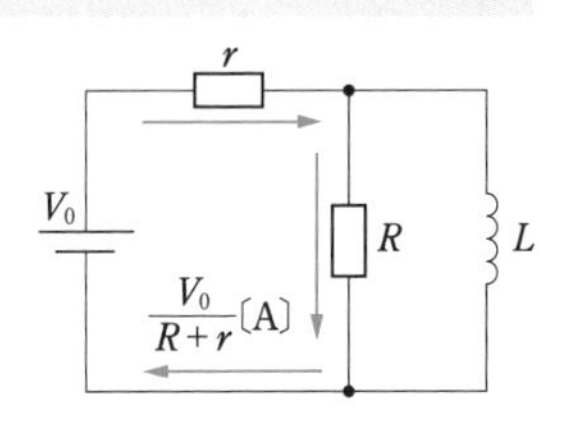

解説　問1　スイッチS_1を閉じる直前，コイルに流れる電流は0です。よって，スイッチS_1を閉じた直後にコイルに流れる電流 $I_1=0\ \mathrm{A}$ です。

このとき，回路には右図のように電流が流れています。抵抗値R〔Ω〕の抵抗の電圧は$\dfrac{RV_0}{R+r}$〔V〕です。よって，これと並列なコイルの両端の電圧の大きさ $V_1=\dfrac{RV_0}{R+r}$〔V〕となっていることがわかります。

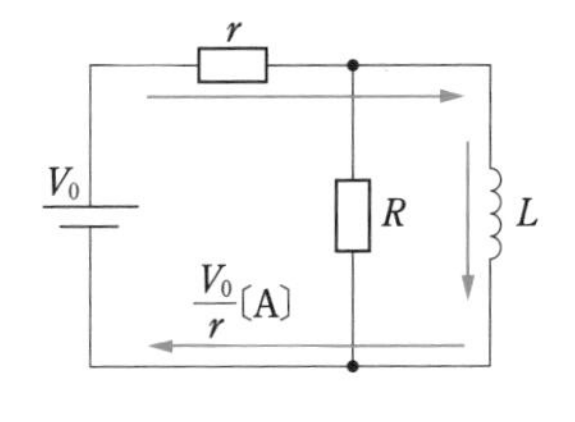

問2　その後，十分に時間が経過すると，コイルを流れる電流は一定となります。このとき，コイルには自己誘導起電力は生じておらず，電圧は0Vとなっています(コイルの抵抗は0Ωなので，いくら電流が流れても電圧は0Vとなります)。

よって，コイルと並列な抵抗値R〔Ω〕の抵抗の電圧も0Vです。このことから，抵抗値R〔Ω〕の抵抗には電流が流れず，回路に電流は右図のように流れていることがわかります。図から，$I_2=\dfrac{V_0}{r}$〔A〕と求められます。

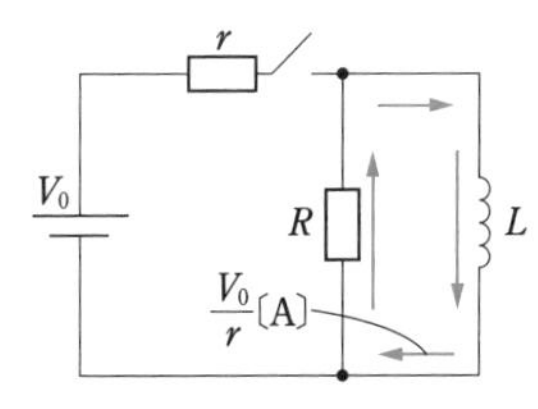

問3　今度は，スイッチS_1を開いた直後のようすを考えます。コイルに流れる電流は，スイッチを開く場合も閉じる場合も，その前後で変わりません。よって，$I_3=I_2=\dfrac{V_0}{r}$〔A〕だとわかります。

このとき，スイッチS_1を開いているため，コイルに流れる電流は抵抗値R〔Ω〕の抵抗に流れていきます。

ここから，抵抗値R〔Ω〕の抵抗の電圧が$\dfrac{RV_0}{r}$〔V〕であることがわかります。そのことから，コイルの両端の電圧の大きさ $V_3=\dfrac{RV_0}{r}$〔V〕と求められます。

類題にチャレンジ 85

問題 →本冊 p.212

100π〔rad/s〕

解説　この場合も $\omega=2\pi f$ の関係を用いて，

$\omega=2\pi\times50=100\pi$〔rad/s〕

と求められます。

問題 →本冊 p.218

$$\frac{1}{\sqrt{LC}}$$

解説　今度は，抵抗・コイル・コンデンサーが直列に接続された回路を考えます。直列に接続されているものには，等しい電流が流れます。

共通の電流に対して，抵抗では電圧の位相が一致していますが，コイルとコンデンサーでは電圧の位相がずれています。コイルでは電流よりも電圧の位相が $\frac{\pi}{2}$ だけ進んでいて，コンデンサーでは電流よりも電圧の位相が $\frac{\pi}{2}$ だけ遅れています。

これらの電圧を，それぞれ回転するベクトルの正射影と考えます。

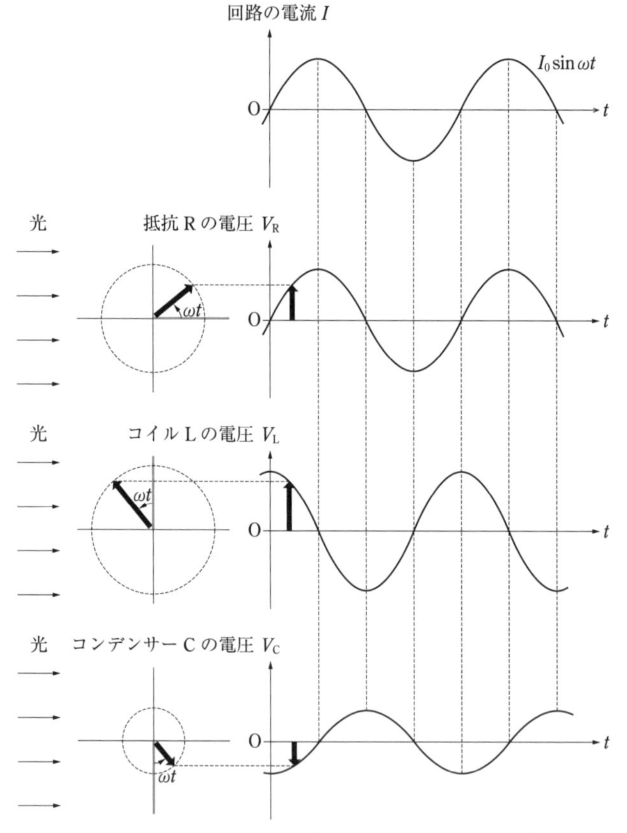

今回は，$V_L + V_C$ が 0 となるための条件を求めます。$V_L + V_C$ は「2 つのベクトルの正射影の和」ですが，これを「2 つのベクトルの和の正射影」と考えます。

それぞれのベクトルの長さは，各電圧の最大値を表します。コイルの場合，電流の最大値を I_0 とするとリアクタンスが ωL なので，電圧の最大値は $\omega L I_0$ です。コンデンサーで

も電流の最大値は I_0 となり，リアクタンスが $\dfrac{1}{\omega C}$ なので電圧の最大値は $\dfrac{I_0}{\omega C}$ となります。

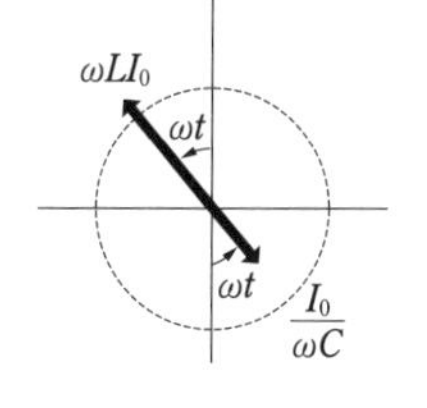

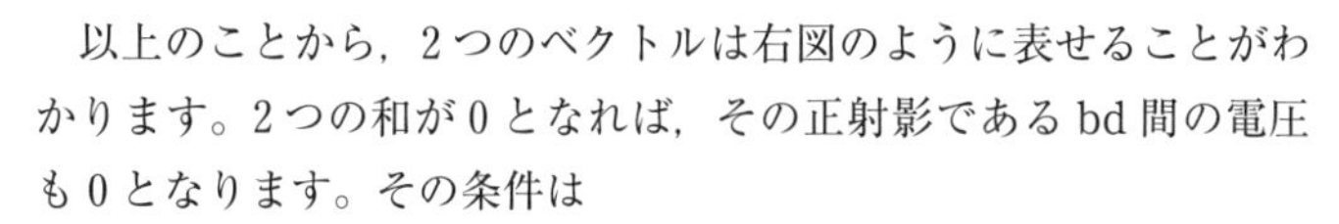
以上のことから，2つのベクトルは右図のように表せることがわかります。2つの和が0となれば，その正射影である bd 間の電圧も0となります。その条件は

$$\omega LI_0=\frac{I_0}{\omega C} \qquad より \qquad \omega=\frac{1}{\sqrt{LC}}$$

と求められます。

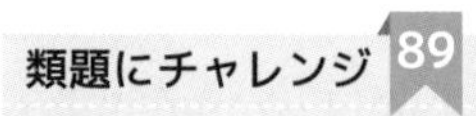
類題にチャレンジ 89 問題→本冊 p.225

問1 ⑥　問2 ⑧　問3 ④

解説　問1　光電効果が起こる理由は，光が光子という**粒子**の集合であると考えることで理解できます。光子1個は $h\nu$ のエネルギーをもち，光子を吸収した電子は $E=h\nu$ のエネルギーを得ます。しかし，金属を飛び出すのに仕事関数 W のエネルギーが必要なため，飛び出すときの運動エネルギーの最大値は $h\nu-W$ となるのです（問1の正解は⑥）。

問2　飛び出した電子の速さの最大値を v_0 とすると，運動エネルギーの最大値は $\dfrac{1}{2}mv_0{}^2$ と表すことができます。電源の電圧が $-V_0$ のとき，電子は $-eV_0$ の仕事をされます。電極bを飛び出した電子が電極aにたどり着けなくなる境目が $-V_0$ のときであることから，

$$\frac{1}{2}mv_0{}^2-eV_0=0$$

の関係が成り立つことがわかり，ここから

$$v_0=\sqrt{\frac{2eV_0}{m}} \quad (⑧)$$

と求められます。

問3　光源を交換した場合を考えます。問題文の図3において，光源を変えても，阻止電圧の値は変わっていません。これは，光源が発する光の振動数が**変わらない**からです。もしも光の振動数が変われば，飛び出す電子の運動エネルギーの最大値も変わります。そのため，阻止電圧も変わることになります。

また，回路に流れる電流 I は小さくなっています。これは，電極bを飛び出す電子の数が減り，電極aにたどり着く数も減るからです。このことから，照射する光が弱くなっている（光子の数は**交換前より少ない**）ことがわかるのです（問3の正解は④）。

問題 →本冊 p.231

(ア) 特性(固有)X線　(イ) E_1-E_0

解説　X線は，加速された電子を金属に衝突させて発生させることができます。このとき，波長が連続的に変化する「連続X線」と，特定の波長でピークを示す「特性(固有)X線((ア)の答)」とが発生します。ここでは，特性(固有)X線が発生する仕組みを考えます。実は，これもボーアの水素原子モデルから理解できるのです。必要な考え方は，振動数条件です。

加速された電子が金属原子中の電子とぶつかることで，電子がたたき出されることがあります。すると，軌道が空くことになります。ここへ，よりエネルギーが高い軌道に存在する電子が落ち込むのです。このとき，余ったエネルギーを1個の光子として放出します。金属原子からは，波長がX線領域の光子が放出されるのです。

もちろん，このときに放出される光子1個のエネルギーは E_1-E_0 ((イ)の答) となります。

Obunsha